安世亚太 先进设计与智能制造丛书

Simulation Technology and
Additive manufacturing

ANSYS Icepak
电子散热基础教程

（第2版）

王永康　张洁　张宇　耿丽丽 ◇ 编著

电子工业出版社
Publishing House of Electronics Industry
北京·BEIJING

内 容 简 介

本书将电子散热设计分析的基本概念与 ANSYS Icepak 热仿真实际案例紧密结合,对 ANSYS Icepak 的基础操作进行了系统的讲解说明,通过大量原创的分析案例,向读者全面介绍 ANSYS Icepak 电子散热分析模拟的方法、步骤。全书共 10 章,详细讲解了 ANSYS Icepak 的技术特征、ANSYS Icepak 建立热仿真模型的方法、ANSYS Icepak 的网格划分、ANSYS Icepak 热模拟的求解及后处理显示、ANSYS Icepak 常见技术专题案例、ANSYS Icepak 宏命令 Macros 详细讲解等,并在部分章节列举了相关案例。

另外,本书附带在线资源,内容包括部分章节实际操作、相关的案例模型及计算结果,这些资料对读者学习、使用 ANSYS Icepak 软件有很大的帮助。

本书适合作为电子、信息、机械、力学等相关专业的研究生或本科生学习 ANSYS Icepak 的参考书,也非常适合从事电子散热优化分析的工程技术人员学习参考。

未经许可,不得以任何方式复制或抄袭本书之部分或全部内容。
版权所有,侵权必究。

图书在版编目(CIP)数据

ANSYS Icepak 电子散热基础教程/王永康等编著. —2 版. —北京:电子工业出版社,2019.1
(先进设计与智能制造丛书)
ISBN 978-7-121-35020-7

Ⅰ. ①A… Ⅱ. ①王… Ⅲ. ①电子元件-有限元分析-应用软件-教材 Ⅳ. ①TN6-39

中国版本图书馆 CIP 数据核字(2018)第 209181 号

策划编辑:刘小琳
责任编辑:刘小琳   特约编辑:肖 姝
印   刷:北京虎彩文化传播有限公司
装   订:北京虎彩文化传播有限公司
出版发行:电子工业出版社
         北京市海淀区万寿路 173 信箱   邮编 100036
开   本:787×1 092 1/16 印张:33.25 字数:863 千字
版   次:2015 年 1 月第 1 版
            2019 年 1 月第 2 版
印   次:2024 年 11 月第 22 次印刷
定   价:119.00 元

凡所购买电子工业出版社图书有缺损问题,请向购买书店调换。若书店售缺,请与本社发行部联系,联系及邮购电话:(010)88254888,88258888。
质量投诉请发邮件至 zlts@phei.com.cn,盗版侵权举报请发邮件至 dbqq@phei.com.cn。
本书咨询联系方式:liuxl@phei.com.cn,(010)88254538。

先进设计与智能制造丛书
编委会

主　任：张国明

副主任：田　锋　杨振亚

编　委：

王永康　张　洁　张　宇　耿丽丽

苏　睿　王伟达　黄志新　吴俊宏

杨　冉　王鑫鑫　王　进　王骁晓

安世亚太集团董事长　张国明

"先进设计与智能制造丛书"包括仿真和增材制造两个核心技术方向。仿真是智能制造的焦点,增材制造是智能制造的制高点,这"两点"未来将从研发(解决原始技术创新)和制造(解决大规模定制市场需求)两个关键环节,支撑中国智能制造战略的落地。

面对新的战略转型期,新技术革命和自主创新需求迫在眉睫,中国制造业企业的危机感和使命感并存,企业需要抓手来破解危机,达成使命。而安世亚太作为长期从事和支撑产品研发和技术创新的企业,我们责无旁贷。

2015年,安世亚太集20年对系统工程、产品正向设计、技术创新和工业仿真的实际应用经验,吸收和整合增材制造领域关键技术,推出"以增材思维为核心的先进设计和智能制造"的全面解决方案,为中国智能制造战略规划中的设计制造一体化提供可落地实施的方案。"先进设计与智能制造丛书"中将逐步呈现这一解决方案中涉及的技术、行业应用等丰富的知识和经验,为更多人提供参考和帮助。

此外,安世亚太与教育部学校规划建设发展中心联合推进"先进设计与增材制造智慧学习工场项目",搭建国家级产教融合服务平台,从"教育——立国之本"开始,进行新技术人才的培养。通过对设计、仿真与优化、增材制造等课程内容的设置,培养满足企业实际应用的创成式设计工程师、仿真工程师、增材设计与制造工程师等大批技能型人才。

"先进设计与智能制造丛书"是安世亚太成立至今的一次技术总结,丛书作者也大多是在安世亚太供职多年,甚至十几年的资深技术人员,他们在多年的客户服务过程中,在航空航天、船舶、电子、机车、石油化工、医疗、汽车等领域积累了丰富的工程实践经验。

同时,丛书内容也将持续补充和丰富,我们也希望看到行业中更多的优秀企业和人才,以及我们的用户企业参与本套丛书的编写,为智能制造发展尽我们的绵薄之力。

前言

当前,很多高校的电子类理工科专业均将CFD理论作为选修或必修的专业课,但是学习了理论课程后,要想将其用于指导电子散热的优化设计,还需要熟练地掌握相关的CFD软件。

ANSYS Icepak软件是由世界著名的CAE供应商ANSYS公司针对电子行业开发的一款专业电子散热优化分析软件,利用CFD理论,可快速对各类电子产品进行散热模拟。目前在中国,ANSYS Icepak被广泛应用于航空航天、机车牵引、电力电子、医疗器械、汽车电子及各类消费性电子产品等;涉及的工业品包括通信机柜、手机终端、便携式计算机、变频器、变流器、LED、IC封装、光伏逆变器等。

市面上关于ANSYS Icepak的中文学习书籍、资料很少,如何快速系统掌握ANSYS Icepak软件,并将其用于指导电子散热的实际工程中,是很多电子工程师、结构工程师面临的难题。

当下ANSYS Icepak的最新版本是18.1,本书以2015年国防工业出版社出版的《ANSYS Icepak电子散热基础教程》为基础,深入结合ANSYS最近几年的发展升级,将新功能进行整理,同时接受部分读者提出的建议批评,对错误及不足之处进行了改正,以帮助读者更快更好地掌握ANSYS Icepak。

本书以ANSYS Icepak 18.1为平台,共10章,全面系统介绍了ANSYS Icepak在电子散热工程中的模拟步骤,并配备了部分实际导航案例,旨在帮助读者掌握ANSYS Icepak的各项操作、各类面板设置等。各章具体内容为:第1章为ANSYS Icepak概述及工程应用、Icepak软件的热仿真流程、Icepak软件的模块组成等;第2章为ANSYS Icepak涉及的电子热设计基础理论,以及CFD热仿真的基础知识;第3章为ANSYS Icepak的技术特征及Icepak用户界面的详细讲解;第4章为ANSYS Icepak建立热仿真模型的详细说明,包括Icepak基于对象自建模、SCDM修复CAD模型、CAD几何模型导入Icepak(包含SCDM将CAD模型导入Icepak的方法)、EDA模型导入Icepak的讲解,并列举了相应的建模案例;第5章为ANSYS Icepak的网格划分设置说明,系统地整理了Icepak划分网格的原则及技巧,使用了部分案例讲解网格划分的操作;第6章为ANSYS Icepak相关物理模型的讲解说明;第7章为ANSYS Icepak求解计算的相应设置说明,包括判断求解计算收敛的方法,对求解计算进行压缩/删除等的讲解;第8章为ANSYS Icepak所有后处理显示的讲解说明;第9章主要针对工程中常见的热仿真专题进行了系统的讲解说明,并列举了相关案例;第10章详细讲解了ANSYS Icepak主菜单栏Macros的所有命令及设置,并配置了相应的案例。本书是多人智慧的集成,以上章节由王永康、张洁、张宇、耿丽丽4位作者共同编著,排名不分先后。

另外,在本书的编写过程中,许多朋友提出了宝贵的意见,他们是:解放军战略支援部队信息工程大学副教授李建兵,中国科学院国家空间科学中心微波室副研究员陈博,中车株洲电力机车研究所有限公司变流技术国家工程研究中心热设计师段焱辉,北京航天自动控制研究所七室主任工程师刘兵,中国科学院理化技术研究所低温工程与系统应用研究中心助理研究员张宇,合肥阳光电源股份有限公司热设计部经理周杰,中国电子科技集团第34所装备制造中心助理工程师张维海，中国电力科学研究院电力电子所高级工程师刘智刚，北京理工雷科电子信息技术有限公司结构部经理陈智勇、工程师杨永旺，天津工业大学电气工程与自动化学院老师张建新，北京全路通信信号研究设计院有限公司高级工程师张义芳等；全体作者在此向所有参与和关心本书出版的朋友致以诚挚的谢意！

由于时间仓促，加之 ANSYS Icepak 涉及的行业范围较广，且作者水平有限，书中难免存在错误及不足之处，恳请各位读者批评指正。所谓条条大路通罗马，本书相应的案例只是讲解某一种或几种方法，如读者有更好的方法，可来信或在网上交流。作者 E-mail：321524166@qq.com。本书中涉及的在线资源，请读者登陆"华信教育资源网"下载。

王永康

于安世亚太科技股份有限公司

2018 年 5 月 10 日

目 录

第1章 ANSYS Icepak 概述 ·· 1
1.1 ANSYS Icepak 概述及工程应用 ·· 1
1.2 ANSYS Icepak 与 ANSYS Workbench 的关系 ·· 3
    1.2.1 ANSYS Workbench 平台介绍 ·· 3
    1.2.2 ANSYS Workbench 平台的启动 ·· 4
    1.2.3 ANSYS Workbench 的界面(GUI) ·· 5
    1.2.4 ANSYS Workbench 对 Icepak 的作用 ·· 7
1.3 ANSYS Icepak 热仿真流程 ·· 8
    1.3.1 建立热仿真模型 ·· 8
    1.3.2 网格划分 ·· 10
    1.3.3 求解计算设置 ·· 11
    1.3.4 后处理显示 ·· 11
1.4 ANSYS Icepak 模块组成 ·· 12
1.5 ANSYS Icepak 机箱强迫风冷热仿真 ·· 15
    1.5.1 实例介绍 ·· 15
    1.5.2 建立热仿真模型 ·· 16
    1.5.3 网格划分 ·· 19
    1.5.4 求解计算设置 ·· 20
    1.5.5 后处理显示 ·· 22
1.6 某 LED 自然冷却模拟实例 ·· 24
    1.6.1 实例介绍 ·· 24
    1.6.2 建立热仿真模型 ·· 25
    1.6.3 网格划分 ·· 28
    1.6.4 求解计算设置 ·· 31
    1.6.5 后处理显示 ·· 33
1.7 本章小结 ·· 36

第2章 电子热设计基础理论 ·· 37
2.1 电子热设计基础理论原理 ·· 37
    2.1.1 热传导 ·· 38
    2.1.2 对流换热 ·· 38
    2.1.3 辐射换热 ·· 39
    2.1.4 增强散热的几种方式 ·· 40
2.2 电子热设计常用概念解释 ·· 40

2.3 电子热设计冷却方法及准则方程 … 43
    2.3.1 自然冷却 … 44
    2.3.2 强迫对流 … 47
    2.3.3 TEC 热电制冷 … 48
    2.3.4 热管散热 … 49
    2.3.5 电子设备热设计简则及注意事项 … 51
2.4 CFD 热仿真基础 … 53
    2.4.1 控制方程 … 54
    2.4.2 ANSYS Icepak 热仿真流程 … 55
    2.4.3 基本概念解释 … 56
2.5 本章小结 … 57

第 3 章 ANSYS Icepak 技术特征及用户界面(GUI)详解 … 58
3.1 ANSYS Icepak 详细技术特征 … 58
3.2 ANSYS Icepak 启动方式及选项 … 68
    3.2.1 ANSYS Icepak 的启动 … 68
    3.2.2 选项设置说明 … 69
3.3 ANSYS Icepak 工作目录设定 … 71
3.4 ANSYS Icepak 用户界面(GUI)详细说明 … 72
    3.4.1 ANSYS Icepak 用户界面(GUI)介绍 … 72
    3.4.2 主菜单栏 … 73
    3.4.3 快捷工具栏 … 83
    3.4.4 模型树 … 84
    3.4.5 基于对象模型工具栏 … 86
    3.4.6 编辑模型命令面板 … 86
    3.4.7 对齐匹配命令 … 88
    3.4.8 图形显示区域 … 90
    3.4.9 消息窗口 … 91
    3.4.10 当前几何信息窗口 … 91
3.5 模型编辑面板 GUI … 91
3.6 用户自定义库的建立使用 … 94
3.7 其他常用命令操作 … 98
    3.7.1 常用鼠标键盘操作 … 98
    3.7.2 常用热键操作 … 98
    3.7.3 单位管理 … 99
3.8 本章小结 … 99

第 4 章 ANSYS Icepak 热仿真建模 … 100
4.1 ANSYS Icepak 建模简述 … 100
4.2 ANSYS Icepak 基于对象自建模 … 103
    4.2.1 Cabinet(计算区域) … 103
    4.2.2 Assembly(装配体) … 105

4.2.3　Heat exchangers(换热器) ……………………………………………… 107
　　4.2.4　Openings(开口) …………………………………………………… 108
　　4.2.5　Periodic boundaries(周期性边界条件) ……………………………… 111
　　4.2.6　Grille(二维散热孔、滤网)模型 ……………………………………… 112
　　4.2.7　Sources(热源) …………………………………………………… 116
　　4.2.8　PCB(印制电路板) ………………………………………………… 118
　　4.2.9　Plates(板) ………………………………………………………… 121
　　4.2.10　Enclosures(腔体) ………………………………………………… 124
　　4.2.11　Wall(壳体) ……………………………………………………… 125
　　4.2.12　Block(块) ………………………………………………………… 129
　　4.2.13　Fan(轴流风机) …………………………………………………… 137
　　4.2.14　Blower(离心风机) ………………………………………………… 143
　　4.2.15　Resistance(阻尼) ………………………………………………… 145
　　4.2.16　Heatsink(散热器) ………………………………………………… 148
　　4.2.17　Package(芯片封装) ……………………………………………… 154
　　4.2.18　建立新材料 ……………………………………………………… 160
4.3　ANSYS Icepak 自建模实例 ………………………………………………… 161
4.4　CAD 模型导入 ANSYS Icepak ……………………………………………… 167
　　4.4.1　DesignModeler 简介 ……………………………………………… 167
　　4.4.2　DesignModeler 常用命令说明 …………………………………… 171
　　4.4.3　ANSYS SCDM 模型修复命令 …………………………………… 175
　　4.4.4　CAD 模型导入 ANSYS Icepak 命令 ……………………………… 181
　　4.4.5　CAD 模型导入 ANSYS Icepak 步骤、原则 ……………………… 191
　　4.4.6　ANSYS Icepak 自带的 CAD 接口 ………………………………… 192
　　4.4.7　ANSYS SCDM 与 ANSYS Icepak 的接口 ………………………… 195
4.5　CAD 几何模型导入 ANSYS Icepak 实例 …………………………………… 201
4.6　电子设计软件 EDA 模型导入 ANSYS Icepak ……………………………… 208
　　4.6.1　EDA-IDF 几何模型导入 …………………………………………… 208
　　4.6.2　EDA 电路布线过孔信息导入 ……………………………………… 211
　　4.6.3　EDA 封装芯片模型导入 …………………………………………… 213
4.7　本章小结 …………………………………………………………………… 216

第5章　ANSYS Icepak 网格划分 …………………………………………………… 217
5.1　ANSYS Icepak 网格控制面板 ……………………………………………… 217
　　5.1.1　ANSYS Icepak 网格类型及控制 …………………………………… 218
　　5.1.2　Hexa unstructured 网格控制 ……………………………………… 221
　　5.1.3　Mesher-HD 网格控制 ……………………………………………… 225
5.2　ANSYS Icepak 网格显示面板 ……………………………………………… 230
5.3　ANSYS Icepak 网格质量检查面板 ………………………………………… 233
5.4　ANSYS Icepak 网格优先级 ………………………………………………… 236
5.5　ANSYS Icepak 非连续性网格 ……………………………………………… 239

	5.5.1	非连续性网格概念	239
	5.5.2	非连续性网格的创建	241
	5.5.3	Non-Conformal Meshing 非连续性网格划分的规则	243
	5.5.4	非连续性网格的自动检查	246
	5.5.5	非连续性网格应用案例	249
5.6	Mesher-HD 之 Multi-level 多级网格		250
	5.6.1	Multi-level(M/L)多级网格概念	251
	5.6.2	多级网格的设置	251
	5.6.3	设置 Multi-level 多级级数的不同方法	253
5.7	ANSYS Icepak 网格划分的原则与技巧		254
	5.7.1	ANSYS Icepak 网格划分原则	254
	5.7.2	确定模型多级网格的级数	255
	5.7.3	网格划分总结	256
5.8	ANSYS Icepak 网格划分实例		257
	5.8.1	强迫风冷机箱	257
	5.8.2	LED 灯具强迫风冷散热模拟	259
	5.8.3	液冷冷板模型	262
	5.8.4	强迫风冷热管散热模拟	265
5.9	本章小结		269

第6章 ANSYS Icepak 相关物理模型 270

6.1	自然对流应用设置		270
	6.1.1	自然对流控制方程及设置	271
	6.1.2	自然对流模型的选择	272
	6.1.3	自然对流计算区域设置	272
	6.1.4	自然冷却模拟设置步骤	273
6.2	辐射换热应用设置		275
	6.2.1	Surface to surface(S2S 辐射模型)	276
	6.2.2	Discrete ordinates(DO 辐射模型)	277
	6.2.3	Ray tracing(光线追踪法辐射模型)	279
	6.2.4	3 种辐射模型的比较与选择	280
6.3	太阳热辐射应用设置		281
	6.3.1	太阳热辐射载荷设置	281
	6.3.2	太阳热辐射瞬态载荷案例	284
	6.3.3	热模型表面如何考虑太阳热辐射	286
6.4	瞬态热模拟设置		287
	6.4.1	瞬态求解设置	287
	6.4.2	瞬态时间步长(Time step)设置	290
	6.4.3	变量参数的瞬态设置	294
	6.4.4	求解的瞬态设置	300
6.5	本章小结		301

第7章 ANSYS Icepak 求解设置 ... 302
7.1 ANSYS Icepak 基本物理模型定义 ... 302
7.1.1 基本物理问题定义设置面板 ... 303
7.1.2 基本物理问题定义向导设置 ... 309
7.2 自然冷却计算开启的规则 ... 312
7.3 求解计算基本设置 ... 314
7.3.1 Basic settings(求解基本设置面板) ... 314
7.3.2 判断热模型的流态 ... 315
7.3.3 Parallel settings(并行设置面板) ... 315
7.3.4 Advanced settings(高级设置面板) ... 318
7.4 变量监控点设置 ... 319
7.4.1 直接拖曳模型 ... 319
7.4.2 复制粘贴 ... 321
7.4.3 直接输入坐标 ... 321
7.4.4 模型树下建立监控点 ... 322
7.5 求解计算面板设置 ... 323
7.5.1 General setup(通用设置面板) ... 324
7.5.2 Advanced(高级设置面板) ... 326
7.5.3 Results(结果管理面板) ... 327
7.5.4 TEC 热电制冷模型的计算 ... 328
7.5.5 恒温控制计算 ... 330
7.6 ANSYS Icepak 计算收敛标准 ... 331
7.7 ANSYS Icepak 删除/压缩计算结果 ... 334
7.8 本章小结 ... 336

第8章 ANSYS Icepak 后处理显示 ... 337
8.1 ANSYS Icepak 后处理说明 ... 337
8.2 ANSYS Icepak 自带后处理显示 ... 340
8.2.1 Object face(体处理) ... 341
8.2.2 Plane cut(切面处理) ... 348
8.2.3 Isosurface(等值面处理) ... 351
8.2.4 Point(点处理) ... 353
8.2.5 Surface probe(探针处理) ... 353
8.2.6 Variation plot(变量函数图) ... 354
8.2.7 History plot(瞬态函数图) ... 355
8.2.8 Trials plot(多次实验曲线图) ... 356
8.2.9 Transient settings(瞬态结果处理) ... 357
8.2.10 Load solution ID(加载计算结果) ... 359
8.2.11 Summary report(量化报告处理) ... 359
8.2.12 Power and temperature limits setup 处理 ... 364
8.2.13 保存后处理图片 ... 364

8.3 Post 后处理工具 365
8.3.1 Post 后处理面板 1 365
8.3.2 Post 后处理面板 2 365
8.3.3 Post 后处理面板 3 367
8.3.4 Post 后处理面板 4 368
8.4 Report 后处理工具 368
8.5 本章小结 376

第9章 ANSYS Icepak 热仿真专题 377
9.1 ANSYS Icepak 外太空环境热仿真 377
9.2 异形 Wall 热流边界的建立 382
9.2.1 圆柱形计算区域的建立 382
9.2.2 异形 Wall 的建立 384
9.3 热流—结构动力学的耦合计算 387
9.4 ANSYS SIwave 电—热流双向耦合计算 392
9.5 PCB 导热率验证计算 398
9.6 ANSYS Icepak 参数化/优化计算 403
9.6.1 参数化计算步骤 403
9.6.2 Design Explorer 的参数化功能 409
9.6.3 优化计算步骤 412
9.7 轴流风机 MRF 模拟 418
9.8 机箱系统 Zoom-in 的功能 421
9.8.1 Profile 边界说明 422
9.8.2 Zoom-in 功能案例讲解 423
9.9 ANSYS Icepak 批处理计算的设置 425
9.10 某风冷机箱热流仿真优化计算 428
9.10.1 机箱 CAD 模型的修复及转化 429
9.10.2 ANSYS Icepak 热模型的修改 434
9.10.3 热模型的网格划分 438
9.10.4 热模型的求解计算设置 442
9.10.5 热模型的后处理显示 443
9.10.6 热模型自然冷却计算及后处理 446
9.10.7 热模型的优化计算 1 447
9.10.8 热模型的优化计算 2 450
9.11 某风冷电动汽车电池包热流优化计算 452
9.11.1 电池包 CAD 模型的修复及转化 453
9.11.2 ANSYS Icepak 热模型的修改 458
9.11.3 热模型的网格划分 461
9.11.4 热模型的求解计算设置 463
9.11.5 热模型的后处理显示 464
9.11.6 热模型的优化 465

9.12　本章小结 ·· 466

第10章　宏命令 Macros ·· 467

10.1　宏命令 Macros 简介 ·· 467

10.2　Geometry 面板 ·· 467

 10.2.1　Approximation 面板 ·· 468

 10.2.2　Data Center Components 面板 ·· 473

 10.2.3　Heatsinks 面板 ·· 477

 10.2.4　Other 面板 ··· 483

 10.2.5　Packages 面板 ··· 485

 10.2.6　Package-TO Devices 面板 ·· 487

 10.2.7　PCB 面板 ··· 491

 10.2.8　Rotate 面板 ·· 494

10.3　Modeling 面板 ··· 495

 10.3.1　Heatsink Wind Tunnel 面板 ··· 496

 10.3.2　SIwave Icepak Coupling 面板 ·· 498

 10.3.3　Die Characterization 面板 ·· 500

 10.3.4　Power Dependent Power Macro 面板 ·· 501

 10.3.5　Transient Temperature Dependent Power 面板 ································ 502

10.4　Post Processing 面板 ··· 503

 10.4.1　Ensight Export 面板 ·· 504

 10.4.2　Report Max Values 面板 ··· 504

 10.4.3　Temperature Field to ANSYS WB 面板 ··· 505

 10.4.4　Write Average Metal Fractions 面板 ··· 505

 10.4.5　Write Detailed Report 面板 ·· 505

10.5　Productivity 面板 ··· 506

10.6　本章小结 ··· 512

参考文献 ·· 513

第 1 章 ANSYS Icepak 概述

【内容提要】

本章将重点介绍 ANSYS Icepak 的发展、基本功能及工程应用背景;ANSYS Icepak 与 ANSYS Workbench 的关系;ANSYS Icepak 电子热仿真模拟的步骤流程;ANSYS Icepak 软件包的基本组成及模块说明;另外,使用了一个强迫风冷机箱和一个 LED 自然冷却散热的热仿真算例,详细介绍了 ANSYS Icepak 模拟电子产品强迫风冷及自然冷却的基本步骤和过程。

【学习重点】

- 了解 ANSYS Icepak 的工程应用;
- 了解 ANSYS Icepak 与 ANSYS Workbench 的关系;
- 掌握 ANSYS Icepak 进行电子散热的流程、步骤;
- 掌握 ANSYS Icepak 的模块组成及各模块的作用、功能;
- 熟悉本章中的两个简单算例,了解相应的设置。

1.1 ANSYS Icepak 概述及工程应用

ANSYS 公司是世界著名的 CAE 供应商,经过 40 多年的发展,已经成为全球数值仿真技术及软件开发的领导者和革新者,其产品包含电磁、流体、结构动力学 3 大产品体系,可以涵盖电磁领域、流体领域、结构动力学领域的数值模拟计算,其各类软件不是单一的 CAE 仿真产品,而是集成于 ANSYS Workbench 平台下,各模块之间可以互相耦合模拟、传递数据。因此,使用 ANSYS 数值模拟软件,用户可以将电子产品所处的多物理场进行耦合模拟,真实反映产品的 EMC 分布、热流特性、结构动力学特性等。目前,ANSYS 系列软件被广泛应用于各类电子产品的研发流程中,在很大程度上提高了产品的研发进程。

Icepak 软件(版本 4.4.8)于 2006 年被 ANSYS 收购,并入旗下,随之 ANSYS 公司开发了与 Icepak 相关的各类 CAD、EDA 接口,当前最新的版本是 ANSYS Icepak 18.1。本书基于 ANSYS Icepak 18.1 进行介绍,与之前的各个版本相比,此版本在很多方面做了较大改进。

ANSYS Icepak 18.1 是 ANSYS 系列软件中针对电子行业的散热仿真优化分析软件,目前在全球拥有较高的市场占有率,电子行业涉及的散热、流体等相关工程问题,均可使用 ANSYS Icepak 进行模拟计算,如强迫风冷、自然冷却、PCB 各向异性导热率计算、热管数值模拟、TEC 制冷、液冷模拟、太阳热辐射、电子产品恒温控制计算等工程问题。

ANSYS Icepak 18.1 与主流的三维 CAD 软件(Catia、Autodesk Inventor、Pro/Engineer、Solidworks、Solid Edge、Unigraphics 等)具有良好的接口,同时,Icepak 可以将主流的 EDA 软件(Cadence、Mentor、Zuken<CR5000>、Altium Designer、Sigrity)输出的 IDF 模型及 PCB 板的布线过孔文件导入 Icepak 进行模拟计算;与此同时,ANSYS Icepak 具有丰富的物理模型,其使用 ANSYS Fluent 作为求解器,具有鲁棒性好、计算精度高等优点。目前,ANSYS Icepak 在我国航

空航天、机车牵引、消费性电子产品、医疗器械、电力电子、电气、半导体等行业有着广泛的应用,如图1-1所示。

例如,航空航天方面的应用包括:
(1) 机载电子控制机箱热分析。
(2) PCB单板散热分析。
(3) 卫星控制系统热分析。
(4) 雷达控制系统热分析。
(5) 芯片散热分析等方面的模拟分析。
(6) 与ANSYS电磁软件进行电磁—热流耦合模拟。
(7) 与ANSYS结构动力学软件进行热流—结构力学的耦合模拟。

芯片散热模拟　　　电子PCB散热模拟　　　服务器热流模拟

图1-1　ANSYS Icepak应用范围

ANSYS Icepak在电子散热仿真及优化方面主要有以下特征:
(1) 基于对象的自建模方式,快速便捷建立热模型。
(2) 丰富多样的电子器件库并支持用户自定义库。
(3) 快速稳定的求解计算。
(4) 自动优秀的网格技术。
(5) 与CAD软件/EDA软件有良好的数据接口。
(6) 与电磁/结构动力学软件可以进行多场耦合模拟。
(7) 丰富多样化的后处理功能等。

另外,ANSYS Icepak能够仿真的物理模型主要包含以下几方面:
(1) 强迫对流、自然对流模型。
(2) 混合对流模型。
(3) PCB Trace及导体的焦耳热计算。
(4) 热传导模型、流体与固体的耦合传热模型。
(5) 丰富的辐射模型(半立方体法、自适应模型、Discrete Ordinates模型、Ray Tracing模型)。
(6) PCB各向异性导热率计算。
(7) 稳态及瞬态问题求解。
(8) 多流体介质问题。
(9) 风机非线性P-Q曲线的输入。
(10) IC的双热阻网络模型。
(11) 太阳辐射模型。

(12) TEC 制冷模型。
(13) 模拟轴流风机叶片旋转的 MRF 功能。
(14) 电子产品恒温控制计算。
(15) 模拟电子产品所处的高海拔环境等。

1.2 ANSYS Icepak 与 ANSYS Workbench 的关系

1.2.1 ANSYS Workbench 平台介绍

ANSYS Workbench(简称 WB)平台实际上是 ANSYS 多个产品或功能应用的仿真管理平台,在此平台下,ANSYS 旗下的多个仿真模拟工具可以互相交替耦合,实现各种物理场仿真数据的传递。另外,在 WB 平台下,一方面可以将常用 CAD 软件的几何模型通过接口导入 ANSYS 的模拟工具,另一方面,通过几何接口 Geometry Interface,也可实现 CAD 软件与 CAE 软件几何数据的双向传递。

WB 中包含多个软件模块,各模块实现不同的功能,如表 1-1 所示。

表 1-1 ANSYS Workbench 主要模块的组成及描述

模块名称	模块功能描述
Geometry	CAD 模型的导入接口,适合于 ANSYS Icepak、CFD 软件、结构软件、电磁分析软件
Icepak	针对电子行业,耦合 CFD(计算流体动力学)和传热计算的软件
Fluent	通用 CFD 计算分析软件
CFD-Post	针对 ANSYS 系列软件(ANSYS Icepak、Fluent、CFX 等)的专业后处理软件
Static Structural	静态结构动力学分析软件
HFSS	高频电磁分析软件
Maxwell	低频电磁分析软件

为了模拟电子产品真实的多物理场环境,得到产品真实的多场特性分布,ANSYS 公司开发了各软件的数据传递接口,用户必须依靠 WB 才能进行多场耦合。典型的 WB 多场耦合工作流程如图 1-2 所示。

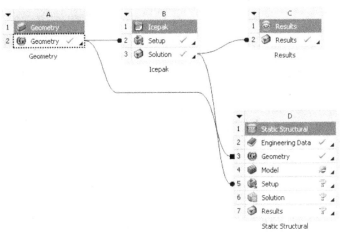

图 1-2 WB 多场耦合工作流程

从图1-2中可以清楚看到,WB平台下进行Icepak热流—Structural结构动力学耦合模拟的工作过程。

(1) 拖动A2至B2,可以通过Geometry(DM)将CAD模型传递给ANSYS Icepak,在ANSYS Icepak中计算该产品的散热特性,得到温度、速度、压力等的计算结果;

(2) 拖动B3至C2,可将ANSYS Icepak的计算结果传递导入给CFD-Post(Results)模块,用户可在此模块中进行专业的后处理显示;

(3) 拖动A2至D3,可通过DM,将CAD模型导入Static Structural结构动力学模块,拖动B3至D5,将Icepak计算的温度结果作为结构动力学的热载荷,可计算此CAD模型的热变形、热应力分布等。

1.2.2 ANSYS Workbench平台的启动

常用启动WB的方法主要有以下两种。

(1) 单击"开始"菜单,在"所有程序"中选择ANSYS 18.1→Workbench 18.1命令,如图1-3所示,即可启动ANSYS Workbench 18.1。

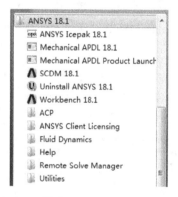

图1-3 启动ANSYS Workbench 18.1

(2) 从CAD软件系统中启动WB,如图1-4所示。

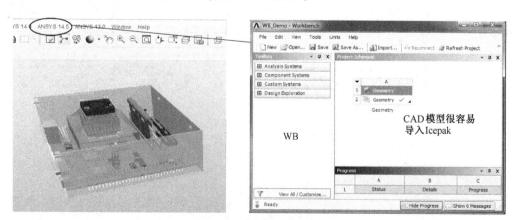

图1-4 从CAD软件中启动WB

① ANSYS图标显示在CAD软件(本实例为Proe)的主菜单中。

② 安装 ANSYS 软件时必须选择相应的 CAD 软件接口（ANSYS Geometry Interfaces），才会在 CAD 软件中出现 ANSYS 图标，如图 1-5 所示。

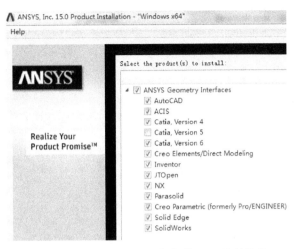

图 1-5　ANSYS Workbench 与各种 CAD 软件的接口

③ WB 与主流的 CAD 软件均有接口，包括 Catia、Autodesk Inventor、Pro/Engineer、Solidworks、Solid Edge、Unigraphics 等。

1.2.3　ANSYS Workbench 的界面(GUI)

WB 界面主要由主菜单栏、工具箱、项目视图区、消息窗口（Message）、进度窗口（Progess）组成，如图 1-6 所示。

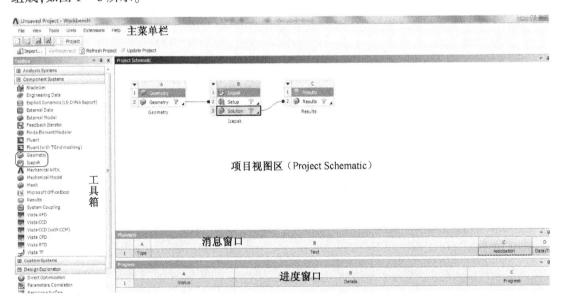

图 1-6　WB 界面(GUI)

WB 界面主要包括以下功能。

（1）Analysis Systems：预先定义的模板，与 ANSYS Icepak 相关的包括 HFSS、Maxwell 2D/

3D、Simplorer、Static Structural，可用于模拟电子产品的多物理场耦合，如图1-7所示。

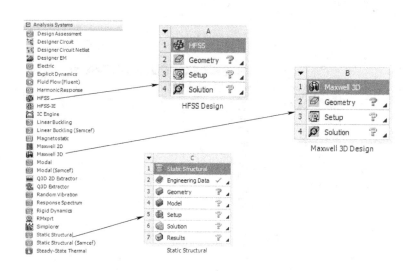

图1-7 相关的预定义模板

（2）Component Systems：包含ANSYS旗下不同的CAE分析软件，其中Geometry、Results与Icepak相关，工具栏中不同CAE软件的组合，可形成解决不同物理问题的项目流程图，如图1-8(a)所示。

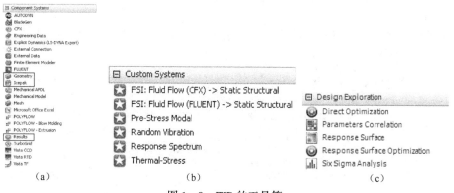

图1-8 WB的工具箱

用户使用Component Systems中的软件，可以有以下两种方法：

① 用户双击相应的软件模块，如双击Geometry，项目视图区中会出现Geometry的单元。

② 用户使用左键选择软件模块，然后按住左键向项目视图区拖动，WB的视图区会自动出现Create standa lone system的方框，然后松开鼠标左键，视图区会出现相应的CAE单元，如图1-9所示。

（3）Custom Systems：包含定制的多软件单元耦合工作流程图，如FSI：Fluid Flow(FLUENT)→Static Structural，表示使用Fluent和Structural进行流固耦合分析。这部分与ANSYS Icepak无关，本书不做过多讲解，如图1-8(b)所示。

（4）Design Exploration：对于Icepak而言，Design Exploration主要用于参数化/优化Geometry中的CAD模型及Icepak中定义的各变量参数及函数等，此部分将在第9章做详细的说明，如图1-8(c)所示。

图 1-9　创建相应 CAE 软件单元

因此,双击或拖曳 ANSYS Workbench 工具箱中某一软件可进行单场的模拟计算,而在项目视图区,工程师可以将各种 CAE 软件间的数据进行传递,以进行多物理场之间的耦合分析。

1.2.4　ANSYS Workbench 对 Icepak 的作用

ANSYS Icepak 进入 WB 平台以后,ANSYS 公司针对 Icepak 开发了 CAD 模型的导入接口 Geometry(DM),利用 WB 下的 DM,用户可将 CAD 模型导入 Icepak,其转化命令如图 1-10 所示。

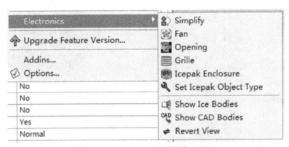

图 1-10　DM 的转化工具

安装于 WB 平台下的 Icepak,可以实现以下两方面的功能:
(1) 使用 WB 平台下的 Geometry(Design Molder,DM),将 CAD 模型导入 Icepak。
(2) 基于 WB 平台,可以实现多个 CAE 软件间数据的传递,以便实现电子产品的多场耦合模拟。

图 1-11 中 A 单元为 DM,DM 将 CAD 模型传递给 B 单元 Icepak 软件,在 ANSYS Icepak 中对模型进行电子热模拟后,用户可以将 CAD 模型传递给结构动力学软件 Static Structural,然后将 B3 的 ANSYS Icepak 计算结果传递给结构动力学软件,进行热流—结构的耦合模拟。

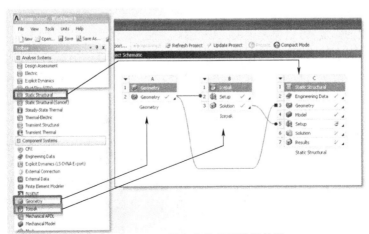

图 1-11　WB 平台多物理场数据传递

1.3 ANSYS Icepak 热仿真流程

与其他 CAE 软件类似,在 ANSYS Icepak 对任何电子产品或类似的模型进行热模拟时,通常需要经过建立热仿真模型、对模型进行网格划分处理、求解计算和后处理 4 大步骤。

1.3.1 建立热仿真模型

目前,建立 ANSYS Icepak 热仿真模型主要包含以下 3 种方式。

(1) 在 ANSYS Icepak 软件中手动建立热模型:Icepak 可以使用基于对象的建模方式来建立热模型,单击 Icepak 软件的模型工具栏,即可建立"干净"的热仿真模型,如单击 Create heat sinks 模型,在 Icepak 的图形区域中会出现散热器的模型,输入相应的几何参数信息,即可建立散热器模型,如图 1-12 所示。

(a) 自建散热器

(b) 自建的电源模块

图 1-12 Icepak 自建模型

(2) 通过 ANSYS Workbench 平台,使用 Geometry 将 CAD 模型导入 Icepak,可通过以下过程实现。

① CAD 模型的修复:可以使用 Geometry 或者 ANSYS SCDM(Space Claim Direct Modeler)对复杂的 CAD 模型进行修复,修复工作主要包括:在不影响散热路径的原则下,删除小特征尺寸的倒角、删除所有的螺钉螺母、对异形的薄板创建"壳"单元(薄板模型)、抽取冷板中水冷的几何区域等,图 1-13 为 Geometry 删除电容的倒角。

② 修复"干净"的 CAD 模型可通过 Geometry 中的 Electronic 工具栏将模型导入 ANSYS Icepak,如图 1-14 所示;或者直接通过 ANSYS SCDM 将修复后的 CAD 模型转化,然后单击另存为→输出(格式为 *.Icepakmodel),也可以将 CAD 模型导入 ANSYS Icepak,完成热模型的建立。

(3) 通过 ANSYS Icepak 与 EDA 的接口,将 EDA 软件输出的 IDF 模型导入 ANSYS Icepak:通过布线接口,可以将 PCB 的布线和过孔信息导入 Icepak,精确反映 PCB 的导热率,如图 1-15 所示。

 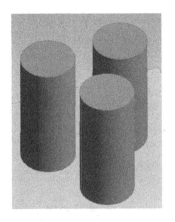

图 1-13 Geometry 删除电容的倒角

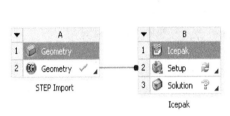 

(a) WB 下的 CAD 数据链　　　　　　　　(b) Electronic 工具

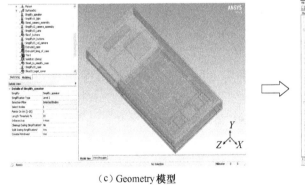

(c) Geometry 模型　　　　　　　　(d) 导入后的 Icepak 热模型

图 1-14　WB 下 CAD 模型的导入过程

通常,建立一个电子产品的热分析模型,尤其是包含 PCB 的模型,最好的方式是将上述 3 种方式结合起来使用,如图 1-16 中复杂 PCB 卡模组热仿真模型。

在图 1-16 的模型中,不同的部件通过不同的方式建立,具体方式可参考表 1-2。

表 1-2　复杂板卡建模方式

名　　称	建　模　方　式
真实轴流风机	通过 Geometry 导入 ANSYS Icepak

续表

名　　称	建　模　方　式
异形散热器	通过 Geometry 导入 ANSYS Icepak
异形热管	通过 Geometry 导入 ANSYS Icepak
PCB 及芯片	通过 ANSYS Icepak 的 EDA 接口,导入 EDA 软件输出的 IDF 模型
PCB 布线	通过 ANSYS Icepak 的 EDA 接口,导入 PCB 的布线和过孔
芯片与散热器接触热阻	基于 ANSYS Icepak 自建模方式,设置芯片与散热器的接触热阻

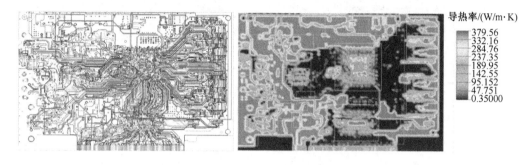

图 1-15　ANSYS Icepak 导入 PCB 布线及导热率分布

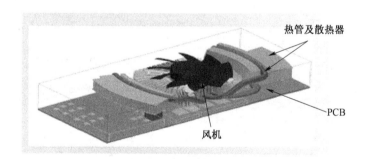

图 1-16　复杂 PCB 卡模组热仿真模型

关于如何建立电子热仿真模型,将在第 4 章进行讲解。

1.3.2　网格划分

ANSYS Icepak 是使用自身的网格划分工具对建立的热模型进行网格处理,需要将 Icepak 计算区域内的流体区域与固体区域按照合理的网格设置进行划分。ANSYS Icepak 提供 3 种网格类型:结构化网格、非结构化网格和 Mesher-HD 网格类型;另外,提供两种网格处理方式:非连续性网格和多级(Multi-level)网格处理。

由于多样化的网格类型及优秀的网格处理方式,可以保证 ANSYS Icepak 对任何模型进行网格的贴体划分处理。通常来说,电子热仿真模型需要使用混合网格进行处理,即不同区域或不同对象使用不同的网格类型和方式进行网格处理,如图 1-17 所示。

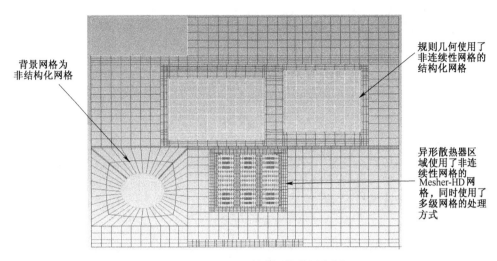

图 1-17 Icepak 混合网格使用案例

1.3.3 求解计算设置

在 ANSYS Icepak 里,对模型划分完合理的网格后,需要进行求解的一些设置主要包括:

(1) 环境温度设置。
(2) 是否考虑自然对流及辐射换热。
(3) 设置各类边界条件,如开口风速、温度等。
(4) 设置各热源热耗。
(5) 设置湍流模型。
(6) 求解的非定常设置(求解是否为瞬态/稳态)。
(7) 求解计算的初始条件或初始化值。
(8) 是否考虑太阳热辐射载荷。
(9) 是否考虑高海拔对电子产品散热的影响。
(10) 是否考虑多组分计算模拟。
(11) 迭代步数及残差数值的设置。
(12) 是否考虑并行计算及设置并行计算的核数。
(13) N-S 方程离散格式、迭代因子、单双精度的设置。
(14) 温度、压力、速度监控点的设置(用于准确判断计算求解的收敛性)。

做完上述的部分设置(不同工况需要的设置不同)后,单击求解计算,ANSYS Icepak 将会自动弹出 Fluent 求解器进行计算,直至收敛,计算结束。

1.3.4 后处理显示

ANSYS Icepak 主要使用自带的工具进行后处理显示(见图 1-18),可以得到以下求解结果:

(1) 温度、速度、压力等变量的温度云图。
(2) 速度矢量图。
(3) 流动的迹线图。

(4) 不同变量的等值云图。
(5) 不同点不同变量的处理。
(6) 不同变量沿不同直线变化的 Plot 图。
(7) 瞬态计算不同时刻变化的各变量云图等。
(8) 对不同模型各变量统计量化的具体数值。
(9) 统计模型中传导、对流、辐射 3 种方式各自的换热量。
(10) 不同变量最大、最小值及位置显示。
(11) 模型内不同区域计算结果的数值显示。
(12) 芯片网络模型结温的显示。
(13) 各风机工作点的显示等。

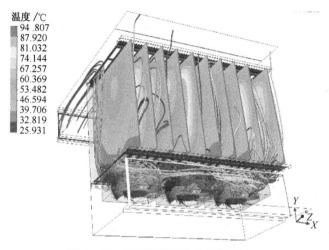

图 1-18　某通信机柜的后处理显示

1.4　ANSYS Icepak 模块组成

针对电子产品散热的需求，ANSYS Icepak 18.1 软件内嵌了丰富的材料库、IC 器件库、风机库、散热器库等，通过相应的 CAD 接口和 EDA 接口，可导入电子产品相应的几何模型和 PCB 模型，同时提供基于对象的快速自建模功能，大大方便了结构工程师或电子工程师的使用；Icepak 使用基于 Fluent 求解器的有限体积算法，可以帮助用户快速实现产品的散热模拟计算。

ANSYS Icepak 18.1 主要包含以下模块：

1. CAD 导入接口模块

目前 ANSYS Icepak 位于 ANSYS Workbench 平台下，其拥有的 CAD 接口为 ANSYS Workbench 平台下的 Geometry。针对 ANSYS Icepak 的模型特点，ANSYS 公司在 DM 中开发了 Electronic 工具箱，通过此工具箱，可以将复杂的 CAD 模型进行转化，然后自动导入 ANSYS Icepak。

DM 可读入主流 CAD 软件（Catia、Autodesk Inventor、Pro/Engineer、Solidworks、Solid Edge、Unigraphics）输出的格式，DM 支持的部分 CAD 数据格式如图 1-19 所示。

另外，如果读者安装了 WB 与三维 CAD 软件的接口，也可以参考 1.2.2 节中的方式，直接从 CAD 软件中启动 WB，这样可以直接打开 WB，CAD 模型会自动进入 DM，双击进入 DM，即可对模型进行转化。

```
All Geometry Files (*.sat;*.sab;*.dwg;*.dxf;*.model;*.dlv;*.CATPart;*.CATPro
ACIS (*.sat;*.sab)
AutoCAD (*.dwg;*.dxf)
Catia [V4] (*.model;*.dlv)
Catia [V5] (*.CATPart;*.CATProduct)
Creo Elements/Direct Modeling (*.pkg;*.bdl;*.ses;*.sda;*.sdp;*.sdac;*.sdpc)
Creo Parametric (*.prt*;*.asm*)
GAMBIT (*.dbs)
IGES (*.iges;*.igs)
Inventor (*.ipt;*.iam)
JTOpen (*.jt)
Monte Carlo N-Particle (*.mcnp)
Parasolid (*.x_t;*.xmt_txt;*.x_b;*.xmt_bin)
Solid Edge (*.par;*.asm;*.psm;*.pwd)
SolidWorks (*.SLDPRT;*.SLDASM)
SpaceClaim (*.scdoc)
STEP (*.step;*.stp)
Unigraphics NX (*.prt)
All Files (*.*)
```

图 1-19 DM 支持的部分 CAD 数据格式

2. ANSYS Icepak 基本包

提供丰富的物理模型,嵌入了 ANSYS Icepak 快速自建模的工具栏,丰富的库模型,支持用户自定义库的建立,提供基于对象的快速建模工具;提供了各类 EDA 布线接口,如图 1-20 所示,用于将 Mentor Graphics、Altium Designer、Cadence 等设计软件的布线文件直接导入 PCB 模型,其中 BRD、ANF、ODB++格式的布线文件无须授权就可以读入 ANSYS Icepak,精确反映 PCB 上的布线过孔信息,以计算 PCB 各向异性的局部导热率;先进的多样化网格划分、显示、检查工具;包含求解计算的各种设置,可进行参数化/优化计算;包含丰富的后处理工具。

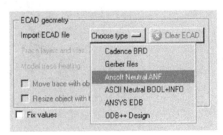

图 1-20 EDA 布线过孔的导入接口

在 WB 平台下,可与 Ansoft、Structural 进行电磁、热流、结构的协同耦合模拟等,ANSYS Icepak 基本包的界面如图 1-21 所示。

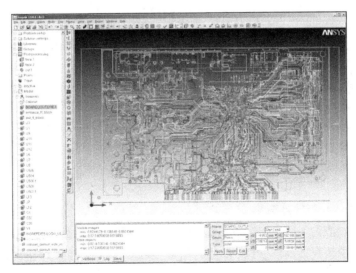

图 1-21 ANSYS Icepak 基本包的界面

3. ANSYS SCDM 模块

用于对各类 CAD 格式的几何模型进行快速修复，如批量删除安装孔，删除倒角，模型的分割、合并，提取冷板流道的几何模型，提取壳单元等，使 CAD 模型变成易被 Icepak 识别的几何体；在 ANSYS SCDM 18.1 中，嵌入了 CAD 模型转化为 Icepak 热模型的工具栏，非常易用，相关的命令可参考 4.4.7 节。

4. 参数化/优化模块

（1）ANSYS Icepak 18.1 自身支持参数化计算，在 ANSYS Icepak 里输入的各种数据均可以设置为变量，然后在参数化面板中，输入此变量的范围及相应的增值，单击 Run，即可进行参数化计算，如图 1-22 所示。

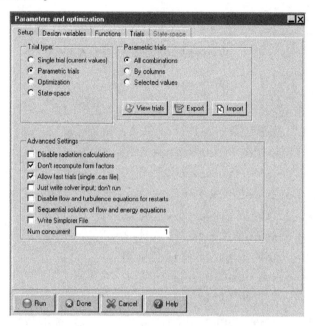

图 1-22　ANSYS Icepak 自身参数化面板

（2）Design Exploration 参数化/优化计算模块。在 ANSYS Icepak 18.1 版本里，可以使用 ANSYS Workbench 平台下的 Design Exploration（简称 DX）进行参数化/优化计算，其优化的速度快于 ANSYS Icepak 自带的优化模块 Iceopt。用户可以在 ANSYS Icepak 中定义参数、在 DM（几何接口）中定义几何变量参数，然后在如图 1-23 所示的 DX 参数化面板中依次输入各变量的参数数值，单击 Update Project，DX 即可驱动 ANSYS Icepak 进行参数化计算。

对于 ANSYS Icepak 15.0 之前的版本，主要使用 Iceopt 优化模块来对模型进行优化计算。ANSYS Icepak 15.0 以后的版本主要使用 DX 对热分析模型的不同参数进行优化计算。图 1-24 是 DX 优化结果面板。在第 9 章将会详细讲解 ANSYS Icepak 参数化/优化的计算过程。

5. ANSYS HPC 并行计算模块

ANSYS Icepak 可使用 ANSYS HPC 模块加速并行计算，尤其适用于计算网格数量比较多的模型，可大幅减少仿真计算的时间，多核的计算机或者分布式的计算机群均可使用 ANSYS HPC 模块进行并行计算。除此之外，ANSYS Icepak 18.1 还支持 Nvida GPU 的加速计算。图 1-25 为并行计算设置面板。

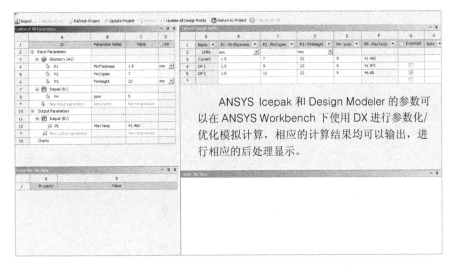

ANSYS Icepak 和 Design Modeler 的参数可以在 ANSYS Workbench 下使用 DX 进行参数化/优化模拟计算，相应的计算结果均可以输出，进行相应的后处理显示。

图 1-23 DX 参数化面板

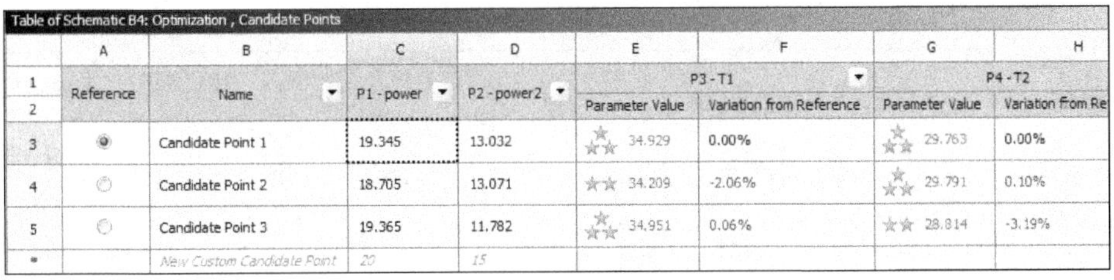

图 1-24 DX 优化结果面板

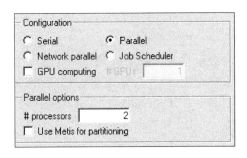

图 1-25 并行计算设置面板

1.5 ANSYS Icepak 机箱强迫风冷热仿真

为了使读者对 ANSYS Icepak 有感性的了解，了解使用 ANSYS Icepak 进行热仿真的流程，下面给出一个简单的电子机箱强迫风冷应用实例，以帮助读者更好地了解 ANSYS Icepak 散热模拟的步骤。本算例及计算结果可参考在线资源（请登陆"华信教育资源网"下载）。

1.5.1 实例介绍

某电子机箱，如图 1-26 所示，包含 1 个轴流风机、1 个散热孔、5 个热源、机箱外壳，所有模型均采用 ANSYS Icepak 基于对象的自建模方式建立，各模型几何及属性参数如表 1-3 所示。由于本案例为强迫风冷,因此忽略机箱外壳与空气的自然冷却过程。

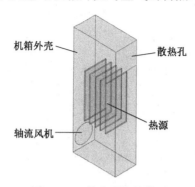

图 1-26 某电子机箱模型

表 1-3 各模型几何及属性参数

器件名称	尺寸信息/mm	属性描述
机箱外壳	400(长)×1000(高)×200(宽)	使用默认的 Cabinet 作为外壳(忽略外壳与空气的自然对流和辐射换热)
轴流风机	半径 80	风量为 0.00233m³/s,风机类型为 Intake(鼓风机,向机箱里吹)
热源	8(长)×400(高)×200(宽)	热耗 4W,材料为默认的铝型材
散热孔	200×200	使用 Grille(2D 阻尼),开孔率(自由面积比)为 0.8

1.5.2 建立热仿真模型

1. 建立项目

启动 ANSYS Icepak 软件(双击桌面快捷方式或参考 1.2.4 节),在弹出的对话框中选择 New,新建项目,然后在 New project 面板下(最好设定 ANSYS Icepak 的工作目录)输入相应的 Project 名称(注意:Icepak 项目名称中不能有中文、*和?等符号,最好是字母或数字),单击 Create,创建名为 jixiang 的项目,如图 1-27 所示。

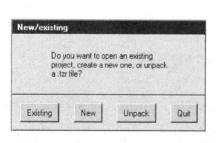
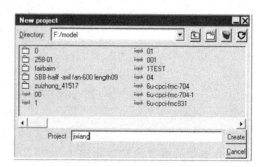

图 1-27 建立项目名称

2. 机箱的创建

双击模型树下的 Cabinet,在 Geometry 面板中,按照图 1-28 所示输入几何参数,用以表示机箱系统的外壳,单击 Done,建立的 Cabinet 模型如图 1-28 所示。由于本案例为强迫风冷散热,因此忽略了机箱外壳与空气的自然对流及辐射换热,使用 Icepak 默认的 Cabinet(Cabinet 6 个面为绝热的、壁面速度为 0,是 ANSYS Icepak 中的计算区域)作为机箱的外壳。

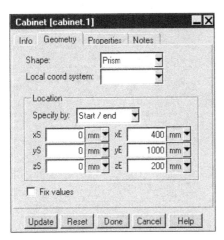
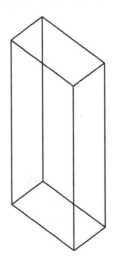

图 1-28 机箱外壳尺寸及模型

3. 轴流风机的创建

单击自建模模型工具栏中的 Fans 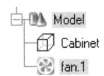,用于创建轴流风机,左侧模型树下自动出现风机图标,如图 1-29 所示。

双击模型树下的风机图标,打开其编辑窗口,在 Geometry 面板中,输入如图 1-30 所示的参数,包含风机方向面板 Plane 的选择、风机中心点位置的设置、风机半径的设置、风机形状、二维/三维风机的选择。

图 1-29 模型树下的风机图标

在 Properties 面板中,在 Fan type 中选择 Intake(鼓风机),在 Fan flow 下选择 Fixed,然后在 Volumetric 输入 0.00233(m³/s),表示风机为固定的体积流量,单击 Done,其他使用默认的设置。

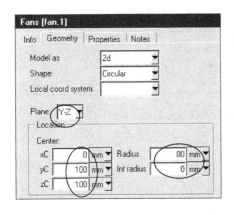
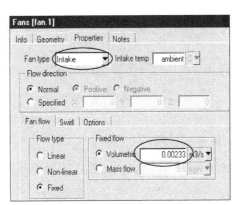

图 1-30 轴流风机的几何尺寸及属性面板

4. 散热孔的创建

单击模型工具栏的 Grille,用于模拟各种类型的散热孔,双击模型树下的 Grille 图标,在几何面板中,输入如图1-31所示的参数,选择Plane为$Y-Z$,输入相应的尺寸坐标信息;在Properties属性面板中,在Free area ratio中输入0.8,表示此散热孔的开孔率为0.8(开孔率表示空气能流过的面积除以面板的面积),其他设置保持默认。

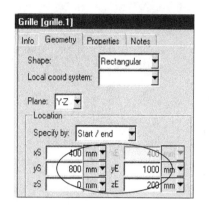
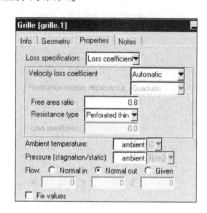

图1-31 散热孔的尺寸及属性面板

5. 热源的创建

在模型工具栏下单击Plates,双击模型树下出现的Plate图标,打开其编辑窗口,在几何面板中输入图1-32所示的几何参数,包括选择Plane为$Y-Z$及Plate的几何尺寸坐标;在其属性面板中,输入图1-32所示的参数,选择Conducting thick(传导厚板),输入Thickness为0.008(m),输入Total power为4(W),表示热耗为4W;单击Done,其他保持默认设置。

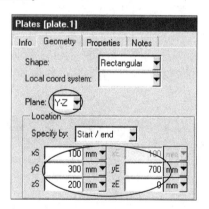
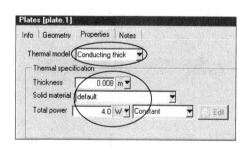

图1-32 热源的几何尺寸及属性面板

6. 热源的复制

选择模型树下的Plates,然后选择复制命令,ANSYS Icepak会自动弹出复制面板,在Number of copies中输入4,在Translate中,输入X offset为50(mm),表示偏移50mm,其他保持默认,单击Done,Icepak会对Plate进行复制,距离为50mm。

ANSYS Icepak图形显示区域会出现图1-33所示的模型,单击快捷工具栏中的热耗统计,可统计整体模型的热耗,如图1-33所示,总热耗为20W。

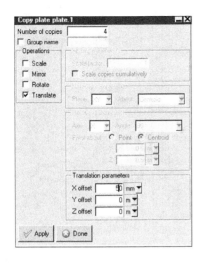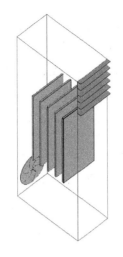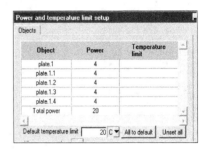

图 1-33 复制及最终热模型

1.5.3 网格划分

(1) 单击划分网格图标 ▦，打开划分网格面板，在 Mesh type 中选择 Hexa unstructured(非结构化网格)，ANSYS Icepak 会自动调整 Max X size、Max Y size、Max Z size 的数值(最大网格尺寸默认为计算区域 Cabinet 尺寸的 1/20)，保持其他选项为默认设置，单击 Generate Mesh，进行网格的划分处理，划分的网格数为 18144，如图 1-34 所示。

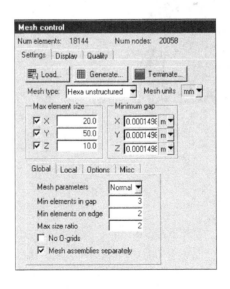

图 1-34 网格划分面板设置

(2) 单击网格控制面板的 Display，可对模型的体网格、面网格及系统的切面网格进行显示，可以看出，非结构化网格对圆形的风机及规则的散热孔、热源具有很好的贴体性，即网格划分不失真，如图 1-35 所示。

选择 Cut plane，可对不同切面进行网格的显示，如图 1-36 所示。

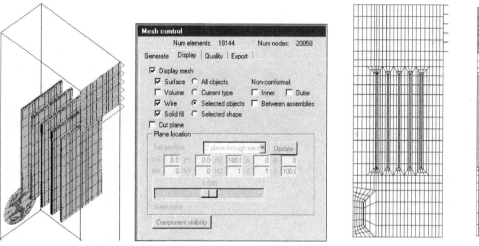

图 1-35 模型的网格显示　　　　图 1-36 网格的切面显示

（3）单击网格划分面板的 Quality，可进行网格的质量检查。ANSYS Icepak 提供了多种网格质量检查准则，单击不同的准则，ANSYS Icepak 的 Message 窗口会出现相应准则的数值范围，以帮助判断网格的好坏及查询网格质量差的区域，如图 1-37 所示。

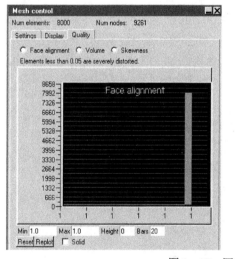
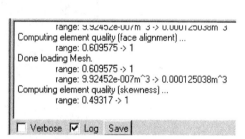

图 1-37 网格质量检查准则

1.5.4 求解计算设置

（1）打开 Solution settings，双击 Basic settings，保持默认的设置，默认 Number of iterations（迭代步数）为 100，Flow 的残差值为 0.001，Energy 的残差值为 1e-7。

单击图 1-38 所示面板中的 Reset，ANSYS Icepak 会自动计算此模型的雷诺数和贝克来数，以此判断流态，在 Message 窗口中显示流态信息，如图 1-39 所示。本案例中的雷诺数为 1170.33，贝克来数为 829.189，Icepak 判断模型为层流。

（2）打开模型树上部区域的 Problem setup，双击 Basic parameters，选择 Radiation 为 off，即关闭辐射换热；保持默认的层流 Laminar，不选择 Gravity vector，即忽略自然对流计算。

在 Basic parameters 面板中，单击 Defaults，可打开 Default values 面板，在其面板下可设置相应的环境温度，查看 ANSYS Icepak 默认的材料属性，保持所有的选择为默认，然后单击

Accept,如图 1-40 所示。

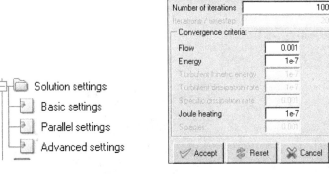

图 1-38 求解步数及残差设置

The approximate Reynolds and Peclet numbers for this problem are 1170.33 and 829.189, respectively. (Please note these are only estimates based on the current setup - actual values may vary.)
Reset solver defaults for forced convection and laminar flow.

图 1-39 ANSYS Icepak 自动判断流态

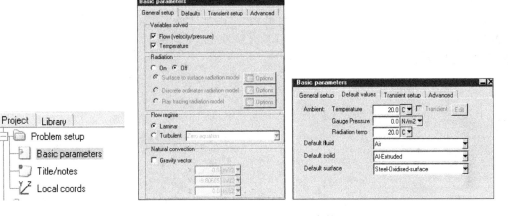

图 1-40 Basic parameters 面板参数

(3) 设置温度监控点。在模型树下选择 plate.1,拖曳至 Points 下,默认监测 plate.1 中心点的温度,用于设置温度监控点。双击 Points 下的 plate.1,可弹出 Modify point 面板,选择相应的监控点坐标及监控变量,如图 1-41 所示。设置不同变量的监控点,可用于判断模型计算是否完全收敛。

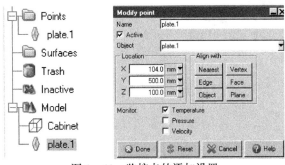

图 1-41 监控点的添加设置

(4) 求解计算。单击 ■，打开计算面板，保持所有默认的设置，单击 Start solution，ANSYS Icepak 开始计算，在计算过程中，ANSYS Icepak 会自动弹出 Fluent 求解器、残差窗口、温度监控点窗口，如图 1-42 所示。

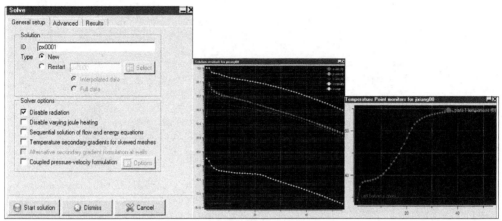

图 1-42　求解残差及监控点显示

可以看出，求解在第 54 步时计算收敛，温度的监控点平稳。为了进一步验证计算是否收敛，可单击 Report→Solution overview→Create，在弹出的面板中，选择 jixiang00，单击 Okay。ANSYS Icepak 软件会自动统计出进出口的空气流量差值，本案例为 $-1.7e-8m^3/s$，误差很小，计算完全收敛，如图 1-43 所示。

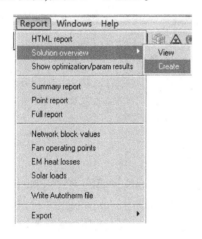
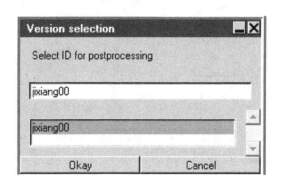

图 1-43　Solution overview 的创建统计

1.5.5　后处理显示

(1) 单击 Plane cut ■，打开切面的后处理面板，按照如图 1-44 所示进行设置，显示切面的温度分布：在 Set position 中选择 Z plane through center（表示切过 Z 方向中心位置的面），选择 Show contours，单击其右侧的 Parameters，打开参数控制面板，在 Number 中输入 120，在 Cal-

culated 中单击下拉菜单,选择 This object,其他选项保持默认设置,单击 Done,可显示此切面的温度云图分布。

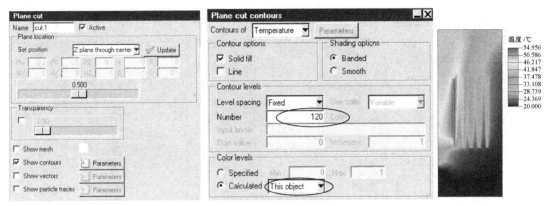

图 1-44　切面温度后处理设置及分布

可以看出,整个切面的温度分布不均匀,左侧的温度较高,右侧温度较低,5 个热源的温度分布不均匀。

同样,选择 Show vectors,单击 Parameters,打开控制面板,在 Uniform 中输入 10000,在 Calculated 中选择 This object,其他保持默认设置,分别单击 Apply、Done,可显示此切面的速度矢量分布,如图 1-45 所示。

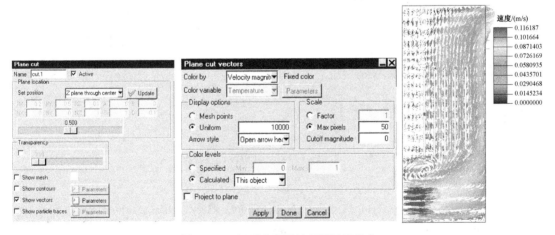

图 1-45　切面速度后处理设置及分布

可以看出,机箱轴流风机上侧空间包含明显的涡流区域,此涡流区域导致很少的冷空气进入左侧空间,而大部分冷风从机箱的右侧区域流出。良好的热设计应该消除涡流区域,消除气流短路的现象。

(2) 单击 Object face,打开 Object face(体后处理)面板,在 Object 中,单击下拉菜单,选择风扇 object fan.1,选择 Show particle traces,单击 Parameters,在控制面板中输入 Uniform 为 200,在 Calculated 中选择 This object,单击 Apply,可显示 200 个失重粒子的迹线分布,如图 1-46 所示。

同样,选择 Object face 面板下的 Show contours,表示显示变量的云图分布;在 Object 中单击下拉菜单,选择所有的热源,单击 Show contours 右侧的 Parameters,在 Calculated 中选择 This object,保持其他默认的设置,单击 Done,即可显示 5 个热源的温度分布,如图 1-47 所示。

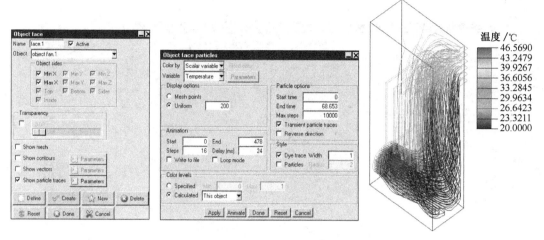

图 1-46 迹线后处理设置及显示

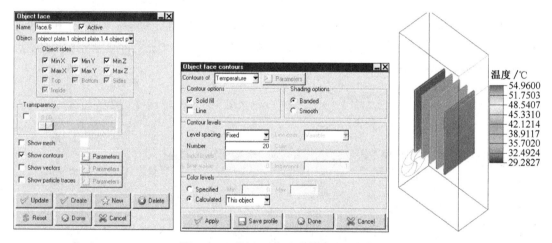

图 1-47 热源温度后处理设置及分布

读者练习:

(1) 将本案例中的风机 Type 修改为 Exhaust,其他设置不变,单击 Solve 面板,重新进行计算,比较 Exhaust 和 Intake 的区别以及对系统散热的影响。经过计算,可以发现,与使用 Intake 相比,使用 Exhaust 抽风风机可以降低热源的温度,同时消除机箱系统内的涡流区域。

(2) 读者可自行考虑多种方案,优化本案例中的流道,将机箱系统中的涡流区域消除,如在风机进口处增加导入板、优化风机的位置等方案。

1.6 某 LED 自然冷却模拟实例

1.6.1 实例介绍

某 LED 灯具,包括散热器、透镜、铝基板、盖等几何体,如图 1-48 所示。LED 灯具进行自然冷却模拟计算,需要考虑自然对流、热传导、辐射换热计算。由于 LED 灯具的几何模型均为异形几何体,因此所有的 CAD 体均通过 ANSYS Icepak 的 CAD 接口导入建立热仿真模型。

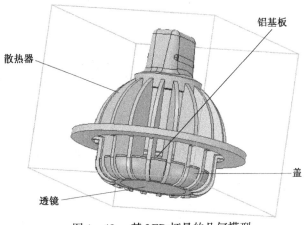

图 1-48　某 LED 灯具的几何模型

1.6.2　建立热仿真模型

1. 项目命名

启动 ANSYS Workbench,单击保存,在弹出的面板中输入 LED,单击保存。

2. 导入模型

双击工具箱内的 Geometry→Icepak;在项目视图区域中出现 DM、Icepak 单元。

3. CAD 导入

双击项目视图区域中的 Geometry 单元,打开 DM 软件;单击 File→Import External Geometry File,在弹出的面板中浏览选择在线资源中的 LED.stp;单击 Generate,完成模型的导入,如图 1-49 及图 1-50 所示。

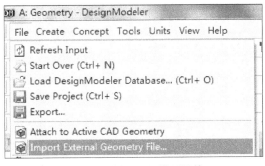

图 1-49　导入 CAD 模型的接口

4. CAD 模型转化

由于本模型中大部分几何体均为异形几何体,因此可使用 DM 的 Simplify 工具直接进行转化。如图 1-51 所示,单击 Tool(略)→Electronics→Simplify,出现如图 1-52 所示的 Simplify 转化面板。

在 Details of Simplify2 面板中,单击 Simplification Type 右侧选项,选择 Level 3;在 Select Bodies 中,选择图形区域的散热器,单击 Apply;在 Facet Quality 中,单击右侧下拉菜单,选择 Very Fine;单击 Generate,完成 CAD 模型的转化。

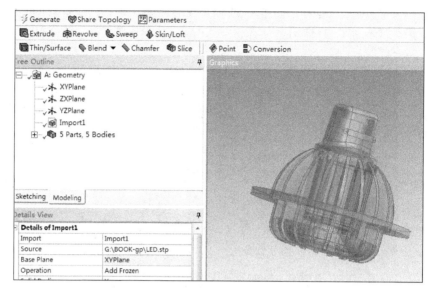

图 1-50 导入外部的 CAD 文件

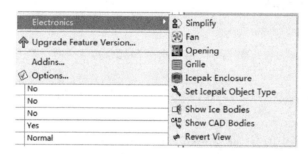

图 1-51 Electronics 转化工具命令

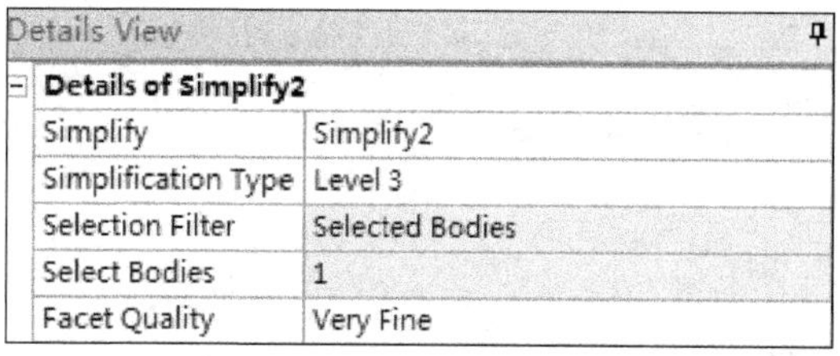

图 1-52 Simplify 转化面板

依次对 LED 灯具的其他模型进行转化，Simplify 转化面板的选择和散热器的转化面板完全相同；转化完成后，关闭 DM（注意：也可以同时选择多个器件直接进行 Simplify）。

5. 模型导入 Icepak

在 ANSYS Workbench 平台下，拖动 DM 至 Icepak 单元，WB 会自动将 DM 转化的模型导入 ANSYS Icepak 中，如图 1-53 所示。

双击 Icepak 单元的 Setup，打开 Icepak 软件，出现如图 1-54 所示的界面，单击 Save，保存导入的热模型。

6. 修改计算区域

双击模型树下的 Cabinet，如图 1-55 所示，输入 Cabinet 的几何尺寸，扩大 Cabinet 计算区域的空间,以模拟空气的自然对流;单击 Properties,设置 Cabinet 的 6 个面为 Opening 边界。

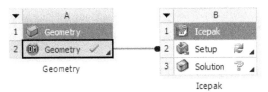

图 1-53 CAD 模型导入 Icepak

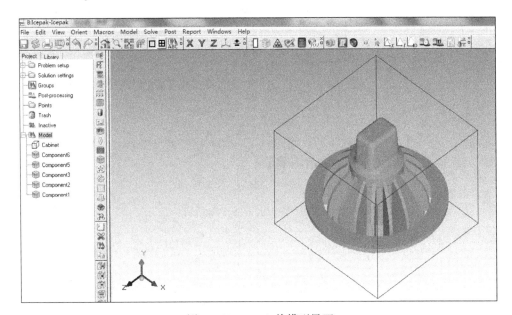

图 1-54 Icepak 热模型界面

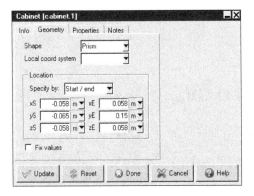 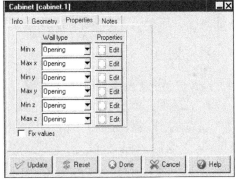

图 1-55 Cabinet 几何及属性面板

7. 器件命名及材料输入

双击模型树下的各个 Block,打开 Block 的编辑窗口,在 Info 面板中,对不同器件进行命名(注意,如果 CAD 模型中本身包含器件独立的名称,导入后 ANSYS Icepak 会按照器件各自的名称进行命名),在各自的属性面板中,选择相应的材料,如表 1-4 所示。

8. 铝基板材料输入

双击 lvbase(铝基板),打开其编辑窗口,在属性面板中,单击 Solid material 的下拉菜单,单击 Create material,创建新材料。在打开的面板中,在 Conductivity 中输入 2.0,单击 Done,完成铝基板新材料的创建,如图 1-56 所示。

表 1-4 器件命名及材料

器件名称	重新命名	材料属性
Component 1	Lens	Nylon-glass filed
Component 2	lvbase	建立铝基板新材料
Component 3	Cover	Nylon-Nylon-6
Component 5	Sanreqi	Default(使用默认的 AL 型材)
Component 6	Ding	Nylon-Nylon-6

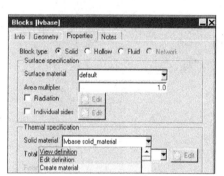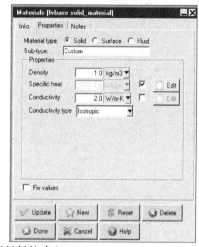

图 1-56 铝基板材料的建立

由于此 CAD 模型中无 LED 灯珠的模型,因此本案例直接将热耗加载给铝基板。在铝基板的属性面板中,输入 Total Power 为 5W。

1.6.3 网格划分

(1) 选择模型树下所有器件,单击右键,在弹出的面板中选择 Create→Assembly,如图 1-57 所示。建立 Assembly,用于非连续性网格的划分。

(2) 双击打开 Assemblies 编辑窗口,如图 1-58 所示,选择 Mesh separately,输入 Assemblies 各个面的 Slack 数值为 5(表示将 Assemblies 包含的区域向 6 个方向扩展 5mm 空间);选择 Max element size 下的 X、Y、Z,分别输入 3.0、5.0、3.0,表示此区域内的最大网格尺寸;选择 Global 下的相应选项。

选择 Set uniform mesh params,可用于改善 Mesher-HD 的网格质量,减少网格的个数。

单击 Assemblies 面板的 Multi-level 面板,选择 Allow multi-level meshing,表示划分多级网格;单击右侧的 Edit levels,在打开的面板中,对不同的模型输入不同的 Max levels(根据模型的最小尺寸决定级数的大小),如图 1-59 所示。

(3) 单击快捷工具栏中划分网格 ,打开划分网格面板;如图 1-60 所示输入相应值,单击 Generate,ANSYS Icepak 会自动划分网格。整个模型的网格数为 396233 个,网格节点数为 387504 个。

第 1 章 ANSYS Icepak 概述

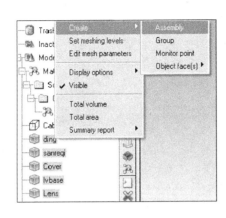

图 1-57 建立 Assembly 装配体

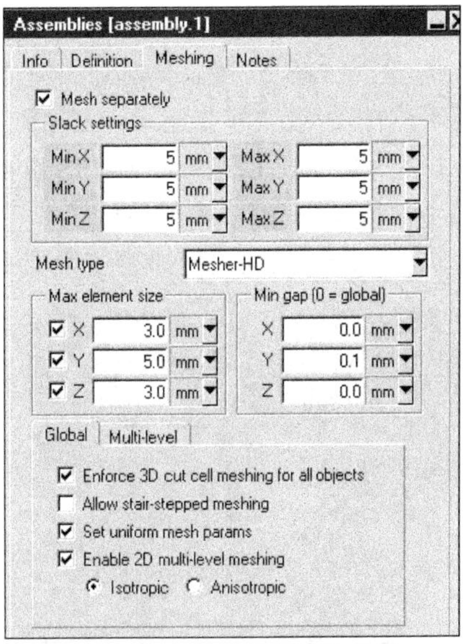

图 1-58 非连续性网格参数

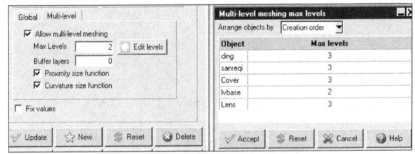

图 1-59 多级网格设置及级数输入

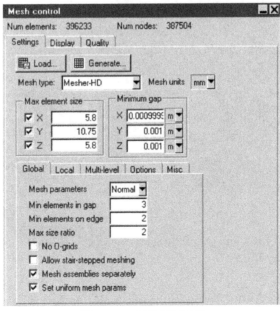

图 1-60 划分网格面板

（4）网格检查：选择模型树下的不同器件，单击网格划分面板的 Display，选择 Surface→Solid fill，可检查 ANSYS Icepak 划分的网格是否贴体，如果不贴体，需要修改网格的设置（主要是修改多级网格的级数和非连续性网格区域内的最大网格尺寸），重新划分网格。

从图 1-61 中可以看出，ANSYS Icepak 划分的网格完全贴体几何本身的模型。从图 1-62 中可以看出，整体模型使用了非连续性网格及多级网格，网格质量良好，而在非连续性网格区域内部，不同的几何模型使用了不同级数的多级网格。

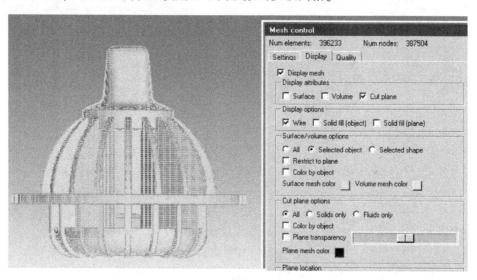

图 1-61 网格的贴体检查

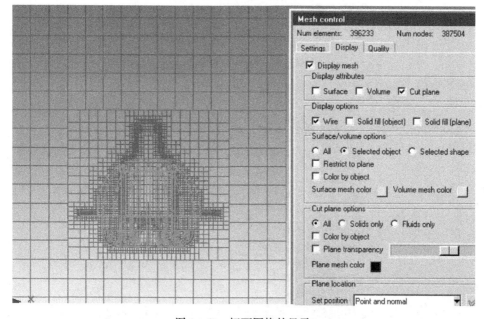

图 1-62 切面网格的显示

（5）网格质量准则检查：单击网格划分面板的 Quality，依次单击 Face alignment（面对齐率）、Volume（网格体积）、Skewness（网格的偏斜度）等，在 Icepak 的窗口中将出现相应准则的具体数值。如图 1-63 所示，通过检查，ANSYS Icepak 划分的网格质量均满足相应的质量准则。

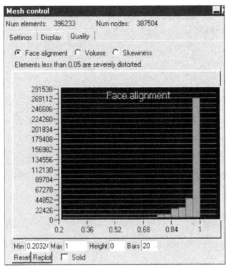

图 1-63　网格质量准则检查

1.6.4　求解计算设置

（1）Basic parameters（基本参数设置）：双击左上角区域的 Basic parameters，打开其面板，单击 Radiation（辐射换热）下的 Discrete ordinates radiation model，单击右侧的 Options，如图 1-64 所示输入相应参数。选择 Turbulent（湍流模型），默认使用 Zero equation（零方程模型）。选择 Gravity vector，保持默认设置。

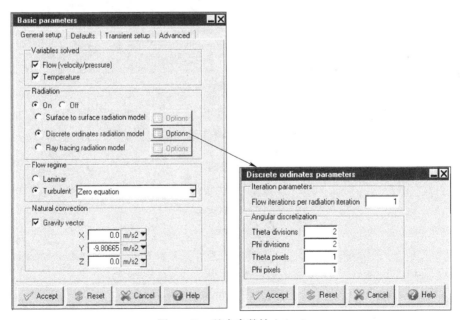

图 1-64　基本参数输入（一）

单击 Basic parameters 面板的 Defaults，设置环境温度，默认为 20（℃）；单击 Transient setup，在 Solution initialization 中输入 Y velocity 为 0.15（m/s），表示设置求解初始化参数，其他保持默认设置，如图 1-65 所示。

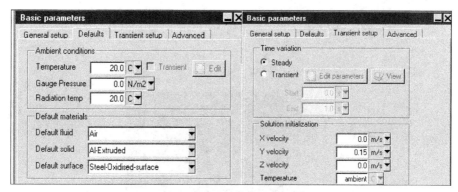

图 1-65 基本参数输入(二)

(2) Solution settings(求解设置):双击 Basic settings,打开面板,如图 1-66 所示;双击 Parallel settings,单击选择 Parallel,在#processors 中输入 2,表示使用双核进行并行计算(需要 ANSYS HPC 支持)。

图 1-66 基本参数输入(三)

(3) 选择模型树下的 lvbase(铝基板),直接拖曳到模型树上侧区域 Points 内,ANSYS Icepak 会自动创建铝基板中心位置的监控点,监控变量为温度,如图 1-67 所示。

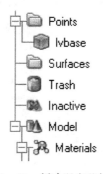

图 1-67 创建温度监控点

(4) 单击快捷工具栏中的计算,保持默认的设置,进行求解计算。ANSYS Icepak 会自动弹出 Fluent 求解器、残差曲线及温度监控点曲线。随着求解计算的进行,残差曲线接近设置的残差标准,温度监控点曲线的数值逐渐平稳,如图 1-68 所示。

第 1 章 ANSYS Icepak 概述

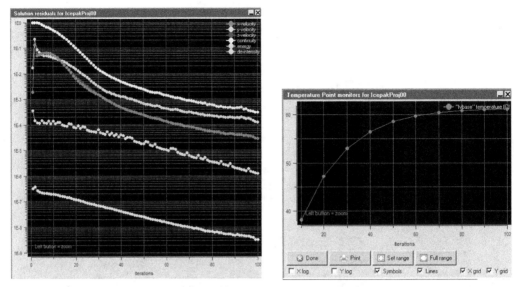

图 1-68 残差曲线及温度监控点曲线

1.6.5 后处理显示

（1）单击 Plane cut ，打开切面的后处理面板，如图 1-69 所示进行设置，显示切面的温度分布：在 Set position 中选择 Z plane through center（表示切过 Z 方向中心位置的面），选择 Show contours，单击其右侧的 Parameters，打开参数控制面板，在 Number 中输入 120，在 Calculated 中单击下拉菜单，选择 This object，其他选项保持默认设置，单击 Done，可显示此切面的温度云图分布。

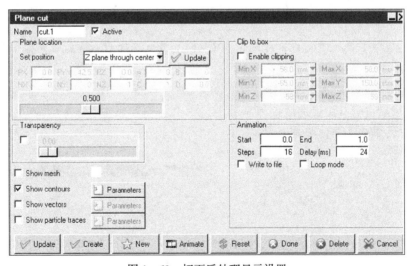

图 1-69 切面后处理显示设置

同理，取消 Show contours（云图显示），选择 Show vectors，单击 Parameters，打开 Plane cut vectors，单击选择 Uniform，输入 20000，在 Arrow style 中单击下拉菜单，选择 3D arrow heads，分别单击 Apply、Done，如图 1-70 所示，可显示切面的速度矢量图。

切面的温度云图及速度矢量图如图 1-71 所示。

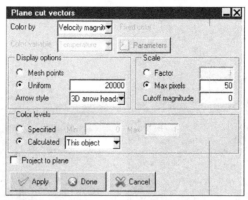

图 1-70 切面后处理设置

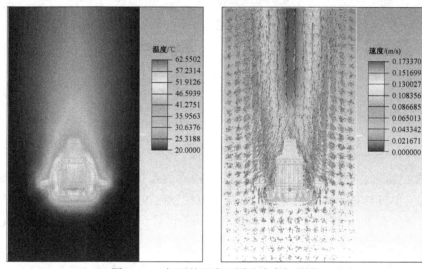

图 1-71 切面的温度云图及速度矢量图

（2）单击快捷工具栏中的 Object face（体后处理），选择 Object face 面板下的 Show contours，在 Object 中选择 object assembly.1，单击右侧的 Parameters，在 Calculated 中选择 This object，在 Number 中输入 120，其他保持默认的设置，单击 Done，如图 1-72 所示，也可以单独选择某个器件，然后进行其温度的后处理显示。

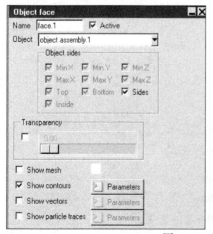 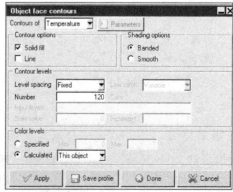

图 1-72 体后处理设置

单击快捷工具栏中的探针，在 LED 灯具的温度云图上进行单击，可显示不同区域的具体温度数值，如图 1-73 所示。

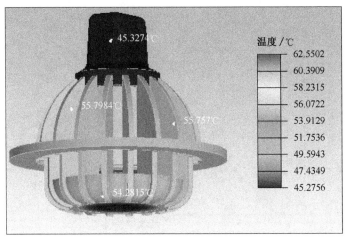

图 1-73　后处理温度云图的显示

（3）打开 Object face 的编辑面板，单击 Object 的下拉菜单，选择 object cabinet_default_side_miny；选择 Show particle traces，单击 Parameters；在 Object face particles 面板 Color by 中选择 Scalar variable，在 Color variable 中选择 Speed（表示通过变量速度的大小进行迹线的显示），在 Unifrom 中输入 200，在 Calculated 中选择 This object，单击 Apply，可显示 200 个失重粒子的迹线分布，如图 1-74 所示。

当完成后处理显示以后，关闭 ANSYS Icepak，进入 WB 平台，可以发现，ANSYS Icepak 单元中的 Setup 和 Solution 后均显示"√"，如图 1-75 所示；表示求解计算完成，单击 Save 保存，关闭 WB。

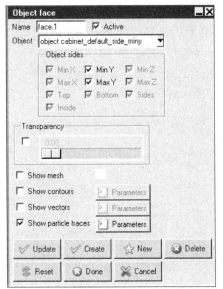
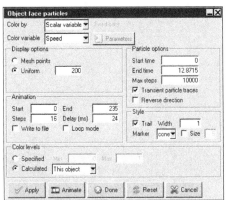

图 1-74　迹线后处理设置及迹线分布

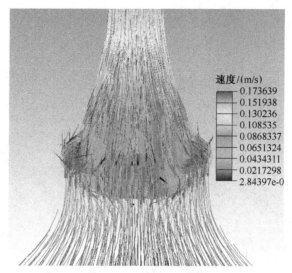

图 1-74　迹线后处理设置及迹线分布(续)

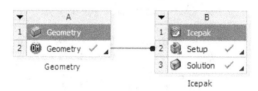

图 1-75　ANSYS Icepak 热模拟完成

1.7　本章小结

本章对 ANSYS Icepak 的功能及其应用背景做了相应的介绍;介绍了 ANSYS Icepak 与 ANSYS Workbench 的关系及 ANSYS Icepak 与 ANSYS 旗下其他产品数据传递的方法,以模拟产品多物理场的耦合协同;详细介绍了 ANSYS Icepak 电子热仿真的流程及其模块组成;最后以强迫风冷的电子控制机箱为例,展示了 ANSYS Icepak 热仿真的过程,让读者对 ANSYS Icepak 有个初步的感性认识;以 LED 自然冷却为案例,介绍了 ANSYS Icepak 如何进行自然冷却计算;涉及的其他相关问题,在本书后续的章节中会详细地讲解。

第 2 章 电子热设计基础理论

【内容提要】

本章将重点讲解与 ANSYS Icepak 热仿真相关的电子热设计基础理论知识,以帮助结构工程师、电路工程师更好地利用 CAE 热仿真手段,解决电子热设计工程中遇到的散热问题。相关的基础理论包括:电子热设计涉及的相关基础理论原理、电子热设计中常用的各变量概念的解释说明及计算公式、电子热设计的要求简则、电子热设计常用散热方式的选择、经验公式的计算及准则方程、CFD 热仿真的基础、CFD 理论计算的过程、CFD 的控制方程、ANSYS Icepak 软件中 CFD 计算涉及的相关概念等。

【学习重点】

- 掌握 ANSYS Icepak 涉及的电子热设计基础理论;
- 掌握电子热设计常用的变量概念;
- 理解电子热设计要求,掌握相关计算准则;
- 了解 CFD 计算的原理,掌握 CFD 计算中的相关概念。

2.1 电子热设计基础理论原理

电子热设计是指对各类电子设备(芯片、PCB 等)、系统整机的温升进行合理的控制,保证电子设备系统的正常工作,因此,电子设备热设计的理论基础是传热学和流体力学。高温是电子产品最严重的危害,会导致半导体自由电子运动加快,信号失真,造成电子系统或器件的寿命降低、性能减弱、焊点变脆、机械强度降低,结构应力变形等;对于晶体管而言,结温的升高会使其电流放大的倍数迅速增加,这势必导致集电极电流增加,又使结温进一步升高,最终将导致元件失效。另外,散热性能的提升是电子产品小型化的关键问题。了解传热及流体的基本理论,有助于解决电子设备的散热问题。本章主要是讲解与 ANSYS Icepak 热仿真相关的传热、流体基础理论。

热量传递的基本规律是热量从高温区域流向低温区域传递,其基本的计算公式为

$$Q = KA\Delta t \tag{2-1}$$

式中,Q 为热流量(W);K 为换热系数(W/m² · ℃);A 为换热面积(m²);Δt 为冷热流体之间的温差(℃)。

热量传递包含 3 种基本方式:导热、对流和辐射换热,一般电子热设计工程中,会组合采用两种或 3 种方式。例如,某机载雷达电子控制机箱,其散热的路径为:器件、模组的热耗通过导热作用传导至模块导热板,接着通过导热、自然对流、辐射将热量传至模块两侧,再经金属导轨传到机箱上下侧的波纹板;进风口的冷空气流入包含波纹板的风道,冷却波纹板后将热量带走,最后热空气流出系统。密封腔体内的器件及模组,需要考虑器件间、器件与壳体间的辐射换热及相应的自然对流,因此涉及的散热方式包含导热、对流、辐射换

热,如图 2-1 所示。而对于外太空星载的电子控制产品,其涉及的散热方式主要是导热和辐射换热。

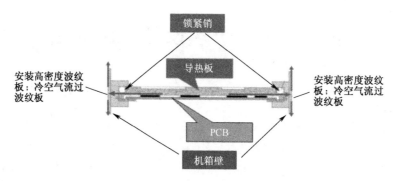

图 2-1 某密闭机箱内 PCB 散热路径示意图

2.1.1 热传导

热传导是同一介质或不同介质间,由于温差所产生的传热现象。导热基本规律由傅里叶定律给出,表示单位时间内通过给定面积的热流量。传导的热流量与温度梯度及垂直于导热方向的截面积成正比。热传导表达式为

$$Q = -\lambda A \frac{\partial t}{\partial x} \quad (2-2)$$

式中,Q 为热传导热流量(W);λ 为材料的导热系数(W/m·℃);A 为垂直于导热方向的截面积(m^2);$\frac{\partial t}{\partial x}$ 为沿等温面法线方向的温度梯度(℃/m)。

式(2-2)中的负号表示热量传递的方向与温度梯度相反。可以看出,如果要增强热传导的散热量,可以增加导热系数,选择导热系数高的材料,如铜(约 360W/m·℃)或铝(约 160W/m·℃);增加导热方向的截面积等。

对于金属来说,自由电子的运动和原子晶格结构的振动导致了热传导,因此金、银、铜、铝这些材料导热率和导电率都较高;在非金属固体中,原子晶格的振动高于自由电子运动,其导热率与导电率无关,但是原子晶格的规则程度与导热率有关,结构化的晶体点阵布置越高,导热率越高,但是导电率越差。最明显的材料是钻石,导热率是铜的 5 倍,但是导电率很差。

对于流体而言,分子间的空间比固体大很多,因此导热率更低。流体的导热率与压力和温度有关,但是电子散热中的流体,通常忽略导热率随压力的变化。气体导热率通常随温度呈现线性变化,但是每种气体的斜率不同。

通常来说,金属导热率较高,非金属次之,液体较低,气体最小。ANSYS Icepak 内嵌了很多电子行业常见的材料库,常见材料的导热系数可通过 ANSYS Icepak 软件查询;另外,ANSYS Icepak 支持用户建立自己的材料库。

2.1.2 对流换热

对流换热是对电子设备进行温升控制,保证其散热的主要方式。对流换热是指流动的流体(气体或液体)与其相接触的固体表面之间,由于温度不同所发生的热量交换过程。其中对流换热分为自然对流和强迫对流,自然对流是因为冷、热流体的密度差引起的流动,而强迫风

冷是由外力迫使流体进行流动,是因为压力差而引起的流动。

影响对流换热的因素很多,主要包括流态(层流/湍流)、流体本身的物理性质、换热面的因素(大小、粗糙度、放置方向)等。

对流换热可以使用牛顿冷却公式表达:

$$Q = h_c A(t_w - t_f) \qquad (2-3)$$

式中,Q 为对流换热量(W);h_c 为对流换热系数(W/m² · ℃);A 为壁面的有效对流换热面积(m²);t_w 为固体表面的温度(℃);t_f 为冷却流体的温度(℃)。

可以看出,要增强对流换热,可增大对流换热系数和对流的换热面积。对于自然对流换热和强迫对流换热来说,前人提出了计算对流换热系数的准则方程,根据不同准则方程计算的对流换热系数,可以应用到 ANSYS Icepak 中进行散热计算。不同的准则方程在 2.3 节中会详细讲解。例如,某通信机柜的热仿真,可将通过自然对流准则方程计算的对流换热系数输入机柜 Wall 的属性中,用于考虑外壳和外界空气的换热过程。

另外,ANSYS Icepak 本身也提供了计算换热系数的准则方法;作为一款 CFD 热仿真软件,ANSYS Icepak 也可以计算出机箱外壳和外界空气自然对流的真实换热系数。

2.1.3 辐射换热

与传导、对流换热不同,物体以电磁波形式向外传递能量的过程称为热辐射。任何高于绝对零度的物体,均以一定波长向外辐射能量,同时也接受外界向它辐射的能量。热辐射不需要任何介质,可在空中传递能量,且能量可进行转换,即热能转换为辐射能或辐射能转换成热能。

物体间的热辐射是相互的,如果它们存在温度差,就会进行辐射换热过程。两物体表面之间的辐射换热计算表达式为

$$Q = \delta_0 A \varepsilon_{xt} F_{12} (T_1^4 - T_2^4) \qquad (2-4)$$

$$\varepsilon_{xt} = \cfrac{1}{\cfrac{1}{\varepsilon_1} + \cfrac{1}{\varepsilon_2} - 1}$$

式中,Q 为对流换热量(W);δ_0 为斯蒂芬—玻耳兹曼常数,$\delta_0 = 5.67e-8$ W/m² · K⁴;A 为物体辐射换热的表面积(m²);ε_{xt} 为系统发射率,其中 ε_1、ε_2 分别为高温物体表面(如芯片、散热器)和低温物体表面(如机箱内表面)的发射率;F_{12} 为表面 1 到表面 2 的角系数;T_1、T_2 为表面 1、表面 2 的绝对温度(K)。

由此可以看出,要增大物体表面间的辐射换热,可以提高热源表面的发射率(黑色阳极氧化)、热表面到冷表面的角系数、增大辐射换热表面积等。

在 ANSYS Icepak 中,包含 3 种辐射换热的计算方法,后续章节会有详细的讲解说明。在热模型的属性面板中,需要设置物体表面的面材料,包含物体的粗糙度、发射率、对太阳辐射的吸收率、半球漫反射吸收率等,如图 2-2 所示。

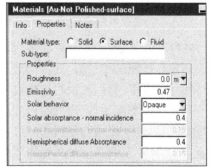

图 2-2 ANSYS Icepak 表面材料属性面板

2.1.4 增强散热的几种方式

从上述 3 种基本的传热表达式可以看出,电子产品的散热设计可以通过以下几种方式增强换热。

(1) 增加有效换热面积:如给芯片、IGBT 安装合理的散热器;将芯片的热耗通过金线传导到 PCB 上,利用 PCB 的表面进行散热。

(2) 增加强迫风冷的风速,增大物体表面的对流换热系数。

(3) 减小接触热阻:在芯片和散热器之间涂抹导热硅脂或者填充导热垫片,可有效减小接触面的接触热阻,这种方法在电子产品中最常见。

(4) 破坏固体表面的层流边界层,增加紊流度。由于固体壁面速度为 0,在壁面附近会形成流动的边界层,凹凸的不规则表面可以有效地破坏壁面附近的层流边界,增强对流换热。例如,两个散热面积相同的交错针状散热器和翅片散热器,针状散热器的换热量可增加 30% 左右,这主要是湍流的换热效果远高于层流,而针状散热器可增大紊流度;某螺旋形液冷板,在流道内增加小尺寸的圆柱形扰流器,可增加流体的紊流度,增强换热效果,如图 2-3 所示。

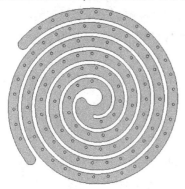

图 2-3 螺旋流道内置圆柱形扰流器

(5) 减小热路的热阻:在空间狭小的密闭腔体内,器件主要是通过自然对流、导热和辐射进行散热。因为空气的导热系数比较小,狭小空间内的空气容易形成热阻塞,因此热阻较大。如果在器件和机箱外壳间填充绝缘的导热垫片,则热阻势必降低,有利于其散热。

(6) 增加壳体内外表面、散热器表面等的发射率:高温元件可通过辐射换热将部分热量传递给壳体,壳体表面的吸收率越高,元件和壳体间的辐射换热量越大,比如,对于一个密闭的、自然对流的电子机箱,壳体内外表面氧化处理比不氧化处理时元件的温升平均下降约 10%。

另外,可对物体表面进行喷砂处理,以增大其辐射换热面积。图 2-2 中的 Roughness 表示表面喷砂处理后的粗糙度。

2.2 电子热设计常用概念解释

在使用 ANSYS Icepak 过程中,经常会碰到传热学、流体力学等相关的变量、概念,本节主要是对软件涉及的相关概念进行解释。

面热流密度:单位面积的热流量(W/m^2)。

体积热流密度:单位体积的热流量(W/m^3)。

热沉:热量经传热路径到达的最终位置,通称为热沉,热沉可能是大地、大气、大体积的水或者宇宙,取决于电子设备所处的环境。

热阻:热量在传热路径上的阻力,$R_t = \Delta t/Q$,其中,Δt 为温差(℃),Q 为热耗(℃/W),表示传递 1W 热量所引起的温升大小。

温升:指元器件温度与环境温度的差值。

热耗：器件正常运行时产生的热量，热耗小于器件输入的功耗。

导热系数：表示物体导热能力的物理参数，主要指单位时间内，单位长度温度降低1℃时，单位面积导热传递的热量。

稳态：也称为定常，即系统内任何一点的压力、速度、密度、温度等变量均不随时间变化，称为稳态；反之，如果这些变量随着时间进行变化，称为瞬态，也称为非定常。

温度场：系统或模块内空间的温度分布。

接触热阻：在实际电子散热模拟中，由于两个固体壁面的接触只发生在某些点上（见图2-4），其余狭小空间均为空气，由于空气的导热系数较小，在此传热路径上会产生比较大的热阻。通常在两个面上涂抹导热硅脂或者填充导热垫片来减小空气导致的接触热阻，如图2-5所示。

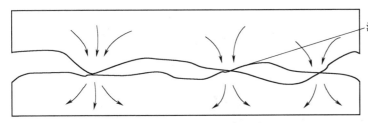

图2-4 接触热阻示意图

图2-5 填充导热垫片

另外，接触热阻的大小与接触压力、海拔高度均有关。

雷诺数（Re）：雷诺数的大小反映了流体流动时的惯性力和黏滞力的相对大小，是说明流体流态的一个相似准则，其计算公式如下：

$$Re = \rho u D / \mu \tag{2-5}$$

式中，ρ为流体的密度（kg/m³）；u为流体的速度（m/s）；μ为流体的动力黏度（Pa·s）；D为特征尺寸（m）。

在ANSYS Icepak中，可自动计算相应模型的Re，以帮助用户判断系统的流态。当$Re \leq 2200$时，流动属于层流状态；当$Re > 10000$时，流动属于湍流状态，而当$2200 < Re \leq 10000$时，流动属于层流向湍流过渡的过渡状态。

层流：指流速低于临界速度时形成的流动，流体分子的流线互相平行，互不交叉，流体层与层之间不发生传质的现象，此时层与层之间主要是靠传导进行传热。

湍流：当流速超过临界流速时，流体分子质点明显出现不规则的、杂乱的运动过程。湍流状态下除摩擦阻力外还存在由于质点相互碰撞、混杂所造成的惯性阻力，因此湍流的阻力比层流阻力大得多。在固体壁面附近的流动边界层内，流态为层流，而在边界层外，导热、湍流同时存在，如图2-6所示。在电子热设计中，应该尽可能让热耗大的器件周围空气呈现湍流状态。

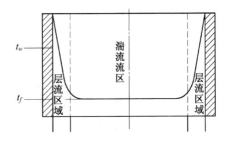

图2-6 层流和湍流示意图

流阻：反映系统流过某一通道或某一系统时进出口所产生的静压差（Pa）。

对流换热系数：表示单位时间内，单位面积温差为1℃时流体与固体间所传递的热量（$W/m^2 \cdot ℃$）。

角系数：F_{12}表示表面1到表面2的角系数，即表面1向空间发射的热辐射，落到表面2上的热耗占表面1整体热辐射的百分数。

黑体：落在物体表面上的所有辐射均能全部吸收，这类物体称为黑体。

发射率（黑度）：实际物体表面的辐射力和同温度下黑体的辐射力之比，在0~1之间。另外，发射率在极高温度下会发生变化；发射率的大小主要取决于器件表面的状况，表面的粗糙度和氧化物会使发射率发生相当大的变化。

灰体：将实际物体的发射率和吸收率看成与波长无关的物体，称为灰体，即吸收率与波长无关。在热射线范围内，绝大多数材料均可近似当作灰体处理，其发射率等于吸收率。

格拉晓夫数（Gr）：反映流体所受浮升力与黏滞力的相对大小。

普朗特数（Pr）：反映流体物理性质对换热影响的相似准则数。

努塞尔数（Nu）：反映流体在不同情况下的对流换热强弱，是说明对流换热强弱的准则数。自然对流和强迫对流的Nu准则方程不同，在2.3节中会有详细说明。

结至空气热阻（R_{ja}）：元器件的热源节点（Junction）与环境空气的热阻。

结至壳热阻（R_{jc}）：元器件的热源节点至封装外壳的热阻。

结至板热阻（R_{jb}）：元器件的热源节点至PCB的热阻。

风机的特性曲线：指风机在某一固定转速下，静压随风量变化的关系曲线，当风机出口被堵住时，风量为0，风压最高；当风机不与任何系统连接时，静压为0，风量最大。

系统阻力曲线：指流体流过系统风道时所产生的压降随空气流量变化的关系曲线，与流量的平方成正比。

风机的工作点：系统的阻力特性曲线与风机特性曲线的交点就是风机的工作点，表示此时风机给系统提供的流量和压力。

第1类热边界条件：固定边界上的温度值，即规定某边界温度保持恒定。

第2类热边界条件：规定了某边界上的热流密度值。

第3类热边界条件：规定某边界上物体与周围流体间的表面换热系数及周围流体的温度。

系统阻力损失：沿程阻力损失和局部阻力损失之和。

沿程阻力损失：气流相互运动所产生的阻力和气流与系统的摩擦引起的阻力损失。

局部阻力损失：气流方向发生变化或者管道截面积突变所引起的阻力损失。

不可压缩流体：当流体的密度为常数时，流体为不可压缩流体。在电子散热中，由于气流速度较低，因此，流体均为不可压缩流体。

热环境：各类电子设备所处的场所即为热环境。通常包括流体的种类、温度、压力及速度，周边器件的表面温度、外形及发射率，电子设备周边所有的吸热/导热路径。电子产品热环境的可变性是热设计中必须考虑的重要因素，即热设计必须考虑电子产品所处的真实热环境，如航天器上的电子设备在飞行过程中会遇到大气层的气动热、大气层外宇宙空间的热辐射等；电子设备必须满足不同环境温度和压力工况下的热可靠性要求，除此之外，还需要考虑压力密封、机械振动和电磁干扰等因素。在运载火箭整流罩内装载有航天器，外界热环境与整流罩、航天器等的换热过程如图2-7所示，在进行航天器热设计时，必须考虑其所处空间的不同热流环境，以保证航天器能够正常工作。

第 2 章 电子热设计基础理论

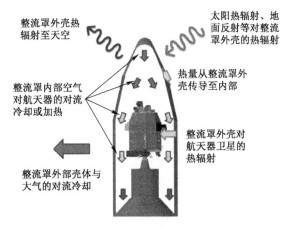

图 2-7 航天器换热过程示意图

2.3 电子热设计冷却方法及准则方程

电子热设计主要采用合适可靠的方法来控制电子产品内元器件的温度,使其在所处的工作环境下稳定运行,温度不超过规定的最高温度,使电子产品具有良好的热可靠性。电子热设计应该与电气设计、结构设计同时进行,三者应相互兼顾。

电子热设计中冷却方法的选择,应该考虑下列因素:产品热设计的技术要求、器件热耗、设备所处的工作环境条件、体积表面积大小等。

目前,电子热设计中常用的冷却方法包括:

(1) 自然冷却(包含导热、自然对流和辐射换热)。
(2) 强迫冷却(包含强迫风冷、强迫液冷散热等)。
(3) TEC 热电制冷。
(4) 热管散热。

冷却方法主要是根据器件的热流密度和温升的要求进行选择,可参考图 2-8 进行选择。

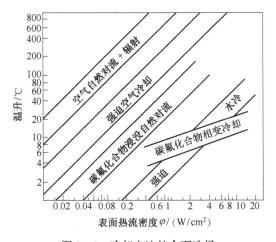

图 2-8 冷却方法的合理选择

表 2-1 中,列出了不同冷却方法所对应的换热系数,以及温升 40℃下,对应的热流密度。

从表中可以看出,空气自然冷却的换热系数通常在 10 W/m² · ℃ 左右,因此,在对机柜进行散热模拟时,可直接将柜体壁面设置为 Wall,然后输入相应的换热系数,以考虑外界空气与柜体的换热效果。

表 2-1 不同冷却方法与换热系数

冷却方法	换热系数/(W/m² · ℃)	热流密度/(W/cm²)(流体、固体表面温差为40℃)
空气自然对流	6~16	0.024~0.064
水自然对流	230~580	0.9~2.3
强迫对流(空气)	25~150	0.1~0.6
强迫水流(水冷)	3500~11000	14~44

2.3.1 自然冷却

对电子设备来说,自然冷却是一种比较可靠的散热方式,其无噪声、经济可靠,是电子产品散热方式的第一选择,主要通过合理的结构设计,将设备内部发热器件的热量通过最低的热阻路径传至设备的外部环境中,保证设备在合理的温度范围内正常工作。

自然冷却的方式适用于功率密度较低的电子设备。

1. 自然对流换热系数计算

自然对流换热的准则方程为

$$Nu = CRa^n \qquad (2-6)$$

式中,Nu 为努塞尔数,其与对流换热系数 h_c 的关系为 $Nu = h_c D/\lambda$;Ra 为瑞利数,$Ra = Gr \cdot Pr$;Gr 为格拉晓夫数,$Gr = \beta g \rho^2 D^3 \Delta t/\mu^2$;$Pr$ 为流体的普朗特数;D 为固体的特征尺寸;λ 为流体的导热系数;β 为流体的体积膨胀系数;g 为重力加速度;ρ 为流体的密度;Δt 为固体热表面与流体的温差;μ 为流体的动力黏度。

其中,C、n 可通过表 2-2 查询。

表 2-2 准则方程系数

热表面与位置	图例	系数 C、指数 n			特征尺寸
		流态	C	n	
竖直平板		层流	0.59	1/4	高度 H
		湍流	0.12	1/3	
横圆柱		层流	0.53	1/4	外径 d
		湍流	0.13	1/3	

续表

热表面与位置	图 例	系数 C、指数 n		特征尺寸
		流态	C	n	
水平放置、热面朝上		层流	0.54	1/4	正方形边长或长方形两边的平均值
		湍流	0.14	1/3	
水平放置、热面朝下		层流	0.27	1/4	正方形边长或长方形两边的平均值
		湍流	0.27	1/4	

通过准则方程，计算出努塞尔数 Nu，然后根据 Nu 与对流换热系数的关系，即可计算出对流换热系数 h_c。在使用 ANSYS Icepak 进行热仿真时，可将计算的壁面对流换热系数输入软件，ANSYS Icepak 会自动考虑壳体与外界流体的换热过程，如图 2-9 所示。

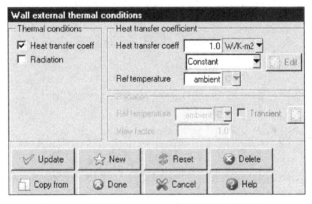

图 2-9 ANSYS Icepak 中对流换热系数的输入

如某通信机柜，采取自然冷却的散热方式，为了减少热仿真的计算量，使用 ANSYS Icepak 的计算区域 Cabinet 作为柜体外壳，在计算区域的边界上使用 ANSYS Icepak 提供的 Wall 类型，在 Wall 的属性面板中选择第 3 类热边界条件，输入外界空气与机柜外壳的换热系数（10W/K·m²）。

另外，对于本案例机柜散热来说，如果扩大相应的计算区域（ANSYS Icepak 中除固体区域外，其他空间默认为空气），设置 Cabinet 四周为开口属性，那么 ANSYS Icepak 也可以自动计算壳体与空气的自然冷却过程，将自然冷却的换热系数计算出来。但是由于扩大计算区域后，将增大整体模型的计算量，因此，大多数情况下，均直接输入机柜外壳与空气的换热系数，如图 2-10 所示。

2. 电子 PCB 自然冷却的合理间距

随着电子技术集成度的不断提高，PCB 元件的安装密度大幅增加，相应的 PCB 模块发热功率也随之增加（图 2-11 是 1993—2006 年 CPU 功率变化图），因此，PCB 及元器件的温度控制问题日益严重。合理的 PCB 布局及散热结构设计可保证 PCB 具有较高的热可靠性。

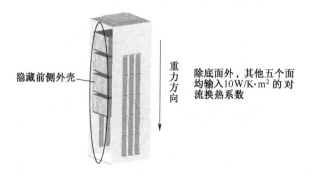

图 2-10　某机柜外壳输入换热系数

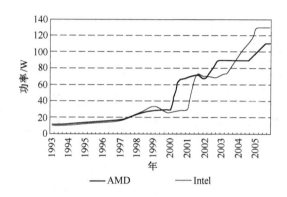

图 2-11　1993—2006 年 CPU 功率变化图

PCB 一般均安装于机箱中,合理的 PCB 间距 b 计算公式:
$$b = 2.714/P^{1/4} \tag{2-7}$$

式中,$P = (C_P\rho^2 g\beta\Delta t)/(\mu\lambda L)$;$C_P$ 为定压热容;L 为 PCB 的高度特征尺寸;λ 为流体的导热系数;β 为流体的体积膨胀系数;g 为重力加速度;ρ 为流体的密度;Δt 为固体热表面与流体的温差;μ 为流体的动力黏度。

3. 开放式电子机箱

对于开放式电子机箱,可采用以下经验公式进行自然冷却的计算:
$$Q = 1.86\left(A_s + \frac{4}{3}A_t + \frac{2}{3}A_b\right)\Delta t^{1.25} + 4\delta_0\varepsilon T_m^3 A\Delta t + C_P\rho A_c V\Delta t \tag{2-8}$$

式中,第 1 项为自然对流的换热量;第 2 项为热辐射的换热量;第 3 项为通风孔带走的热量;A_s 为机箱的侧面积;A_t 为机箱的顶面积;A_b 为机箱的底面积;A 为参与辐射的表面积;δ_0 为斯蒂芬—玻耳兹曼常数,$\delta_0 = 5.67\text{e}-8\text{W}/\text{m}^2\cdot\text{K}^4$;$\varepsilon$ 为机箱表面的发射率;$T_m = 1/2$(机箱表面的平均温度+环境温度)。

开放式机箱最小通风孔面积计算的经验公式为
$$A_c = \frac{Q_0}{(7.4\text{e}^{-5})H\Delta t^{1.25}} \tag{2-9}$$

式中,Q_0 为通风孔带走的热量;H 为机箱的垂直高度。

4. 密闭式电子机箱

$$Q = 1.86\left(A_s + \frac{4}{3}A_t + \frac{2}{3}A_b\right)\Delta t^{1.25} + 4\delta_0 \varepsilon T_m^3 A\Delta t \quad (2-10)$$

式(2-10)中的各个参数与式(2-9)中的相同。

2.3.2 强迫对流

强迫冷却在电子设备中用来进行散热设计,其主要是通过风机或者泵驱动相应的流体,通过外部原因产生的压力差作用,使得流体进行流动,冷流体与电子设备内的器件进行热量交换,从而对电子设备进行冷却。

通常来说,当电子设备的热流密度超过 0.08W/cm² 或体积热流密度超过 0.18W/cm³ 时,可采用强迫冷却进行电子设备散热。

1. 强迫对流换热系数计算

强迫对流的准则方程如下。

(1) 管内层流状态流动:
$$Nu = 1.86\left(RePr\frac{D}{l}\right)^{1/3}\left(\frac{\mu_l}{\mu_w}\right)^{0.14} \quad (2-11)$$

(2) 管内湍流状态流动:
$$Nu = 0.023Re^{0.8}Pr^{0.4} \quad (2-12)$$

式中,D 为特征尺寸,主要指管道内径或当量直径;l 为管长;μ_l 为平均温度下流体的动力黏度;μ_w 为壁面温度下流体的动力黏度。

(3) 沿平板层流流动:
$$Nu = 0.66Re^{0.5} \quad (2-13)$$

(4) 沿平板湍流流动:
$$Nu = 0.032Re^{0.3} \quad (2-14)$$

其中,Re 公式中的特征尺寸 D 表示流动方向平板的长度,然后根据公式 $Nu = h_c D/\lambda$,可以将 h_c 计算出来。

2. 风机工作点

当机箱系统结构固定以后,机箱系统的压力损失随之固定,主要是包含沿程阻力损失和局部阻力损失。如图 2-12 所示,系统的阻力曲线与风量呈现二次方的关系,系统阻力曲线与风机风量风压曲线的交点即是风机的工作点。

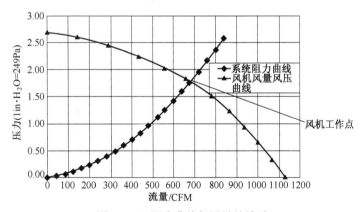

图 2-12 阻力曲线与风量的关系

在 ANSYS Icepak 热仿真中,当软件将系统的流动传热工况计算收敛后,通过单击 Report → Fan operating points,ANSYS Icepak 会自动弹出风机工作点的窗口,告知风机给系统提供的风量和压力,如图 2-13 所示。

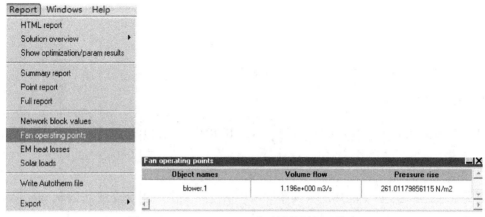

图 2-13　ANSYS Icepak 自动计算风机工作点

2.3.3　TEC 热电制冷

TEC 热电制冷,又称为半导体制冷,是建立在珀尔帖等热电效应基础上的冷却方法,当一块 N 型半导体和一块 P 型半导体连接成电偶并在闭合回路中通直流电流时,在其两端的节点处将分别产生吸热和放热现象,其结构原理如图 2-14 所示,其主要适用于微波混频器、激光器等电子器件。

TEC 制冷的优点是无须外界机械动力,无噪声、无振动;可将发热器件的工作温度降低至比环境温度还低;可通过改变电流大小调整制冷量和冷却速度,结构紧凑、体积小、质量轻。

TEC 制冷的缺点是为了达到很好的制冷目的,TEC 本身需要很大的电流,热耗较大。

在 ANSYS Icepak 中,可建立 TEC 制冷的模型,包含 TEC 的冷面、热面及不同电流 TEC 的热耗,TEC 的极对数,TEC 半导体的高度、间隙及几何因子等,可方便快捷对 TEC 制冷进行散热模拟,如图 2-15 所示。

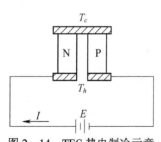

图 2-14　TEC 热电制冷示意

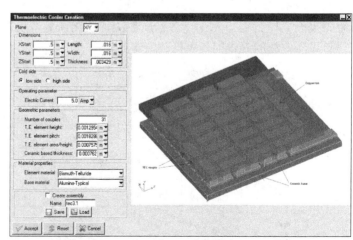

图 2-15　ANSYS Icepak 自建模建立 TEC 模型

从图 2-16 可以看出,在环境温度 20℃的情况下,单级 TEC 制冷可以将热源的最低温度降低至-1℃。

另外,在 ANSYS Icepak 中,也可以使用相同方法建立多级 TEC 制冷模型,如图 2-17 所示。

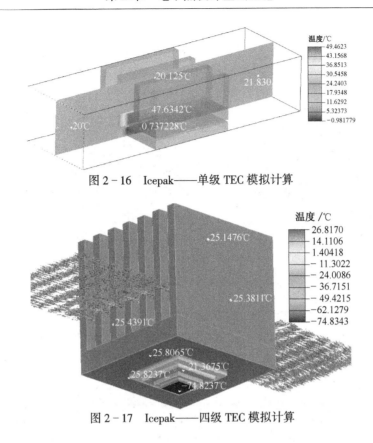

图 2-16 Icepak——单级 TEC 模拟计算

图 2-17 Icepak——四级 TEC 模拟计算

2.3.4 热管散热

热管散热是一种高效的传热装置,目前被广泛应用在电子设备的强迫风冷或自然冷却中,其传热能力高,传热能力比其他导热材料高几十倍,均温性好,可根据散热的结构需求设计热管外形,无须动力源,可有效降低热源至热沉的传热热阻,其工作原理如图 2-18 所示。

热管的工作原理为:高温器件将蒸发端加热,热管内的工质由液体蒸发为气态,吸收潜热,气态工质在蒸发端和冷凝端之间所形成的压差作用下流向冷凝端,由于气态工质在冷凝端冷凝成液体,释放气化所吸的潜热,释放的潜热被外界的冷空气带走。冷凝后的液体,在吸液芯和液体产生的毛细管作用下,重新流回蒸发端,工质开始新的循环。热管实物和热管散热器如图 2-19、图 2-20 所示。

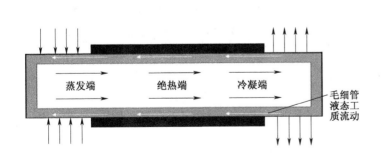

图 2-18 热管传热示意

图 2-19 某热管实物

ANSYS Icepak 不能模拟热管内工质相变的过程,因此,软件在模拟热管的过程中,主要是给热管模型输入一个各向异性的导热率来进行散热模拟,只是模拟热管传热的效果。如果需要模拟热管内工质相变的过程,可使用 ANSYS Fluent 来进行模拟计算。

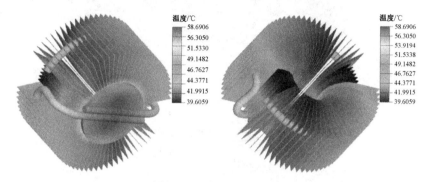

图 2-20 某热管散热器

目前,与热管类似的热控产品为 VC(Vapor Chamber)均温板散热器,如图 2-21 所示,其内壁是一个微细结构的真空腔体,热量通过内部液体蒸发和冷凝反复循环。与传统热管相比,其真正实现了二维大平面热量的直接传递,热传导效率更高。

图 2-21 VC 均温板散热器

热管及 VC 均温板散热器的技术优势包括:
(1) 传热效率较传统的型材散热器高。
(2) 散热器基板温度低,使元器件的热可靠性更高。
(3) 风扇尺寸、风扇数量的减少,可以有效降低成本。
(4) 风扇可以以较低的运转速度进行散热,使风扇的可靠性提高。

(5) 对冷却风量的需求减小可以大大降低系统的噪声。

(6) 散热器较轻可以减少振动造成的损坏。

(7) 元器件的布局具有更大的灵活性。

2.3.5 电子设备热设计简则及注意事项

电子设备热设计简则及注意事项如下。

(1) 保证足够的自然对流空间；元器件与结构件之间应保持一定距离，通常至少 13mm，以利于空气流动，增强自然对流换热。

(2) 竖直放置的电路板上的元件与相邻单板之间的间隙至少为 19mm。

(3) 是否充分运用了导热的传热途径；可以利用导热系数较高的金属或导热绝缘材料（如导热硅胶、云母、导热陶瓷、导热垫等）将元件与机壳或冷板相连，将热量通过更大的表面积散掉。

(4) 充分运用了辐射的传热途径；当机壳表面涂漆时，发射率可以达到很高，接近 1；在一个密闭的机盒中，机壳内外表面涂漆比不涂漆时元件温升平均下降 10% 左右。

(5) 如果高热流密度元器件附近的空间有限，无法安装大散热器，可以采用热管，将热量导到其他有足够空间安装散热器的位置。

(6) 在规定的使用期限内，冷却系统（如风扇等）的故障率应比元件的故障率低。

(7) 在进行热设计时，必须考虑相应的设计余量（1.5~2 倍），以应对使用过程中因突发工况而引起的热耗突增及流动阻力突增的情况。

(8) 尽量采用自然冷却或低转速风扇等可靠性高的冷却方式。

(9) 使用风扇冷却时，要保证噪声指标符合要求。

(10) 热设计应考虑产品的经济性指标，在保证散热的前提下使其结构简单、可靠，且体积最小、成本最低。

(11) 冷却系统要便于监控与维护。

(12) 每个风道要有明确的进出口；应该对不同的冷却风道进行隔离；对于不同风道之间，要防止气流短路，即一个风道的出风口不能是另一个风道的进风口。

(13) 当插箱有空槽位时，需要安装假面板，以防止气流短路（气流短路对插箱其他部分的散热有明显的影响）。

(14) 自然对流冷却方法适用于小型化部件、密封及密集组装的元器件。

(15) 空气是热的不良导体，但是当受热表面之间的间隙很窄，并充满空气（或者其他气体）时，空气的热传导是真实存在的，此时空气为不良导体。实验证明，如果两个面之间的距离小于 6.35mm，则两面之间主要是通过空气的热传导进行换热的，自然对流换热可忽略不计；而对于 12.7mm 以上的间隙来说，换热方式主要是对流、辐射（依据温差，二者比例不同）。

(16) 一般来说，昏暗的、黝黑的表面是良好的热辐射吸收体，并具有较高的发射率；而抛光的表面发射率低，可以用作屏蔽热辐射，如抛光铜发射率为 0.023，氧化的铁铸件发射率高达 0.95。

(17) 金属表面的发射率与粗糙度有关，光亮表面的反射率要高于粗糙表面的反射率。一个抛光金属面，如果涂覆黑色，其发射率也会提高。

(18) 为实现最大的辐射换热，应该采用"黑色"表面，当然不应该理解为所有表面是黑色;如玻璃在温度100℃时的发射率与黑色涂层的发射率相当,并且随着温度的升高发射率会比黑色涂层的发射率稍微高一些。

(19) 当辐射表面(热面)与接收表面(冷面)的温度固定时,则温度量级越高,辐射换热量就越大,主要是因为换热量与绝对温度的四次方之差值成正比。

(20) 在自然冷却对流中,不要选择密集的散热翅片。

(21) 风扇进风口受阻挡所产生的噪声比其出风口受阻挡产生的噪声大好几倍,所以一般应保证风扇进风口离阻挡物至少30mm的距离,以免产生额外的噪声;风机出风口至少要保留10mm的间隙,以供排风使用。

(22) 不要使用压头不同的风机并联工作,不要使用流量不同的风扇串联工作。

(23) 选择风机时,必须考虑气流通过滤棉所产生的压降损失。

(24) 变压器需要特别注意绕组的热点温度;如果绕组热点温度超过了允许的最高温度,则绕组的绝缘就会被击穿,从而使得变压器失效,与之相连的设备均会失效;如果变压器装有静电屏蔽罩,应尽可能使屏蔽罩与底座有热连接,在外壳、铁芯、机座之间装上铜带,有助于增加热传导。

(25) 经验证明,通常空心线圈热耗较小,不会出现严重的散热问题;其主要依靠自然冷却进行散热,进行热估算时应该把密绕的线圈当作一个平滑的圆柱体,线圈在垂直放置时内表面和外表面均有自然对流冷却,而在水平放置时仅外表面有自然对流冷却。

(26) 通常元器件的最长尺寸应该垂直放置(沿着重力方向),垂直安装的器件在水平方向应该交错布置排列。

(27) 人体通常的散热量为100W,进行方舱等电子设备的热计算时,需要考虑人体的散热量。

(28) 处于户外的电子设备必须装在可耐受恶劣环境的外壳里。

(29) 对于自然冷却的开放式(有开口)电子设备来说,外壳设计时应注意使空气从底部自由流入,然后在顶部流出,空气通道的宽度应该在6.35~12.7mm。

(30) 有时必须对热辐射加以控制:必须对靠近高温热源且对温度比较敏感、耐温性差的器件加以保护,避免受到过热损害;将精密抛光的金属屏蔽板作为辐射热屏障可以有效地保护这些器件避免热辐射;屏蔽罩吸收的热量需要很好地导出,必须将屏蔽罩与外壳底座进行良好的固定安装,将空气间隙减至最少,形成低热阻的传热路径;注意屏蔽罩与器件之间的空气层不能太薄,否则气流不能自然对流,只能靠空气的传导和辐射将热量传给屏蔽罩。由于屏蔽罩表面抛光处理,反射率高,大部分热量又返回器件,所以屏蔽罩必须和底壳有良好的接触,以便形成良好的低热阻通路。

(31) 要考虑产品预期的热环境;比如靠自然冷却的设备被安装在一个机柜内,设备原始的自然冷却设计可能满足不了机柜内的散热环境。

(32) 如果强迫冷却的设备并排或者叠放在一起,从一个设备排出的热气会进入另一设备的冷气入口,空气温升会远远超过预期的环境温度;另外,设备的排气口、进气口不能受到阻挡。

(33) 电子设备不能安装在潮湿的环境下,否则元器件和导体都会受潮,电子设备也不得在低于空气露点的环境下工作。

(34) 自然冷却时温度边界层较厚,如果翅片间距太小,两个翅的热边界层易交叉,影响翅片表面的对流,所以在一般情况下,建议自然冷却的散热器翅间距大于12mm,如果散热器翅高低于 10mm,可按翅间距≥1.2 倍高来确定散热器的翅间距。

(35) 自然冷却散热器表面的换热能力较弱,在散热翅表面增加波纹不会对自然对流效果产生太大的影响,所以建议散热翅表面不加波纹翅。

(36) 自然对流的散热器表面一般采用发黑处理,以增大散热表面的发射率和辐射换热量。

(37) 由于自然对流达到热平衡的时间较长,所以自然对流散热器的基板及翅片应足够厚,以抗击瞬时热负荷的冲击;散热器基板厚度对散热器的热容量及散热器热阻有影响,太薄热容量太小,太厚散热器的热阻反而大;建议基板厚度为 3~6mm,翅片厚度为 3~5mm。

(38) 在强迫冷却情况下,铝型材散热器的翅面应加波纹翅;肋片表面增加波纹可以增加 10%~20% 的散热能力,波纹翅的高度小于 0.5mm,宽度为 0.5~1mm,以增加对流换热效果。

(39) 当风速大于 1m/s 时,可完全忽略浮升力对翅片表面换热的影响,即忽略散热器翅片间的自然冷却。

(40) 应避免急剧弯曲的管道,减少局部阻力损失;应该采用导流板使气流逐渐转向;避免管道急剧扩张或收缩,扩张角度不得超过 20°,收缩锥角不得大于 60°。

(41) 为了取得最大的空气运载能力,尽量使管道接近正方形,管道长/宽比不得大于 6:1。

(42) 管道尽量密封,所有搭接台阶应顺着流动方向;进风口结构应使得气流阻力最小,且要起到滤尘作用。

(43) 应该使用光滑材料做风道,以减少摩擦损失。

(44) 对于靠墙安装的电子设备,其进出口不能位于设备后部;如果设备后部确实有开口,那么设备离墙的距离必须大于 100mm。

2.4 CFD 热仿真基础

电子热仿真模拟主要是利用计算机的数值计算来求解电子产品所处环境的流场、温度场等物理场,属于 CFD 的范畴。了解掌握 CFD 的一些理论基础,有助于读者对 ANSYS Icepak 的学习和掌握。

计算流体动力学(Computational Fluid Dynamics,CFD)主要通过计算机数值计算和图像显示的方法,求解流体力学和传热学等,在空间和时间上定量描述各物理量的数值解,从而达到对相关物理现象进行分析研究的目的。其基本思想为:将时间和空间上连续的各物理量,如速度场、温度场、压力场等,用有限个离散单元上的变量值来替代,通过一定的方式建立有限个离散单元上变量之间的代数方程组,求解代数方程组以获得各物理场的近似值。

通过 CFD 的计算分析,可以显示电子产品实际热分布特性;用户可以在较短的时间内,预测电子产品内的流场、温度场等;对 CFD 计算的结果进行分析,可在较短时间内,深入理解电子产品的散热问题以及产生的相应原因,定向定量地指导工程师进行结构、电路方面的优化设计,从而得到最优的设计结果。

因此，使用 ANSYS Icepak 进行电子产品的 CFD 散热模拟计算，可以使很多非流体专业的结构工程师和电路工程师进行产品的热仿真模拟及优化分析。

2.4.1 控制方程

质量守恒方程(连续性方程 Continuity Equation)：

$$\frac{\partial \rho}{\partial t}+\frac{\partial (\rho u)}{\partial x}+\frac{\partial (\rho v)}{\partial y}+\frac{\partial (\rho w)}{\partial z}=0 \qquad (2-15)$$

动量守恒方程(Momentum Conseravation Equation，也称 Navier-Stokes)：
X 方向动量：

$$\frac{\partial (\rho u)}{\partial t}+\frac{\partial (\rho uu)}{\partial x}+\frac{\partial (\rho uv)}{\partial y}+\frac{\partial (\rho uw)}{\partial z}=-\frac{\partial p}{\partial x}+\frac{\partial}{\partial x}\left(\mu\frac{\partial u}{\partial x}\right)+\frac{\partial}{\partial y}\left(\mu\frac{\partial u}{\partial y}\right)+\frac{\partial}{\partial z}\left(\mu\frac{\partial u}{\partial z}\right)+S_u$$

Y 方向动量：

$$\frac{\partial (\rho v)}{\partial t}+\frac{\partial (\rho vu)}{\partial x}+\frac{\partial (\rho vv)}{\partial y}+\frac{\partial (\rho vw)}{\partial z}=-\frac{\partial p}{\partial y}+\frac{\partial}{\partial x}\left(\mu\frac{\partial v}{\partial x}\right)+\frac{\partial}{\partial y}\left(\mu\frac{\partial v}{\partial y}\right)+\frac{\partial}{\partial z}\left(\mu\frac{\partial v}{\partial z}\right)+S_v$$

$$(2-16)$$

Z 方向动量：

$$\frac{\partial (\rho w)}{\partial t}+\frac{\partial (\rho wu)}{\partial x}+\frac{\partial (\rho vv)}{\partial y}+\frac{\partial (\rho vw)}{\partial z}=-\frac{\partial p}{\partial z}+\frac{\partial}{\partial x}\left(\mu\frac{\partial w}{\partial x}\right)+\frac{\partial}{\partial y}\left(\mu\frac{\partial w}{\partial y}\right)+\frac{\partial}{\partial z}\left(\mu\frac{\partial w}{\partial z}\right)+S_w$$

式中，u、v、w 为 X、Y、Z 3 个方向的速度；S_u、S_v、S_w 为动量守恒方程的广义源项。

能量守恒方程：

$$\frac{\partial (\rho T)}{\partial t}+\frac{\partial (\rho uT)}{\partial x}+\frac{\partial (\rho vT)}{\partial y}+\frac{\partial (\rho wT)}{\partial z}=\frac{\partial}{\partial x}\left(\frac{\lambda}{C_p}\frac{\partial T}{\partial x}\right)+\frac{\partial}{\partial y}\left(\frac{\lambda}{C_p}\frac{\partial T}{\partial y}\right)+\frac{\partial}{\partial z}\left(\frac{\lambda}{C_p}\frac{\partial T}{\partial z}\right)S_T$$

$$(2-17)$$

式中，C_p 为定热容；T 为温度；S_T 为黏性耗散项。

ANSYS Icepak 18.1 可以用于模拟建筑物室内外多组分的污染物扩散，CFD 计算中组分质量守恒方程(Species equations)为

$$\frac{\partial (\rho C_s)}{\partial t}+\frac{\partial (\rho uC_s)}{\partial x}+\frac{\partial (\rho vC_s)}{\partial y}+\frac{\partial (\rho wC_s)}{\partial z}$$

$$=\frac{\partial}{\partial x}\left[D_s\frac{\partial (\rho C_s)}{\partial x}\right]+\frac{\partial}{\partial y}\left[D_s\frac{\partial (\rho C_s)}{\partial y}\right]+\frac{\partial}{\partial z}\left[D_s\frac{\partial (\rho C_s)}{\partial z}\right]+S_s \qquad (2-18)$$

式中，C_s 为组分 s 的体积浓度；D_s 为组分 s 的扩散系数；S_s 为系统内部单位时间内单位体积通过化学反应产生的该组分质量。

ANSYS Icepak 可以模拟多组分的扩散，在 Basic parameters 面板中，选择 Species 下的 Enable，单击右侧的 Edit，打开组分定义面板，可定义不同类型的污染物，如图 2-22 所示。

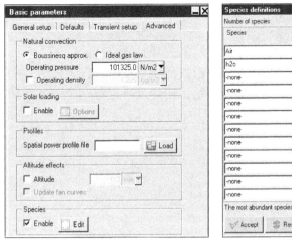

图 2-22 ANSYS Icepak 定义不同的组分类型

2.4.2 ANSYS Icepak 热仿真流程

ANSYS Icepak 热仿真求解流程如图 2-23 所示。

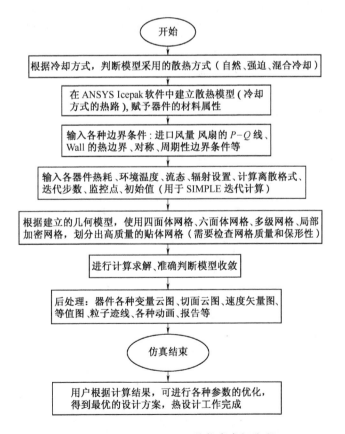

图 2-23 ANSYS Icepak 热仿真求解流程

2.4.3 基本概念解释

离散:将偏微分格式的控制方程转化成每个网格里的代数方程组。

离散格式(插值方式):用偏微分的控制方程插值建立离散方程的方法,ANSYS Icepak 常用的离散格式包括中心差分格式、一阶迎风格式、二阶迎风格式等,如图 2-24 所示。

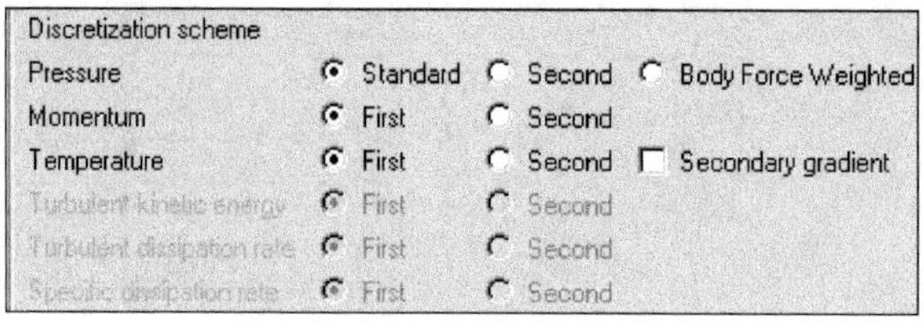

图 2-24 ANSYS Icepak 支持的不同离散格式

离散过程:

$$\int_{t}^{t+\Delta t}\int_{\Delta V} -\frac{\partial p}{\partial x}\mathrm{d}V\mathrm{d}t = \int_{t}^{t+\Delta t} A \cdot (p_{(I-1)JK} - p_{IJK})\,\mathrm{d}t \quad (2-19)$$

迭代步数:求解离散后的代数方程的计算步数。

迭代因子(松弛因子):在 ANSYS Icepak 进行 CFD 计算求解时,需要控制各变量的变化程度,如图 2-25 所示。通过松弛因子,可实现控制每次迭代计算时变量的变化,即变量的新数值为上步迭代计算的原值加上变化量与松弛因子的乘积。

例如:
$$变量 \phi = \phi_{原始} + \alpha\Delta\phi \quad (2-20)$$

式中,ϕ 为新值;$\phi_{原始}$ 为上步迭代计算的数值;$\Delta\phi$ 为变量 ϕ 的改变量;α 为松弛因子。

当 $\alpha=1$,不用松弛因子;$\alpha>1$,为超松弛因子,可加快计算的收敛速度;$\alpha<1$,表示欠松弛因子,可以改善计算收敛的条件。在一般情况下,松弛因子数值为 0~1,α 越小,表示两次迭代之间变量变化越小,计算就越稳定,但是收敛速度越慢。

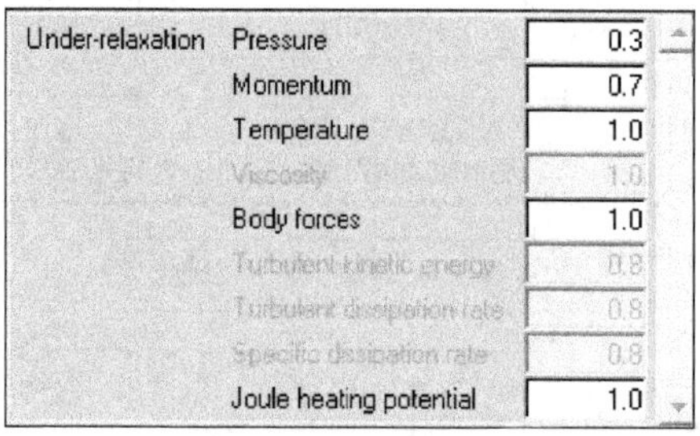

图 2-25 ANSYS Icepak 中松弛因子的设置

残差:通过不同的离散格式后,网格 p 中变量 ϕ 的控制方程离散通式为

$$a_p\phi_p = \sum_{nb}a_{nb}\phi_{nb} + b \quad (2-21)$$

式中,a_p 为网格 p 的中心节点系数;a_{nb} 为与网格 p 相邻的其他 6 个网格对应的节点系数;b 为源项。

ANSYS Icepak 里各变量 ϕ 的残差 R^ϕ 通式为

$$R^{\phi} = \frac{\sum |\sum_{nb} a_{nb} \phi_{nb} + b - a_p \phi_p|}{\sum |a_p \phi_p|} \qquad (2-22)$$

在某步迭代计算中,ANSYS Icepak 将所有网格里的变量的差值总和与所有变量的总和相除,作为本步迭代计算的残差值。

2.5 本 章 小 结

本章对电子热设计中涉及的相关基础理论、常用的变量概念做了详细的解释说明;列举了电子热设计的常规简则及注意事项,讲解了电子热设计常用散热方式的选择、经验公式的计算及准则方程;讲解了 CFD 热仿真的控制方程及 CFD 理论计算的过程,讲解了 ANSYS Icepak 软件中 CFD 计算的相关概念等。

第 3 章　ANSYS Icepak 技术特征及用户界面(GUI)详解

【内容提要】

本章将重点讲解 ANSYS Icepak 的技术特点、ANSYS Icepak 的启动方式、相应工作目录的设定;ANSYS Icepak 软件界面主菜单栏、快捷工具栏、模型树、自建模工具栏、编辑命令、对齐匹配等的详细说明;常用鼠标、热键的操作,用户自定义模型库、材料库等的讲解说明。

【学习重点】

- 理解 ANSYS Icepak 的各个技术特征;
- 掌握 ANSYS Icepak 的启动方式及工作目录设定;
- 掌握 ANSYS Icepak 界面的常用菜单说明;
- 掌握用户自定义模型库、材料库的方法;
- 掌握鼠标、热键的操作。

3.1　ANSYS Icepak 详细技术特征

通过对本书第 1 章的学习,相信读者对 ANSYS Icepak 的功能有了大概的了解。下面编者将详细地向读者讲解 ANSYS Icepak 的详细功能及技术特征。

ANSYS Icepak 是 ANSYS Workbench 平台下的专业电子散热模块,属于 ANSYS 的流体产品体系,其通过建立电子产品的热模型、对模型进行网格处理、求解计算、后处理显示等完成热仿真模拟;ANSYS Icepak 可以与 SIwave 协同实现 PCB 级的电—热双向耦合作用,真实反映 PCB 的热分布及电性能分布;Icepak 可以与 HFSS、Maxwell、Q3D 实现电磁—热流的耦合模拟;Icepak 可以与 Mechanical 协同耦合,将模型的温度分布传递给结构动力学软件,实现热流—结构的耦合模拟,得到电子产品的热变形、热应力分布等,多物理场的耦合必须在 ANSYS Workbench 平台下实现数据的传递,如图 3-1 所示。

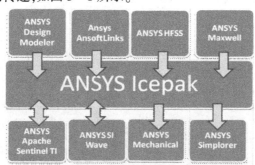

图 3-1　ANSYS 旗下与 Icepak 耦合的软件

如图 3-2 所示为 ANSYS 系列 3 大产品体系，通过 ANSYS Workbench 平台，可实现电子产品的多物理场耦合模拟计算。

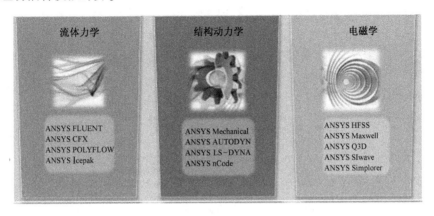

图 3-2　ANSYS 系列 3 大产品体系

ANSYS Icepak 作为专业的电子散热分析软件，可以解决各种不同尺度级别的散热问题，如图 3-3 所示。

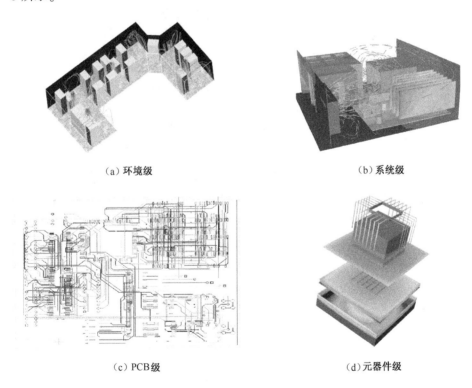

图 3-3　ANSYS Icepak 的求解尺度

(1) 环境级——数据中心、机房、外太空等环境级的热分析。
(2) 系统级——电子设备机箱、机柜以及方舱等系统级的热分析。
(3) PCB 级——PCB 级的热分析。
(4) 元器件级——电子模块、芯片封装级的热分析。

ANSYS Icepak 具体的技术特征如下。

1. 快速几何建模

(1) 友好的界面和操作：完全基于 Windows 风格的界面。依靠鼠标选取、定位及改变定义对象的大小，使用鼠标拖曳方式，因而建模过程非常方便快捷，如图 3-4 所示。

(2) 基于对象建模：对于电子散热行业常用的机箱、块、风扇、PCB、通风口、自由开口、空调、板、壁面、管道、热源、阻尼、散热器、离心风机、各种封装件模型等，用户可以直接从 ANSYS Icepak 的建模工具栏中调用现成的预定义模型，而无须从点、线、面开始建模；使用快速的自建模工具，方便用户快速建立"简化干净"的电子散热模型，如图 3-4 所示。

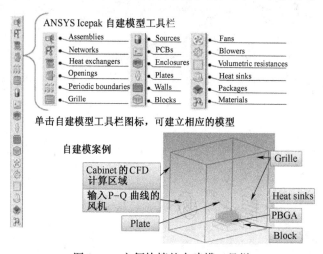

图 3-4 方便快捷的自建模工具栏

(3) 丰富的几何模型：六面体、棱柱、圆柱、同心圆柱、椭圆柱、椭球体、斜板、多边形板、方形或圆形板，在这些基本模型的基础上，可以构造出各种复杂形状的几何模型，满足电子散热的建模需求。

(4) 大量的模型库和材料库：包括各种气体、液体、固体及金属与非金属材料库。风扇库包括 Delta、Elina、NMB、Nidec、Papst、EBM、SanyoDenki 等厂家的风扇模型。封装库包括各种 BGA、QFP、FPBGA、TBGA 封装模型。另外，读者可以很方便地创建自己的模型库和材料库，如图 3-5 所示。

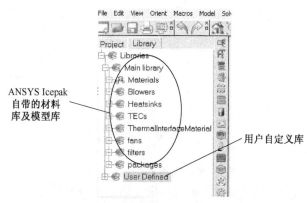

图 3-5 模型库和材料库

(5) ANSYS Icepak 可以导入各种主流 CAD 软件的几何模型文件（Igs、Stp、Asm 等）；也支持导入 Cadence、Mentor、Zuken、CR5000、Altium Designer 等各种 EDA 软件输出的 PCB 模型和 PCB 布线过孔文件模型,如图 3-6 所示。

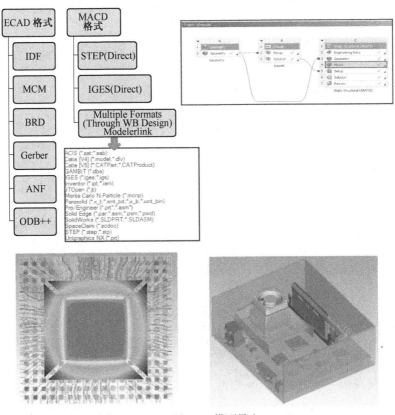

图 3-6　CAD 及 EDA 模型导入 Icepak

2. 优秀的网格技术

ANSYS Icepak 具有全自动的划分网格能力,对模型具有很好的自适应性,其网格类型是同类热分析软件中最丰富的,包括 3 种类型的网格,结构化网格(Hexa cartesian)、非结构化网格(Hexa unstructured)和六面体核心网格(Mesher-HD)。

另外,ANSYS Icepak 提供两种网格处理方式,包括非连续性网格和 Multi-level 多级网格;针对模型中不同区域的几何特点,可以对其使用非连续性网格,在局部区域使用不同类型的网格(混合网格);Multi-level 多级网格可以在很大程度上减少网格的个数。

ANSYS Icepak 还具有强大的网格检查功能,可以检查并自动显示质量较差的网格。用户还可对某个区域或元件的网格进行自行控制,网格的局部控制不会影响其他区域和元件模型的网格。ANSYS Icepak 不仅能生成高质量的计算网格,而且能保持元器件完整的几何形状,网格具有很好的贴体性。

网格类型及处理方式如下。

结构化网格(Hexa cartesian):主要适用于规则几何的网格处理划分。

非结构化网格(Hexa unstructured):对任何复杂形状的几何使用"O"型网格技术,保持模型本身的几何形状。

六面体核心网格(Mesher-HD):对曲面边界使用四面体或棱柱网格,其他区域使用六面体网格,主要适用于 CAD 模型导入后的异形几何体。

混合网格:在不同区域根据其元器件几何特点使用不同类型网格,网格可相互混合。

ANSYS Icepak 提供两种不同的网格处理方法。

非连续性网格:针对几何尺寸不同的模型,在需要加密的区域设置非连续性网格,可以在保证计算精度的基础上,进一步减少网格数目,加快计算速度。

优秀的 Multi-level 网格:可以对任何导入的 CAD 不规则几何模型划分贴体网格,大大提高了网格划分的质量,在 ANSYS Icepak 中,只有对整体或者局部区域使用 Mesher-HD 六面体核心网格,才能够划分 Multi-level 多级网格,如图 3-7 所示。

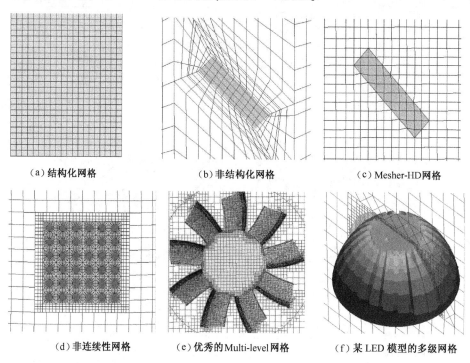

图 3-7 ANSYS Icepak 的优秀网格技术

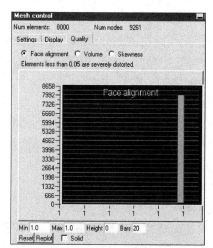

图 3-8 ANSYS Icepak 网格质量检查

3. 对网格质量的评价、建议工具

ANSYS Icepak 还具有网格检查功能,即在网格生成之后自动计算出网格的面对齐率、扭曲率、体积、网格的偏斜率等参数,而且还能在界面上显示出较差网格的位置,以便用户做进一步的改进,如图 3-8 所示。

4. 求解器的精度、速度和稳定性

ANSYS Icepak 软件的内核采用 Fluent 有限体积求解器,并采用多重网格加速收敛技术,能加快求解计算的收敛,同时保证高精度的计算结果。除此之外,ANSYS Icepak 软件还允许用户调节松弛因子,从而使复杂工程问题的计算收敛速度更加容易控制。

与其他 CFD 求解器相比,Fluent 求解器更加稳定,计算精度更高,鲁棒性强,计算速度快。经过全球 CFD 用户多年的检验,Fluent 求解器是目前 CFD 领域最为成熟、应用最为广泛的算法。因此,

ANSYS Icepak 可以很好地满足电子行业热仿真计算的需求,如图 3-9 所示。

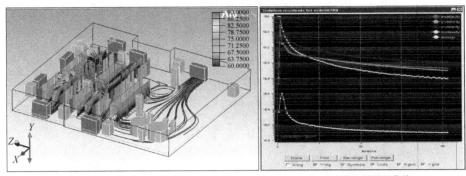

(a) 某数据中心的计算结果　　　　　　　　(b) 求解的残差曲线

图 3-9　强大的 Fluent 求解器

5. 求解器支持的物理模型

ANSYS Icepak 软件包含多种热分析所需要的物理模型:稳态热分析、瞬态热分析;层流、湍流;强迫对流、自然对流、混合对流、热辐射、固体传导;不同流体介质间的换热等。

在自然对流和空间热分析中,辐射换热占据了很大的比例。ANSYS Icepak 软件提供了多种辐射换热模型来进行高精度的辐射换热计算,广泛应用在地面及太空环境的热分析中。由于实际物理问题中几何形状千差万别,辐射角系数的计算非常复杂。要想保证计算的精度,单一的角系数计算模型很难适用于各种情况。ANSYS Icepak 软件提供了多种辐射换热模型,包括 S2S、Do 辐射模型、光线追踪法等,可以满足电子产品任何散热工况的计算需要。

图 3-10 中(a)、(b)分别为电子系统处于自然散热状态和太空环境下的温度分布,在这两种状态下,辐射换热的计算精度对仿真结果的准确性至关重要。目前同类软件中只有 ANSYS Icepak 支持如此丰富的辐射模型,在各种复杂的计算工况中都能获得很高的求解精度。

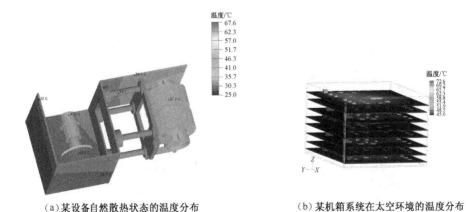

(a) 某设备自然散热状态的温度分布　　　　(b) 某机箱系统在太空环境的温度分布

图 3-10　丰富的辐射换热模型计算结果

6. 后处理功能

ANSYS Icepak 软件是面向对象的、完全集成的后处理环境,可以输出速度矢量图、等值面图、云图迹线图。图片输出格式有 Postscripts、PPM、TIFF、GIF、JPEG 和 RGB,动画输出格式有 AVI、MPEG、GIF。

另外，ANSYS Workbench 平台提供了专业的后处理软件 CFD-Post，在 ANSYS Workbench 平台下，用户也可以将 ANSYS Icepak 的计算结果导入 CFD-Post 中，进行速度、温度等各变量多样化的后处理显示，如图 3-11 所示。

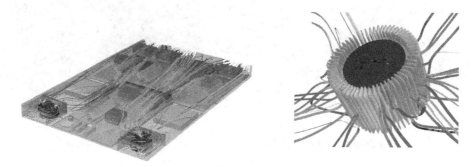

图 3-11　丰富多样的后处理显示

7. EDA 模型接口的支持

ANSYS Icepak 与 EDA 软件的接口主要支持 IDF 格式模型（Mentor Graphics、Cadence、Altium Designer 都可以输出）的直接输入。另外，如果电路工程师建立了详细的器件库模型，输出的 IDF 模型将包含芯片的热耗和热阻参数，那么这些信息也都可以自动读入 ANSYS Icepak，无须用户重新输入，非常便于电路工程师建立 PCB 热模型。

不同软件的 IDF 格式（包含两个文件）有所区别，Cadence 输出的为"bdf/ldf"，Mentor 输出的为"emn/emp"、Altium Designer 输出的为"brd/pro"。尽管有所区别，但是都可以直接导入 ANSYS Icepak，具体接口如图 3-12 所示。

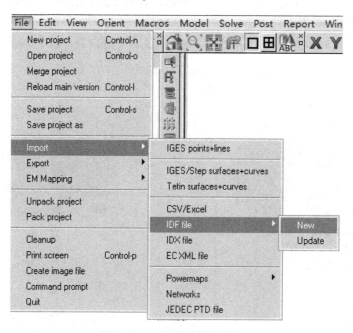

图 3-12　IDF 模型导入接口

8. Gerber/Brd 文件导入 PCB

由于 PCB 的结构越来越复杂，其布线层（Trace Layers）越来越不均匀，因此，在进行热仿真时,PCB 的导热率显的尤为重要。实验证明,PCB 由于布线过孔布局的不均匀,其导热率是各向异性的,且局部区域均不同。在 ANSYS Icepak 软件中,能够通过布线层接口导入 EDA 软件输出的布线过孔文件,相应的具体接口如图 3-6 所示。ANSYS Icepak 软件对不均匀的布线层过孔进行背景网格处理(其不参与 CFD 计算),然后通过相应的算法,计算出 PCB 局部区域各向异性的导热率,因此并没有增加整体 CFD 计算的网格数目,可以真实地反映 PCB 的各向异性导热系数(k_x,k_y,k_z),EDA 布线过孔导入 Icepak 软件如图 3-13 所示。

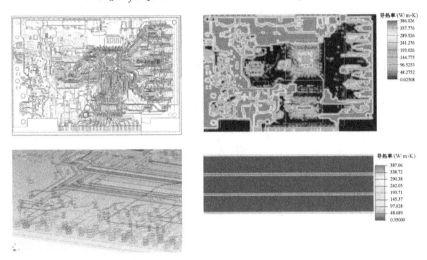

图 3-13　EDA 布线过孔导入 ANSYS Icepak 软件

为了方便结构工程师使用 ANSYS Icepak,用户可通过 ANSYS Workbench 平台下的 DesignModeler,将各种 CAD 几何模型导入 ANSYS Icepak,如图 3-14 所示。

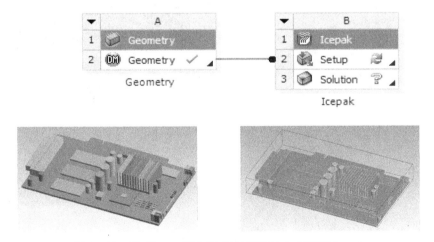

图 3-14　Workbench 平台下 CAD 模型导入 ANSYS Icepak

另外,也可以通过 ANSYS Icepak 自带的 CAD 接口读入 CAD 几何模型,但是由于其不如 DesignModeler 导入方便,不推荐读者使用,如图 3-15 所示。

图 3-15　ANSYS Icepak 自带的 CAD 接口及计算结果

9. CAE 的协同(热流与结构、热与电的协同耦合)

(1) 用户可以将相应的 CAD 几何模型直接读入 ANSYS Workbench 平台下的 DesignModeler,然后将模型传递给 ANSYS Icepak,在 ANSYS Icepak 中完成热仿真后,再将 DM 中的几何模型和 ANSYS Icepak 中的热仿真结果传递给 ANSYS Mechanical,完成模型的热流、结构协同仿真,如图 3-16 所示。

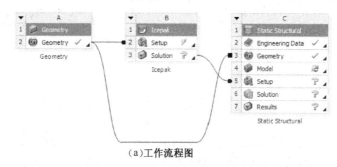

(a) 工作流程图

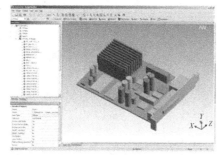

(b) 导入 CAD 模型

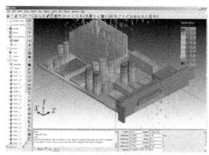

(c) ANSYS Icepak 进行热仿真

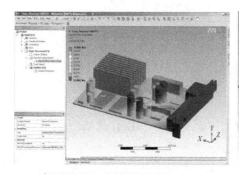

(d) ANSYS Icepak 结果传递给 Mechanical

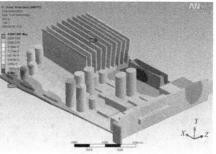

(e) Mechanical 分析热应力变形

图 3-16　ANSYS Icepak 与 Mechanical 的耦合

在 ANSYS Workbench 平台下,将相应的热流数据传递到 ANSYS Mechanical,通过详细的参数设置,ANSYS Mechanical 可以进行线性和非线性的结构应力分析。ANSYS Icepak 和 ANSYS Mechanical 之间的数据传递接口,使得电子器件的温度场和由此导致的热应力变形分析协同模拟成为可能。

(2) ANSYS Icepak 可以在 ANSYS Workbench 平台下,与 HFSS、Maxwell、Q3D 进行电磁与热流的耦合分析,精确模拟产品在多物理场情况下,各种变量的分布特性,如图 3-17 所示。

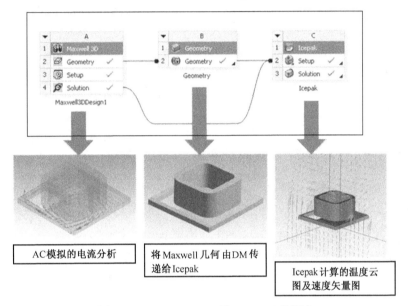

图 3-17 ANSYS Icepak 与 Maxwell 的耦合

(3) 同时 ANSYS Icepak 可以与 Ansoft SIwave 进行 PCB 电与热流的双向耦合分析,将 SIwave 计算的 PCB 不均匀焦耳热导入 ANSYS Icepak,可以考虑电流、电压分布对 PCB 温度的影响,而将 Icepak 计算的温度分布导入 SIwave,则可以考虑温度分布对电流、电压的影响,从而大大提高了 PCB 级或者系统级热仿真的计算精度,如图 3-18 所示。具体的模拟流程可参考第 9 章 ANSYS Icepak 热仿真专题。

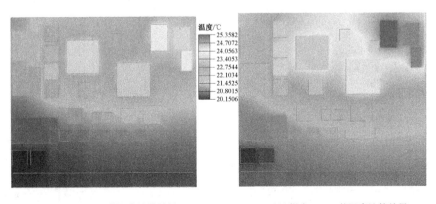

图 3-18 ANSYS Icepak 与 SIwave 的耦合计算结果

3.2 ANSYS Icepak 启动方式及选项

3.2.1 ANSYS Icepak 的启动

ANSYS Icepak 进入 ANSYS Workbench 平台后，ANSYS 公司针对 ANSYS Icepak 开发了 CAD 模型的导入接口 DM。利用 Workbench 下的 DM，用户可将 CAD 模型导入 ANSYS Icepak，其过程如图 1-1 所示。

从 1.2.3 节中可以看到，ANSYS Icepak 位于 ANSYS Workbench 左侧工具箱(Toolbox)的 Component Systems 下面。

安装于 ANSYS Workbench 平台下的 Icepak，启动方法主要有以下几个。

1. 通过程序→开始启动

通过单击开始→所有程序，找到 ANSYS 18.1 文件夹，其下包含 ANSYS Icepak，单击 Icepak 图标，即可单独打开 ANSYS Icepak 软件，如图 3-19 所示。

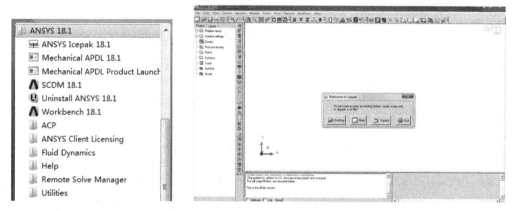

图 3-19 单独启动 ANSYS Icepak 软件

2. 单击图标启动

可以右键单击 ANSYS Icepak18.1 图标→发送到→桌面快捷方式，在桌面上会出现 ANSYS Icepak 18.1 的快捷方式图标，如图 3-20 所示，双击此图标，也可打开 ANSYS Icepak 软件。

图 3-20 建立 ANSYS Icepak 桌面快捷方式图标

3. 通过 ANSYS Workbench 启动 ANSYS Icepak

（1）通过单击开始→所有程序，单击 ANSYS 18.1 文件下的 Workbench 18.1，即可启动 Workbench；系统会自动打开 ANSYS Workbench 界面，如图 3-21 所示。

图 3-21　启动 ANSYS Workbench 平台

（2）双击工具箱的 Icepak，项目视图区会出现 Icepak 的模块单元，双击 Icepak 单元中的 Setup（第 2 项），即可启动 Icepak，如图 3-22 所示。

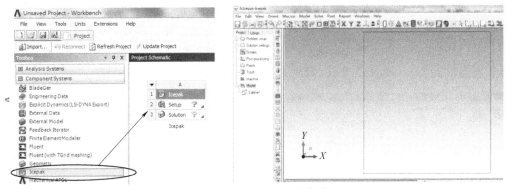

图 3-22　ANSYS Workbench 下启动 Icepak

3.2.2　选项设置说明

通过不同方式打开 ANSYS Icepak 时，会出现不同的选项，具体如下。

（1）单独打开 ANSYS Icepak 时，软件会出现如图 3-23 的界面，包含 4 个选项。

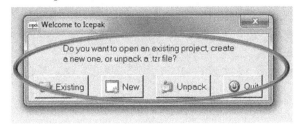

图 3-23　打开 ANSYS Icepak 时的选项

① Existing：表示打开现有的 ANSYS Icepak 项目，如果目录下有 ANSYS Icepak 的相应项目，单击 Existing，会出现 Open project 面板，相应的 ANSYS Icepak 项目前包含有 Icepak 特有的 Logo" "，选择需要打开的项目，单击 Open，即可打开 ANSYS Icepak 项目，如图 3-24 所示。

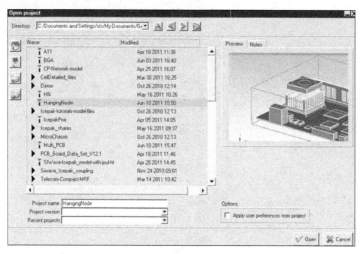

图 3-24 ANSYS Icepak 项目的打开

② New：表示新建一个 ANSYS Icepak 项目，选择 New，软件会弹出 New Project 面板，在 Project name 中输入项目的名称，单击 Create 即可创建新的项目。注意：项目名称中不能包含中文字符；项目所处的工作目录也不允许包含中文字符，如图 3-25 所示。

③ Unpack：主要用于解压缩 ANSYS Icepak 生成的 tzr 文件。因为 tzr 文件特别小，仅几十千字节，但是它包含了 ANSYS Icepak 项目中所有的设置（几何参数设置、网格划分参数设置、求解的所有设置等），因此在网络上发送、共享非常方便，很受工程师的欢迎，如图 3-26所示。

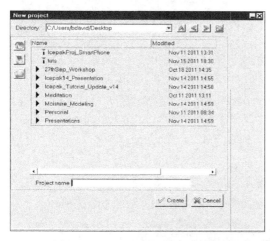

图 3-25 ANSYS Icepak 新建项目

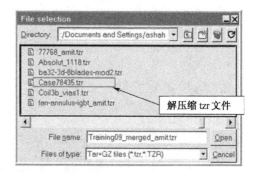

图 3-26 ANSYS Icepak 解压缩 tzr 文件

在 ANSYS Icepak 界面下，通过 File→Pack，可将现有的 ANSYS Icepak 项目压缩，Icepak 自动生成 tzr 文件。

④ Quit：表示退出 ANSYS Icepak 软件。

（2）在 ANSYS Workbench 平台下启动 Icepak，选择 Workbench 项目视图区的 Icepak 单元，

右键单击 Setup 选项,出现如图 3-27 所示的面板。

① 单击右键,选择出现的 Edit…,可启动 ANSYS Icepak。

② 单击右键,选择出现的 Import Icepak Project,可在 ANSYS Workbench 下加载 ANSYS Icepak 的现有模型,相当于 Existing 功能。

③ 单击右键,选择出现的 Import Icepak Project From.tzr,可在 ANSYS Workbench 下直接 Unpack(解压缩)Icepak 生成的 tzr 模型,相当于 Unpack 功能。

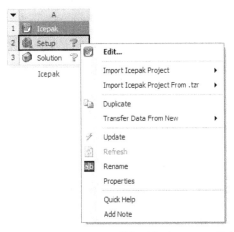

图 3-27 ANSYS Workbench 平台下启动 Icepak(单击右键)

④ 单击右键,选择 Transfer Data From New,表示将其他 CAE 的计算结果或模型传递给 ANSYS Icepak,如图 3-28 所示;可以将 HFSS、Maxwell 的计算结果导入 ANSYS Icepak。

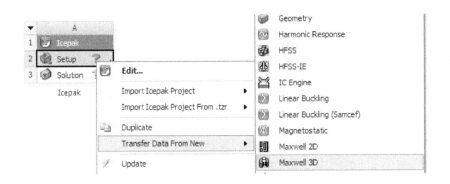

图 3-28 CAE 软件间的数据传递

3.3 ANSYS Icepak 工作目录设定

给 ANSYS Icepak 设定相应的工作目录,可方便工程师对 ANSYS Icepak 的相关项目进行管理。由于 ANSYS Icepak 不识别中文字符,因此,在设定工作目录时,目录名称不能包含中文字符。通过 3.2.1 节,工程师可以在桌面上创建 ANSYS Icepak 的快捷启动方式。

ANSYS Icepak 工作目录的设定步骤如下。

（1）建立目录文件夹，建议放置于硬盘的根目录下，文件夹的名字可以是字母或数字，如在 E 盘根目录下，建立工作目录的文件夹，如图 3-29 所示。

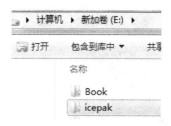

图 3-29　建立工作目录文件夹

（2）右键单击桌面上的 ANSYS Icepak 快捷方式，单击属性，打开如图 3-30 所示的属性面板，在起始位置栏里输入前一步建立的工作目录，这样无论是 New(新建)，还是 Unpack（解压缩），所有的 ANSYS Icepak 项目都会自动保存在此目录里，便于工程师对 ANSYS Icepak 项目的管理。

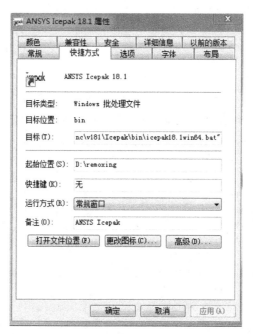

图 3-30　设定工作目录

3.4　ANSYS Icepak 用户界面(GUI)详细说明

3.4.1　ANSYS Icepak 用户界面(GUI)介绍

ANSYS Icepak 具有类似 Windows 系统操作风格的界面，GUI 界面主要包含项目名称(不允许包含中文字符)、主菜单栏、快捷命令工具栏、模型树管理、自建模模型工具栏、对齐匹配命令栏、图形显示区域、Message 消息窗口和当前所选对象信息窗口，具体参考图 3-31。

图形显示区域包含了模型树下所有的模型对象、求解计算的后处理结果；Icepak 里所有的操作均可以通过主菜单栏实现。

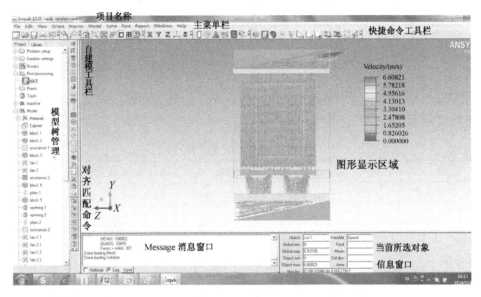

图 3-31 ANSYS Icepak 用户界面

3.4.2 主菜单栏

本部分主要介绍菜单栏的常用命令操作，主菜单可以实现 ANSYS Icepak 的所有命令操作，常用命令也可通过快捷工具栏的按钮实现，主菜单栏如图 3-32 所示。

图 3-32 主菜单栏

1. File(文件,见图 3-33)

(1) New project 为新建项目；Open project 为打开已有的项目；Merge project 为合并项目，可以将两个或多个已有项目合并。

(2) Save project 为保存 Icepak 项目；Save project as 为项目另存为。

(3) Import 为导入模型；IGES/Step surfaces+curves 为导入外部的 CAD 模型，不推荐使用；IDF file 为导入 EDA 软件输出的 PCB 几何模型文件；Powermaps 为导入 Ansoft SIwave 输出的 PCB 不均匀的焦耳热 Powermaps，如图 3-34 所示。

图 3-33 File 界面

(4) Export 为输出模型：将 Icepak 的模型以一定格式输出，如图 3-35 所示。

(5) Unpack project 为解压缩 tzr 文件；Pack project 为压缩 tzr 文件；Cleanup 为清除已有的 ID 及计算结果；Create image file 为将图形显示区域的图像输出为图片格式；Quit 为退出。

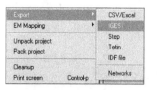

图 3-34　IDF 及导入热耗界面　　　　图 3-35　输出界面

单独启动 ANSYS Icepak 和在 ANSYS Workbench 下启动 ANSYS Icepak，File 菜单栏是不同的，如表 3-1 所示。

表 3-1　File 菜单栏的区别

名　　称	单独启动 Icepak	在 ANSYS Workbench 下启动 Icepak
File 菜单		
File 工具栏		

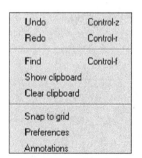

图 3-36　编辑界面

2. Edit（编辑，见图 3-36）

（1）Undo 为返回操作；Redo 为重做操作。

（2）Find 为在模型树中寻找几何器件；Show clipboard 为在消息窗口中显示剪贴板上的器件信息；Clear clipboard 为消除剪贴板上的信息。

（3）Snap to grid 为对计算区域的模型进行网格分割，表示移动鼠标时相应的距离，默认将计算区域各个方向分割为 100 份。

（4）Preferences 为参数选择设定单击 Display，出现如图 3-37 所示的界面。

① Display→Background style 为图形界面背景颜色的修改：首先选择背景颜色显示的格式，主要分为单一色（Solid）显示和多色显示，然后单击 Background color1 在弹出的图形面板中选择设置的颜色即可，如图 3-38、图 3-39 所示。

② Libraries 为库的信息及用户自定义库建立，如图 3-40 所示。

③ Object types 为模型类型。如图 3-41（a）所示，其中 Objects 下罗列了 ANSYS Icepak 的自建模对象名称。Color 表示不同对象显示的颜色，可以进行修改；Width 表示模型对象线框显示线的宽度；Shading 表示是否允许对模型进行实体显示；Decoration 表示对一些模型对象的虚拟特征进行显示，如散热孔 Grille 的百叶窗特征等；Font 表示模型的字体。

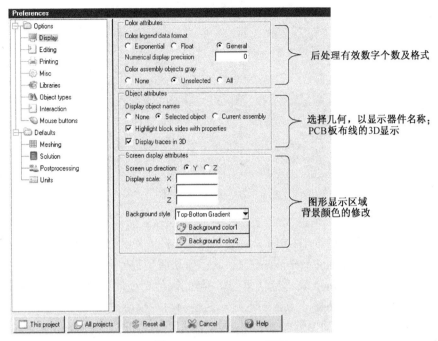

图 3-37 Preferences 界面

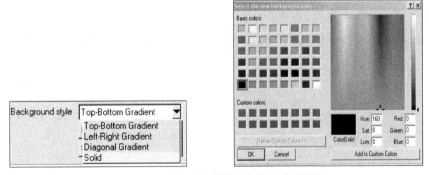

图 3-38 图形区域背景颜色的格式及选择

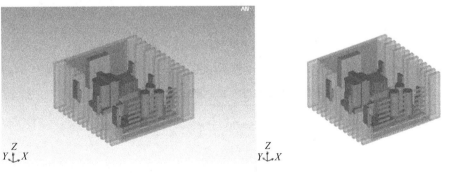

(a) Top-Bottom Gradient 模式　　　　(b) Solid 模式

图 3-39 图形区域的背景颜色修改

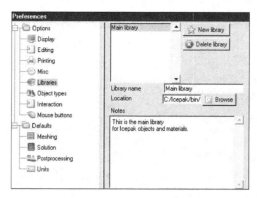

图 3-40 Libraries 界面

④ 在 Interaction 面板中,勾选 Motion allowed in direction 后侧的轴,表示可以鼠标拖动模型在 X、Y、Z 3 个方向进行移动,Restrict movement to cabient 表示仅仅可以在 Cabinet 区域内进行移动,Objects can't penetrate each other 表示鼠标拖动模型移动过程中不允许两个体干涉重叠,Move object also moves group 表示拖动模型时,与此模型处于同一组的其他模型会随之一起移动,Move object snaps to other objects 表示拖动模型与另一模型进行对齐;Snap attributes 表示 Cabinet 区域内的分辨率,拖动器件时能按照分辨率的尺寸进行移动;New object size factor 中的 0.2,表示新建模型的尺寸是 Cabinet 各个方向尺寸的 0.2 倍,Cabinet autoscale factor 表示 Cabinet 的缩放因子,此数值必须大于等于 1,勾选 Move points with object 表示求解计算变量的监控点随着模型的移动而移动,如图 3-41(b)所示。

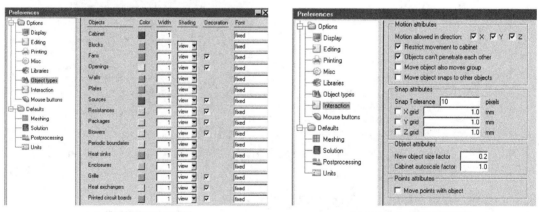

(a) 模型的显示设置面板   (b) Interaction 互动参数面板

图 3-41 模型显示及互动参数面板

⑤ Mouse buttons 为鼠标的设置,可用于修改设置鼠标左右键的操作,如图 3-42 所示。

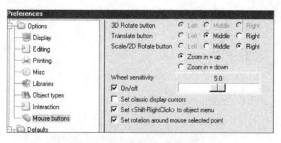

图 3-42 鼠标的设置界面

⑥ Meshing 为设置默认网格的类型、最小间隙;设置 Mesher-HD 的多级网格设置,如图 3-43 所示。

⑦ Units 为修改 ANSYS Icepak 默认的变量单位。以长度单位修改为例,首先选择 Units,然后在 Category 中选择 Length,查看 Units 中的单位,选择 mm,"*"会自动移动,然后单击 Set as default,即可修改长度的单位。可按照图 3-44 的标记步骤,进行单位的修改操作。

如果用户在 Perferences 中做了相应的修改,希望修改后的设置只适应于本项目,可单击 This project 完成;如果希望修改后的设置适用于所有的 ANSYS Icepak 项目,便可单击 All projects。

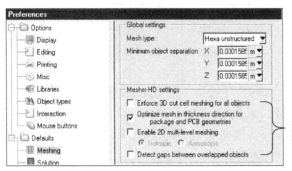

图 3-43 Meshing 设置界面

(5) Annotations 为注释标记。可用于对 Icepak 图形区域添加标题、日期、Logo 等标记,如图 3-45 所示。

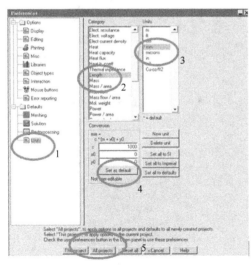

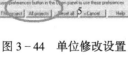

图 3-44 单位修改设置　　　　　　　　图 3-45 注释标记界面

3. View(查看,见图 3-46)

Summary(HTML):生成 HTML 页面的模型报告。

Location:测量具体点的坐标。

Distance:测量两点、两边的距离;Angle:测量两边的夹角。

Bounding box:计算区域边界大小。

Traces:查看 PCB 各个布线层信息。

Edit toolbars:打开工具栏,选择需要的快捷工具。

图 3-46　View 下拉菜单

Default shading：模型显示默认的格式，包含线框、实体等。
Display：显示坐标原点、标尺、项目名称、项目日期等。
Visible：显示/关闭某类型的器件模型。
Lights：调整视图区域模型的亮度。
View→Markers：对 ANSYS Icepak 项目的某点进行标记，如图 3-47 所示。
View→Rubber bands：对 ANSYS Icepak 模型中的两个点进行标记，如图 3-48 所示；单击 Rubber bands→Add，然后使用鼠标选择两点，完成标记。
View→Default shading：表示几何模型的显示类型，如图 3-49 所示。

ANSYS Icepak 视图区域的几何模型显示也可以通过模型本身的编辑窗口进行修改，在 Shading 处选择 Solid 实体，在 Texture 处选择相应的纹理图片，可完成实体纹理的显示，如图 3-50 所示。

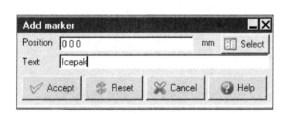

图 3-47　Marker 标记

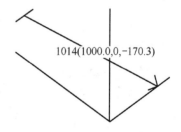

图 3-48　Rubber bands 的标记

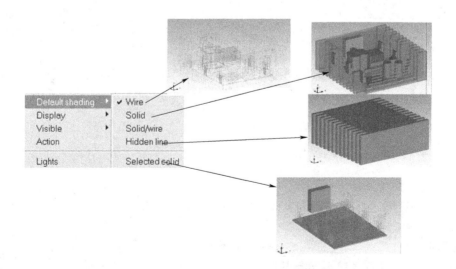

图 3-49　Default shading 的选项

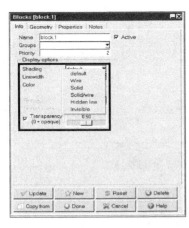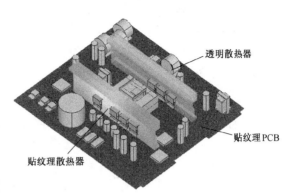

图 3-50 实体纹理显示

Shading：选择模型显示的格式。

Linewidth：显示模型的线条 Wire 的宽度。

Color：修改模型显示的颜色。

Texture：对模型增加纹理。

Texture scale：纹理的比例大小。

Transparency：透视图比例，0 表示透明，1 表示不透明。

View→Lights：对视图区域中的几何模形进行光学处理，如图 3-51 所示。

（a）光学处理设置　　　　（b）简单 Simple lighting　　　（c）复杂 Complex lighting

图 3-51 Lights 光学设置效果

4. Orient（视图方向查看，见图 3-52）

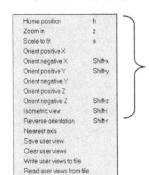

图 3-52 Orient 视图菜单

Nearest axis：最近轴的视图。
Save user view：保存目前视图。
Clear user views：清除视图。
Write user views to file：将视图写成文件。
Read user views from file：读入视图文件。

5. Macros(宏菜单，见图3-53)

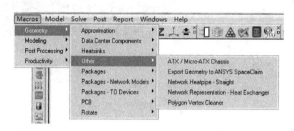

图3-53　Macro 宏命令面板

ATX：预定义的 ATX 机箱模型。
Approximation：预定义的异形近似几何，包括多边形、圆环、圆形计算空间等。
Case Check：对模型进行检查(主要是用于非连续性网格划分前的检查)。
Data Center Components：预定义数据中心的模型，包括机柜、CRAC 空调等。
Heatsinks：预定义散热器模型。
Packages：各封装模型的建立，以及 JEDEC 模型的建立，用于计算芯片的 R_{ja}、R_{jb}、R_{jc} 等。
Rotate block and plate：对 block 和 plate 进行任意角度的旋转。
Thermo electric cooler：用于建立 TEC 制冷模型和进行 TEC 制冷的计算。
Thermostat：用于对热源和风机进行实时控制，保持恒温状态，进行恒温控制计算。

使用 Macros→Thermoelectric cooler 命令，可以建立单级或多级 TEC 热电制冷模型，如图3-54所示。

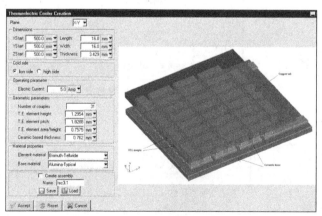

图3-54　TEC 热电制冷模型的建立

Macros 宏命令的详细说明可参考本书第10章。

6. Model 模型

图3-55为 Model 下拉菜单，各项功能解释如下。
Create object：创建相应的模型，如风扇、Block 块。

CAD data：Icepak 自带的 CAD 导入接口。
Radiation form factors：辐射换热角系数计算。
Generate mesh：网格划分控制面板。
Edit priorities：编辑模型的优先级（用于划分网格）。
Edit cutouts：编辑 Open、fan、Grille 等是否将模型挖空。
Power and temperature limits：热耗统计。
Check model：模型自检查。
Show objects by material：通过模型的材料进行显示（见图 3-56）。
Show objects by property：通过模型热源的热耗进行显示（见图 3-57）。
Show objects by type：通过模型的类型（Block、Plate）及相应子类型进行显示（见图 3-58）。
Show metal fractions：显示 PCB/芯片 Package 各层铜箔的百分比云图（见图 3-59）。

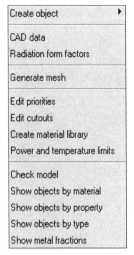

图 3-55　Model 下拉菜单

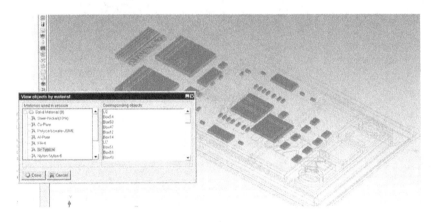

图 3-56　Show objects by material（通过材料显示）

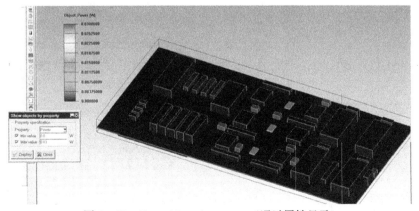

图 3-57　Show objects by property（通过属性显示）

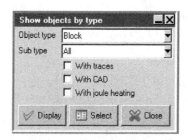

图 3-58 Show objects by type(通过类型显示)

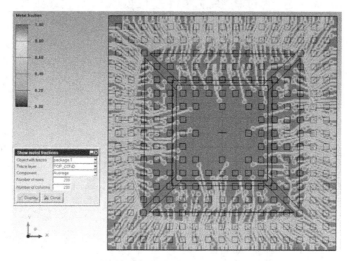

图 3-59 Show metal fractions 显示铜箔百分比云图

图 3-60 Solve 下拉菜单

7. Solve(求解)

图 3-60 为 Solve 下拉菜单。

Settings：求解迭代步数、残差、并行计算等设置面板。

Patch temperatures：对瞬态计算设置流体、固体的初始温度值。

Run solution：打开求解计算面板。

Run optimization：进行参数化优化面板。

Solution monitor：残差监控的显示选择。

Define trials：参数化优化面板开启。

Define report：打开 Summary 面板，用于后处理显示定量统计各变量的具体数值(见图 3-61)。

Diagnostics：以记事本形式打开 cas 等文件，然后对其进行编辑。

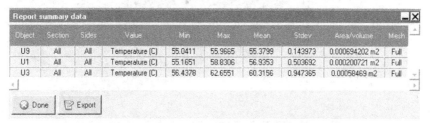

图 3-61 Define report 的统计结果

8. Post(后处理命令)/Report 命令

该命令主要是用于后处理显示、统计,在本书第 8 章会做详细阐述,此处不再介绍。

3.4.3 快捷工具栏

快捷工具栏位于主菜单栏下,主要是方便用户进行快捷操作的一些命令。其含义如图 3-62 所示,局部放大如图 3-63 所示。

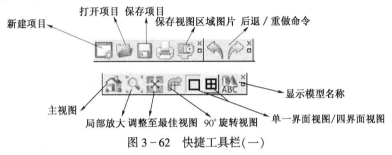

图 3-62 快捷工具栏(一)

显示模型名称:如果打开 ANSYS Icepak 项目后,软件可能会显示所有几何模型的名称,如果模型比较多,视图界面会比较杂乱;接着单击 ABC 按钮,ANSYS Icepak 会显示当前选中器件的名称;如果再单击一次,软件将不会显示任何器件模型的名称;重复再单击一次,软件又重新显示所有器件的名称。

图 3-63 ANSYS Icepak 的局部放大

单一界面视图及四界面视图如图 3-64 所示,其他快捷工具如图 3-65 所示。

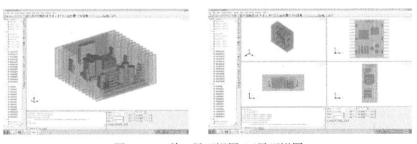

图 3-64 单一界面视图/四界面视图

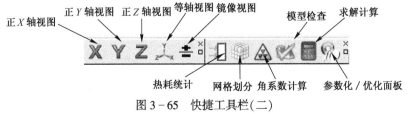

图 3-65 快捷工具栏(二)

图 3-66 的快捷工具栏主要是针对后处理的,可参考第 8 章,此处不再叙述。

图 3-66 后处理快捷工具栏

3.4.4 模型树

模型树位于 GUI 的最左侧,包含了基本物理问题的定义、求解设置、材料库和模型库、计算监控点的设置、Trash 垃圾箱设置、Inactive 抑制模型等,主要用于对模型进行不同方面的管理,Project 模型树如图 3-67 所示。

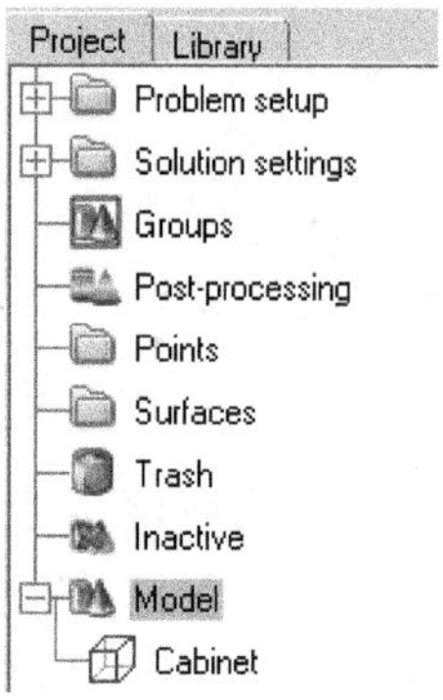

Problem setup:物理问题、环境参数的定义。
Solution settings:求解的相关设置。
Groups:组的管理。
Post-processing:后处理对象管理。
Points:求解计算变量监控点的设置。
Surfaces:将某模型表面的变量作为监控,在求解过程中统计此表面某变量的平均数值。
Trash:在模型树下被删除的器件。
Inactive:模型树下被抑制的器件模型。

图 3-67 Project 模型树

Points(监控点)的设置会在求解的章节仔细讲解。在模型树下,选择需要抑制 Inactive 的器件,左键拖动至 Inactive,相应的模型将自动从 Model 模型树下消除,如图 3-68 所示。同样,如果选中器件,单击删除,则模型会进入 Trash 垃圾箱中。

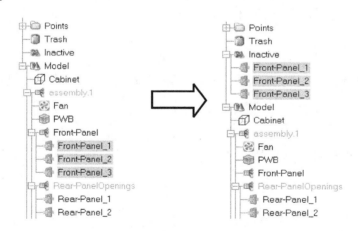

图 3-68 抑制 Inactive 模型

图 3-69 为 Library 模型树。
Main library:软件自带的材料库和模型库。
Materials:软件自带的材料库。
Blowers:离心风机库。
Heatsinks:散热器库。
TECs:热电制冷模型库。
Thermal Interface Material:导热硅脂库。

fans：轴流风机库。
filters：三维阻尼多孔介质库。
packages：芯片封装库。
Pass：用户自定义库（库的名字自己定义）。
选择模型树下的 Model，单击鼠标右键，将出现图 3-70 所示菜单，各功能说明如下。
Create object：在模型树下创建模型。
Find object：在模型树下查找不同模型对象。
Paste from clipboard：从剪贴板上将选中的模型对象进行复制粘贴。
Merge project：合并 Icepak 项目。
Load assembly：加载 Assembly 装配模型。

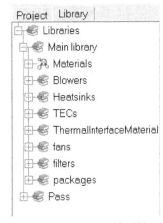

图 3-69 Library 模型树

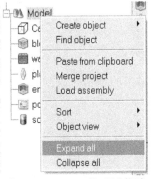

图 3-70 Model 模型树菜单

Sort：按照模型名称首字母、网格优先级、创建先后进行排序。
Object view：模型树下对模型进行不同层次组织形式的管理。
Expand all：展开模型树。
Collapse all：将模型树关闭，模型将被隐藏。
在模型树下选择相应的模型，单击鼠标右键，出现图 3-71 所示菜单，各功能解释如下。
Edit：打开编辑窗口。
Active：激活状态，如果取消√，表示抑制，即模型中不包含此对象。
Rename：对模型进行重新命名。
Copy：复制此模型，打开相应的复制面板。
Move：移动此模型，打开移动的面板。
Delete：删除选中的模型。
Add to clipboard：将模型增加到剪贴板上（如设置监控点，如果能直接拖动模型至 Points 即可自动创建；如果模型比较多，则无法拖动至 Points 下，可先将选中的模型增加到剪贴板上，然后单击鼠标右键选择 Point，在弹出的面板下选择 Paste from clipboard，表示将剪贴板上的模型进行粘贴）。
Create：用于创建装配体、组、监控点等。
Set meshing levels：设置此模型多级网格的级数。
Edit mesh parameters：用于对模型进行单独的网格设置，如设置其某边的网格数。
Display options：进行实体或透明显示。
Visible：可以看到此模型。
Total volume：统计此模型体积。
Total area：统计模型面积。

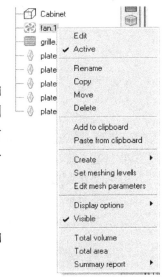

图 3-71 模型树下几何对象的下拉菜单

Summary report：打开 Summary 报告的统计面板。

3.4.5 基于对象模型工具栏

基于对象的模型工具栏是 ANSYS Icepak 自建模的工具，使用它们可以构建干净、简洁的电子散热模型，在 4.2 节会有相应的详细说明，如图 3-72 所示。

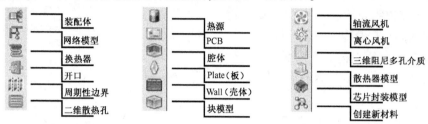

图 3-72 自建模模型工具栏

3.4.6 编辑模型命令面板

1. 编辑命令

在模型树下选择需要编辑的模型，然后单击 按钮，则可打开对象的编辑窗口，如图 3-73 所示。

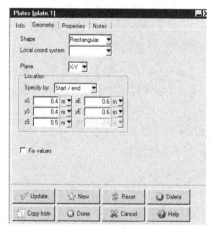

图 3-73 模型编辑面板

打开模型对象编辑窗口的方法还有以下 4 种方法。

方法 1：选择模型后，按住"Ctrl+E"键，则可打开编辑窗口。
方法 2：选择模型后，在模型树下鼠标左键双击需要编辑的模型对象。
方法 3：选中模型后，单击右键，在弹出的面板中选择 Edit，如图 3-74 所示。
方法 4：选中模型后，单击屏幕右下角出现的 Edit，如图 3-75 所示。

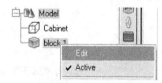

图 3-74 Edit 编辑面板(一)

图 3-75 Edit 编辑面板(二)

上述说明均为打开单一对象的编辑窗口。如何打开多个同类型、同属性模型的编辑窗口呢？例如，10 个同类型的芯片，热耗均为 5W，如果逐一进行编辑，则比较烦琐；读者可按照如图 3-76 所示及相应的说明进行多体的编辑操作。

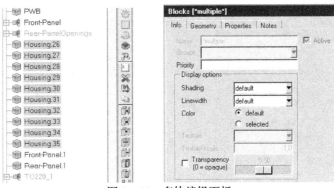

图 3-76　多体编辑面板

（1）多个同类对象的选择：要进行多个同类模型的编辑，首先务必在模型树下选中多个体，其方法如下。

① 按住 Ctrl 键，然后使用鼠标左键逐一选择同类模型，进行多选。

② 在模型树下选择第一个需要编辑的对象，然后按住 Shift 键，再用鼠标左键选择最后一个需要编辑的对象，相应的同类模型即被选中。

③ 按住 Shift 键，在 ANSYS Icepak 的模型视图区域中鼠标左键框选同类型的对象模型，然后释放左键，同类的模型在模型树下即被选中。

（2）多体编辑窗口的打开：当选中模型后，可通过以下方法打开多体编辑窗口。

① 在模型树下，鼠标右键单击选中的同类多个模型，在出现的面板下，选择 Edit，多体编辑窗口即被打开。

② 按住"Ctrl+E"键，即可打开多体编辑窗口。

③ 单击 命令，也可以打开多体编辑面板。

2. 删除命令

此命令即删除模型树下选中的单个器件、多个器件或者装配体等；选中器件后，单击右键，在出现的面板中，也可以选择 Delete 进行删除。

3. 移动命令

如果需要移动模型的位置，可在模型树下选中被移动的对象模型，然后单击移动命令，软件则弹出移动面板，如图 3-77 所示。各功能说明如下。

Scale：表示按一定比例进行缩放。在 Scale factor 中输入缩放的比例因子，也可以输入 3 个比例因子（中间用空格隔开），表示在 X、Y、Z 3 个方向进行缩放；在 Scale about 下面输入 X、Y、Z 坐标点，选择 Point，表示基于此点来进行缩放，单击 Centroid 表示基于几何体的中心位置进行缩放。

Mirror：表示镜像，可选择镜面及方向进行镜像操作。

Rotate：旋转命令，选择相应的轴及角度进行选择操作。

Translate：输入不同方向的偏移量；单击 Apply 或 Done 即可完成操作。

4. 复制命令

在模型树下选择需要复制的一个或多个模型，单击复制命令，即出现复制的面板，如图 3-78 所示。

Number of copies：复制的个数。

Group name：选择输入组的名称，可将选中的器件复制到相应的组内；其他设置与移动相同。

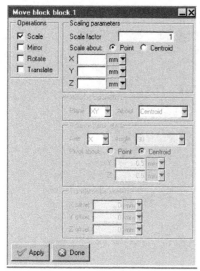

图 3-77 移动编辑面板

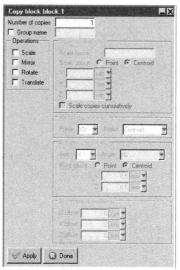

图 3-78 复制编辑面板

3.4.7 对齐匹配命令

1. 面、边、点的对齐命令

🔲、🔲、🔲 分别是：面对齐、边对齐、点对齐命令。3 个操作完全相同，本处仅使用面对齐 🔲 来做说明讲解，边对齐 🔲 和点对齐 🔲，读者可以自己练习。

面对齐命令 🔲，其意思为将两个面进行对齐。其分左键、右键操作。左键命令在对齐过程中会将对齐体进行拉伸，以达到面对齐的效果；而右键命令在将两个面对齐过程中会将对齐体进行移动，以达到面对齐的效果。

（1）左键命令：在对齐过程中会将对齐体的尺寸会进行拉伸。单击 🔲，然后重新单击需要对齐的面，此面变成红色，然后单击中键接受（勿单击右键，表示完成），接着再单击被对齐的面，此面变成黄色，然后单击中键接受，读者会发现小方块的面和大块的面对齐，但是对齐体的长度尺寸被拉伸，接着单击右键表示完成面对齐操作。面选择的顺序不同，对齐的结果也是不同的，如图 3-79 所示。

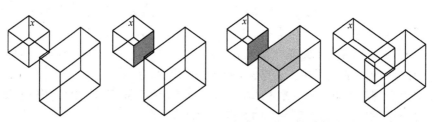

图 3-79 左键面对齐操作

（2）右键命令：在对齐过程中对齐体尺寸不会被拉伸，会移动位置，以完成对齐。右键单击 🔲，然后重新单击需要对齐的面，此面变成红色，然后单击中键接受（勿单击右键，表示完成），接着再单击被对齐的面，此面变成黄色，然后单击中键接受，读者会发现小方块的面和大块的面对齐，尺寸未被拉伸，但是位置有所移动，接着单击右键表示完成面对齐操作。面选择的顺序不同,对齐的结果也是不同的,如图 3-80 所示。

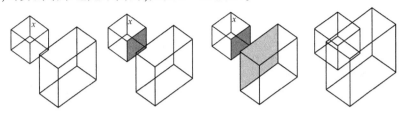

图 3-80 右键面对齐操作

注意:选择对齐的面时,请务必选择公用的边或者点,这样多单击几次,选中的面会进行切换,直到选中需要的面为止,切记不可以直接单击面。

边对齐 和点对齐 ,其操作和面对齐完全相同,读者请自行练习。

2. 体、面的中心对齐命令

(1) 表示两个模型的中心位置对齐。先左键单击 ,然后用鼠标左键单击小的方块,此块变成红色,然后单击中键接受(勿单击右键,表示完成),接着再用左键单击被对齐的大块,此块变成黄色,然后单击中键接受,可以发现小方块和大块的中心位置进行对齐,小的方块位置进行了移动,接着单击右键表示完成中心对齐操作。选择体的顺序不同,对齐的结果也有所不同,如图 3-81 所示,此命令仅左键可以使用。

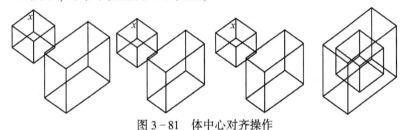

图 3-81 体中心对齐操作

(2) 表示两个面的中心位置对齐。先单击 ,然后单击需要对齐的面,此面变成红色,然后单击中键接受(勿单击右键,表示完成),接着再单击被对齐的大块的面,此面变成黄色,然后单击中键接受,读者会发现小方块红色的面和大块黄色的面中心位置进行对齐,接着单击右键表示完成面中心对齐操作。此命令仅左键可以使用。面选择的顺序不同,对齐的结果也是不同的,如图 3-82 所示。

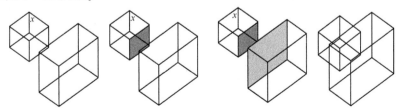

图 3-82 面中心位置对齐操作

3. 匹配命令

(1) 表示面匹配。所谓面匹配,就是两个面无论大小、位置均相同。操作为:先单击 ,然后单击需要对齐的面,此面变成红色,然后单击中键接受(勿单击右键,表示完成),接着再单击被对齐的大块的面,此面变成黄色,然后单击中键接受,读者会发现小方块红色的面和大块黄色的面大小、位置进行了匹配,在匹配过程中,小块进行了尺寸的拉伸,接着单击右键表示完成面匹配操作。

此命令仅左键可以使用。面选择的顺序不同,匹配的结果也是不同的,如图 3-83 所示。

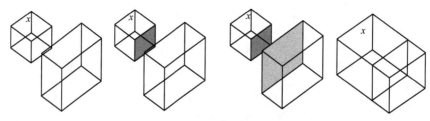

图 3-83 面匹配命令操作

(2) ▣ 表示边匹配,即两个边无论大小、位置均相同。操作为:先单击 ▣,然后单击需要对齐的边,此边变成红色,然后单击中键接受(勿单击右键,表示完成),接着再单击被对齐的大块的边,此边变成黄色,然后单击中键接受,读者会发现小方块红色的边和大块黄色的边大小、位置进行了匹配,在匹配过程中,小块进行了尺寸的拉伸,接着单击右键表示完成操作。此命令仅左键可以使用。边选择的顺序不同,匹配的结果也是不同的,如图 3-84 所示。

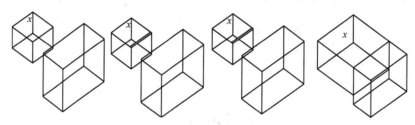

图 3-84 边匹配命令操作

备注:
(1) 选择相应的体/面/边时,使用鼠标左键选择模型相应的边,即可选中相应的体、面或边。
(2) 切勿将所有几何模型进行实体显示。
(3) 如果需要选中某物体的某个面,可使用鼠标左键选择此面的一边,ANSYS Icepak 会选中与此边连接的任意面;如果没有选中需要选择的面,可重复单击左键,直到选中应选的面。

3.4.8 图形显示区域

图 3-85 为图形显示区域,其是 ANSYS Icepak 界面最大的区域,显示了模型树下所有模型对象的形状、大小、颜色、坐标轴、原点及整体的计算区域。另外,所有的后处理也是在图形区域内完成显示。

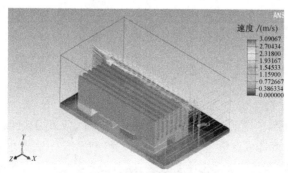

图 3-85 图形显示区域

图形区域的大小可以通过拖动图形区域的左侧边界和下侧边界来进行调整,如图 3-86 所示。

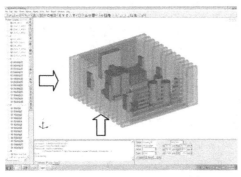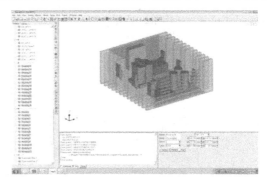

图 3-86 修改图形区域大小

3.4.9 消息窗口

消息窗口(Message 窗口)位于 ANSYS Icepak 界面下方区域的中间位置,在 ANSYS Icepak 里进行的任何操作,如测量坐标位置、测量距离、划分网格、求解计算、结果加载等,在消息窗口中均会有相应的记录或者提示,如图 3-87 所示。

图 3-87 消息窗口

3.4.10 当前几何信息窗口

在 ANSYS Icepak 界面的右下侧区域,是当前所选器件的几何信息窗口,其与打开编辑窗口的 Geometry 是相同的,可进行选中器件模型的名字命名、组的分类、几何形状的修改、坐标大小的修改等操作。其中包含的橙色按钮,主要用于将模型进行拉伸或者与各个轴的开始点(xS、yS、zS)或者结束点(xE、yE、zE)进行对齐,如图 3-88 所示。

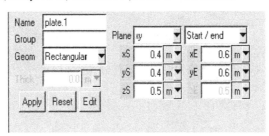

图 3-88 当前几何信息窗口

3.5 模型编辑面板 GUI

ANSYS Icepak 中模型对象的编辑面板均类似,面板中包含 Info、Geometry、Properties、Notes

4个部分,本章节使用 Plate 来说明编辑面板的 GUI。

1. Info(信息面板)

图 3-89 为 Info(信息面板),各项功能说明如下。

Name:模型对象名称,可自行修改。

Groups:模型归为哪个群。

Priority:模型划分网格的优先级。

Display options:模型显示的选择。

Shading:实体显示。

Linewidth:模型线框显示线的粗细。

Color:default 模型使用默认(Preference)中的颜色。

selected:选择模型适合的颜色。

Texture:对模型增加纹理。

Texture scale:纹理的比例。

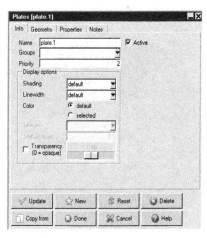

图 3-89　Info 信息面板

Transparency:模型实体显示的透明度。

2. Geometry(几何尺寸信息)

Geometry(几何尺寸信息)主要包含模型的形状、所处的面、坐标、大小等,如图 3-90 所示。

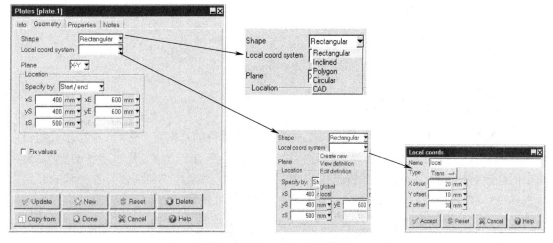

图 3-90　Geometry 面板说明

(1) Shape:模型的形状,单击下拉菜单,可实时修改 Plate 的形状(不同类型的模型对应的形状有所不同)。

Rectangular 表示方形。

Inclined 表示倾斜形状。

Polygon 表示多变形。

Circular 表示圆形。

CAD 表示 CAD 导入的异形几何 Plate,此类 Plate 不能编辑其尺寸信息。

(2) Local coord system:表示局部坐标系的选项。

Create new:表示新建局部坐标系,可输入相应名字及偏移量。

View definition：表示查看局部坐标系信息，在 Message 窗口可以显示。

Edit definition：表示对坐标系进行编辑。

（3）Plane：Plate 所处的面，包含 $X-Y$、$X-Z$、$Y-Z$；

Location：坐标信息。

Specify by：模型尺寸信息的编辑方式，包含 Start/end，即开始点/结束点，可以在 X、Y、Z 3 个方向输入开始、结束对应的坐标数值。

Start/length：表示开始点/长度，可在 X、Y、Z 3 个方向输入开始点、长度对应的数值。

（4）Fixed values：固定值，Fixed values 选项在模型编辑面板的 Geometry 和 Properties 中出现。如果选择 Fixed values，那么所有输入"数字"的变量（如长度、热耗等），其信息将被固定。如选择 Fixed values，当工程师编辑修改尺寸的单位时，相应的数字会随着单位进行修改；如果不选择 Fixed values，修改长度的单位时，软件将按照新输入的单位进行模型尺寸的修改。

3. Properties（属性信息）

图 3-91 为 Properties 属性面板，各功能说明如下。

Thermal model：Plate 的热模型类型。

Thermal specification：Plate 热模型的输入。

Effective thickenss：Plate 有效厚度的输入。

Solid material：Plate 的材料输入。

Total power：Plate 热耗输入。

Side specification：表示 Plate 两个面辐射换热的输入、面材料输入（粗糙度、发射率）等。

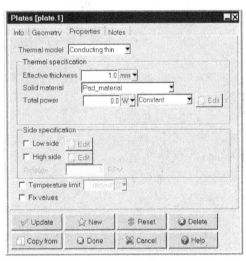

图 3-91 Properties 属性面板

4. Notes（信息）

Notes：主要是对此模型标注一些注释信息，方便工程师的记录或者其他工程师对此模型的学习，如图 3-92 所示。各功能说明如下。

Update：更新对模型的修改，不关闭编辑面板。

New：新建同类模型。

Reset：恢复模型原始的输入。

Delelte：删除此对象模型。

Done：执行操作，并关闭编辑面板。

Cancel：取消编辑，并关闭编辑面板。

Help：打开帮助文件。

Copy from：模型树下至少有两个模型，主要是将其他模型的尺寸、属性信息复制到所

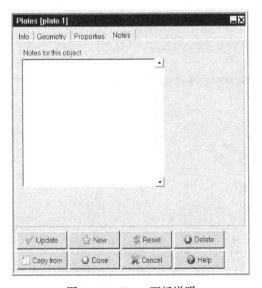

图 3-92 Notes 面板说明

编辑的对象上。图 3-93 为 Copy from 面板,其各项功能说明如下。

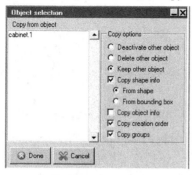

图 3-93　Copy from 面板

Deactivate other object:复制过程中抑制其他的模型。
Delete other object:复制过程中删除其他模型。
Keep other object:复制过程中保留其他模型。
Copy shape info:将其他模型的 Geometry 中的信息进行复制,其中 From shape 表示复制其他模型的形状,即形状大小完全一致;From bounding box 表示只复制其他模型的尺寸大小。
Copy Object info:复制其他模型的 Properties 中的信息。
Copy creation order:复制其他模型的创建顺序,即优先级相同。
Copy groups:将此模型移动到其他模型所在的群。

3.6　用户自定义库的建立使用

ANSYS Icepak 允许用户建立用户的材料库和模型库,以方便用户的使用。建立用户自定义库的步骤如下。

1. 库文件夹目录的建立

在工作目录下,建立材料库和模型库放置的目录以及库文件夹的名字,如 F:\library;即在 F 盘下建立了一个名字为 library 的文件夹,如图 3-94 所示。

2. 建立库

打开 ANSYS Icepak 软件,建立库的步骤如下。

(1) 单击 Edit→Preferences→Libraries,打开 Libraries 面板。

图 3-94　库文件夹的建立

(2) 单击 Libraries 中的 New library。

(3) 在 Library name 中输入"Cailliao"名字。

(4) 单击 Location 右侧的 Browse,浏览找出第 1 步建立的文件夹,F:\library。

(5) 单击 This project,表示建立的库只适合于当前的 ANSYS Icepak 项目。

(6) 单击 All projects,表示建立的库适合于所有的 ANSYS Icepak 项目,可按照如图 3-95 所示的标记顺序进行操作。

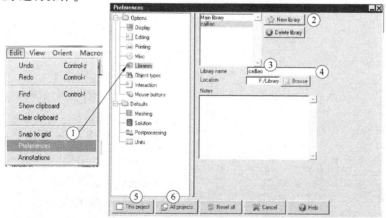

图 3-95　用户自定义材料库的建立

当建立好材料库以后,关闭 ANSYS Icepak;重新启动打开 ANSYS Icepak 软件,单击 Library,可以看到出现"Cailliao"用户自定义库,如图 3-96 所示。

图 3-96 Library 下建立的用户自定义库

3. 新建材料加入用户自定义库

(1) 新建材料:单击模型工具栏中的 ,建立一个新的材料(见图 3-97),如建立了一个导热硅脂的材料,其名称为 Tim1,在属性 Properties 中输入导热率 1.5(W/m·K)。

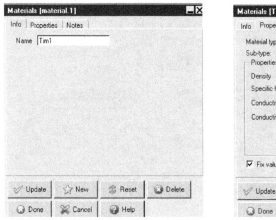
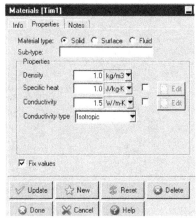

图 3-97 新材料的建立

在 Model 模型树下,ANSYS Icepak 会自动出现 Tim1 的材料,如图 3-98 所示。

另外,也可以在模型的属性面板中,单击下拉菜单,选择 Create material,创建新材料。

(2) 选择材料复制至剪贴板:选择 Model→Materials,鼠标右键单击其下的 Tim1,选择 Add to clipboard,如图 3-99 所示。

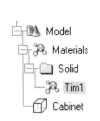
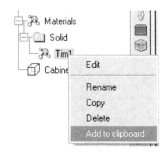

图 3-98 Model 下的新材料　　　　　　　　图 3-99 新材料的复制

(3) 粘贴至材料库:鼠标左键单击 Library 面板,进入库的模型树;右键单击用户自定义库 cailiao,在弹出的面板里选择 Paste from clipboard;ANSYS Icepak 会自动将 Tim1 添加到 cailliao 库的下面,如图 3-100 所示。

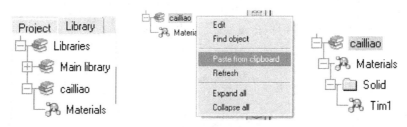

图 3-100 新材料的粘贴

4. 建立材料的使用

建立 ANSYS Icepak 热模型以后，用户可以在模型对象的属性面板 Solid material 中，单击下拉菜单，选择用户自定义的材料 Tim1，如图 3-101 所示。

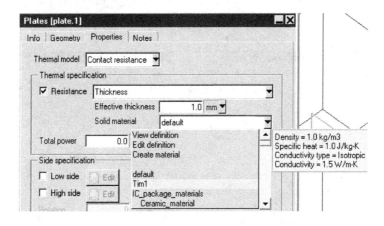

图 3-101 用户自定义材料的使用

5. 建立自定义模型库

用户可建立自定义模型库，其建立方法与材料库相同；用户也可以直接使用材料库作为模型库，其操作方法如下。

（1）选择相应的模型，或者选择 assembly.1 装配体，然后单击鼠标右键，在弹出的面板中选择 Add to clipboard，如图 3-102 所示。

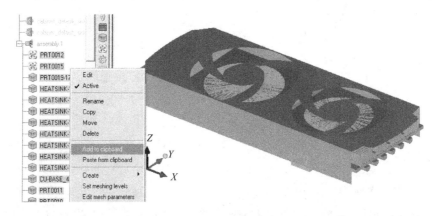

图 3-102 模型的复制

(2) 选择 Project 右侧的 Library 模型树,选择用户自定义库的名字 cailliao,然后单击右键,在弹出的面板下,选择 Paste from clipboard,如图 3-103 所示。

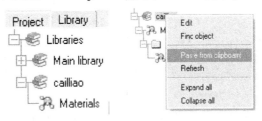

图 3-103 模型的粘贴

(3) ANSYS Icepak 会弹出一个 Save project 面板,即保存模型的名称,用户可输入相应的名称,如命名为 xianka,单击 Save,如图 3-104 所示。

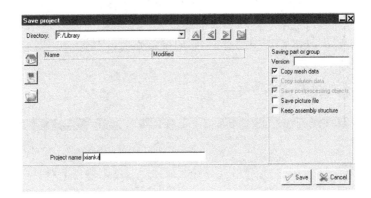

图 3-104 模型的命名

(4) 用户自定义库 cailliao 下面会出现 xianka 的模型,如图 3-105 所示。

(5) 如果用户需要使用模型库里相应的模型,则可直接双击 Library 下的 xianka,ANSYS Icepak 会自动将 xianka 里包含的模型(内嵌模型的属性)建立在 ANSYS Icepak 模型树下,用户只需要对模型进行相应的定位即可,如图 3-106 所示。

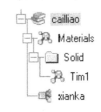

图 3-105 自定义库下的模型

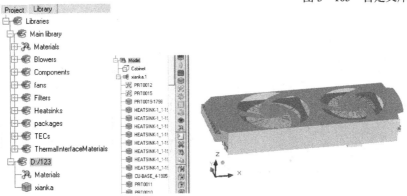

图 3-106 自定义库模型的使用

3.7 其他常用命令操作

3.7.1 常用鼠标键盘操作

ANSYS Icepak 默认的鼠标操作主要包含以下几点。

(1) 左键在屏幕显示区域进行操作,表示视图在三维方向进行旋转。

(2) 中键在屏幕显示区域进行操作,表示视图在二维方向进行上下左右的移动。

(3) 右键在屏幕显示区域进行操作,表示视图在二维方向进行旋转;右键上下进行移动,表示视图进行放大或者缩小,读者可自行练习。如果觉得不合适,可以通过 Edit→Preferences→Mouse buttons 进行修改。

(4) 如果选择 Shift,然后同时使用鼠标左键,可以在视图区域中选择某个器件;如果使用鼠标左键拖曳一个空间,可选中空间内包含的模型。

(5) 如果选择 Shift,然后在视图区域中,使用鼠标中键选择相应的模型,可对选中的器件或者装配体进行移动。

鼠标操作的修改如图 3-107 所示。

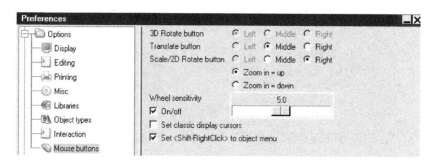

图 3-107 鼠标操作的修改

3.7.2 常用热键操作

ANSYS Icepak 里许多命令有相应的热键操作(所有键盘字母均小写,不可打开大写 Caps Lock 按钮),主要包括以下操作。

Ctrl+A:激活或抑制选中的模型器件,如选择位于模型树下的某个对象,单击此按钮,模型会进入 Inactive。

Ctrl+C:复制选择的物体或组,ANSYS Icepak 会自动打开复制的编辑面板。

Ctrl+E:打开选中物体模型的编辑窗口。

Ctrl+F:在模型树下寻找某个器件,软件会自动打开 Find in tree 的面板。

Ctrl+M:打开或关闭 Model 模型树。

Ctrl+N:创建一个新的 ANSYS Icepak 项目。

Ctrl+O:打开已有的 ANSYS Icepak 项目。

Ctrl+S:保存当前的 ANSYS Icepak 项目。

Ctrl+R:重复上一步的操作。

Ctrl+T:打开或关闭当前选中的模型树节点,即模型树下某个装配体的开启或关闭。
Ctrl+V:隐藏或显示当前选中的器件或装配体等。
Ctrl+W:将视图区域中包含的模型进行实体显示/线框显示,重复单击,软件可进行实体/线框的切换。
Ctrl+X:移动选中的器件,软件会自动打开 Move 的编辑面板。
Ctrl+Z:返回前一步的操作。
Delete:删除选中器件或装配体。
Shift+I:显示等轴视图。
Shift+R:显示当前视图的镜像视图。
Shift+X:显示 X 轴视图,即从负 X 轴向正 X 轴的视图。
Shift+Y:显示 Y 轴视图,即从负 Y 轴向正 Y 轴的视图。
Shift+Z:显示 Z 轴视图,即从负 Z 轴向正 Z 轴的视图。

3.7.3 单位管理

ANSYS Icepak 支持用户对不同变量进行混合单位的使用,直接单击变量数值后侧的下拉菜单,即可对不同变量进行单位修改,如图 3-108 所示。

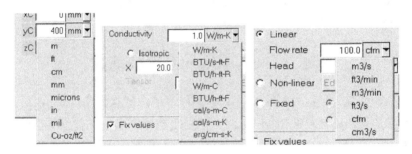

图 3-108 变量单位的修改

如果在修改单位时,选择了 Fix values,那么相应的变量数值会随之修改,即模型参数并未改变;如果没有选择 Fix values,那么相应的变量将被修改。如长度为 400mm,选择 Fix values,将单位 mm 改成 m,那么 400 的数值会自动随之变为 0.4;如果没有选择 Fix values,那么相应的模型将由 400mm 变成 400m,变量的长度将增大。

3.8 本 章 小 结

本章节主要系统全面地讲解了 ANSYS Icepak 的技术特征;详细讲解了 ANSYS Icepak 的界面,包含主菜单栏、快捷工具栏、模型树、建模工具栏、编辑命令、对齐匹配及库的详细说明;详细介绍了模型对象的编辑面板 GUI 等;另外,重点讲解了 ANSYS Icepak 的启动方式、相应工作目录的设定、用户自定义库的建立、单位的修改等,以及 ANSYS Icepak 软件中常用鼠标、热键的操作等。

第 4 章 ANSYS Icepak 热仿真建模

【内容提要】

本章将重点讲解 ANSYS Icepak 的建模部分,主要包括讲解 ANSYS Icepak 基于对象的自建模工具,详细讲解各个模型对象的设置操作;讲解 ANSYS Icepak 与主流 CAD 软件的数据接口,讲解如何将 CAD 几何模型导入 ANSYS Icepak;讲解 ANSYS Icepak 与常用 EDA 电路板软件的数据导入接口;针对不同的建模方式,列举了对应的实际案例。

【学习重点】

- 掌握 ANSYS Icepak 自建模的各个对象以及相应的编辑面板;
- 掌握 ANSYS Icepak 的 CAD 模型导入操作;
- 掌握 ANSYS Icepak 与 EDA 软件的几何导入接口;
- 掌握 ANSYS Icepak 如何导入 EDA 软件的布线和过孔信息;
- 练习本章中各种建模方式的简单算例,并熟练掌握。

4.1 ANSYS Icepak 建模简述

建立模型简称建模,是在 ANSYS Icepak 中进行电子热仿真的第一步,这里所谓的建模主要是指建立真实的传热路径模型,对于电子产品来说,包括真实的几何模型部分、热阻部分、材料属性、PCB 内各向异性导热率、IC 热阻模型等。简而言之,必须建立真实的"热路"模型,才能得到真实可靠的热仿真结果。

ANSYS Icepak 18.1 的建模方式是丰富多样化的,主要包含以下 3 类方式。

1. 自建模方式

自建模方式采用 ANSYS Icepak 自带的基于对象建模方式,如可利用诸如方块、圆柱、斜板、散热器、风扇等,通过类似于搭积木的方式建立热分析模型。例如:建立散热器,可以单击模型工具栏中的 ,然后 ANSYS Icepak 的视图区域及模型树下会自动出现散热器模型,接着输入散热器的长、宽、高、基板的厚度、散热器所处的面等、翅片厚度、间隙、材料等,基板 Base 与热源间的热阻信息等,即可得到散热器模型;然后可以使用对齐工具或者坐标对散热器进行定位。

ANSYS Icepak 基于对象建模的模型工具栏可通过图 4-1 进行说明,其自建模的工具对象主要包含二维模型和三维模型两大类。

(1) 二维的模型主要包含 Openings、Plates、Fans 等;二维模型主要的形状有方形、圆形、倾斜、多边形面、CAD 等。

(2) 三维的模型主要包含 Block(块)、阻尼、散热器、离心风机、3D 轴流风机、芯片、PCB等;三维模型主要的形状有立方体、长方体、圆柱体、多边形体、球体、CAD 异形体等。

如图 4-2 所示为利用 ANSYS Icepak 的自建模工具建立的机箱热模型,包含机箱外壳、PCB、散热器、芯片、风扇等,可以看出,建立的模型忽略了螺钉、螺母等小尺寸部件,因此使用

ANSYS Icepak 的自建模工具可以得到"干净"的热模型。

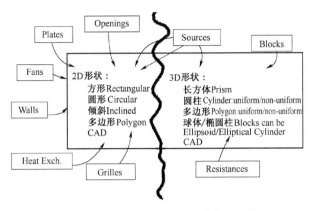

图 4-1　ANSYS Icepak 自建模的对象

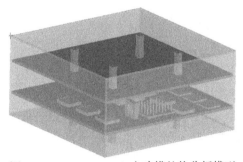

图 4-2　ANSYS Icepak 自建模的热分析模型

2. CAD 模型导入

工程师将复杂的 CAD 几何模型做必要的简化,如删除螺钉、螺母、不影响散热的倒角等小特征,然后通过 Ansys Workbench 平台里的 DM 将 3D 几何模型直接导入 ANSYS Icepak。

由于 DM 导入 ANSYS Icepak 简单易用,不需要工程师进行几何模型的重建工作,因此将 CAD 几何模型通过接口导入 ANSYS Icepak,是目前比较受欢迎的建模方法。其导入的过程可参考图 4-3。

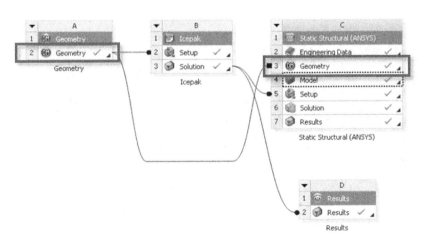

图 4-3　CAD 几何模型导入 ANSYS Icepak

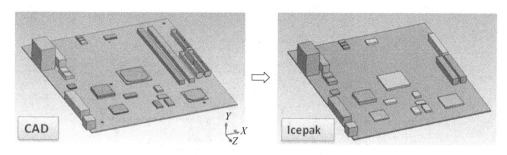

图 4-3　CAD 几何模型导入 ANSYS Icepak（续）

3. ECAD 模型导入

作为一款比较专业的电子散热模拟软件，ANSYS Icepak 可以将诸如 Cadence、Mentor、Zuken、Cr5000 等 EDA 软件设计的 PCB 模型及 PCB 的布线信息导入。EDA 的导入主要包含两方面。

（1）直接导入 PCB、板上器件的几何模型及器件芯片的热参数信息。ANSYS Icepak 可以直接将 EDA 软件输出的 IDF 模型（包含两个文件）通过 EDA 的接口导入，其导入接口如图 4-4 所示。

（2）ANSYS Icepak 可以直接将 PCB 上的布线和过孔文件导入，以便真实地反映 PCB 的导热特性（后面有实例操作），导入布线过孔的 PCB 反映出各向异性的导热率。PCB 布线过孔接口如图 4-5 所示，布线导入及计算结果如图 4-6 所示。

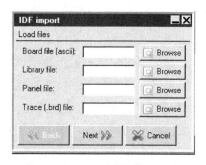

图 4-4　EDA 几何模型的 IDF 接口

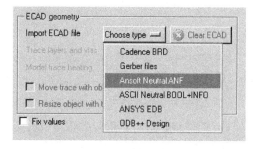

图 4-5　PCB 布线过孔接口

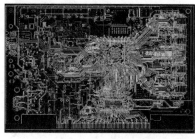

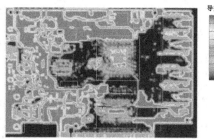

图 4-6　PCB 布线导入及计算结果

尽管 ANSYS Icepak 有 3 种建模方式，但通常来说，建议工程师将这 3 种方式结合使用，建立相应的电子热仿真模型。

（1）建立某一机箱控制系统，机箱外壳、导轨、锁紧条等 CAD 几何部分，可通过 CAD 接口 Geometry 导入 ANSYS Icepak 来建立热模型；而 PCB 及 IC 器件可通过 EDA 接口实现；然后可以将两个热模型合并(利用 ANSYS Icepak 中的 Merge Project 操作),对 PCB 卡进行定位,可得到机箱系统完整的热模型。(注意:在进行系统级热分析时,如果用户觉得导入 EDA 布线过孔比较麻烦,可利用 ANSYS Icepak 自建模提供的 PCB 模型,通过输入 PCB 内铜箔的层数、铜层厚度、铜层覆盖百分比、过孔个数、过孔平均直径、过孔内铜箔厚度等参数来计算 PCB 的导热率,这样也可以建立 PCB 的热模型)。

(2) 如图 4-7 所示为一电子散热模组,模型利用了 3 种建模方式:模型中的高密度太阳花散热器、热管、真实的轴流风机,由于其形状不规则,因此使用了 CAD 接口 DM 将这些异形的 CAD 模型导入 ANSYS Icepak。

PCB 及 IC 器件的模型,主要通过 ANSYS Icepak 与 EDA 软件的接口将 PCB 的几何模型和 Trace 布线导入,建立了 PCB 的详细模型;另外,主要通过 ANSYS Icepak 自带的建模方式,建立了 IC 芯片与散热器之间的接触热阻、建立了整个模组的开口边界等。

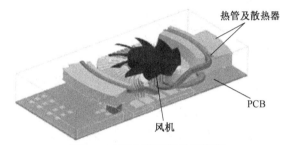

图 4-7 某电子模组的热模型

4.2 ANSYS Icepak 基于对象自建模

ANSYS Icepak 基于对象的建模方式,主要是在软件中根据 CAD 几何模型的结构,搭建电子热分析模型。与 CAD 真实模型相比较,其建立的模型比较干净,容易划分网格,计算容易收敛,适合进行 CAE 热模拟分析;缺点是需要工程师耗费一定的时间来重新建立热模型。

注意:本部分主要讲解各个建模对象编辑面板中的 Geometry 和 Properties,所有对象的 Info 和 Notes 都是相同的,读者可参考第 3 章。

4.2.1 Cabinet(计算区域)

当打开 ANSYS Icepak 软件时,模型视图区域会自动出现 Cabinet,其表示如下。

(1) Cabinet 是 ANSYS Icepak 散热模拟的计算区域。

(2) Cabinet 默认的计算区域为方形,如果需要建立异形的计算空间,可以使用 ANSYS Icepak 提供的 Hollow block 和 Cabinet 进行构建,在第 9 章会对建立异形计算空间进行详细说明。

(3) Cabinet 内部充满默认的流体材料(在 Problem setup 里设定的默认流体材料)。

(4) 其默认的尺寸为长、宽、高分别为 1m。

(5) 在 ANSYS Icepak 下建立其他新模型器件,模型本身的尺寸默认为 Cabinet 最小边尺寸的 20%,并且模型位于 Cabinet 的中心位置。

(6) 不允许任何物体整体或部分存在于 Cabinet 的外界,如果有模型超出边界,则会弹出如图 4-8 所示的面板,相应的选项功能如下。

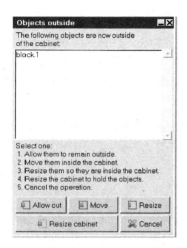

图 4-8　模型超过 Cabinet 区域的面板

Allow out：允许模型超出边界，但是后续此窗口仍然会出现。

Move：将超出边界的物体重新移回 Cabinet 内。

Resize：将超出的模型进行缩放，缩放至 Cabinet 的边界。

Resize cabinet：自动缩放 Cabinet 的大小，将超过边界的模型包含。

如图 4-9 所示为 Cabinet 的 Geometry，可以在 Location 下对其大小进行修改。

如图 4-10 所示为 Cabinet 的属性面板，其属性面板中对每个面包含 4 个设置，其功能如下。

(1) Default：表示绝热边界，并且边界上的速度为 0。

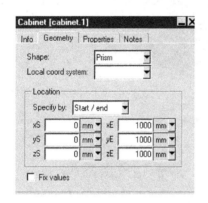
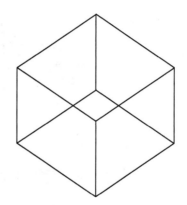

图 4-9　Cabinet 的 Geometry 及模型

(2) Wall：表示壳体，壳体用于输入不同的热边界条件，用于表示计算区域外界与内部热模型的换热过程，在 Wall 的属性中，会做详细讲解。

(3) Opening：表示开口，流体可以流入或者流出，同时伴随有能量、质量的传递。

(4) Grille：表示散热孔（百叶窗），流体可以流入或者流出，也可以有能量的交换，但是流体的流动会受到相应的阻力。

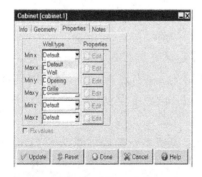
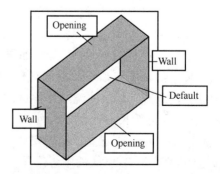

图 4-10　Cabinet 的属性面板

4.2.2 Assembly(装配体)

1. Assembly 的作用

Assembly，与 Pro/Engineer 等 CAD 软件的装配体不同，ANSYS Icepak 里的 Assembly 主要是将模型包含起来，形成一个空间或多个空间区域，其具体的作用主要如下。

(1) 用于帮助客户建立非连续性网格，可以在保证计算精度的同时，最大限度减少网格数量。

(2) 针对异形的 CAD 体、高密度的散热器翅片、包含细长比较小的模型，一般需要建立非连续性网格，用于对模型进行局部加密，减少非连续性区域外的网格数量。

(3) 用于对 ANSYS Icepak 模型树下的模型进行系统管理。

(4) 用于多个模型的合并；用户可以在 ANSYS Icepak 里单击模型工具栏的装配体，建立 Assembly，双击打开编辑窗口，在 Definition 中选择 External assembly，单击 Project definition 右侧的 Browse，在浏览面板中找到需要加载合并的模型，单击 Open，然后单击 Definition 面板下的 Update 或者 Done，即可合并不同模型，如图 4-11 所示。

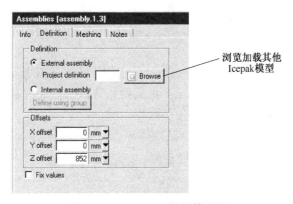

图 4-11 Assembly 装配体面板

2. Assembly 的创建方法

(1) 在模型树下，选中需要局部加密的器件或者需要划分非连续性网格的器件，然后单击右键，Create→Assembly，即可建立 Assembly，如图 4-12 所示。

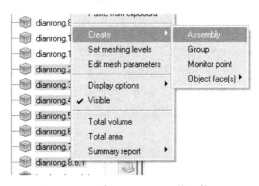

图 4-12 建立 Assembly(装配体)

(2) 单击装配体，创建 Assembly，然后选中模型树下需要加密的器件，鼠标左键直接拖动至模型树下的 Assembly，ANSYS Icepak 会自动创建包含这些器件区域的 Assembly。

(3) 右键单击模型树下的 Assembly,在弹出的面板下,可进行不同的操作,如图 4-13 所示。

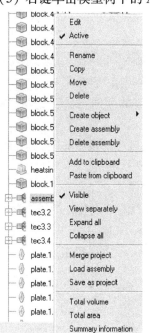

Edit:编辑 Assembly。
Active:取消选择,表示抑制装配体。
Rename:重新命名。
Copy:复制。
Move:移动。
Delete:删除。
Create assembly:建立装配体。
Delete assembly:删除装配体,保留装配体内模型。
Visible:取消选择,表示隐藏装配体。
View separately:可仅显示 Assembly 里的器件。
Expand all:扩展装配体。
Collapse all:关闭装配体。
Merge project:合并 ANSYS Icepak 项目。
Load assembly:加载 Assembly。
Save as project:将装配体内的模型保存为 ANSYS Icepak 项目。
Total volume:统计 Assembly 里器件的体积。
Total area:统计 Assembly 器件的面积。

图 4-13 Assembly 的不同选项功能

Summary information:统计 Assembly 内不同类型的个数。

图 4-14 为 Summary information 统计装配体界面。

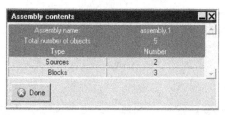

图 4-14 Summary information 统计装配体

3. Assembly 非连续性网格的使用

用户双击模型树下的 Assembly,打开装配体的编辑窗口,单击 Meshing,选择 Mesh separately,在 3 个方向(6 个面)输入扩展的 Slack 尺寸,单击 Update,即可得到此区域的局部非连续性网格,后续会仔细讲解非连续性网格的操作;面板里不同选项可参考图 4-15,Assembly 内的网格类型与背景区域的网格类型可以不同,其网格独立于背景网格。

Minimum gap:此区域内两个物体在某个方向的最小间隙。
Mesh type:区域的网格类型。
Max X,Max Y,Max Z:此区域内 3 个方向的最大网格尺寸。
Allow stair-stepped meshing:允许划分阶梯网格。
Allow multi-level meshing:允许划分多级网格。

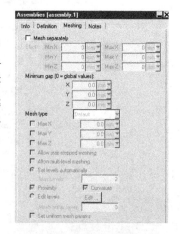

图 4-15 Assembly 装配体划分非连续性网格

Set levels automatically：自动设置多级级别。

Edit levels：用户可以手动修改设置多级级别。

Set uniform mesh params：选择此项，可以提高网格的质量、减少网格个数。

4.2.3　Heat exchangers（换热器）

ANSYS Icepak 主要使用一个简化的面来代替真实的三维换热器，如图 4-16 所示，主要用来模拟 Cabinet 计算区域内空气的流动与 Cabinet 外部流体（换热器蛇形管内的液体）之间的换热过程。

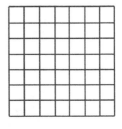

图 4-16　换热器模型示意图

Heat exchangers（换热器）编辑面板设置说明如图 4-17 所示。

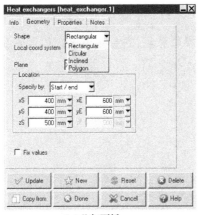
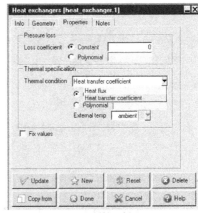

（a）几何面板　　　　　　　　　　　　　　（b）属性面板

图 4-17　换热器编辑面板设置说明

（1）Geometry：换热器的几何形状包含方形、圆形、倾斜、多边形，相应的尺寸坐标可通过 Location 来进行设定。

（2）Properties：属性面板中，包含流经换热器的空气的阻力系数及相应的换热量。

① Pressure loss 中需要输入 Loss coefficient 阻力系数，其计算公式为

$$\Delta p = k \frac{1}{2}\rho v^2 \tag{4-1}$$

式中，k 为阻力系数；v 为流经换热器的空气的速度。

② Thermal specification 中 Thermal condition 包含换热量和换热系数；其中换热系数的计算公式为

$$h = \frac{mc_p(T_{\text{exit}} - T_{\text{inlet}})}{A(T_{\text{external}} - T_{\text{exit}})} \tag{4-2}$$

式中，m 为流经换热器的空气质量流量；c_p 为空气的比热容；T_{exit} 为经过换热器后流出的空气温度；T_{inlet} 为流进换热器的空气温度；A 为换热器的面积；$T_{external}$ 为换热器蛇形管内流体的温度。

（3）换热器实际案例说明。

图 4-18 为实际工程中，电动汽车密闭电池包内的换热器模型，其主要用于对电池包内的空气进行制冷。

图 4-18　电池包内实际换热器模型

4.2.4　Openings(开口)

Openings(开口)是 ANSYS Icepak 里常用的模型对象，主要用于模拟机箱系统的进出开口，或者用于模拟液冷的进出口边界，主要包含 Free 和 Recirc 两种类型。

1. Free(自由开口)

自由开口的 Openings 几何面板如图 4-19 所示。

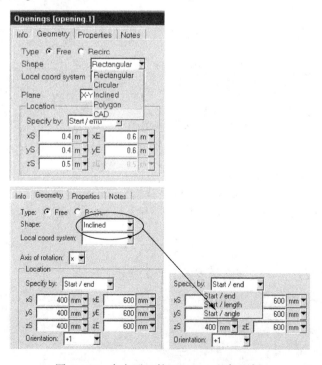

图 4-19　自由开口的 Openings 几何面板

第4章 ANSYS Icepak 热仿真建模

Info：包含 Name、Priority 优先级及显示的部分选择。

Geometry：开口的形状主要有方形、圆形、倾斜、多边形等。

Plane：用于表示开口所处的面。

Location：开口的位置及尺寸信息，这部分会随形状的不同而变化。

倾斜的 Open，可通过输入 Start/end、Strat/length、Start/angle 3 种不同的方式进行几何参数的输入。

Open 可放置在 Cabinet 的边界或者 Hollow block 的边界上，以模拟进出口边界条件。

自由开口的 Openings 属性面板如图 4-20 所示。

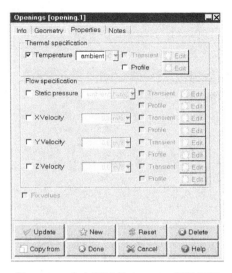

图 4-20　自由开口的 Openings 属性面板

Properties 属性面板中，Temperature 为开口的温度，后面包含 Transient，用于模拟开口瞬态温度的变化。

Profile 用于输入开口不同区域内的温度数值，如图 4-21 所示。

Static pressure 为开口的相对压力数值。

X Velocity、Y Velocity、Z Velocity 分别表示开口 3 个方向的速度。

注意：压力和速度的输入，只能输入一项；如果输入 Pressure，那么 ANSYS Icepak 会自动计算相应的速度；如果输入了速度，那么 ANSYS Icepak 可计算相应的 Presssure。

图 4-21 为 $Z=0.2m$ 截面处的 Openings 模型，其不同区域的温度数值不同。可以通过编辑 Profile，分区域输入不同范围内的温度数值。Profile 不仅用于输入分区域的温度，还可以用于输入分区域的压力、速度、流量、换热系数、热流密度等。

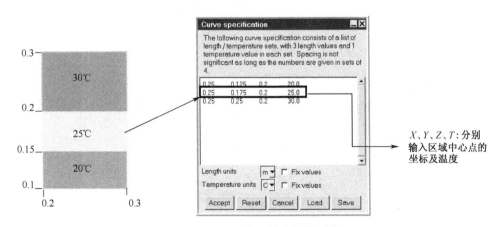

图 4-21　Profile 分区域边界输入设置

2. Recirc（循环开口）

Recirc（循环开口）作为一个"黑匣子"，用来表示简化的循环开口，可以用来模拟空调的进出口边界等。Recirc 包含一个进口、一个出口，进出口形状可以不同，但是必须贴于 Cabinet 或者 Hollow Block 等计算区域的边界上。从出口到进口区域，并未进行 CFD 的求解计算。

在图 4-22 中,如果选择 Recirc,那么 Openings 将自动变成一个 Supply 进口,一个 Extract 出口,可以在 Shape 中分别设置进出口的形状和几何尺寸。循环 Openings(进出口)示意图如图 4-23 所示。

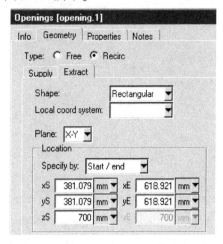

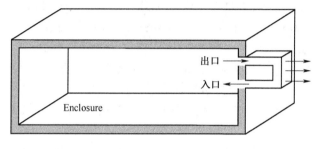

图 4-22 循环开口 Openings 的几何面板   图 4-23 循环 Openings(进出口)示意图

如图 4-24 所示,在循环开口的热属性面板中:
Temperature change 表示进出口的温差,其计算公式为

$$T_{\text{sup}} = T_{\text{extract}} + \Delta T \tag{4-3}$$

Heat input/extract 表示换热量,进出口的温差计算公式为

$$T_{\text{sup}} = T_{\text{extract}} + \frac{Q}{mc_p} \tag{4-4}$$

式中,Q 为换热量;m 为流体的质量流量;C_p 为比热容。
Conductance($h*A$) 表示换热系数,进出口的温差计算公式为

$$T_{\text{sup}} = T_{\text{extract}} - \frac{hA(T_{\text{extract}} - T_{\text{external}})}{mc_p} \tag{4-5}$$

式中,T_{external} 为外部的温度,即 External temp 中输入的温度。

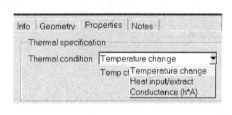 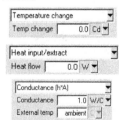

图 4-24 循环开口的热属性面板

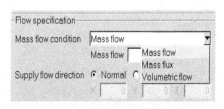

图 4-25 循环开口的流量属性面板

图 4-25 为循环开口的流量属性面板。可输入流体的体积流量或质量流量及流动的方向,Normal 表示垂直,Specified 表示指定流体流动的方向。

图 4-26 为循环开口计算结果,使用了循环开口,其中进风口为倾斜的形状,而出风口为圆形;在图 4-27 中,为了模拟列车处于隧道内的流场,使用倾

斜的开口代表空调系统的出风口;方形的开口代表空调系统新鲜空气的进风口。

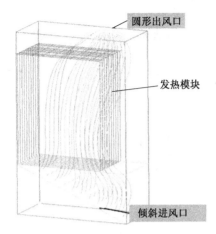

图 4-26 循环开口计算结果

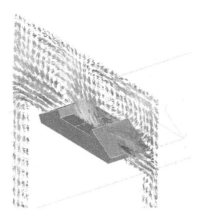

图 4-27 使用循环开口模拟列车顶部空调系统的边界

4.2.5 Periodic boundaries(周期性边界条件)

Periodic boundaries(周期性边界条件)主要用于定义周期性边界,用来定义平行的两个边界面。形状包含方形、圆形、倾斜、多边形。可通过修改几何面板中的 Plane 来设置周期性边界所处的面;通过 Location 来修改周期性边界条件所处的位置坐标。图 4-28 为周期性边界的编辑面板。

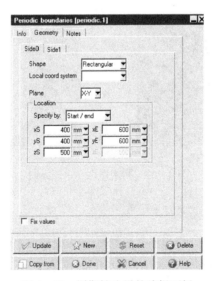

图 4-28 周期性边界的编辑面板

周期性边界条件案例如下。

(1) 图 4-29(a)表示某散热器真实的翅片,模型中包含很多平行的翅片,如果将整个模型进行计算,那么计算量可能比较大;由于其上下平行,因此可以仅模拟计算一行翅片,同时把图 4-29(b)中的 P1、P2、P3、P4 面设置为周期性边界面,通过模拟一行翅片结构的计算结果来近似代表所有平行翅片间的流动情况(两行翅片结构间的流动是相同的)。

(2) 图 4-30 为周期性边界条件案例。某六边形蜂窝状通风孔,需要使用 ANSYS Icepak

模拟计算其阻力系数;如果在 ANSYS Icepak 对整体模型计算,势必造成较大的网格计算量;为了减少计算量,仅仅模拟1个六边形及其左右4个六边形的一部分,然后在计算区域的边界上(风洞的四周)布置两个周期性边界条件(共4个面),可得到整体通风孔模型的计算结果。

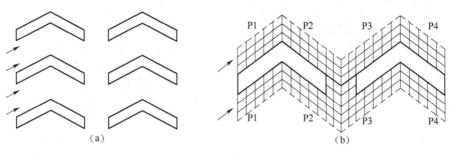

图 4-29　周期性边界说明

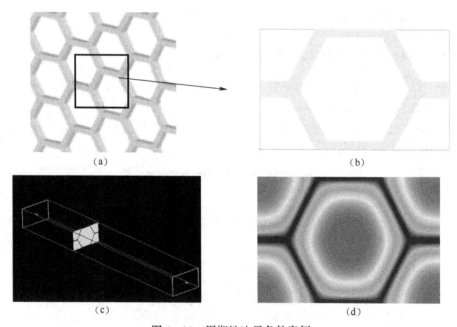

图 4-30　周期性边界条件案例

4.2.6　Grille(二维散热孔、滤网)模型

Grille(二维散热孔、滤网)模型是电子散热中使用非常多的一种对象模型,主要用来模拟 2D 阻尼,类似于百叶窗、较薄的通风散热孔等,即有阻力的开口。

1. 建立 Grille 模型

单击图标建立 Grille 模型,然后在模型树下双击 Grille,可打开 Grille 散热孔的编辑窗口(见图 4-31),Grille 的 Shape 形状包括方形、圆形、多边形、倾斜;通过选择 Plane 面可修改 Grille 所处的面,在 Location 的 Specify by 里可通过多种方式输入 Grille 的几何尺寸,如图 4-31 所示。

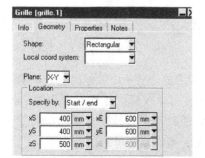

图 4-31　Grille 散热孔的编辑面板

2. Grille 属性

单击 Grille 的 Properties,打开属性面板,在 Loss specification 中包含 Loss coefficient 阻力系数和 Loss curve 阻力曲线。

(1) Loss coefficient(阻力系数)。

Velocity loss coefficient 表示不同的阻力系数计算方法,建议使用默认的 Automatic。

Free area ratio 表示通风孔的自由面积比,即开孔率,表示空气能流过的面积与整体平板面积的比值。

Resistance type 表示散热孔的类型,如图 4-32 所示。

Flow 表示流动的方向,通过 Given 可指定流动方向。

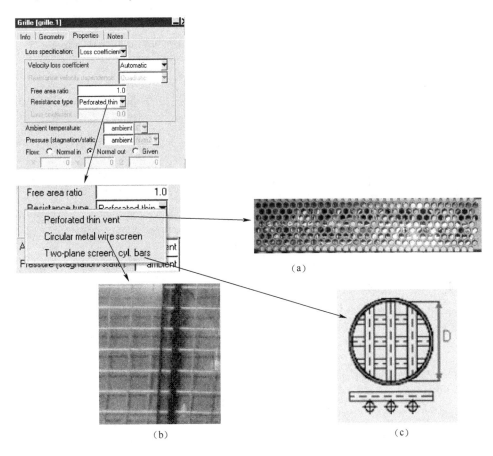

图 4-32 Grille 属性面板设置说明

(2) 开孔率计算。

如图 4-33 所示,板的总面积为 21369.7551mm^2,开孔面积为 9937.0585mm^2,Grille 的开孔率为 9937.0585mm^2/21369.7551mm^2 = 0.465;在 ANSYS Icepak 的 Grille 属性中,输入 0.465 的开孔率即可。

对于不同类型的散热孔,相同的开孔率,其对应的阻力系数也是不同的。如图 4-34 所示,选择 Perforated thin vent,当输入的 0.465 的开孔率,单击 Update,其阻力显示为 0.53773;如果选择 Circular metal wire screen 时,其阻力系数显示为 2.01924;在 DM 或者 SCDM 中使用 Grille 命令建立散热孔模型时,软件会自动计算散热孔的开孔率,并将其导入 ANSYS Icepak。

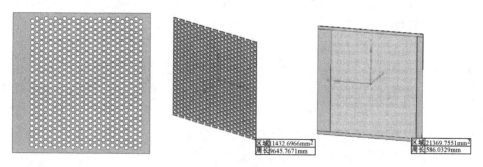

图 4-33 开孔率(自由面积比)的计算

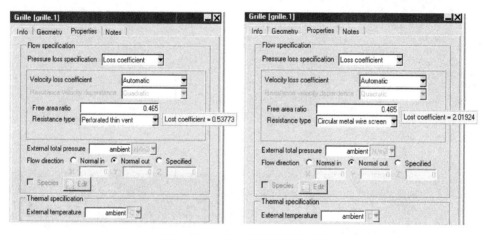

图 4-34 Grille 阻力系数的计算

3 种通风孔 Resistance type 阻力系数的计算公式分别为

Perforated thin vent:

$$l_c = \frac{1}{F^2}[0.707(1-F)^{0.375} + 1 - F]^2 \tag{4-6}$$

Circular metal wire screen:

$$l_c = 1.3(1-F) + \left(\frac{1}{F} - 1\right)^2 \tag{4-7}$$

Two-plane screen with cylindrical bars:

$$l_c = \frac{1.28(1-F)}{F^2} \tag{4-8}$$

(3) Loss curve(阻力曲线)。

如果在 Loss specification 中选择 Loss curve,那么需要单击 Pressure loss curve data→Edit,打开 Graph editor 或者打开 Text editor,将相应的压力和速度的 Plot 曲线输入即可(压力和速度值一般通过风洞试验测得或者通过 ANSYS Icepak 仿真计算得到),如图 4-35 所示。

图 4-36 为某散热孔 Grille 的阻力曲线表,横坐标为风速,纵坐标为 Grille 两侧的阻力差,将此图表输入 ANSYS Icepak,也可以模拟 Grille 的阻力特性。

3. 异形 CAD 二维 Grille

如果 Grille 是有弧面曲线的 2D 阻尼,可以通过 ANSYS Icepak 本身提供的 CAD 导入接口,创建弧面的 Grille 几何,然后输入相应的属性,包括阻力系数或者阻力曲线,如图 4-37 所示。

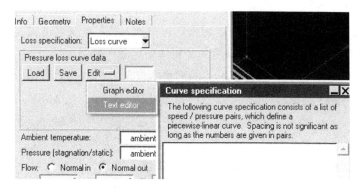

图 4-35 Grille 阻力曲线输入面板

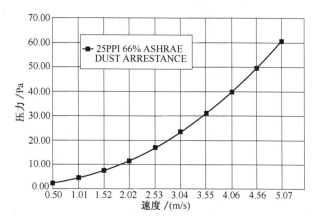

图 4-36 Grille 阻力曲线图

另外,也可以将 CAD 模型读入 Design Modeler,首先使用 Concept→Surfaces from faces 建立异形面单元;然后通过单击 Tools→Electronics→Simplify,对异形面进行转化,得到 Plate 类型的异形壳单元;最后单击 Tools→Electronics→Set Icepak object type,将异形的 Plate 壳单元转为 Grille 类型的壳体单元。

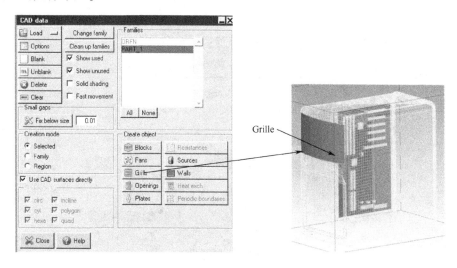

图 4-37 异形 Grille 的建立

4.2.7 Sources(热源)

　　Sources(热源)用于建立面热源或者特殊的体热源(流体可以通过),在电子散热模拟中,可以将热流密度较大、本身模型厚度比较薄的几何体简化成面热源,然后使用二维的Source面热源来替代厚度比较薄的体热源。虽然Source的形状中包含了Prism(立方体)、Cylinder(圆柱体)等三维热源,但是在散热模拟时,气流可以通过三维热源Source。在ANSYS Icepak电子热模拟中,二维的面热源Source使用的比较多,而三维体热源通常使用实体Block来建立。

　　图4-38为Sources几何编辑面板,其形状Shape包括方形、圆形、立方体、圆柱、倾斜、多边形等;Plane表示热源所处的面;Location部分主要输入热源的坐标及尺寸信息,不同的形状输入的Specify by是不同的,Sources的属性面板如图4-39(a)所示。

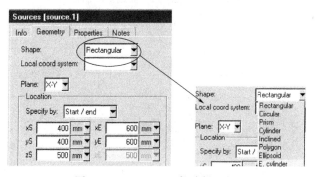

图4-38　Sources几何编辑面板

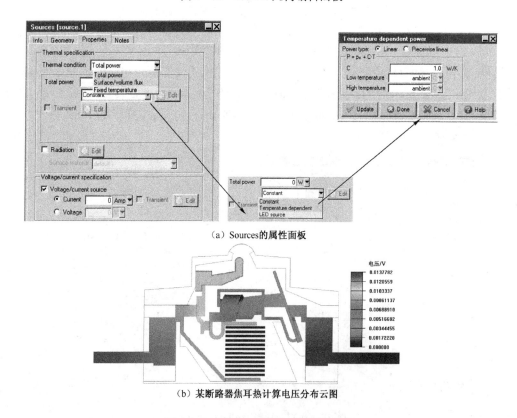

(a) Sources的属性面板

(b) 某断路器焦耳热计算电压分布云图

图4-39　Sources面板及焦耳热计算

在图 4-39(a)Sources 的属性面板中,Total power 表示热源的热耗值,Surface/volume flux 表示热源的面热流密度或体热流密度,Fixed temperature 表示此热源为固定的温度;选择 Transient,可以设定瞬态变化的热流密度或温度;勾选 Voltage/current source 用于对导体的焦耳热进行热仿真计算。其中 Current 表示导体输入/输出端的电流(如果为瞬态计算,可勾选后侧的 Transient,然后单击 Edit,打开瞬态电流设置面板,输入电流随时间的变化公式或曲线);Voltage 表示导体输入/输出端的电压。通常来说,建议设置电流输入端 Source 为 Current,然后输入电流数值,而输出端 Source 直接选择 Voltage,然后输入电压为 0V;某断路器焦耳热计算电压分布云图如图 4-39(b)所示。

(1) Total power 的下拉菜单中包含:Constant 表示热耗是常数,Temperature dependent 表示热源的热耗值与温度的关系式,可以是 Linear 线性关系,也可以是 Piecewise linear 分段线性。

其中热耗与温度的 Linear 线性输入如图 4-40 所示,表示热耗 Power=3.0+2.0×(T_s-30),30℃<T_s<40℃;其他工况热耗均为 3W,T_s 表示热源的温度。

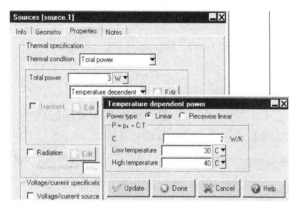

图 4-40 热耗与温度的 Linear 线性输入

(2) 如果选择 Piecewise linear,则可以通过 Graph editor 或者 Text editor 进行输入,通过 Text editor 输入,在弹出的 Curve specification 中输入温度、热耗,中间用空格隔开,表示不同温度下的热耗数值。

图 4-41 中,如果当热源温度小于 30℃,热耗为 3.0W;如果热源温度 30℃<T_s<40℃,热耗等于 3.0+(T_s-30)×{(5-3)/(40-30)};如果热源温度 40℃<T_s<50℃,热耗等于 5.0+(T_s-40)×{(6-5)/(50-40)};如果热源温度大于 50℃,热耗为 6W。

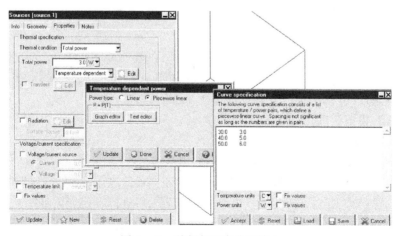

图 4-41 热耗与温度分段输入

(3) LED source 主要是用来模拟 LED 灯芯的热耗计算,单击 Edit,在弹出的面板中,Current 表示电流;ε 表示 LED 灯芯的效率;$V_f(T)$ 表示 LED 灯芯不同温度下的电压值,如图 4-42 所示。

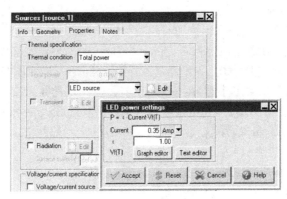

图 4-42 LED 热耗的输入面板

4.2.8 PCB(印制电路板)

PCB(印制电路板)是 ANSYS Icepak 电子热模拟中常用的建模对象,主要用于模拟系统里 PCB、包含规则的 PCB 和多边形几何体的 PCB,如图 4-43 所示。

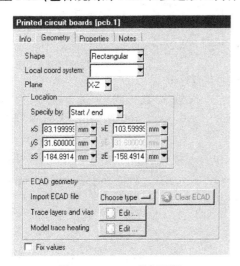

图 4-43 PCB 几何面板

在 ANSYS Icepak 中,建立 PCB 热模型,相应的主要建模方法如下。

(1) 通过 EDA 接口导入 PCB 和 Trace&Vias 过孔,建立 PCB 的详细模型;当对机箱系统中某个 PCB 进行详细的优化时,可以建立 PCB 的详细模型;如果对某个芯片进行热模拟或者对单 PCB 进行热模拟计算时,也建议导入 PCB 的详细模型,具体可参考 EDA 建模部分。

(2) 使用模型工具栏提供的 PCB 建模对象,建立简化的 PCB 模型。

Shape:包含方形 Rectangular 和多边形 Polygon。

Plane:PCB 所处的面。

Location:PCB 的坐标及尺寸信息。

ECAD geometry:用于导入 PCB 的详细布线和过孔信息。

Clear ECAD:将布线过孔信息删除。

Trace layers and vias:对布线过孔进行编辑。

Model trace heating:用于模拟 PCB 中铜箔的焦耳热。

为了让后处理更加美观,可以对 ANSYS Icepak 的不同器件进行贴图处理(增加纹理),可以在编辑面板的 Info 中完成,如对 PCB 贴真实电路板的纹理图,可进行如下操作,如图 4-44 所示。

在 Info 中,Shading 处选择 Solid,然后在 Texture 中选择相应的纹理图片,单击 Update,即可给相应的器件选择适当的纹理格式,如图 4-45 所示。

第4章 ANSYS Icepak 热仿真建模

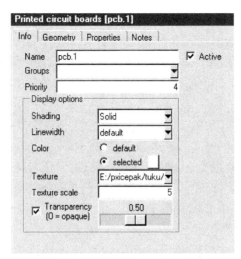

图 4-44 PCB 添加纹理

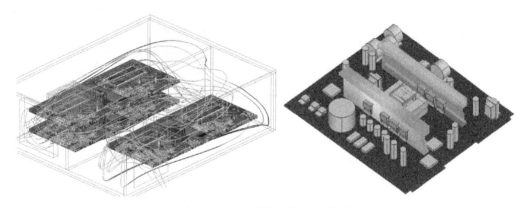

图 4-45 贴完纹理的 PCB 模型

单击 PCB 的属性面板,如图 4-46 所示。

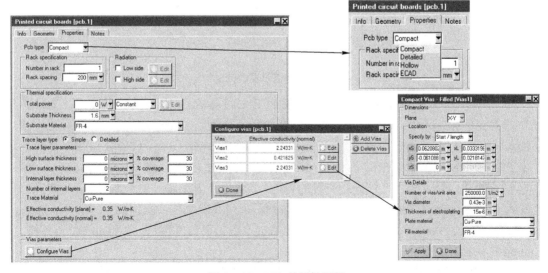

图 4-46 PCB 的属性面板

(1) Pcb type：显示 PCB 的类型，有简化 Compact、详细 Detailed、中空 Hollow、ECAD 4 类；其中 Hollow 类型的 PCB 一般不用，其内部不参与计算；ECAD 主要是导入布线后的 PCB；简化 Compact 用的非常多，表示简化 PCB；而详细 Detailed 与简化的区别是可以分别对 PCB 的顶面和底面输入热耗，可显示出 PCB 内铜箔层；相比而言，在 ANSYS Icepak 里进行热模拟时，使用 Compact 的 PCB 更多。

(2) Rack Specification：PCB 板个数指定，如果系统中有几个相同的 PCB 并排排列，那么可以在 Number in rack 中输入 PCB 板的个数，然后在 Rack spacing 中输入 PCB 之间的间隙。

(3) Radiation：表示 PCB 的 Low side 和 High side 参与辐射换热。

(4) Thermal specification：Total power 表示 PCB 板热耗；Substrate Thickness 表示 PCB 板的厚度；Substrate Material 表示 PCB 的材料 FR-4。

(5) Trace layer type：主要包含 Simple 和 Detailed 两类。

① Simple：通过输入 PCB 内铜箔层的详细信息简化计算 PCB 的导热率。High Surface thickness：表示顶层的铜层厚度（1 盎司 = 35.56μm）；% coverage：表示铜层的覆盖量；Low Surface thickness：表示底层的铜箔厚度；Internal layer thickness：表示内部铜层的厚度（可能 PCB 内部铜层厚度层厚不均一，此处需要输入中间层厚的平均值），% coverage：输入中间层铜层的平均百分比；Number of internal layers：表示中间层的铜箔层数；Trace Material：表示铜层的材料。当输入上述参数后，单击面板下侧的 Update，Effective conductivity（plane）和 Effective conductivity（normal）中的数值会随之更新，其中 plane 表示 PCB 切向导热率，normal 表示法向的导热率。

② Detailed：在 Trace layer type 中选择 Detailed 后，可以分别输入 PCB 内不同铜层的厚度及铜箔的覆盖率，相比较而言，Detailed 计算的 PCB 导热率精度高于 Simple，如图 4-47 所示。

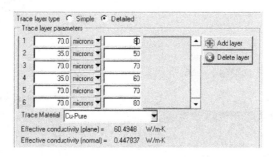

图 4-47　PCB 铜箔厚度百分比的输入

(6) 图 4-46 中 Vias parameters 用于配置 PCB 的过孔信息，主要反映局部过孔的导热率对 PCB 热流的影响。单击 Configure Vias，打开配置过孔面板，单击右侧的 Add Vias，可以增加过孔区域的热模型，Vias 表示过孔的名称，Effective conductivity（normal）的数值表示过孔区域的导热率（PCB 法向），单击其后侧的 Edit，可以输入过孔的信息，在 Compact Vias-Filled [Vias1] 面板中，Plane 表示区域过孔布置的表面（必须与 PCB 表面一致），Location 中输入过孔区域的长宽，Number of vias/unit area 表示单位面积上过孔的个数，即过孔的密度，Via diameter 表示过孔的直径，Thickness of electroplating 表示过孔内铜箔的厚度，保持 Plate material 和 Fill material 默认材料不变。

由于 PCB 是铜箔层和 FR-4 叠加起来的复合材料，其导热率会呈现出沿面板方向较大，沿法向方向较小的导热特性；PCB 的导热率会随铜层厚度及覆盖率的不同而变化；如果客户需要准确得到 PCB 的导热特性,必须将 EDA 输出的 PCB 铜层信息(包括铜层厚度及布局位置)及过孔的布局信息详细导入 PCB 中,经过 ANSYS Icepak 的相应算法,可以得到 PCB 各向异性,且局部区域均不相同的导热率。关于 EDA 布线的导入,在后续的章节会详细讲解。

4.2.9 Plates(板)

Plates(板) 是 ANSYS Icepak 经常使用的建模对象,主要用于建立薄壳板模型、导流板、设置接触热阻等,图 4-48 为 Plates 的几何面板。

Geometry:Plate 的形状,包括方形、倾斜、多边形、圆形;Plane 是所处的面(X-Y、X-Z、Y-Z);

Location:Specify by 处需要输入 Plate 的尺寸,可以通过 Start/end 或者 Start/length 的方式来输入尺寸。

属性面板中包含多种类型的 Plates,具体如图 4-49 所示。

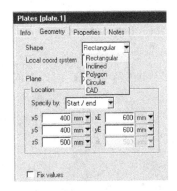 

图 4-48 Plates 的几何面板　　图 4-49 Plates 的属性面板

(1) Adiabatic thin 表示绝热薄板,无厚度,此 Plate 面无热量传递。

(2) Conducting thick 表示传导厚板,在 Thickness 中输入 Plate 的厚度;Solid material 表示 Plate 的材料;Total power 表示热耗信息,如果知道热耗与温度的关系式,可以选 Temp dependent 来输入;Side Specification 主要考虑 Plate 的两个面参与辐射换热的设置,对于 Plate 来说,其仅有两个面可以参与辐射换热计算。

(3) Conducting thin 表示传导薄壳模型,其与传导厚板的属性输入面板无区别,但是在视图区域中,薄壳模型无真实的厚度(可将图 4-50 和图 4-51 进行对比)。对于厚度特别薄的

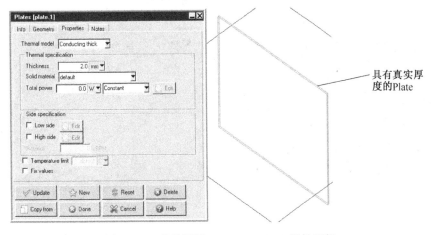

图 4-50 传导厚板 Conducting thick 属性面板

壳体,如细长比小于 0.01,如果将其建立成具有真实厚度的模型,那么在厚度方向将生成大量网格。为了减少计算量,ANSYS 公司开发了薄壳模型,即不对模型的厚度方向划分网格,但是在计算时,ANSYS Icepak 会考虑 Effective thickness 所导致的热阻。

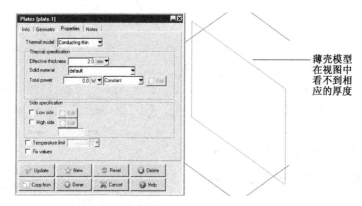

图 4-51　薄壳模型 Conducting thin 属性面板

另外,对于异形的导流板,可以使用 ANSYS Workbench 平台下的 DM,提取其薄壳模型,然后将其导入 ANSYS Icepak,输入相应的薄壳厚度,如图 4-52 和图 4-53 所示。

类似地,对于风电电控系统中常用的风圈,在进行模型建立时,务必建立风圈的薄壳单元模型,如图 4-54 所示。

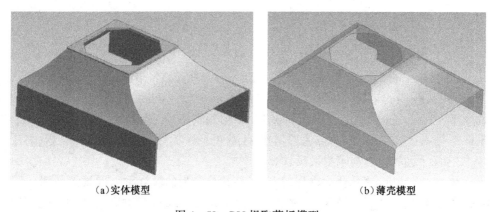

(a)实体模型　　　　　　　　　　(b)薄壳模型

图 4-52　DM 提取薄板模型

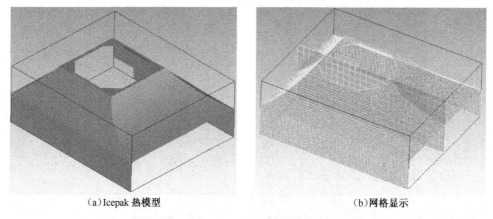

(a)Icepak 热模型　　　　　　　　(b)网格显示

图 4-53　ANSYS Icepak 对薄板模型划分网格

图 4-54 真实风圈的模型

(4) Contact resistance 表示接触热阻,在 Thermal model 中单击下拉菜单,选择 Contact resistance,即代表设置两个面之间的接触热阻,主要用于模拟散热器与芯片之间的导热硅脂、导热垫片等的接触热阻,其属性面板如图 4-55 所示。

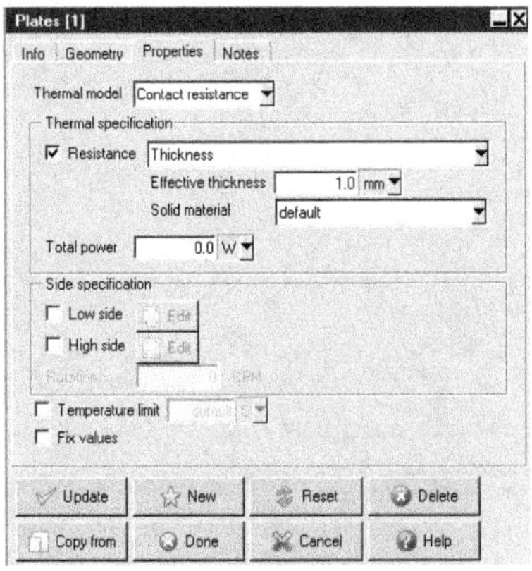

图 4-55 接触热阻属性面板

在 Thermal specification 下,设定接触热阻 Resistance 主要有以下 3 种输入方式。

① 厚度和材料:Effective thickness 输入导热硅脂厚度;Solid material 选择建立的导热硅脂(必须包含导热率)。

ANSYS Icepak 会自动根据相应的厚度和导热率,以及导热硅脂的面积,计算两个接触面之间的热阻值(C/W),如图 4-56 所示。

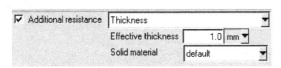

图 4-56 通过厚度及材料计算热阻

② 热阻抗:在 Additional resistance 中选择 Thermal impedance,表示输入热阻抗,可通过查询导热硅脂、导热垫的说明书得到。热阻抗的输入如图 4-57 所示。

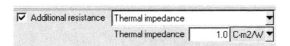

图 4-57 通过热阻抗计算热阻

ANSYS Icepak 允许用户直接输入热阻抗,软件会自动计算相应的接触热阻数值。

③ 热阻值:如果用户通过手动计算出相应的接触热阻值,也可以直接输入 ANSYS Icepak,软件会自动计算接触热阻导致的温差,如图 4-58 所示。

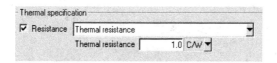

图 4-58 直接输入热阻数值

图 4-59 为某导热垫片的材料属性,建立接触热阻模型后,可以通过输入垫片的厚度、垫片的导热率来计算接触热阻;也可以直接输入热阻抗来计算接触热阻。

Construction & Composition	Ceramic filled silicone elastomer	Ceramic filled silicone elastomer
Color	Light Grey	Light Grey
Thickness	0.008" (0.203mm)	0.010" (0.254mm)
Thickness tolerance	±0.0012" (±0.030mm)	±0.0015" (±0.038mm)
Specific Gravity (Density)	2.32 g/cc	2.32 g/cc
Hardness (Shore 00)	55	55
Outgassing TML (Post Cured)	0.38%	0.38%
Outgassing CVCM (Post Cured)	0.11%	0.11%
UL Flammability Rating	94 V0	94 V0
Temperature Range	-45°C to 200°C	-45°C to 200°C
Thermal Conductivity	1.5 W/mK	1.5 W/mK
Thermal Impedance @ 10 psi @ 69 KPa	0.384°C-in²/W 2.48°C-cm²/W	0.488°C-in²/W 3.14°C-cm²/W

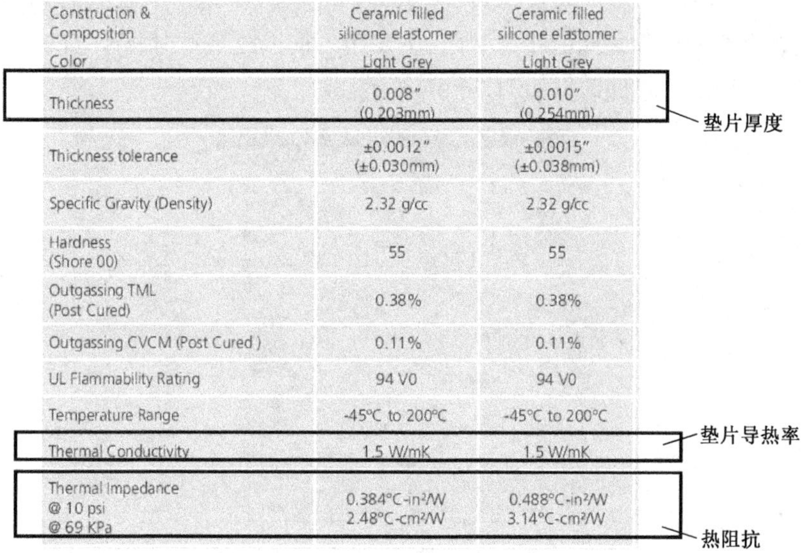

图 4-59 某导热垫片的材料属性

(5) Hollow thick 与 Fluid 类型:Hollow thick 为中空的 Plate,板内不划分网格,不参与 CFD 的计算;Fluid 为流体的 Plate,其与 Fluid Block 的作用相同,用的方面很少。读者可重点学习流体属性的 Block。

另外,如果是两个 Block 块相贴,相贴面之间的接触热阻可直接通过 Block 的单面进行设置,具体参考 Block 部分。

4.2.10 Enclosures(腔体)

Enclosures(腔体)是 ANSYS Icepak 里的一个腔体模型,内部充满空气,其是由六个 Plate 面建立的模型,各个面可以设置为 Opening(开口),表示自由开口边界;设置 Thick(厚板)为传导厚板;设置 Thin(薄板)为传导薄板模型,在视图区域中无真实厚度,可大大减少 CFD 的计算网格;在其编辑窗口的面板中,Geometry 主要是用来设置腔体的大小,如图 4-60 所示。

腔体模型的 Properties 属性面板包括:

Surface material 表示腔体表面的面材料,包含粗糙度、发射率等。

Solid material 表示腔体实体的固体材料。

Thermal specification:Boundary type 表示腔体各个面的边界类型;Thickness 表示 Thick(厚板)与 Thin(薄板)的厚度信息;Power 表示某个面的热耗值,如图 4-61 所示。

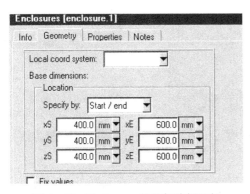
图 4-60　Enclosures 的几何编辑面板

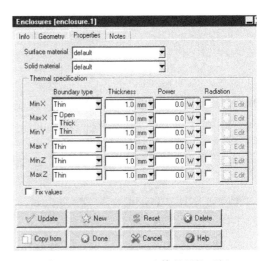
图 4-61　Enclosures 腔体的属性面板

4.2.11　Wall(壳体)

Wall(壳体) 主要用于模拟机箱、方舱等系统的外壳,只能放置在计算区域的边界,即只能放置于 Cabinet 或者 Hollow block 的边界上。Wall 内部的表面与计算区域内的流体相接触,而 Wall 外部的面则需要输入外壳与外界环境的换热边界,可以输入热流密度、恒定壁温、相应的对流换热系数。

Wall 外壳的应用案例如下。

1. 模拟导弹气动热的边界

导弹在飞行时,其外壳与空气摩擦,气动热导致壳体温度较高。为了得到弹体里面的空气及元器件的温度分布,可以把弹体外面的气动热通过经验公式或者使用通用 CFD 计算软件(如 Fluent、CFX、Star-cd 等)进行计算,然后把气动热导致的弹体温度或者弹体上的热流密度作为已知的热边界条件,输入 Wall 的属性中,然后利用 ANSYS Icepak 计算相应弹体内空气及器件的温度。

2. 通信的机箱机柜

使用 Wall 模拟机柜外壳,忽略柜体外界的空气计算区域,然后在 Wall 属性中输入外界空气与柜体的换热系数(空气自然冷却的换热系数经验值为 $10W/m^2 \cdot K$,即表示外界空气与柜体有相应的对流换热过程)。ANSYS Icepak 也可以计算机柜壳体真实的换热系数,但是需要建立机柜壳体真实的模型,同时,需要将机柜壳体外的计算区域增大,通过 CFD 的计算,可计算得到壳体与空气的真实换热系数。

Wall(壳体)示意如图 4-62 所示,Wall(壳体)的形状包含方形、多边形、圆形、倾斜、CAD 外壳;Plane 为 Wall 所处的面,Location 为 Wall 本身的几何尺寸信息,如图 4-63 所示。

Wall 的属性 Properties 面板中包含 3 种类型,如图 4-64 所示。

1) Stationary 固定壳体

Wall thickness:外壳真实的厚度尺寸;如果继续选择 Effective thickness,视图区域中将不显示外壳的几何厚度,即传导薄壳 Wall。

Solid material:实体的材料。

External material:外壳外表面的面材料。

Internal material:外壳内表面的面材料。

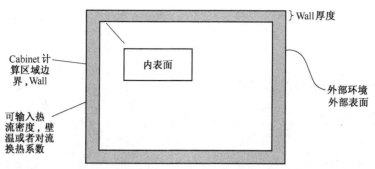

图4-62 Wall(壳体)示意

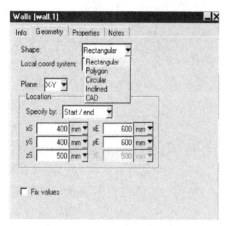

图4-63 Wall的几何面板

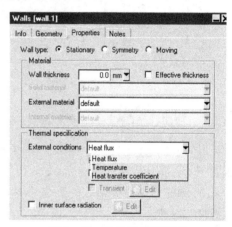

图4-64 Wall的属性面板

在静止Wall的热属性Thermal specification中：

(1) Heat flux：第2类热边界条件，壳体外界的热流密度，可以为一固定值；也可以通过Profile输入不均匀的热流密度；如果是瞬态计算，也可以输入瞬时热流密度。

(2) Temperature：第1类热边界条件，恒定壁面温度；温度可以为恒定值，也可以通过Profile文件分区域输入不同的温度数值；如果是瞬态计算，则可以输入温度随时间的变化曲线。

(3) Heat transfer coefficient：第3类热边界条件，表示外壳外表面与外界的换热系数。选择External conditions，单击Edit，打开壳体换热系数窗口，选择Heat transfer coeff，可输入恒定换热系数。换热系数也可通过不同冷却方法的准则方程公式进行计算，或者通过经验数值输入，如图4-65所示。

另外，ANSYS Icepak也可以计算Wall(壳体)的换热系数，单击换热系数的下拉菜单，选择Use correlation，可进行不同散热方法的换热系数计算，如图4-66所示。

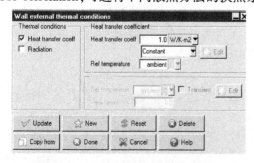

图4-65 Wall换热系数的输入面板

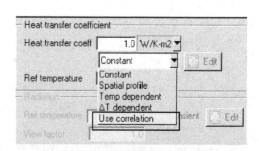

图4-66 换热系数计算面板

单击 Use correlation 右侧的 Edit，在弹出的面板中选择 Forced convection，表示计算强迫冷却的换热系数，如图 4-67 所示。

Fluid material：输入强迫对流的流体。

Flow type：流体的流态。

Flow direction：流体沿着外壳的流动方向。

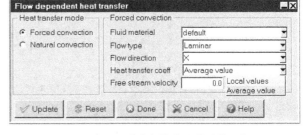

图 4-67 强迫冷却换热系数计算面板

Free stream velocity：流体的流动速度。

如果选择 Natural convection，则出现计算自然冷却换热系数的面板，如图 4-68 所示。

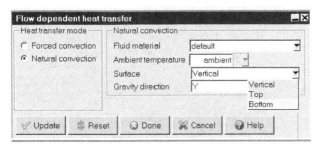

图 4-68 自然冷却换热系数计算面板

Fluid material：输入 Wall 外侧流体的材料属性。

Ambient temperature：Wall 外侧的流体的温度。

Surface：与重力方向相比，Wall 的放置方向。

Gravity direction：重力方向。

ANSYS Icepak 中内嵌了不同散热方式的换热系数计算公式。

(1) 强迫对流。

① 层流：
$$h_{avg} = \frac{0.664\lambda \; Re_L^{0.5} \; Pr^{0.3333}}{L} \qquad (4-9)$$

式中，λ 为 Wall 外侧流体的导热率。

② 湍流：
$$h_{avg} = \frac{0.037\lambda \; Re_L^{0.8} \; Pr^{0.3333}}{L} \qquad (4-10)$$

(2) 自然对流。

① 垂直的 Wall，与重力方向平行的 Wall：
$$h_{avg} = \frac{k}{L}\left[0.825 + \frac{0.387 Ra_L^{(1/6)}}{[1+(0.492/Pr)^{(9/16)}]^{(8/27)}}\right]^2 \qquad (4-11)$$

② 机柜的顶面 Wall，与重力方向垂直：
$$\begin{cases} h_{avg} = 0.425\left[\dfrac{\Delta T}{L}\right]^{0.33}, Ra_L < 10^4, \\ h_{avg} = \left[\dfrac{0.54 k Ra_L^{0.25}}{L}\right], 10^4 \leqslant Ra_L \leqslant 10^7, \\ h_{avg} = \left[\dfrac{0.15 k Ra_L^{0.3333}}{L}\right], 10^7 < Ra_L \leqslant 10^{11}; \end{cases} \qquad (4-12)$$

③ 机柜的底面 Wall，与重力方向垂直：

$$\begin{cases} h_{\text{avg}} = 0.83\,(\Delta T)^{0.33}, Ra_L < 10^5, \\ h_{\text{avg}} = \left[\dfrac{0.27kRa_L^{0.25}}{L}\right], 10^5 \leqslant Ra_L \leqslant 10^{10} \end{cases} \quad (4-13)$$

2) Symmetry 对称 Wall(壳体)

图 4-69 为对称 Wall(壳体)面板。对称的 Wall(壳体)，表示对称的两侧是相同的，两侧的变量没有梯度；由于其是两侧对称的中间面，因此对称 Wall(壳体)的表面有相应的速度。

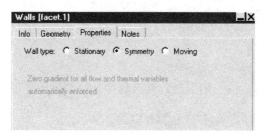

图 4-69 对称 Wall(壳体)面板

对称 Wall(壳体)的使用案例如下。

图 4-70 为对称 Wall(壳体)模型。

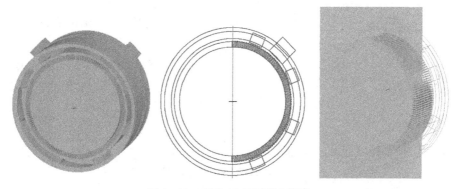

图 4-70 对称 Wall(壳体)模型

从图 4-71 中可以看出，Symmetry 对称类型的 Wall(壳体)有相应的速度。

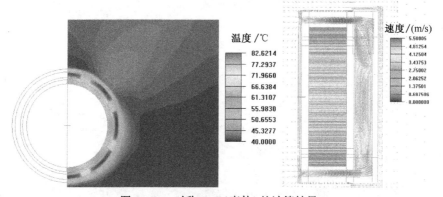

图 4-71 对称 Wall(壳体)的计算结果

3) Moving 移动 Wall(壳体)

如图 4-72 所示，移动 Wall(壳体)，从 A 点到 B 点，Wall(壳体)具有一定速度，在 ANSYS

Icepak 里,可以对此类 Wall(壳体)输入相应的速度。

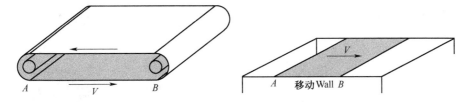

图 4-72 移动 Wall 壳体说明

第 3 类 Wall(壳体)为移动的壁面,很少用于电子散热方面的模拟。与 Stationary 静止的 Wall(壳体)相比,属性面板(见图 4-73)中多了速度选项,需要设置移动壁面的速度。

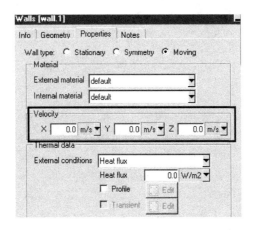

图 4-73 移动 Wall 属性面板

4.2.12 Block(块)

Block(块)是 ANSYS Icepak 中使用最频繁的对象模块(包括自建热模型或通过 CAD 接口导入 ANSYS Icepak 的模型),可用于建立所有的固体几何,Blocks 的几何信息面板如图 4-74 所示。Block 的形状 Shape 包括方块、圆柱、多边形、椭圆柱、球体、CAD 体等,如图 4-75 所示;Location 用于输入 Block 的尺寸信息,在 Shape 中选择不同的几何形状,Location 中输入的参数是不同的;属性包括四类 Block:实体、中空、流体、网络(用于模拟热阻芯片)。图 4-75 为 Block 包含的几何形状。

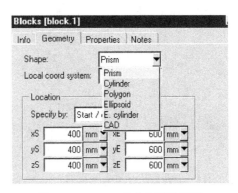

图 4-74 Block 的几何信息面板

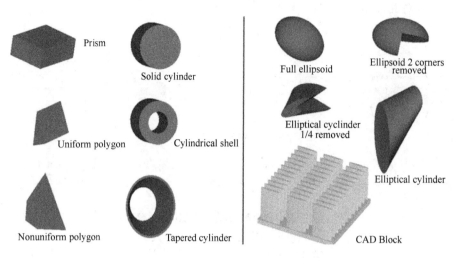

图4-75 Block 包含的几何形状

1. Solid(实体 Block)

Solid(实体 Block)即三维实体模型,图4-76为实体 Blocks 的属性面板。

Surface material:实体的表面材料处理,即面材料的输入。

Radiation:Block 是否参与辐射换热计算。

Solid material:在此项中输入实体块本身的材料属性。

Total power:实体块的热耗值。

External conditions:外部的换热系数。

1) Area multiplier(面积因子)

图4-77中 A_f 表示面积因子。图4-77(a)中 Block 的 Max X 面上有高密度的翅片,Max X 面的有效散热面积为 A_2,而 Min X 面的面积为 A_1,则面积因子 $A_f = A_2/A_1$;在 Individual sides 单面设置中输入面积因子,ANSYS Icepak 会自动考虑此面积因子导致的面积 A_2 对整体散热的影响。

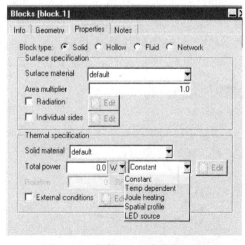

图4-76 安体 Block 的属性面板

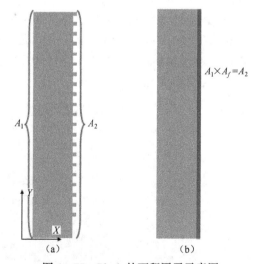

图4-77 Block 的面积因子示意图

2) Individual sides(单面设置)

选择属性面板中的 Individual sides,即可对 Block 的单个面进行热参数设置,如图 4-78 所示。

Block side:Block 的各个面,几何形状不同, Block side 单面的选择不同。

Surface material:输入此单面的面材料。

Thermal properties:选择此项,在 Thermal conditon 中,可以输入此面的热耗或者热流密度。

Fixed temperature:单击下拉菜单,可输入固定的表面温度。

External conditions:输入相应的换热系数。

Area multiplier:面积因子。

Resistance:输入此面的热阻值;可用于输入两个面之间的接触热阻。

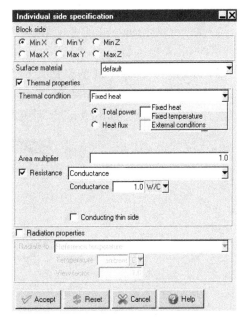

图 4-78 Block 单面热属性的设置

Radiation properties:参与辐射换热的设置。

选择 Resistance,通过下拉菜单可选择接触热阻不同的输入方法,与 Plate 中设置接触热阻的方法相同,如图 4-79 所示。

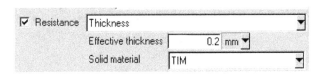

图 4-79 Block 单面接触热阻设定

图 4-80 中 block.1 和 block.2 相贴,需要设置接触面的接触热阻,则需要打开 block.1 的编辑窗口,在属性中选择 individual sides→Edit→Max X 面(block.1 的 Max X 面与 block.2 接触)→Thermal properties,在 Resistance 里选择 Thickness,输入导热硅脂的有效厚度,选择 TIM 材料,完成接触热阻的设置;也可以通过 Resistance 中的其他选择设置接触热阻。

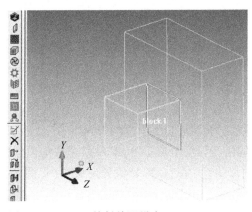

图 4-80 Block 接触热阻设定

3) 选择材料的方法

(1) 通过 Solid material 的下拉菜单,选择 ANSYS Icepak 自带的材料或者用户自定义的材料,即可对 block 输入材料。

(2) 双击 Solid material 的空白处,ANSYS Icepak 会自动弹出材料选择面板,在最上面的空白处输入材料的名称,Matching materials 中会出现包含此名称的所有材料,然后使用左键选择相应的材料,单击 Accept 即可对实体 block 输入材料,如图 4-81 所示。

图 4-81　Block 实体材料的选择

4) 模拟热管

如何用 Solid 实体块来模拟热管呢? 在 ANSYS Icepak 中主要使用 Solid Block 来模拟热管。在通常情况下,热管均为不规则的几何形状,首先通过 ANSYS Icepak 的 CAD 接口将异形热管的形状导入 ANSYS Icepak,然后对热管创建新的材料,新材料的导热率为 20000.0W/m·K 即可,热管的材料属性如图 4-82 所示。

图 4-82　热管的材料属性

2. Hollow(中空 Block)

Hollow(中空 Block)主要是用来构建异形或者不规则的计算区域,ANSYS Icepak 仅划分 Hollow Block 的边界面网格,其内部不参与网格划分,即不进行 CFD 计算,在一定程度上减少了热模拟的计算量,其属性面板如图 4-83 所示。

Hollow Block 的应用实例如下。

在图 4-84 中,多边形 Block 为中空的 Hollow Block 属性,因此其不划分相应的体网格,只划分 Block 的表面网格,因此,Hollow Block 可以用来构建异形的计算空间,如导弹的某个舱段(见图 4-85)、飞机驾驶室舱段、医疗器械异形机箱(见图 4-86)等。

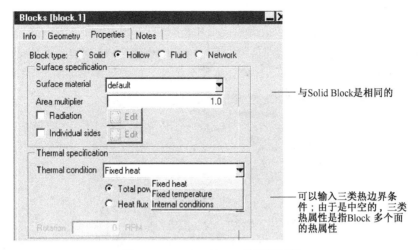

图 4-83　Hollow Block 的属性面板

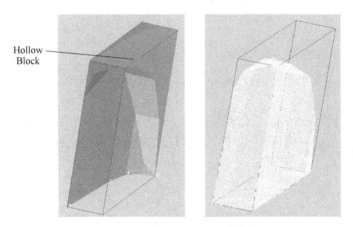

图 4-84　Hollow Block 实例

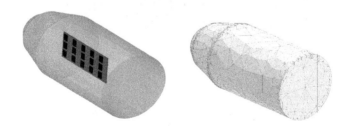

图 4-85　导弹异形舱段计算区域

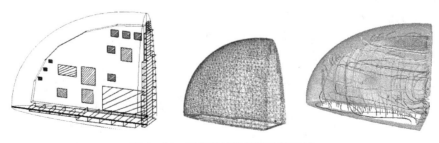

图 4-86　医疗器械的异形计算区域

3. Fluid(流体 Block)

Fluid(流体 Block)主要用于模拟液冷板或者用于模拟两种以上流体散热的工况。图 4-87 为 Blocks 属性面板。使用流体 Block 时,需要在 Fluid material 中选择输入流体的材料,如乙二醇、水等;Total power 表示流体块本身的热耗,通常不输入。

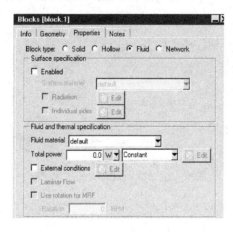

图 4-87 Blocks 属性面板

注意:流体 Block 在应用时,必须保证 Block 的优先级高于冷板实体 Block 的优先级。

流体 Block 的应用案例如下。

(1) 模拟液冷板:在进行冷板散热模拟时,工程师首先需要创建流体的块,其可以使用 DM 或者 ANSYS SCDM 来进行创建、抽取,具体的操作可参考 CAD 导入部分,如图 4-88 所示。

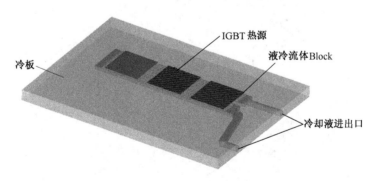

图 4-88 冷板——流体 Block 应用

(2) 系统机柜散热:变频机柜系统进行散热时,有时是强迫风冷和液冷同时进行,在 ANSYS Icepak 的散热模型中,包含了两种流体工质,即空气和液体(水、乙二醇等),则需要在机柜冷板中抽取相应的流体 Block 块(见图 4-89),然后指定其属性为流体,选择相应的流体材料。

(3) 在 ANSYS Icepak 中,可以模拟真实轴流风机、离心风机叶片的转动,可以使用 ANSYS Icepak 提供的 MRF 功能模拟不同转速下真实风机对系统的散热影响。

由于叶片整体转动的区域为圆柱形,因此,只有当 Block 的形状为圆柱形,并且选择 Block 类型为 Fluid 流体时,属性面板下的 Use rotation for MRF 才可以选择,在 Rotation 中输入相应的转速即可,如图 4-90 所示。

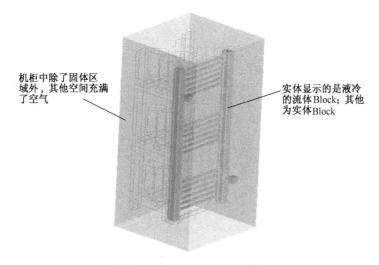

图 4-89 流体 Block 的应用

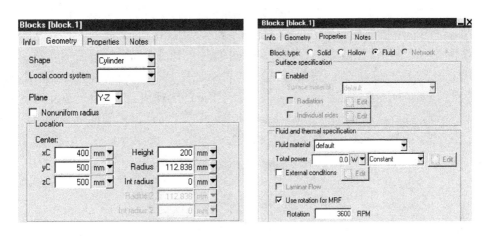

图 4-90 MRF 模拟风机叶片旋转的设置

图 4-91 为模拟轴流风机叶片旋转的计算结果;图 4-92 为模拟离心风机叶片旋转的计算结果。

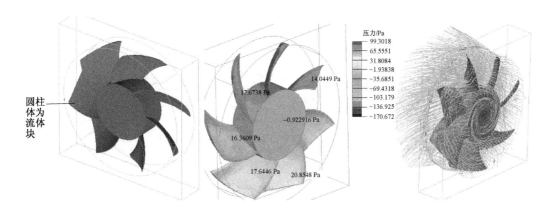

图 4-91 流体 Block-MRF 模拟轴流风机叶片旋转

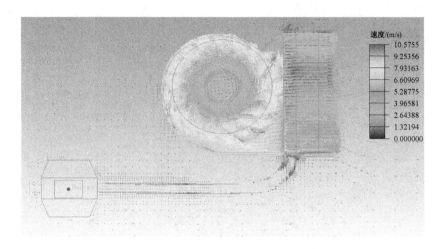

图 4-92 流体 Block MRF 模拟离心风机叶片旋转

4. Network(网络热阻 Block)

Network(网络热阻 Block)主要用于模拟双热阻或多热阻的 IC 芯片封装模型。

在 Network Block 的属性面板中,Network type 表示网络热阻的类型。一般来说,使用 Two resistor 双热阻芯片的情况比较多,其内部不划分网格,仅划分 Block 的表面网格。Board side 表示此 IC 芯片与 PCB 接触的面(需要选择),R_{jc} 表示芯片 Die 节点到壳体的热阻,R_{jb} 表示芯片 Die 节点到 PCB 的热阻,Junction power 表示芯片 Die 的热耗值,Mass 表示芯片的质量,Specific heat 表示芯片的等效热容,Interface resistance 表示芯片与热沉之间的接触热阻。Thermal specification 下的 Surface material 表示面材料的输入,如图 4-93 所示。

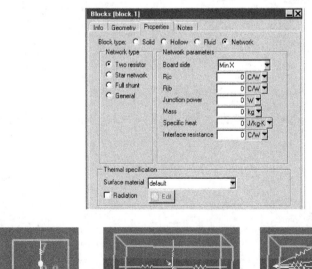

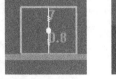
(a) Two resistor

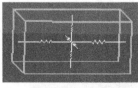
(b) Star network

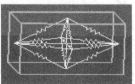
(c) Full shunt network

图 4-93 网络 Block——不同网络热阻模型及属性面板

由于 Network Block 的 R_{jc}、R_{jb} 和 Block(PCB)的某面相连接,因此两个 Network Block 的模型不能互相接触,Network Block 也不允许和 Plate 的接触热阻相贴,如图 4-94 所示。

第 4 章 ANSYS Icepak 热仿真建模

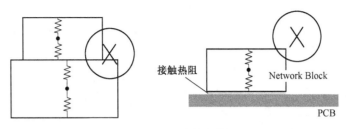

图 4-94 网络热阻模型

R_{jc}、R_{jb} 是芯片厂商对其芯片进行 JEDEC 的测试或者数值模拟计算得到的,因此芯片的网络热阻模型可通过芯片的说明书进行查询,图 4-95 为某一芯片的热阻信息,其中 R_{ja} 热阻主要是表示该芯片在不同风速下(无风速表示自然对流),芯片节点与空气的热阻数值;R_{jb}、R_{jc} 表示芯片的双热阻数值。

封装	封装尺寸	型号	R_{ja}/(℃/W)	R_{jb}/(℃/W)	R_{jc}/(℃/W)	R_{ja}/(℃/W) @ 250LFM	R_{ja}/(℃/W) @ 500LFM	R_{ja}/(℃/W) @ 750LFM
FF323 FFG323	19×19	XC5VLX20T	18.9	5.3	0.44	13.7	11.9	11.1
		XC5VLX30T	18.6	4.6	0.27	13.4	11.6	10.8
FF665 FFG665	27×27	XC5VLX30T	12.1	3.2	0.19	7.8	6.6	6.1
		XC5VEX30T	11.9	3.2	0.13	7.6	6.4	5.9
		XC5VSX35T	11.8	2.9	0.15	7.5	6.3	5.8
		XC5VLX50T	12.1	3.2	0.19	7.8	6.6	6.1
		XC5VSX50T	11.8	2.9	0.15	7.5	6.3	5.8
		XC5VFX70T	11.9	3.2	0.13	7.6	6.4	5.9

图 4-95 芯片的网络热阻数值表图

Block 和 Plate 类似,都可以模拟三维的实体热源;二者的主要区别如表 4-1 所示。

表 4-1 Block 和 Plate 的区别

几何模型	热模型	网格处理	计算代价	导热模型计算	辐射换热计算	优先级
Blcok	Solid	各方向及内部均划分网格	高	求解 3 个方向导热	6 个面参与辐射换热	低
Plate	Conducting thick	各方向及内部均划分网格	高	求解 3 个方向导热	Plane 所处的两个面参与辐射换热	高
Plate	Conducting thin	仅仅 Plate 所处的面划分网格	中	求解 3 个方向导热(考虑薄板厚度导致的热阻)	Plane 所处的两个面参与辐射换热	高
Plate	Contact resistance	仅仅 Plate 所处的面划分网格	低	仅考虑通过 Plane 面的导热	Plane 所处的两个面参与辐射换热	高

4.2.13 Fan(轴流风机)

Fan(轴流风机)主要用来模拟轴流风机;对于轴流风机,ANSYS Icepak 支持建立二维或三维的风机模型。

图 4-96 为轴流风机的几何参数面板,在 Fans 的 Geometry 中,Shape 形状包括圆形、方形、倾斜、多边形等,Plane 用于设置 Fan 所处的面,Center 表示风机中心点的位置,Radius 表示风

机进风口半径，Int radius 表示风机转轴 Hub 的尺寸。如果选择了 3D 的轴流风机，在 Case information 中，Size 表示风机外壳的尺寸，Height 表示风机的厚度（高度），Case location form fan 表示风机进风口所处的面。

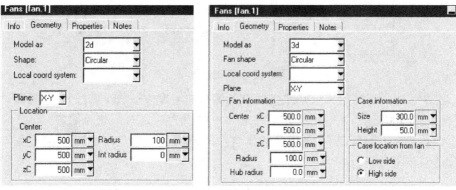

图 4-96　轴流风机的几何面板

轴流风机的属性面板如图 4-97 所示。

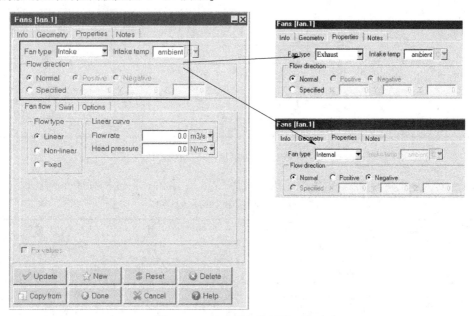

图 4-97　轴流风机的属性面板

ANSYS Icepak 主要包含 3 类轴流风机：Intake 鼓风机、Exhaust 抽风机、Internal 内部风机（风机位于系统内部）。其中，Intake 可以指定风机流动的方向及角度（通过 Specified 来指定流动方向的向量）；Internal 可以指定内部风机的方向（Positive 正向、Negative 负向）；在 ANSYS Icepak 的视图区域中，风机的箭头方向表示空气流动的方向。

Intake 和 Exhaust 只能放置于计算区域 Cabinet 和 Hollow block 的边界上；Intake 表示从计算区域外侧向内吹风；Exhaust 表示从计算区域内侧向外抽风；而 Internal 类型的风机必须放置于计算区域内部。

1. Fan flow 面板

图 4-98 为风机 P-Q 曲线输入面板。

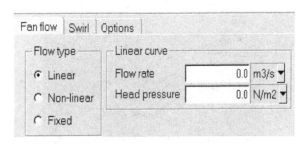

图4-98 风机 $P-Q$ 曲线输入面板

注意:3类风机都可以输入风机的风量风压 $P-Q$ 曲线,但是 Fixed 固定流量选项,只适合于 Intake 和 Exhaust 风机。如果风机是 Internal 类型,那么在 Flow type 中,只能选择使用 Linear 或者 Non-linear 才能输入风机的 $P-Q$ 曲线。Internal 内部风机具体的流量,是 ANSYS Icepak 通过系统的阻力及风机的 $P-Q$ 曲线计算,才能得到内部风机给系统提供的压力和流量,即风机的真实工作点。

(1) Linear:表示风机的线性 $P-Q$ 曲线,在 Flow rate 中输入风压为0,表示风机的最大流量;在 Head pressure 中输入风机风量为0,表示风机的最大静压值。即使用线性的直线代替风机真实的 $P-Q$ 曲线,如图4-99所示。

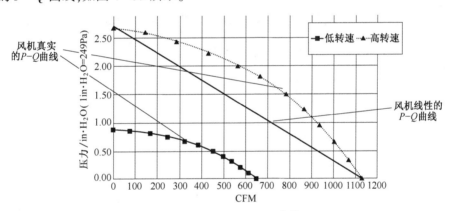

图4-99 风机的 $P-Q$ 曲线

(2) Non-linear:表示风机非线性 $P-Q$ 曲线,可以用以下3种方法对其进行编辑:①通过 Graph editor 图表使用鼠标直接输入;②通过 Text editor 编辑输入;③通过 Load 直接加载编辑好的 $P-Q$ 曲线(txt 格式),如图4-100所示。

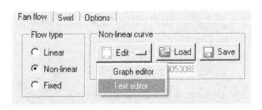

图4-100 风机非线性 $P-Q$ 曲线输入面板

单击 Graph editor,在弹出的面板上,多次单击、拖动风机 $P-Q$ 线上的点,可建立 $P-Q$ 曲线,如图4-101所示。

单击 Text editor,在弹出的曲线输入面板中,依次输入 $P-Q$ 线的各点,每行先输入风量,再输入风压,风量与风压之间用空格隔开,图 4-102 为风机非线性 $P-Q$ 曲线输入。

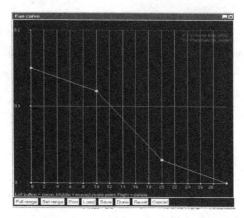

图 4-101 Graph editor 输入 $P-Q$ 曲线

注意:风量/风压数值必须以空格(至少一个空格)隔开;第一行的第一个数字和最后一行的最后一个数字必须是 0,即必须输入风量为 0 时的最大静压数值和风压为 0 时的最大风量数值,否则可能造成离散的或者错误的结果。

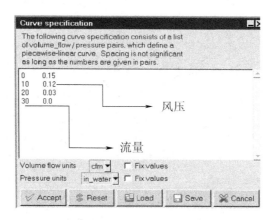

图 4-102 风机非线性 $P-Q$ 曲线输入

(3) Fixed:固定流量,可输入风机的体积流量和质量流量,如图 4-103 所示;固定流量仅仅适用于 Intake 和 Exhaust 风机,这两类风机必须放置于 Cabinet 或者 Hollow block 的面上。

2. Swirl(风机转速)

风机不同的转速对应的 $P-Q$ 曲线是不同的,如果输入了风机某一转速下的 $P-Q$ 曲线,此处转速可以不再输入,如图 4-104 所示。

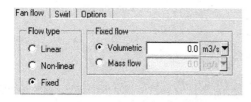

图 4-103 风机固定流量的输入

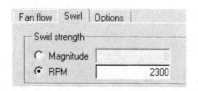

图 4-104 风机转速的输入

3. Options(其他选择)

Hub power 表示风机转轴 Hub 的热耗;如果选择 Guard,则可以输入风机进风口外侧或出风口外侧防护罩的开孔率,以模拟防护罩对系统阻力的影响。开孔率的计算方法与 Grille 类似,如图 4-105 所示。

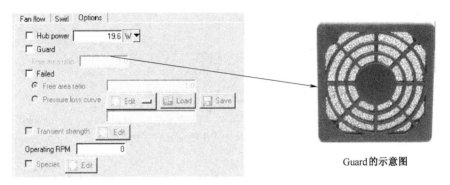

图 4-105 风机 Guard 示意图

如果选择 Failed,表示此风机失效,即风机不工作。在此情况下,需要输入风机本身的开孔率或者输入阻力曲线,以考虑风机失效后,不工作的风机对系统阻力的影响。

Transient strength:风机的转速随时间改变。

Operating RPM:风机的工作转速。在一般情况下,通过风机的说明书能得到风机额定转速的 $P-Q$ 曲线。如果想输入其他转速的 $P-Q$ 曲线,则需要通过手动计算,将相应转速下的 $P-Q$ 曲线计算出来,才能进行热模拟计算。针对此情况,ANSYS Icepak 提供了简单的计算方法,工程师可以在 Fan flow 中输入额定转速的 $P-Q$ 线,在 Swirl 处输入额定转速,在 Operating RPM 处输入风机新的转速,在 CFD 计算过程中,ANSYS Icepak 会自动将额定转速的 $P-Q$ 线,更新为新转速的 $P-Q$ 曲线。

不同转速下 $P-Q$ 曲线的计算方法如下:

$$\frac{p_1}{p_2}=\frac{N_1^2}{N_2^2}, \quad \frac{Q_1}{Q_2}=\frac{N_1}{N_2} \qquad (4-14)$$

式中,p_1 为额定转速 $P-Q$ 曲线的静压;p_2 为新转速对应的 $P-Q$ 曲线静压;N_1 为额定转速;N_2 为风机的新转速;Q_1 为额定转速 $P-Q$ 曲线的体积流量;Q_2 为新转速对应的 $P-Q$ 曲线体积流量。

另外,在 ANSYS Icepak 中,风机的 $P-Q$ 曲线可随海拔的升高而进行变化;只需要打开 Basic parameters 面板,单击 Advanced 面板,选择 Altitude effects 下的 Altitude,然后输入海拔高度;接着选择 Update fan curves;那么 ANSYS Icepak 首先会将默认的环境换算成高海拔的环境;另外,在 CFD 计算中,会自动将风机的 $P-Q$ 曲线更新为高海拔下的 $P-Q$ 曲线,如图 4-106、图 4-107 所示。

图 4-105 中 Species:用于输入多组分污染物扩散的边界条件。

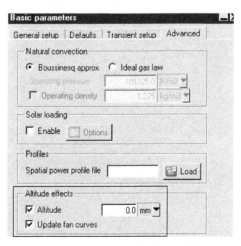

图 4-106 风机 $P-Q$ 曲线随海拔变化的设置

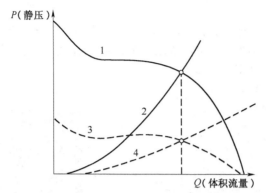

1—海平面风机的 $P-Q$ 曲线；2—海平面系统的阻力曲线；3—高海拔风机的 $P-Q$ 曲线；4—高海拔系统的阻力曲线。

图 4-107　风机 $P-Q$ 随海拔的变化

4. 真实轴流风机的模拟

如果需要模拟真实轴流风机叶片的转动，可通过以下方法实现，如图 4-108 所示。首先，通过 ANSYS Icepak 的 CAD 接口 DM 将真实的风机模型导入 ANSYS Icepak。

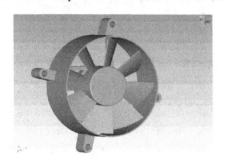
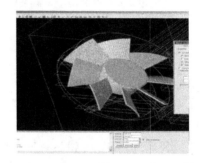

图 4-108　DM 导入真实风机模型

其次，创建风机流动的圆柱体 Block，设定其为流体 Block 类型，选择属性面板中的 Use rotation for MRF 功能，输入风机的固定转速；不需要输入 $P-Q$ 曲线，输入转速即可，如图 4-109 所示。不同转速对应不同的 $P-Q$ 曲线。真实轴流风机旋转的计算结果如图 4-110 所示。

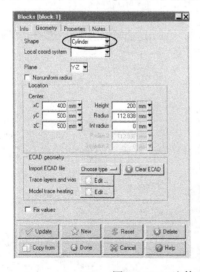
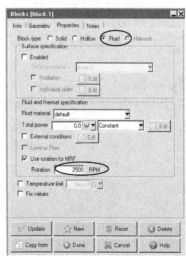

图 4-109　流体 Block 转速的输入

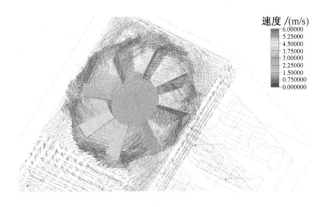

图 4-110 真实轴流风机的模拟计算

注意：

(1) 流体类型的圆柱体 Block 应该比 CAD 体的叶片 Block 要大，且流体 Block 的优先级低于 CAD 体的叶片。

(2) 叶片旋转的方向遵循右手定则。

(3) 必须对流体类型的圆柱体 Block 和 CAD 类型的叶片使用 Mesher-HD 的多级网格划分。

(4) 湍流模型推荐使用 $k\text{-}\varepsilon$ 双方程模型。

(5) 迭代计算的步数需要设置成较大数值，如 1000 步。

4.2.14 Blower(离心风机)

Blower(离心风机) 是 ANSYS Icepak 提供的简化离心风机，如图 4-111 所示。ANSYS Icepak 提供的 Blower 属于简化的离心风机，因此不计算其内部流场，仅考虑离心风机对系统流场、温度场的影响，可在 Blower type 中选择不同的离心风机类型。

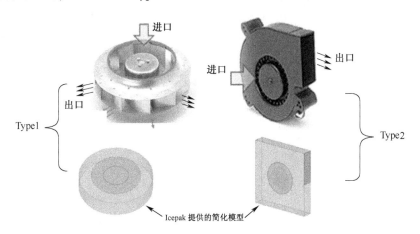

图 4-111 离心风机不同类型示意图

1. Type 1 的 single inlet 单进口/dual inlet 双进口

在图 4-112 中，Blower type 可以选择离心风机类型，也可以选择单进口或者双进口；Plane 表示离心风机所处的面；Center 指第一类离心风机的中心点坐标位置；Radius 表示离心风机外壳的半径；Inlet radius 表示风机进风口半径；Inlet hub radius 表示 Hub 转轴半径；Height 表示离心风机的厚度；Case location from blower 表示风机进风口所处的面。

图 4-113 为离心风机的属性面板，其中 Blower flow 表示需要输入离心风机的 $P-Q$ 曲线，与轴流风机的输入方法类似；Swirl 中 Fan blade angle 表示风机的叶片角度；RPM 表示风机叶片的转速；Blower power 表示离心风机 Hub 的热耗。

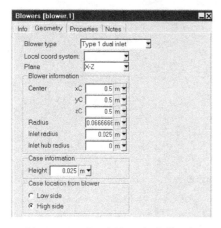
图 4-112　离心风机几何参数面板

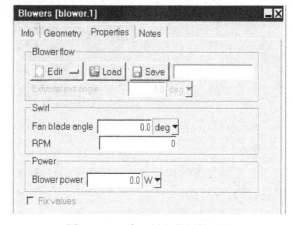
图 4-113　离心风机的属性面板

2. Type 2 的 single inlet 单进口/dual inlet 双进口

如果选择 Type 2，表示使用第 2 类离心风机；在其编辑面板中，可通过修改 Location 的尺寸信息，设置离心风机整体的几何大小；通过 Inlet/outlet information 面板设置进出口的形状，如图 4-114 所示。

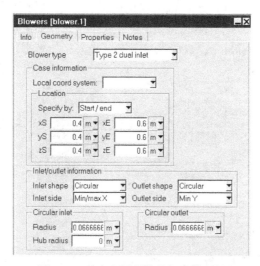
图 4-114　离心风机的几何参数面板

Type 2 类型离心风机：此类风机进出口方向垂直，如果其进口是圆形，需要在 Inlet shape 中选择 Circular 圆形，在 Inlet side 中选择进口所处的面，然后在 Circular inlet 中设置风机进口的半径及 Hub 半径；如果其进风口是方形，在 Inlet shape 中选择 Rectangular 方形，在 Inlet side 中选择进口所处的面，在 Rectangular inlet 下 Size Y、Size Z 中分别输入进风口的长宽尺寸，在 Hub radius 中输入 Hub 半径，在 Offset Y、Offset Z 中分别输入进风口的偏移量。而 Type 2 离心风机的出风口通常是方形，如图 4-115 所示，则需要设置出风口的长宽尺寸、出风口所处离心风机相应的面及出风口的偏移量。

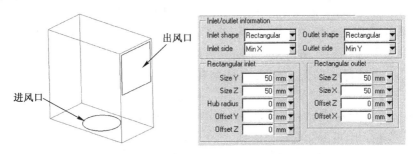

图 4-115　离心风机的几何参数输入

同样需要在离心风机的属性面板(见图 4-116)中,单击 Edit,输入风机的 $P-Q$ 曲线;可以通过 Plot 的 Graph editor 来输入,也可以通过 Text editor 进行输入;Exhaust exit angle 表示出风口角度;Blower power 表示离心风机 Hub 的热耗。

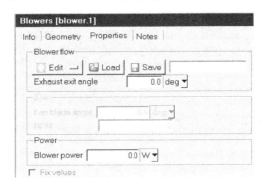

图 4-116　离心风机的属性面板

4.2.15　Resistance(阻尼)

Resistance(阻尼)主要用于模拟三维的阻尼模型,类似于多孔介质,如做数据中心、集装箱的散热模拟,需要建立机柜 Rack 的模型;如果建立机柜中所有服务器的详细模型,势必造成很大的计算量;为了解决类似的问题,可以将机柜内的服务器进行简化,不考虑服务器内部详细的结构,而将服务器内部简化成 3D 的 Resistance 阻尼模型,在其属性中输入 3 个方向的阻力系数(可通过实验或 CFD 计算得到),模拟气流沿着 X、Y、Z 3 个方向流动的阻力,即可在保证计算精度的同时,大大减少 CFD 的计算量,该方法可应用于方舱、集装箱、数据中心等大空间的散热模拟计算。服务器模型的简化示意图如图 4-117 所示。

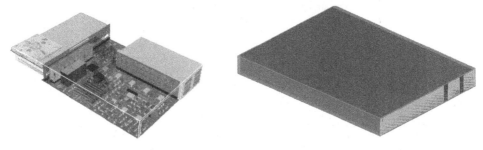

图 4-117　服务器模型的简化示意图

另外,如果需要模拟详细的服务器模型或模块的详细散热情况,则可以使用 ANSYS Icepak 提供的 Zoom-in 功能来实现。当计算得到大环境空间的详细流场、温度场后,使用 Zoom-in 功能提取服务器或模块所在的空间区域,得到 Zoom-in 模型,然后在新的 Zoom-in 模型中,对服务器或模块重新进行编辑,建立服务器详细的模型,划分网格,进行 CFD 计算,即可得到服务器或模块内部详细的温度分布和流场分布。在第 9 章会对 Zoom-in 功能进行详细讲解。

在 Resistances(阻尼)的 Geometry 面板(见图 4 - 118)中,形状 Shape 包含方体、圆柱、多边形;Location 主要输入阻尼的详细几何信息。

阻尼的 Properties 属性面板。Resistance(阻尼)压力损失的输入方法主要有两种:Loss coefficient(输入阻力系数)和 Loss curve(输入阻力曲线),如图 4 - 119 所示。

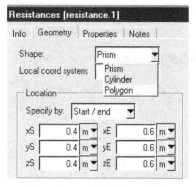

图 4 - 118 阻尼的几何面板

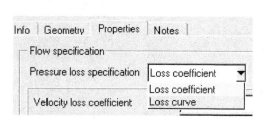

图 4 - 119 阻尼的属性参数输入

1. Loss coefficient(阻力系数输入)

如图 4 - 120 所示,在 Pressure loss specification 中指定阻力系数或阻力曲线;Velocity loss coefficient 通常选择 Approach。

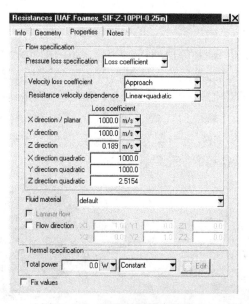

图 4 - 120 阻尼的属性参数输入

任何系统的阻力曲线通常为二次方的函数关系,因此 Resistance velocity dependence 通常选择 Linear+quadratic，即线性和二次方关系；在 X direction/planar、Y direction、Z direction 中分别输入 3 个方向线性的阻力系数 P_1；在 X direction quadratic、Y direction quadratic、Z direction quadratic 中输入 3 个方向二次方的阻力系数 P_2；在 Fluid material 中输入阻尼中流动的流体材料；在 Flow direction 中指定流动的方向。在 Total power 中输入阻尼的热耗值。

在阻力曲线中，压力和速度的二次方关系（Linear+quadratic）公式为

$$\Delta P = 1/2\rho(P_1 v + P_2 v^2) \tag{4-15}$$

式中，ρ 为流体的密度；v 为流体的流动速度；P_1、P_2 分别为阻力系数；ΔP 为阻尼两侧的压力差。

图 4-120 中 X、Y 方向的阻力系数为 1000，而 Z 方向 $P_1=0.189$，Z 方向 $P_2=2.5154$；因此其表示的意思为阻尼中流体流动的主要方向是 Z 方向，而 X、Y 方向流动阻力非常大，阻尼的计算结果如图 4-121 所示。

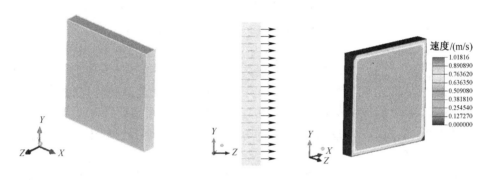

图 4-121 阻尼的计算结果

2. Loss curve（阻力曲线）

在 Pressure loss specification 中可以输入 Loss curve（阻力曲线），如图 4-122 所示；X-direction loss curve、Y-direction loss curve、Z-direction loss curve 表示不同方向的阻力曲线；图 4-123 表示某阻尼的阻力曲线，可通过单击 Edit 来输入相应的阻力曲线；在 Fluid material 中输入阻尼流动的流体材料；在 Flow direction 中指定流体流动的方向；在 Total power 中输入阻尼的热耗值。

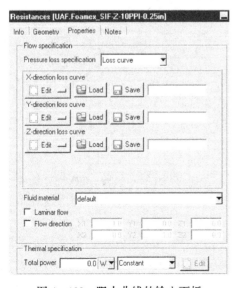

图 4-122 阻力曲线的输入面板

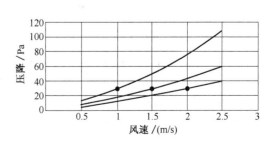

图 4-123 某阻尼的阻力曲线

3. 得到阻尼的阻力曲线或阻力系数的方法有如下 4 种。

(1) 将实际阻尼模型放置于风洞中,通过改变进口的不同风速,测试得到进出口的压力差,即得到压差与风速的关系(阻力曲线)。

(2) 将建立的详细热分析模型放置于 ANSYS Icepak 的数值风洞中,通过风速的参数化计算,得到进出口压力差与风速的关系,即阻力曲线。

(3) 参考产品说明书提供的阻力曲线。

(4) 根据阻力系数的计算公式和产品的阻力曲线,可计算得到阻尼主要流动方向的阻力系数 P_1、P_2;而另外两个方向则可以输入 1000,表示流动阻力很大、流速很小。

4.2.16 Heatsink(散热器)

Heatsink(散热器)  是电子散热中最常见的器件,ANSYS Icepak 提供的散热器模块仅支持几何规则的散热器模型。如果客户使用的散热器几何形状比较复杂,建立热模型时,只能通过 CAD 接口,将异形散热器导入 ANSYS Icepak 中,建立散热器模型。

在 ANSYS Icepak 中,通过自建模得到的散热器模型,可以对其输入的几何变量进行参数化、优化计算;而通过 CAD 接口导入的异形散热器,则不可以对其进行参数化、优化计算。

图 4-124 为散热器的几何编辑面板。其中 Plane 表示散热器基板放置的平面;在 Specify by 中输入散热器基板的长度、宽度;在 Base height 中输入散热器基板的高度;在 Overall height 中输入散热器整体的高度,即基板加上翅片的总高度;End height 表示散热器两端翅片的高度加上基板高度的数值。

在散热器的属性面板中,软件提供的散热器类型 Type 主要包含 Simple 和 Detailed 两大类,如图 4-125 所示。

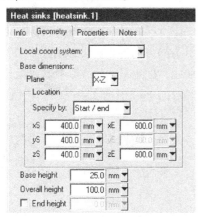

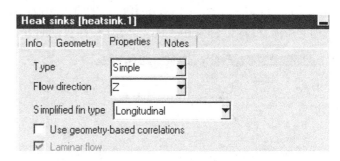

图 4-124 散热器的几何编辑面板　　　图 4-125 散热器的属性面板

1. Simple(简化散热器)

Simple(简化散热器)主要是将散热器翅片部分用一个 3D 的阻尼来代替,其属性如图 4-126 所示。Flow direction 表示翅片的方向,即气体流动的方向。Simplified fin type 表示翅片本身的类型。

通常来说,在进行方舱、机柜等系统模拟时,尤其是系统中包含很多散热器时,将详细的散热器简化成 Simple,可大大减少 CFD 的计算量。Simple(简化散热器)的使用方法有两种。

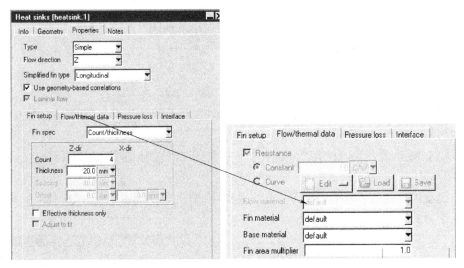

图 4-126　简化散热器的属性面板

1) 输入几何信息

选择 Use geometry-based correlations，在 Fin setup 中输入散热器真实的几何信息，如翅片的个数、翅片厚度等；在 Flow/thermal data 中输入翅片和基板相应的材料信息，对于散热器翅片上的微小槽道（可用于增大散热面积及破坏流动边界层），可以在 Fin area multiplier 中输入翅片的面积因子，即散热器翅片（槽道）的总面积与平板翅片的面积比值，可参考 Block 部分。ANSYS Icepak 可自动计算简化散热器的阻力曲线和热阻曲线。

2) 直接输入热阻曲线和风阻曲线

在图 4-127 中，如果不选择 Use geometry-based correlations，则需要输入热阻曲线和流阻曲线。在 Flow/thermal data 中输入热阻曲线，单击 Curve，可打开 Text editor 编辑面板，输入不同风速下，散热器的热阻曲线；在 Flow material 中选择流体的材料，默认为空气；在 Base material 中输入基板的材料属性。

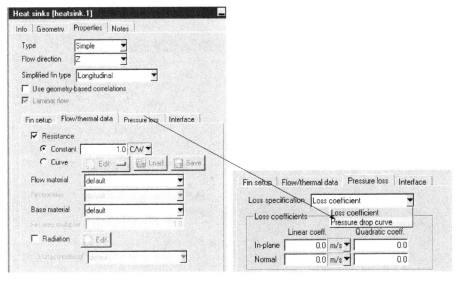

图 4-127　简化散热器的属性面板

单击 Pressure loss 面板,可输入翅片部分的阻力系数或阻力曲线,在 Loss coefficient 中输入阻力系数,而选择 Pressure drop curve,则需要输入阻力曲线。

通常来说,使用简化散热器时,输入热阻曲线和阻力曲线的方法,精确度比较高,使用更加广泛。

如何获得 Simple 的热阻曲线和阻力曲线呢?

在 ANSYS Icepak 中,可以将详细散热器的模型放置于数值风洞中,进行多参数化的计算,可以得到热阻曲线和阻力曲线。

(1) 建立散热器的风洞模型:风洞进出口为开口,散热器放置于风洞上游区域,如图 4-128 所示。

(2) 设置进口处的风速为一变量,如在速度处,输入"$fengsu",单击 Update,然后输入速度的初始值,如图 4-129 所示。

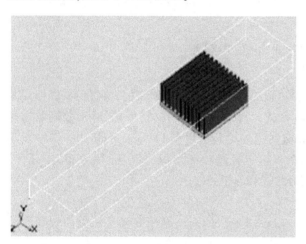
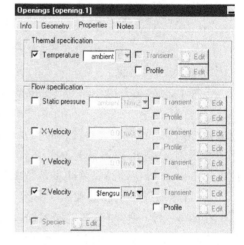

图 4-128　散热器的数值计算　　　　　图 4-129　进口风速的参数化定义

(3) 在参数化面板中,输入风速变量的多个数值(见图 4-130):0.25, 0.5, 0.75, 1.0, 1.5, 2.0, 2.5, 3.0(m/s),单击 Apply。

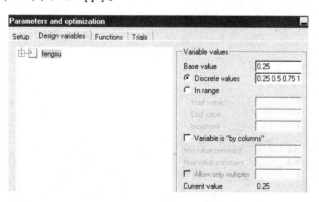

图 4-130　进口风速数值的输入

(4) 可以通过 ANSYS Icepak 提供的 Functions 函数功能,定义风洞进出口的压力差及热阻的函数;也可以通过 ANSYS Icepak 提供的 Summary Report 来统计计算不同风速下的进出口的压力差、热阻等。

（5）在简化散热器的属性面板 Flow/thermal data 中，单击 Text editor，输入计算得到的不同风速、热阻的具体数值，如图 4-131 所示。

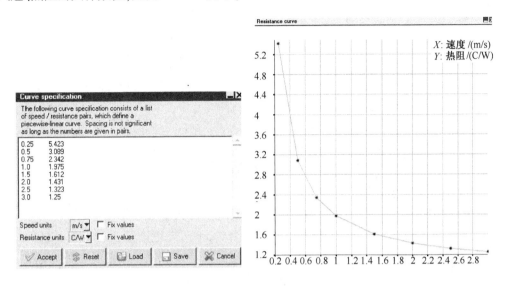

图 4-131　风速—热阻曲线的输入

（6）在简化散热器的属性面板 Pressure loss 中选择 Pressure drop curve，然后输入计算得到的不同风速、阻力的具体数值，得到阻力曲线，如图 4-132 所示。

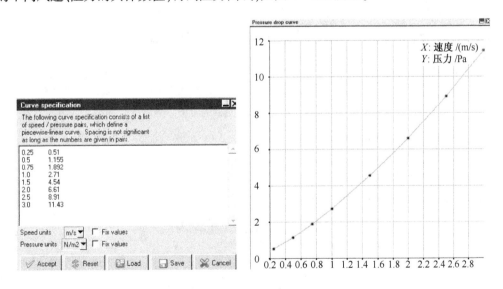

图 4-132　风速—阻力曲线的输入

（7）将此简化散热器放置于 ANSYS Icepak 中，进行 CFD 的热模拟计算。简化散热器和详细散热器的计算结果比较如图 4-133 所示。

通过比较可以发现，简化散热器和详细散热器的计算结果非常吻合；在 ANSYS Icepak 中，直接使用此简化散热器来代替真实的散热器模型，一方面可以保证数值计算的精度，另一方面可大幅度减少网格的计算量。

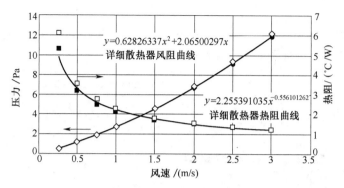

◆详细散热器计算的压力差；◇简化散热器计算的压力差；
■详细散热器计算的热阻值；□简化散热器计算的热阻值。

图 4-133　详细散热器和简化散热器的比较

2. Detailed(详细散热器)

Detailed(详细散热器)主要包括型材挤压散热器(翅片与基板位于一体)(Extruded)、叉翅散热器(Cross cut extrusion)、针状散热器(Cylindrical pin)、焊接散热器(Bonded fin)4 类，如图 4-134 所示。

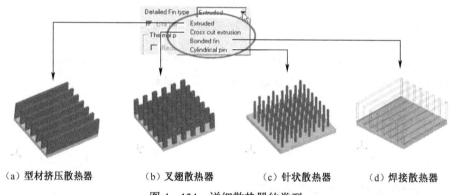

(a) 型材挤压散热器　　(b) 叉翅散热器　　(c) 针状散热器　　(d) 焊接散热器

图 4-134　详细散热器的类型

不同类型散热器的属性面板的输入不同，图 4-135 为散热器类型的选择。
Type：选择散热器的类型。
Flow direction：翅片的方向。
Detailed fin type：散热器翅片的类型。

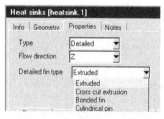

图 4-135　散热器类型的选择

(1) Extruded(型材挤压散热器)。图 4-136 为挤压散热器的输入面板。

在 Fin spec 中选择输入的变量；Count 表示翅片的个数；Thickness 表示翅片的厚度；Spacing 表示翅片的间隙；Offset 表示不同方向的偏移量；选择 Effective thickness only 表示将翅

片简化成薄板模型,即忽略翅片厚度,可减少网格的数量。

在 Fin material 中输入翅片的材料属性;在 Base material 中输入基板的材料属性;在 Fin area multiplier 中输入翅片的面积因子,如图 4-137 所示。

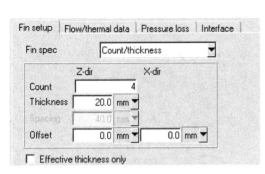

图 4-136　型材挤压散热器翅片的参数输入

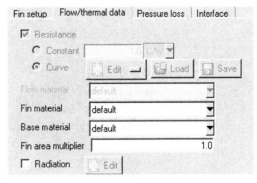

图 4-137　型材挤压散热器翅片材料的参数输入

选择 Interface resistance,可输入散热器基板与热源(如芯片)等接触面的接触热阻,如图 4-138 所示。

(2) Cross cut extrusion(叉翅散热器)。叉翅散热器与型材挤压散热器仅仅在 Fin setup 中有区别,叉翅散热器需要输入各个方向翅片的个数、厚度、间隙;Offset 表示翅片偏移量,如图 4-139 所示。

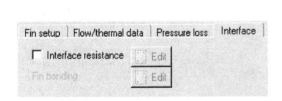

图 4-138　型材挤压散热器接触热阻的参数输入

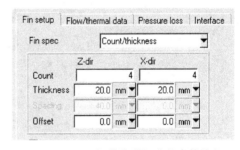

图 4-139　叉翅散热器翅片的参数输入

(3) Bonded fin(焊接散热器)。焊接散热器与型材挤压散热器的区别在于焊接散热器的翅片与基板不是一体的,因此,在属性中需要单击 Fin bonding,然后输入相应的接触热阻值,如图 4-140 所示。

(4) Cylindrical pin(针状散热器)。图 4-141 为针状散热器翅片的输入面板,图 4-142 为针状散热器模型。

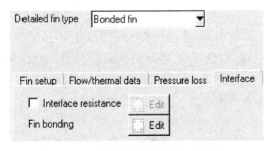

图 4-140　焊接散热器热阻的参数输入

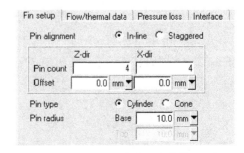

图 4-141　针状散热器翅片的输入面板

Pin alignment：翅片的排列方式，顺排和交错排列。
Pin count：各个方向翅片的个数。
Pin type：可选择翅片的形状，圆柱或锥形。
Pin radius：可输入翅片的半径或者锥形的尺寸。

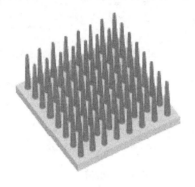 

（a）顺排 In-line　　　　　　　　（b）交错 Staggered

图 4-142　针状散热器模型

另外，ANSYS Icepak 可以通过 Macros→Geometry→Heatsinks→Angled Fin Heatsink，输入相应的几何信息，创建倾斜翅片的散热器模型，如图 4-143 所示，具体参数说明可参考第 10 章。

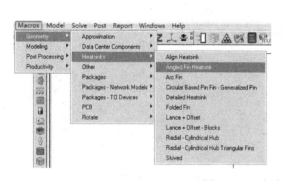 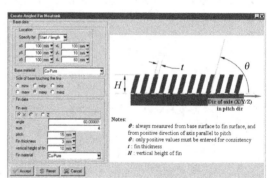

图 4-143　倾斜散热器的建立

4.2.17　Package（芯片封装）

随着芯片封装（IC 封装）工艺的改进，IC 封装的类型越来越多，目前，在 ANSYS Icepak 中，可以模拟的封装主要有如图 4-144 所示的几种类型。

另外，ANSYS 公司在新的 ANSYS Icepak 版本里增加了 POP 封装、Stacked Die 封装类型。

IC 封装 是 ANSYS Icepak 电子散热模拟中应用广泛的对象模型，其放置于 PCB 上，芯片封装传热路径示意图如 4-145 所示。芯片 Die 的热耗通过传导，将热量传导至管壳、Substrate 基板、焊球、PCB，然后通过对流和辐射换热的散热方式，与冷空气及其他器件进行换热，最终达到热平衡。

在 ANSYS Icepak 中模拟 IC 封装，主要有以下几种办法。

1. 使用模型工具栏中的 IC 封装

单击 IC 封装 ，创建 IC 封装模型，然后根据 ANSYS Icepak 提供的示意图，输入封装各部分的详细信息，如图 4-146 所示。

第 4 章 ANSYS Icepak 热仿真建模 155

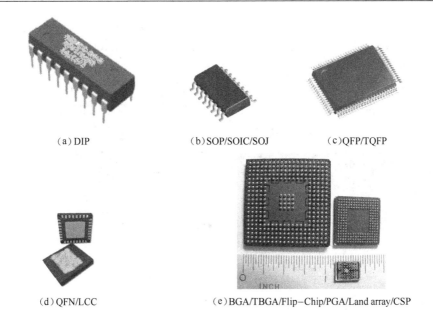

图 4-144 常见的芯片封装

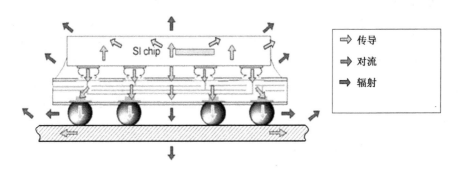

图 4-145 芯片封装传热路径示意图

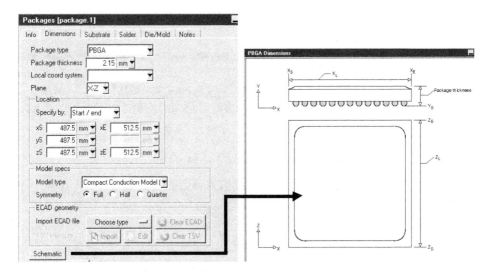

图 4-146 芯片封装的几何编辑面板

在 Package type 中选择封装的工艺类型，Package thickness 是 IC 封装的高度；Plane 表示封装所处的面；Location 表示封装本身的长、宽尺寸；Model type 表示封装的类型，包含 Compact Conduction Model(CCM)简化封装、Detailed Packages 详细封装。其中简化(CCM)封装通常用于进行系统级模拟计算，而 Detailed Packages 详细封装主要用于模拟 PCB 级、芯片封装级的热模拟计算。Model type 中包含的 Characterization JC/JB 用于计算芯片的结壳热阻 R_{jc}、节点到 PCB 的热阻 R_{jb}。图 4-147 为 ANSYS Icepak 内芯片的简化和详细模型示意图。

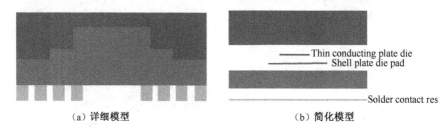

图 4-147 ANSYS Icepak 内芯片的简化和详细模型示意图

在图 4-146 中，Import ECAD file 表示导入 ECAD 文件；在 Choose type 中选择 EDA 软件输出的芯片模型，主要支持 Mcm/SIP、Tcb、Anf、Odb++等格式；可以将 Cadence 等 EDA 设计的封装布线 Layout、过孔、金线等直接导入，以精确模拟封装的散热特性，单击 Schematic 可以查看封装的信息。

在图 4-148 中，Substrate 表示封装的基板信息；Substrate material 表示基板的 FR-4 材料；TOP trace coverage%、Bottom trace coverage%、1st int. layer coverage%、2nd int. layer coverage%表示顶层、底层、第 1、2 层的铜层覆盖量。Trace material 表示铜层材料；Trace thickness 表示每层铜层厚度；Number of thermal vias 表示过孔的个数；Via diameter 表示过孔直径；Via plate thickness 表示过孔内铜层的厚度。相应参数可以点 Schematic 查看示意图。

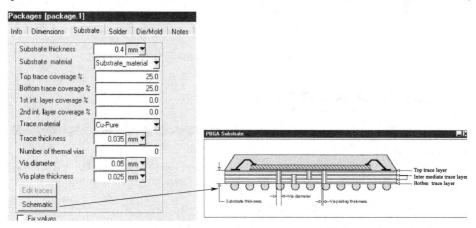

图 4-148 芯片封装基板的编辑面板

在图 4-149 中，Solder 表示焊球的个数，需要输入各个方向的个数；Array type 中 Full 表示布满焊球，Peripheral 表示中间有部分区域无焊球；Central thermal balls? 表示焊球是否在中间区域内；Pitch 表示焊球间隙；Ball diameter 表示焊球直径；Ball height 表示焊球高度；Ball material 表示焊球材料；Ball shape 表示焊球的形状，由于焊球的形状不规则，因此 ANSYS Icepak 将其进行等效简化，形状包含立方体、圆柱；Mask thickness 表示 Mask 的厚度，相应的参数可以点 Schematic 得到相应的示意图。

第4章 ANSYS Icepak 热仿真建模

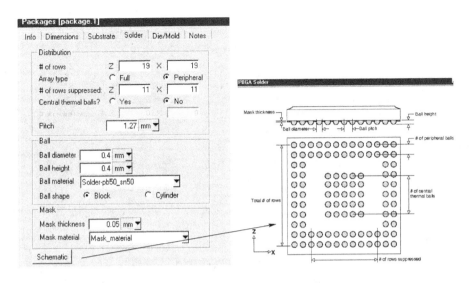

图 4-149 芯片封装焊球的编辑面板

图 4-150 为芯片封装 Die/Mold 的编辑面板；其中 Die 表示 IC 的 junction 节点，即硅片；在 Material 中输入 Die 的材料；Size 表示芯片 Die 的尺寸；Thickness 表示芯片的厚度；Total power 表示芯片的热耗值；Die pad 中的材料、尺寸、厚度及 Die attach 中的材料、厚度，金线的材料、直径及相应的长度，Mold 管壳的材料等信息可以通过单击 Schematic 得到相应的示意图。

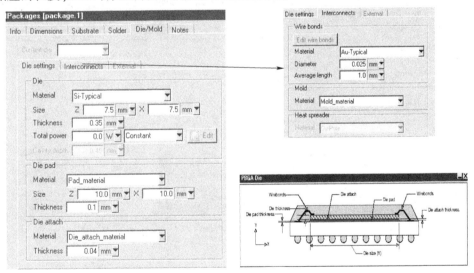

图 4-150 芯片封装 Die/Mold 的编辑面板

2. 导入 EDA 软件设计的芯片模型

单击 IC 封装按钮，建立 IC 封装模型，然后在其几何面板下单击 ECAD geometry，选择相应的 IC 封装类型及文件，ANSYS Icepak 会自动将芯片的基板布线、过孔、金线等进行详细的建模。

导入的 IC 封装文件格式包括 Mcm、Sip、Anf、ODB++，如图 4-151 所示；导入布线文件后，ANSYS Icepak 会自动建立 EDA 中画好的金线、Trace 布线等信息，如图 4-152 所示。

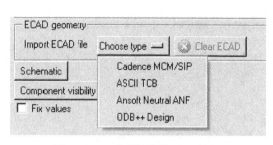
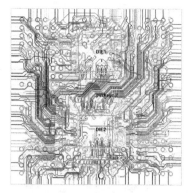

图 4-151　芯片封装的 EDA 接口　　　图 4-152　导入 EDA 布线后的芯片封装模型

图 4-152 为导入 SIP 封装文件后的芯片模型,ANSYS Icepak 会自动将布线过孔信息,以及 Die 尺寸直接读入,将金线做精确近似,布线可以准确计算封装基板的导热率。此类封装模型通常用于模拟 PCB 级、芯片封装级的散热计算。具体步骤可参考在线资源中的视频学习资料。

3. 建立芯片封装简化模型

ANSYS Icepak 提供了不同类型封装的简化模型,可通过 Macros→Packages→IC packages 建立相应的封装模型,如图 4-153 所示。

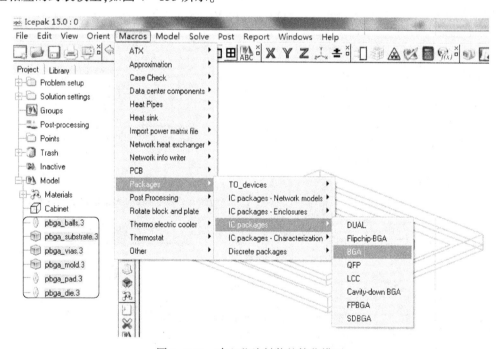

图 4-153　建立芯片封装的简化模型

与第 1 种方法相同,工程师通过输入 IC 封装的尺寸、基板信息、焊球信息、Die 信息等,可建立 IC 封装的简化热模型。此类封装可应用于机箱系统的散热模拟计算。

4. 使用芯片封装说明书提供的简化 IC 热模型建立芯片模型

通常 Intel、AMD 会将其芯片模型进行热测试,给其用户提供简化的封装热模型,其主要是通过对封装进行测试,将 IC 封装各部分简化成不同尺寸的 Block,测试得到各 Block 的各向异性导热率，便可以得到 IC 封装的简化热模型，图 4-154 为某 IC 封装的真实详细模型，图 4-155 为此芯片封装的简化模型。

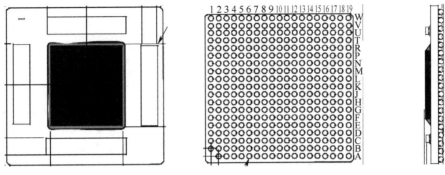

图 4-154　某 IC 封装的真实详细模型

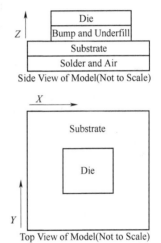

Conductivity	Value	Unit
Die(8.0×7.3×0.86)mm³		
Silicon	Temperature-dependent	W/m·K
Bump and Underfill(8.0×7.3×0.07)mm³		
k_Z	5.0	W/m·K
Substrate(25×25×1.14)mm³		
k_X	9.9	
k_Y	9.9	W/m·K
k_Z	2.95	
Solder Ball and Air(25×25×0.8)mm³		
k_X	0.034	
k_Y	0.034	W/m·K
k_Z	11.2	

图 4-155　芯片封装的简化模型

通过对芯片进行热实验测试，可将详细的 IC 封装进行简化，得到 4 个尺寸大小不同的 Block。其中将 Die 简化成相应尺寸的硅片，Die 与基板间填充物简化成一方块，其导热率为 5W/m·K；将基板 Substrate 简化成一方块，由于基板（复合材料）特殊的结构，通过测试得到简化后方块（基板）的导热率，从图 4-155 中可以看出，X、Y 方向（切向）为 9.9W/m·K，Z 方向（法向）为 2.95W/m·K，呈现出各向异性的导热率；同样，将焊球和空气（将焊球与焊球之间的空气考虑进去）简化成一方块，其导热率为 X、Y 方向（切向）为 0.034W/m·K，Z 方向（法向）为 11.2W/m·K，简化后的方块，应该是 Z 方向导热率较大，X、Y 方向导热率较小。将详细的芯片模型简化成四个方块，测试得到各自的导热率，也可以准确地模拟 IC 封装，得到 IC 封装内 Die 的结温。

5. 使用双热阻芯片模型

芯片 IC 封装的说明书通常会包含 Thermal 热参数章节，里面罗列了不同型号 IC 的热阻参数；根据 IC 的说明书，选择相应型号的 R_{jc}、R_{jb} 热阻参数；在 ANSYS Icepak 中，使用 Block 来建立 Network 热阻芯片模型，选择 Blocks 属性中的 Network，选择 Blocks 的 Board side 面，即芯片与 PCB 的接触面，然后输入 R_{jc}、R_{jb} 双热阻参数，输入芯片 Die 的热耗 Power，完成封装模型的建立，如图 4-156 所示。

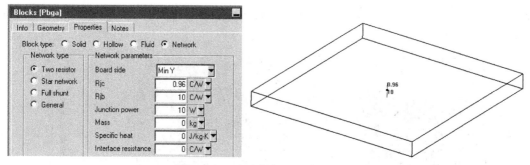

图 4-156 芯片封装的双热阻模型

另外,在 ANSYS Icepak 中,对于瞬态模拟计算,可实时监控双热阻模型结温随时间的变化曲线。

例如,某 IC 芯片的双热阻参数如表 4-2 所示,通过查询,可得到相应型号芯片的 R_{jc}、R_{jb} 双热阻数值。在表 4-2 中,Junction-to-board thermal 表示 R_{jb},Junction-to-case thermal 表示 R_{jc};表中另外有多个 R_{ja},表示芯片节点到空气的热阻参数,主要是表示自然对流、不同风速(强迫风冷)下 IC 芯片节点到空气的热阻数值。

表 4-2 某芯片封装的热阻参数

热 阻 类 型	符号	热阻值	单位	标记
Junction-to-amblent Natural Convection on four layer bcard (2s2)	R_{ja}	17	℃/W	1.2
Junction-to-amblent (© 200 ft/min or 1.0 m/s) on four layer board (2s2p)	R_{jb}	14	℃/W	1.2
Junction-to-amblent (© 400 ft/min or 2.0 m/s) on four layer board (2s2p)	R_{jc}	13	℃/W	1.2
Junction-to-board thermal	R_{jb}	10	℃/W	3
Junction-to-case thermal	R_{jc}	0.96	℃/W	4

4.2.18 建立新材料

ANSYS Icepak 本身提供了丰富的材料库(见图 4-157),包括电子散热中常见的流体材料、固体材料、表面材料等,以及电子行业常用的风机库、散热器库、芯片库等;同时 ANSYS Icepak 支持用户建立用户自定义库。

图 4-157 ANSYS Icepak 的库模型树

如果工程师使用的材料在 ANSYS Icepak 的库里没有,则可以创建新的材料属性,建立工程师自用的材料库。ANSYS Icepak 允许用户创建流体、固体、表面材料等。

创建新材料的方法为直接单击创建新材料 。在弹出的面板中,在 Info 面板中可输入新建材料的名称;在 Properties 中选择材料类型,包括 Solid(固体材料,见图 4-158)、Surface(表面材料,见图 4-159)、Fluid(流体材料,见图 4-160)。

Solid(固体材料):Density 表示固体材料的密度;Specific heat 表示材料的热容,单击 Edit,可通过不同方式输入材料热容与温度的关系;Conductivity 表示导热率,单击 Edit,可通过不同方式输入材料导热率与温度的关系;Conductivity type 表示导热率的类型,包含各向同性、各向异性导热率等类型,单击 Orthotropic 下面的 Edit,可以设置各向异性材料的导热率随温度的变化曲线。

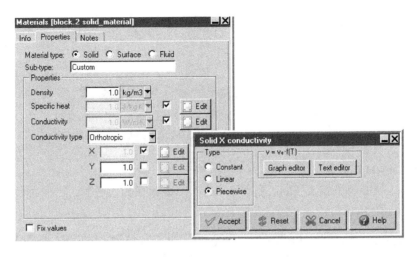

图 4-158 创建固体新材料的面板

Surface 表面材料：主要输入表面的粗糙度 Roughness 及 Emissivity 模型表面的发射率。

Fluid 流体材料：Vol. expansion 表示流体的体积膨胀率；Viscosity 表示流体的动力黏度；Density 表示流体的密度；Specific heat 表示流体的热容；Conductivity 表示流体的导热率；Diffusivity 表示流体的扩散率，主要反映分子布朗运动的特性，Molecular weight 表示流体分子量。

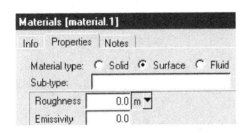

图 4-159 创建表面新材料的面板

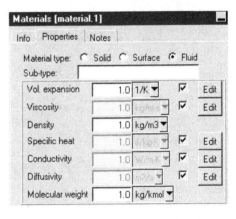

图 4-160 创建流体新材料的面板

4.3 ANSYS Icepak 自建模实例

本节以某射频放大器为案例，讲述利用 ANSYS Icepak 提供的基于对象自建模方式，建立 RF 放大器热模型。读者应该掌握以下建模内容：

(1) 如何新建 ANSYS Icepak 项目。
(2) 如何创建开口、轴流风机、热源、腔体、PCB、散热器、边界 Wall 及其属性的输入等。

1. 建立项目

单独启动 ANSYS Icepak，在 Welcome to Icepak 界面中选择 New，新建 ANSYS Icepak 项目，如图 4-161 所示；在弹出的面板中，输入 RF，表示项目的名称。

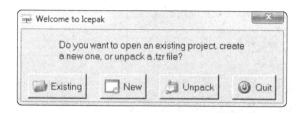

图 4-161 ANSYS Icepak 欢迎界面

2. 缩放 Cabinet 的计算区域

双击 Model 模型树下的 Cabinet,打开 Cabinet 的编辑窗口,按图 4-162 所示输入相应的尺寸。

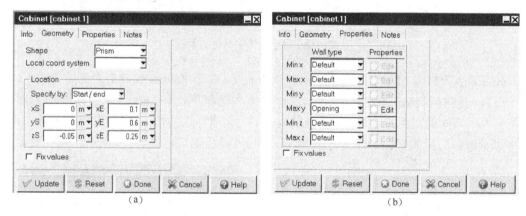

图 4-162 Cabinet 的几何及属性面板

在 Cabinet 的属性面板中,选择 Max y 的 Wall type 为 Opening,其他保持默认的属性设置,即绝热。

3. 建立腔体模型

单击创建 RF 的腔体模型 ▓,双击模型树下的 enclosure.1,在弹出的编辑 Info 面板下,修改 Name 为 Housing。

如图 4-163 所示,在 Enclosures 属性面板中,修改 Solid material 为 Polystyrene-rigid-R12;在 Thermal specification 面板中,修改 Min X、Max X 的 Boundary type 为 Open,保留其他的边界为传导薄板,薄板厚度 0.001(m),单击 Done。

4. 建立 Wall 模型

单击模型工具栏的 Wall,将 Wall 模型与放大器腔体 Housing 的 Min X 面进行对齐、匹配(具体的步骤不再讲解);双击模型树下的 Wall,将其命名为 Xmin,如图 4-164 所示。

在 Wall 的属性面板中,选择 Stationary(静止类型),输入 Wall 的厚度为 1(mm),选择 Solid material 为 Polystyrene-rigid-R12;在 Thermal specification 的 Exteral conditions 中单击下拉菜单选择 Heat transfer coefficient 换热系数,单击 Edit,然后设置 Heat transfer coeff 为 $5(W/K \cdot m^2)$,表示外部空气与此 Wall 面进行自然对流的换热系数;单击 Done。图 4-165 为 Wall 换热系数的输入面板。

第 4 章 ANSYS Icepak 热仿真建模

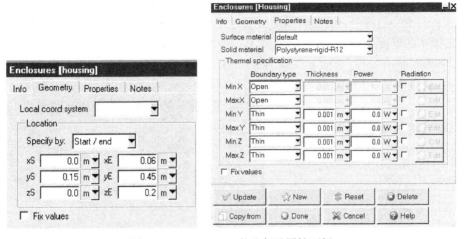

图 4 – 163　Enclosure 的几何及属性面板

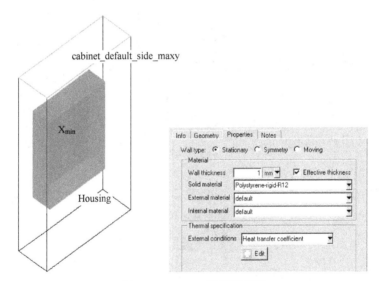

图 4 – 164　Wall 的属性面板

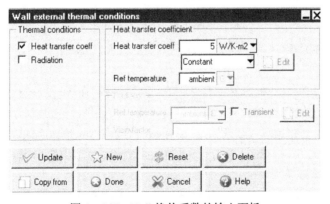

图 4 – 165　Wall 换热系数的输入面板

5. 建立 PCB 模型

单击模型工具栏中的 ，双击模型树下的 pcb.1，打开其编辑窗口，在 Geometry 中，输入如

图4-166所示的尺寸信息。

在PCB的属性面板中,如图4-167所示进行输入。选择Trace layer type为Detailed,输入四层PCB铜箔的厚度信息和百分比,单击Update、Done,可以发现ANSYS Icepak会自动计算PCB的切向和法向导热率;切向导热率为9.30516W/m·K,法向导热率为0.361276W/m·K;其他保持默认设置,完成PCB的建模。

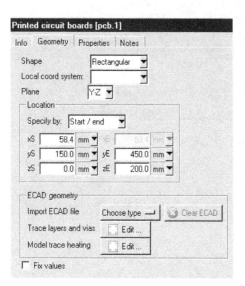

图4-166 PCB的几何面板　　　　图4-167 PCB属性面板

6. 建立面热源

双击模型树下的Source模型,在Info中修改Source名称为device,在Geometry面板中,修改热源所处的Plane面和尺寸坐标大小,如图4-168所示。

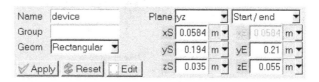

图4-168 Source的几何面板

在Source的属性面板中,输入Total power热耗为7(W),如图4-169所示。

7. 复制热源

选择模型树下的Device,单击复制命令,打开复制面板,在Number of copies中输入2,选择Translate,在Z offset中输入0.055(m),单击Apply、Done,如图4-170所示。类似地,选择模型树下的device、device.1和device.2,重新选择复制命令;在Number of copies输入3,选择Translate;在Y offset中输入0.064(m),单击Apply、Done;此时,模型中会出现12个Source面热源。

8. 创建散热器模型

单击模型工具栏中的散热器,建立散热器模型。双击模型树下的散热器,在Geometry中,输入图4-171中相应的几何信息,其中散热器的Base height为0.004m,Overall height为0.04m。

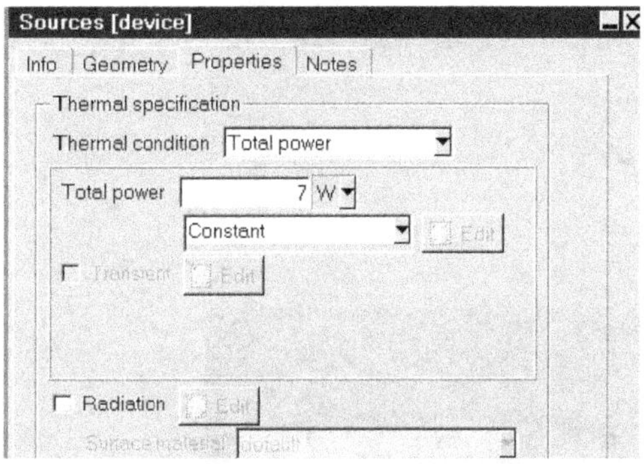

第4章 ANSYS Icepak 热仿真建模

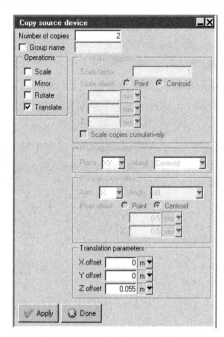

图 4-169 Source 的属性面板

图 4-170 复制 Souce 面热源

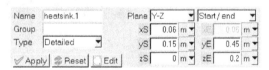

图 4-171 散热器的几何面板

在散热器属性面板中,选择 Detailed 类型,在 Flow direction 中选择 Y 方向;在 Count 中输入 9,在 Thickness 中输入 0.002(m);其他保持默认,单击 Done;相应的 Flow/thermal data、Pressure loss 则不需要输入;由于本案例使用的是面热源 Source,忽略了散热器与热源间的热阻,因此 Interface 也不用输入,如图 4-172 所示。

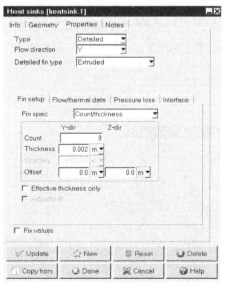

图 4-172 散热器的属性面板

9. 风机的建立和选择

可以通过单击模型工具栏的风机，建立风机模型；也可以直接从风机库中进行选择。选择 Library 面板，右键选择 Library，在弹出的面板中选择 Serarch fans，然后在 Search fan library 的 Physical 面板中，取消 Min fan size 的选择，在 Max fan size 中输入 80(mm)；在 Thermal/flow 中，选择 Min flow rate，然后输入 80 cfm，单击 Search；ANSYS Icepak 将按照输入的标准进行查找。

在查找面板中，选择名称为 delta.FFB0812_24EHE 的轴流风机，单击 Create，建立风机模型，如图 4-173 所示，模型树下将出现此风机的模型。

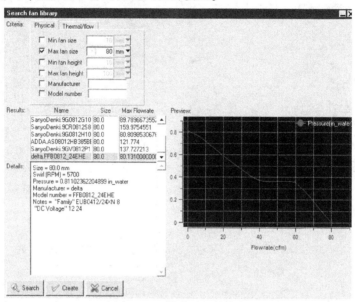

图 4-173 轴流风机的查询

双击模型树下的轴流风机，修改其方向为 X-Z 方向，在 Fan information 中，如图 4-174 所示，修改风机的位置，保持风机位于 Cabinet 计算区域 Min Y 的边界上（读者也可以使用面对齐、面中心位置对齐的命令进行操作）；由于从风机库中调取的风机已经包含了风机的 $P-Q$ 曲线，因此不再需要重新输入，但是需要注意属性面板中风机类型的选择。

这样，便建立了 RF 射频放大器的 ANSYS Icepak 热分析模型，相应的模型如图 4-175 所示，包含面热源、散热器、Wall、开口及风机等，默认使用了 Cabinet 作为强迫风冷的风道。

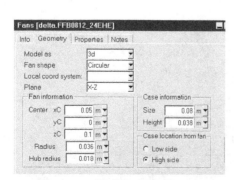

图 4-174 轴流风机的几何面板

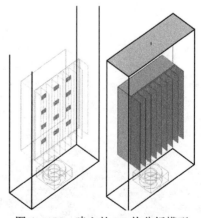

图 4-175 建立的 RF 热分析模型

4.4 CAD 模型导入 ANSYS Icepak

在建立 ANSYS Icepak 电子热仿真模型时,工程师除使用 ANSYS Icepak 提供的自建模工具外,还可以通过 ANSYS WB 平台下的 DesignMolder 将 CAD 模型导入 ANSYS Icepak。

目前,ANSYS Icepak 标准的 CAD 接口为 DesignMolder,在进行 CAD 模型导入时,需要进行以下操作。

(1) CAD 的几何模型必须"干净",即删除螺钉、螺母、小特征倒角等不影响散热的几何特征;另外,对于规则的复合体,最好通过切割的命令,将其分割成 ANSYS Icepak 认可的多个几何体;对于异形的几何体,直接导入 ANSYS Icepak 即可。

(2) 必须在 ANSYS Workbench 平台下进行 CAD 模型的导入,在第 1 章中,已经介绍过 ANSYS Workbench,此处不再讲解。

4.4.1 DesignModeler 简介

DesignMolder(简称 DM)是 ANSYS Workbench 平台下所有 CAE 分析软件的一个通用几何接口模块,其与各主流的 CAD 软件均有接口,用户也可以在 DM 中对导入的 CAD 模型进行修复、清除,以得到适合 CAE 分析的模型。

直接在 ANSYS Workbench 工具栏中,双击 Geometry,即可在项目视图区域中建立 Geometry 的单元,双击单元中的 标志,即可打开 DM;或者右键选择 New Geometry,单击 Edit Geometry 也可打开 DM,如图 4-176 所示。

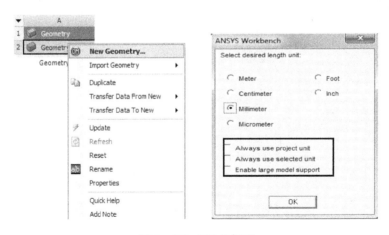

图 4-176 DM 的打开

打开 DM 后,DM 会自动弹出长度单位的选择窗口,建议单击选择 Millimeter,选择 Always use selected unit,表示一直使用毫米作为单位,以后打开 DM 时,此窗口将不再显示。

1. DM 界面说明

DM 的界面如图 4-177 所示,包含主菜单栏、快捷工具栏、模型树、详细参数面板、几何视图区域、状态栏等。

其中快捷工具栏可进行定制:单击主菜单栏 Tools→Options,选择 Toolbars,通过修改右侧的 Yes/No 来进行各种快捷工具命令的定制,如图 4-178 所示;标记为 Yes 的快捷工具命令会在 DM 的界面显示。

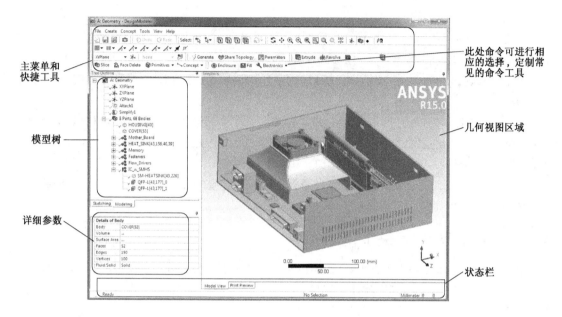

图 4-177 DM 模块的界面

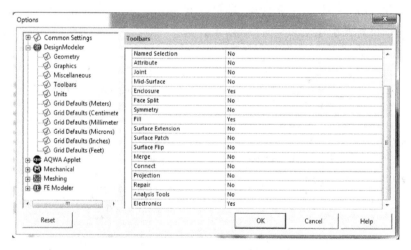

图 4-178 快捷工具栏的定制

2. DM 界面常用操作说明

1) 鼠标操作(见图 4-179)

在图形区域中单击鼠标右键,选择 Cursor Mode,可以进行视图的旋转、平移、放大;通过单击 View,单击 Front View、Back View 等,可直接进行各视图的切换操作;选择 Look At,可直接切换到所选面的视图,如图 4-180 所示。

2) 选择命令

使用鼠标左键可进行单选或者框选操作,各操作如图 4-181 所示。

第4章 ANSYS Icepak 热仿真建模

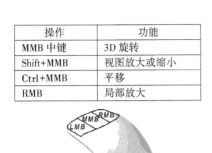

图 4-179 鼠标的操作

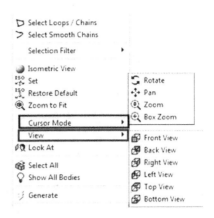

图 4-180 鼠标的操作选择

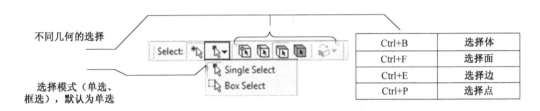

图 4-181 鼠标选择操作

3) Suppressed/Unsuppressed(抑制/解压缩)

被抑制的几何是不能导入 ANSYS Icepak 中的,可通过以下方法来进行几何体的抑制或解压缩。

在模型树下选择相应的几何,单击鼠标右键,然后选择 Suppress Body,被选中器件的状态将由"√"变为"×",表示此几何体被抑制;如果在模型树下选择被抑制的几何体,单击鼠标右键选择 Unsuppress Body,即可将相应的几何体解压缩,如图 4-182 所示。

图 4-182 抑制/解压缩的操作

4) Hide/UnHide

Hide/UnHide 表示隐藏或显示某几何体。

选择模型树下需要隐藏的几何体,单击鼠标右键,选择 Hide Body,被选中几何体的状态将由"√"将变成灰色;如果需要将其显示,选中被隐藏的体,然后单击鼠标右键,选择 Show Body,视图区域中即可显示此几何体;在模型树下选择任何几何体,单击鼠标右键,选择 Show All Bodies,表示显示所有几何模型,如图 4-183 所示。

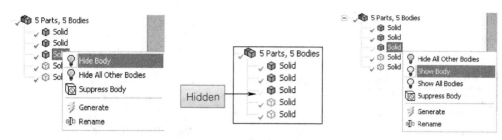

图 4-183 隐藏/显示的操作

5) 修改器件名称

(1) 单个几何体名称修改：在模型树下选择相应的几何模型，DM 左下角会出现此模型的 Details View 面板，在 Body 栏中输入器件的新名称，如图 4-184 所示。

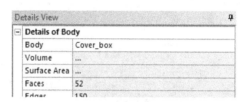

图 4-184 几何体的重命名

(2) 多个几何体名称同时修改：在模型树下选择多个体，单击鼠标右键，在出现的面板中选择 Rename Bodies，在弹出的面板中输入新名称，单击 OK，器件名称会依次进行命名，如图 4-185 所示。

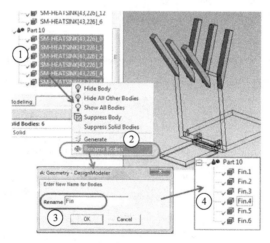

图 4-185 多个几何体重命名

6) 其他常用操作

![Generate]：生成的命令，DM 中的任何操作或者改变最终必须单击 Generate 或者热键 F5 来进行执行生成。

如何判断相应的操作是否完成呢？

![Simplify1] 命令前出现绿色的"√"符号，表示操作完成。

![Simplify1] 命令前出现黄色的"√"符号，表示操作完成，但是有警告。

![Opening1] 命令前出现红色的"！"，表示操作失败。

第 4 章 ANSYS Icepak 热仿真建模

 Show Errors or Warnings 命令前出现紫色的"!",单击鼠标右键,可查看出现错误的原因。

3. DM 支持的 CAD 几何格式

如图 4-186 所示,DM 支持所有主流 CAD 软件的几何文件格式,也支持 CAD 模型的中间数据格式如 step、iges 等;用户可以通过 ANSYS 与 CAD 软件的 Geometry Interfaces 接口将 CAD 模型直接读入 DM(需要 Licesne 支持);中间数据格式 step、iges 等,可以通过单击 DM 主菜单中的 File→Import External Geometry File,将 CAD 模型导入 DM(见图 4-187)。

图 4-186 DM 的 CAD 接口

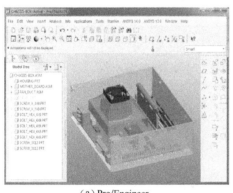

(a)Pro/Engineer   (b)DM

图 4-187 DM 的 CAD 接口

4.4.2 DesignModeler 常用命令说明

DM 可以对导入的 CAD 几何模型进行修复,对于 ANSYS Icepak 热模拟而言,主要的命令包括 Slice(切割)、Face delete(面删除)、薄壳单元的建立、Fill(填充命令)等。

1. Slice(切割)

Slice(切割)用于通过使用一个面对一个体或多个体进行切割。通过 Create→Slice 执行切割命令。在 DM 中,切割类型选择 Slice by Surface,即通过面来切割体,是最常见的切割办法。

在图 4-188 DM 的切割命令中,在 Slice Type 中选择切割的类型,Target Face 表示切割的面;Slice Targets 表示参与被切割的几何体(默认是 All Bodies 所有体,也可选择单个体)。其操作如图 4-189 所示。

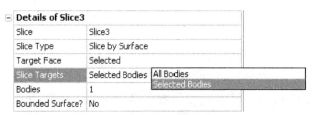

图 4-188　DM 的切割命令(一)

图 4-189　DM 的切割操作(一)

在 Slice 的切割类型中,也可以选择 Slice By Edge Loop,即用一个封闭的边对几何体进行切割,如图 4-190 和图 4-191 所示。

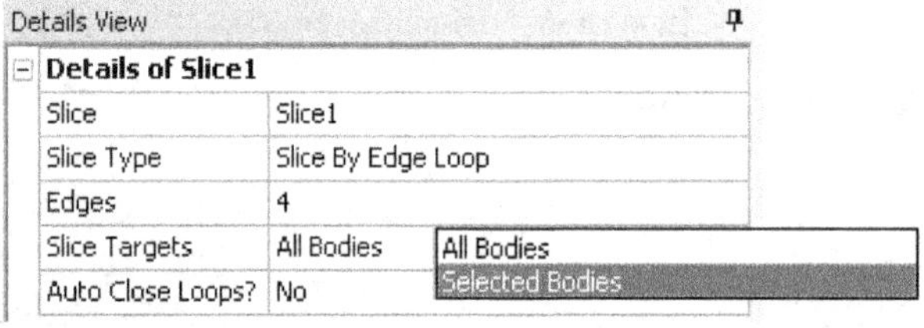

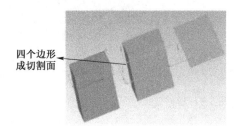

图 4-190　DM 的切割命令(二)

图 4-191　DM 的切割操作(二)

2. Face delete(面删除)

Face delete(面删除)主要是用于删除小尺寸倒角等特征。利用 Face delete,可以删除 CAD 几何体中不影响散热分析的一些倒角特征;也可以删除电子机箱中的安装孔等特征。单击 Create→Delete→Face delete 可进行倒角、安装孔的删除,如图 4-192~图 4-194 所示。

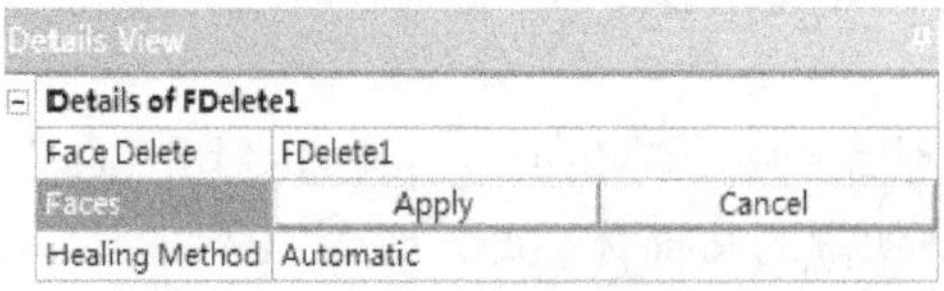

图 4-192　DM 的面删除命令

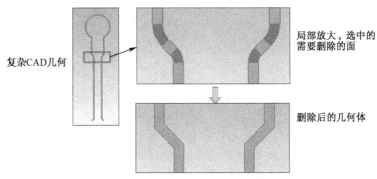

图 4-193　DM 的面删除操作

图 4-194　DM 的面删除操作

3. 薄壳单元的建立

通过主菜单中的 Concept→Surfaces From Faces 或 Surfaces From Edges，可建立几何模型的薄壳单元；Surfaces From Faces 表示由单面、多面建成薄壳单元模型；Surface From Edges 表示由单边、多边生成薄壳单元（ANSYS Icepak 认可的薄板模型）。

使用 Sufaces From Edges 或 Surfaces From Faces 命令（见图 4-195），通过选择单个封闭的边或者多个边、单个面或者多个面，可形成新的薄壳体。

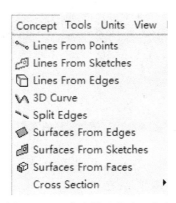

图 4-195　薄壳单元的建立命令

例如，可使用 Surfaces From Faces 来建立某一异形导流风罩的壳单元，如图 4-196 所示。

在建立热模型中，主要是针对模型厚度比较薄，形状不规则的几何体，建立其薄壳单元模型，然后将其导入 ANSYS Icepak 中，导入的薄壳没有厚度尺寸，但是可使用 ANSYS Icepak 提供的薄壳模型对其输入真实的厚度信息。

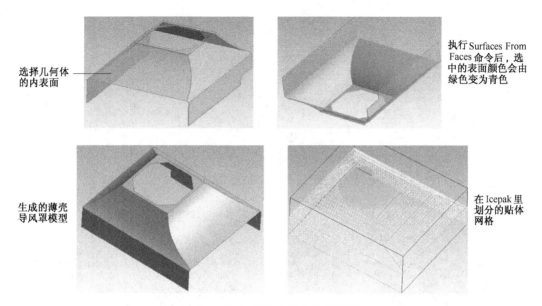

图 4-196　薄壳单元的应用实例

4. Fill（填充命令）

通过 Tools→Fill 来执行填充命令。ANSYS Icepak 液冷散热模拟主要使用 Fill 来填充冷板中液体的流道，得到液体的实体几何模型。

以某冷板为例，具体操作如下。

（1）使用 Concept→Surfaces From Edges，然后在 Details View 面板中，选择进出口的多个边（选择的边需要闭合形成一个面），单击 Generate，DM 会自动生成面，将整个流体空间封闭，如图 4-197 所示。

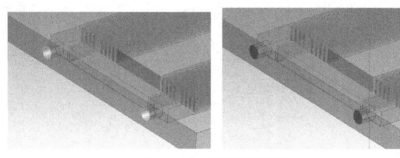

图 4-197　密封腔体的操作

（2）单击 Tools→Fill，在弹出的 Details View 面板中，在 Extraction Type 中单击选择 By Caps，表示使用能封闭腔体的多个体和面；在 Target Bodies 中选择模型树下 3 个体（进出口两个面、冷板体），单击 Apply、Generate，DM 会自动将冷板中液体的体积部分进行填充抽取，如图 4-198 所示。

也可以在 Extraction Type 中选择 By Cavity，表示通过选择能封闭腔体空间的表面，抽取实体模型；选择相应的表面，单击 Generate，即可生成相应的实体，如图 4-199 所示。

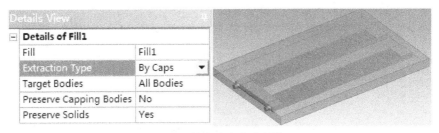

图 4-198　抽取填充体的操作(一)

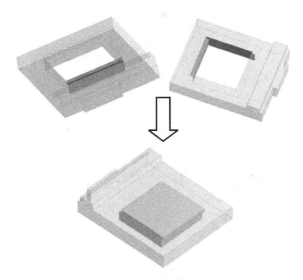

图 4-199　抽取填充体的操作(二)

4.4.3　ANSYS SCDM 模型修复命令

1. ANSYS SCDM 简介

ANSYS SCDM 是 ANSYS SpaceClaim Drient Modeler 的简称,其建模技术是一种动态建模技术,即无论对于何种来源的模型都可以直接编辑,不需要考虑模型的历史,不受参数化设计中复杂关联的约束,快速捕捉灵感,可以随意编辑实体模型而不用考虑坐标原点,为 CAE 模拟分析提供干净、准确的三维几何,其易用性好、上手方便、修复模型快速便捷。

ANSYS SCDM 的视图界面如图 4-200 所示,其与其他主流的 CAD 软件有良好的接口(见图 4-201),可以读入各种主流 CAD 软件的几何文件。

2. ANSYS SCDM 常用修复命令

与 DM 相比较,ANSYS SCDM 可以很容易对读入的 CAD 几何模型进行修复操作。针对 ANSYS Icepak 对 CAD 模型的要求,本节主要讲解 SCDM 中常用的修复命令。对于 ANSYS Icepak 来说,ANSYS SCDM 可以实现导入模型缺失面的修补、切割边/面;去除倒角、删除几何体、生成流体区域、测量等功能。常用的修复功能如下。

1) 选择命令

选择命令可以在三维模式下选择顶点、边、轴、表面、曲面、实体和部件。在二维模式中,可以选择点和线。此外,还可以使用此工具来更改已知对象或推断对象的属性。

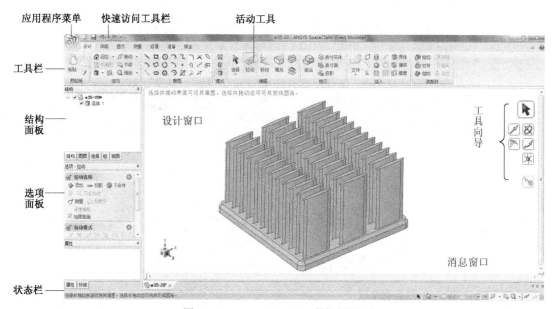

图 4-200 ANSYS SCDM 的视图界面

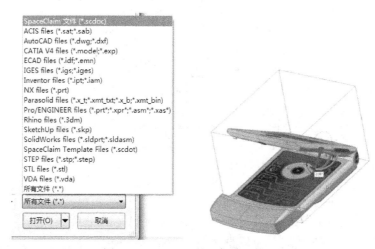

图 4-201 SCDM 的几何读入接口

2) 拉动命令

使用拉动工具可以偏置、拉伸、旋转、扫掠、拔模和过渡表面与实体,以及将边角转化为圆角或倒直角。在 ANSYS Icepak 中,可以用于填补面与面之间的小缝隙,将两面进行相贴,如图 4-202 所示。选中圆柱的内径表面,选择拉动命令,即可进行内径的重新修改,输入相应的尺寸,即表示拉动的距离。

另外,在电子产品中,如芯片与散热器之间,经常需要涂抹导热垫,那么在原始的 CAD 几何模型中,会有小尺度的间隙存在;可以使用 SCDM 提供的拉伸命令,将间隙抹平,然后在 ANSYS Icepak 中,使用 Plate 来建立相应的接触热阻,如图 4-203 所示。

3) 移动命令

使用移动工具可以移动任意单个的表面、曲面、实体或部件。如果选择一个完整实体或曲面,则可以对其进行旋转。

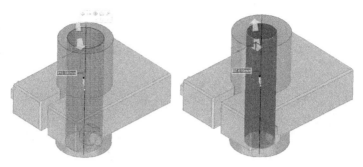

图 4-202 SCDM 的拉伸操作(一)

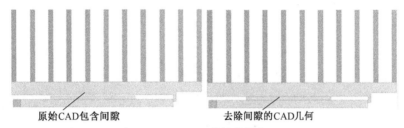

图 4-203 SCDM 的拉伸操作(二)

4）填充命令

使用填充工具可以使用周围的曲面或实体填充所选区域。填充可以"缝合"几何的许多切口特征,如倒直角和圆角、旋转切除、凸起、凹陷等。填充命令可删除完整 CAD 模型的小特征(如倒角、凸凹特征、内嵌的密闭小空隙等),因此在对导入的 CAD 模型进行修复时,填充命令使用的非常频繁,应用最广。

(1) 单选填充:单击选择命令(见图 4-204),然后选择安装孔的内表面;在选择面板下,单击"选择",然后选择"孔等于或小于 2.25mm",表示将 2.25mm 以下的小孔全部选中。

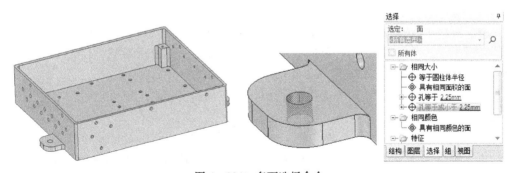

图 4-204 多面选择命令

被选中后的面或者特征如图 4-205 所示(可以看出,多个安装孔被选择),单击填充命令,SCDM 会迅速将选择的安装孔特征全部删除。

也可以选择相应的倒角,然后在结构面板中单击"选择",选择相同面积或者相同半径的倒角特征,单击填充命令,即可去除选中的倒角特征。

(2) 框选填充:单击选择命令,按住 Shift 键,然后使用鼠标左键框选需要去除的特征或者几何体,被选中的面或体会呈现被选中的状态,单击填充,即去除选中的面或体,如图 4-206 所示。

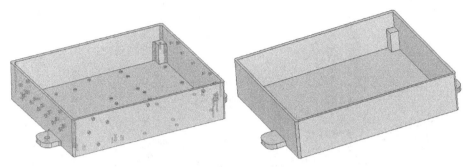

图 4-205 SCDM 的填充操作(一)

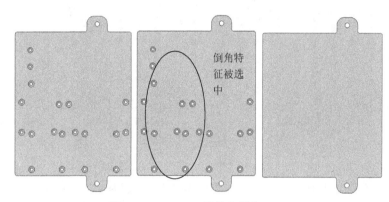

图 4-206 SCDM 的填充操作(二)

5) 组合命令

使用组合工具可以合并实体及曲面;选择组合命令,单击第一个实体或曲面,然后按下 Ctrl 键同时单击其他实体或曲面,完成合并操作;也可以先选择需要合并实体的任何特征(如面、线等),然后单击组合命令,即可将所选择的实体进行合并。

6) 切割命令

选择切割命令,然后选择需要被切割的实体几何,选择切割使用的面,被选择的面会出现割切器的图标，然后单击左键,可以使用所选的面对几何体进行切割;可将异形的整体几何进行切割,以便得到适合 ANSYS Icepak 热分析的几何体。

如图 4-207 所示,使用壳体的底部内表面作为切割面,对整个壳体进行切割,切割后,底部将与整个实体分开。

7) 建立平面

单击选择命令,然后在模型中选择相应的多个边或面,单击建立平面的命令,即可建立一个基准面(见图 4-208),该面可当作切割工具,对实体进行切割;也可以作为基准面,进行几何体的草图绘制;建立的平面可以使用移动命令进行相应的偏离。

8) 质量

单击图标可测量几何体的信息,如表面积、质心、质量、体积等,如图 4-209 所示。

9) 测量

单击图标可测量面的周长、面积;测量面与面之间的距离、两面夹角、总面积、总周长等;测量边与边之间的距离、夹角、总长等;测量点与点之间的距离,如图 4-210 所示。

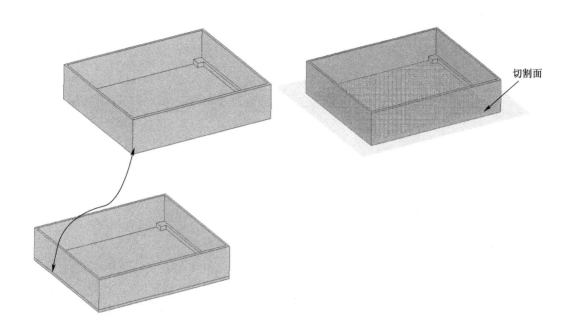

图 4-207 SCDM 的切割操作

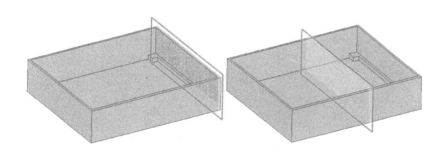

图 4-208 SCDM 中建立基准面操作

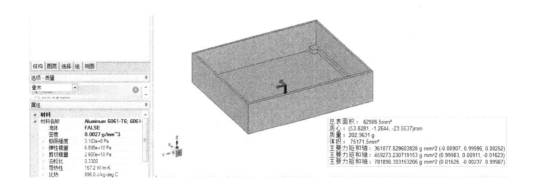

图 4-209 SCDM 的质量命令

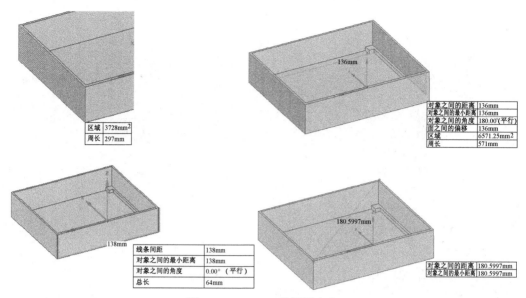

图 4-210 SCDM 的测量命令

10）修补缺失面 ![缺失的表面]

在读入 CAD 中间格式的几何模型时，有时会出现局部面丢失的情况。单击修补缺失面的命令，SCDM 会自动寻找缺失的表面，并以红色线框表示丢失面的位置，使用鼠标左键，单击封闭的红色线框边界，即可修补此面，如图 4-211 所示。

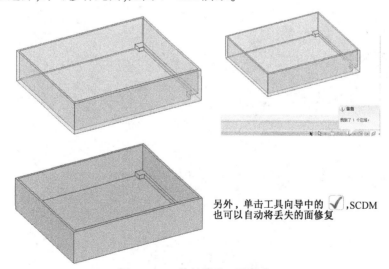

图 4-211 修补缺失面的操作

11）体积抽取 ![体积抽取]

体积抽取命令类似于 DM 中的 Fill 功能，对于 ANSYS Icepak 而言，主要抽取机箱中的空气区域（主要用于真空环境、太空环境下的电子机箱散热模拟，需要考虑内部空气的导热）；另外，也可用来抽取冷板中的流体体积。

（1）抽取机箱内空气区域：单击选择命令，然后选择图 4-212 中顶部的 4 条边，然后单击体积抽取命令，单击工具向导中的 ✓，SCDM 会自动抽取空气的区域。在选择边时，必须保证边可以与实体密闭，密闭的空间才能提取相应的体积。

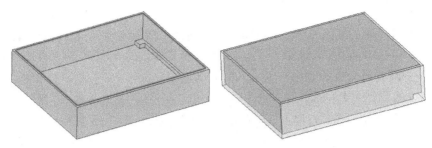

图 4-212　SCDM 的体积抽取操作(一)

(2) 抽取冷板中流体的体积:单击选择命令,选择冷板的进出口的边,所选的边会呈现紫色,如图 4-213 所示,然后单击体积抽取命令,单击工具向导中的 ✓,SCDM 会自动抽取冷板内流体的体积区域。

同样,所选择的边务必与实体形成密闭的空间,使用体积抽取命令,可快速得到冷板中的实体几何。

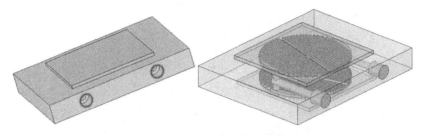

图 4-213　SCDM 的体积抽取操作(二)

ANSYS SCDM 18.1 主菜单栏增加了 Workbench 菜单,内嵌了便捷的转化工具,可以快速将 SCDM 修复的 CAD 模型转化为 ANSYS Icepak 热模型,相应的接口命令后续进行详细讲解。

4.4.4　CAD 模型导入 ANSYS Icepak 命令

前面章节主要讲解了如何将复杂 CAD 模型进行修复,以得到干净的、适合 ANSYS Icepak 热分析的 CAD 模型。在本节中,主要讲解如何将干净的 CAD 模型导入 ANSYS Icepak。

首先,工程师需要将 CAD 模型读入 DM,在 4.4.1 节中,已经做了详细的讲解,此处不再论述。针对电子散热的特点,ANSYS 在 DM 中开发了 Electronics 工具栏,方便用户将 CAD 模型转化,以便将其导入 ANSYS Icepak。通过单击 DM 主菜单栏中的 Tools→Electronics,可打开转化工具栏菜单,如图 4-124 所示。

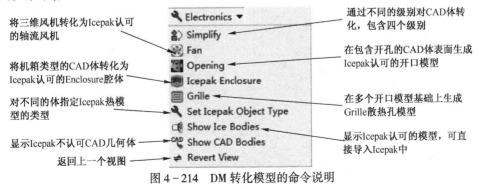

图 4-214　DM 转化模型的命令说明

1. Simplify

Simplify 可以将三维的 CAD 体进行转化,可同时对多个体进行相同级别的转化;Simplify 主要通过使用 Level 0、Level 1、Level 2、Level 3 这 4 种不同的转化级别,将 CAD 体进行转化。

注意:并非所有的几何均需进行 Simplify,只需要对 ANSYS Icepak 不认可的异形的 CAD 几何体进行转化。ANSYS Icepak 认可的几何体包括:立方体、多边形棱柱、圆柱体,即这些规则的几何体,无须经过 Simplify,即可自动导入 ANSYS Icepak,而其他异形的实体需要 Simplify 才可以导入 ANSYS Icepak。

如图 4-215 所示,可以在 Simplification Type 栏中单击下拉菜单,选择不同的转化级别;在 Select Bodies 中选择需要转化的几何体,可选择单个或多个体,一起进行 Simplify 转化。

Details View

Details of Simplify1	
Simplify	Simplify1
Simplification Type	Level 2
Selection Filter	Selected Bodies
Select Bodies	1
Points On Arc [1-100]	3
Length Threshold %	20
Enforce Axis	Automatic
Cleanup During Simplification?	No
Split During Simplification?	Yes
Create Primitives?	Yes

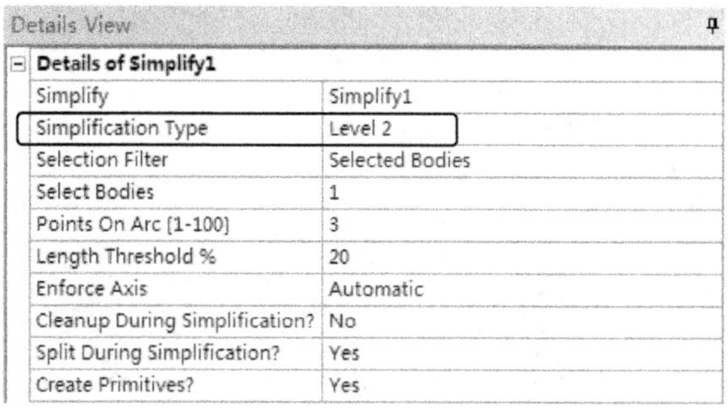

图 4-215 DM 转化模型命令的面板

(1) Level 0:0 级将三维的 CAD 体转化成 ANSYS Icepak 认可的立方体 Block,所有的 CAD 几何特征均消除,方体尺寸等于三维异形 CAD 体 X、Y、Z 3 个方向的最大尺寸。

Level 0 可以将不规则芯片的倒角、PCB 上的安装孔等特征进行删除,得到干净简洁的几何体,如图 4-216 所示。

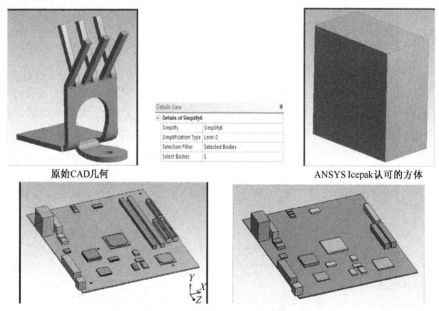

图 4-216 Level 0 转化操作

(2) Level 1:1 级使用 ANSYS Icepak 认可的立方体和圆柱体对 CAD 几何体进行重新构建,CAD 几何体的内表面和几何细节决定 ANSYS Icepak 的单个立方体或圆柱的尺寸,去除部分小特征,如图 4-217 所示。

图 4-217　Level 1 转化操作

(3) Level 2:2 级使用 ANSYS Icepak 认可的多边形 Block、方体 Block 及圆柱体 Block 构建 CAD 实体,DM 会自动将 CAD 体中的多边形特征转化为 ANSYS Icepak 的多边形几何体,如图 4-218 所示。

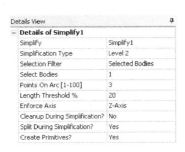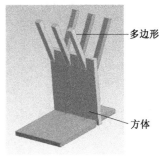

图 4-218　Level 2 转化操作

在 Level 2 的 Details View 中,Points On Arc[1-100]表示多边形单个弧线上的点数,点数不允许超过 100;Length Threshold % 表示弧线长度的临界值,默认 20,是指如果某弧线长度小于最大弧长的 20%,小尺寸弧线将被忽略,此小弧线上将不存在构成多边形的点,即用一斜面来代替弧线。Enforce Axis 表示输入多边形的轴,选择 Z 轴,表示多边形处于 $X-Y$ 面上。

Level 2 转化案例 1:原始模型 4 个角有小尺寸的弧线(见图 4-219)。

A 结果:在弧线上设置的点数为 5,Enforce Axis 设置为 Z 轴;Length Threshold % 中输入的数为 20,由于 4 个角上的弧线均小于最大尺寸弧线长度的 20%,则 A 的转化结果忽略了 4 个角的弧线,对其他 4 个大的弧线均设置了 5 个点。

B 结果:与 A 相比,B 在 Points On Arc[1-100]中输入了 3,其他不变;在 B 的结果中,4 个大弧线的边上设置了 3 个点,其他与 A 结果相同。

C 结果:与 B 相比,C 将 Length Threshold % 中的 20 改为 5,即将弧线长度小于最大弧长 5% 的小弧线去掉,由于 4 个角的弧线长度大于最大弧长的 5%,因此 4 个角的弧线将显示多个点。与 B 的结果相比较,其在 4 个角的弧线上,设置了 3 个点(加上弧线两端的点,共 5 个点),其他与 B 相类似。A、B、C 3 种转化结果均为多边形体。

Level 2 转化案例 2(见图 4-220)。

Points On Arc[1-100]中输入的点数越多,那么 CAD 几何体转化的 ANSYS Icepak 多边形形状就越真实,但是点数多,导致点与点之间的尺寸很小,那么在 ANSYS Icepak 中划分的网格数目会比较多。

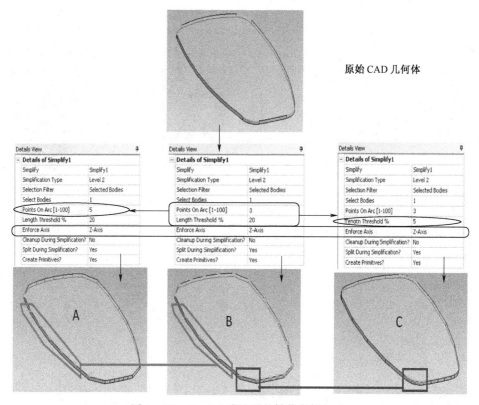

图 4-219　Level 2 多边形的转化实例（一）

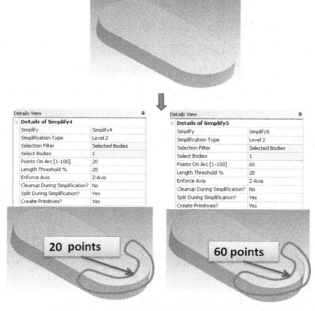

图 4-220　Level 2 多边形的转化实例（二）

（4）Level 3：3 级是直接将 CAD 的异形几何体转化成 ANSYS Icepak 认可的 CAD 类型实体。ANSYS Icepak 的 CAD 类型实体与真实的几何体完全贴合，在转化过程中，对实体面的质量可选择五种不同的级别，包括 Very Coarse、Coarse、Medium、Fine、Very Fine，如图 4-221 所示。

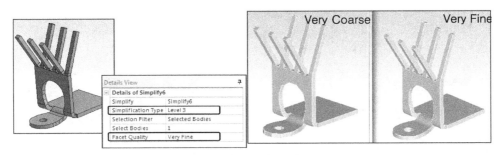

图 4-221　Level 3 的转化操作

如果 CAD 模型不能利用切割、修复、填充等命令进行处理,而且 CAD 几何体是不规则的异形形状(见图 4-222),则建议使用 Level 3 进行转化,将异形 CAD 体转化成 ANSYS Icepak 的 CAD 体。ANSYS Icepak 中的 CAD 体一方面不能对其形状尺寸进行编辑,另一方面必须使用 Mesher-HD 的网格类型对其划分网格,划分的网格数量较大。切记不可以将规则的几何体、多边形体使用 Level 3 进行转化,它们可以直接导入 ANSYS Icepak。

图 4-222　无法切割的异形几何

(5) Simplify 4 种转化级别的比较(见表 4-3)。

表 4-3　Simplify 4 种转化级别的比较

转化级别	描　　述
Level 0	删除所有特征,简化成一方块
Level 1	删除部分特征,使用 ANSYS Icepak 认可的圆柱体或立方体进行构建 CAD 几何
Level 2	与 Level 1 类似,删除部分小特征,使用圆柱、立方体、多边形构建 CAD 几何体
Level 3	完整保留 CAD 的所有特征,但是导入 ANSYS Icepak 后的体是 CAD 类型的 Block,须使用 Mesher-HD 划分网格,网格数量较多,可对异形 Block 或者 Plate 进行转化

Simplify 的转化原则:当 CAD 几何读入 DM 后,不需要对所有的体进行 Simplify,CAD 几何中的方块、圆柱、多边形几何,是可以直接进入 ANSYS Icepak;而异形的几何体则可以使用 Level 2 进行转化;如果使用 Level 2 转化的几何体不能保持原始 CAD 的形状,则可以使用 Level 3 将异形的 CAD 体进行 Simplify,在转化过程中,建议在 Facet Quality 中选择 Very Fine,可保证弧线、弧面的光滑。

完成所有选择后,切记单击 Generate,完成 Simplify 的操作命令,其实例比较如图 4-223 所示。

2. Fan 的转化

Fan 的转化可以将三维的轴流风机模型转化成 ANSYS Icepak 认可的三维风机。在 Body to Extract Fan Data 处,选择需要转化的风机几何体,在 Hub/Casing Faces 中输入风机转轴 Hub/进风口的半径,随后单击 Generate 即可完成风机的转化。

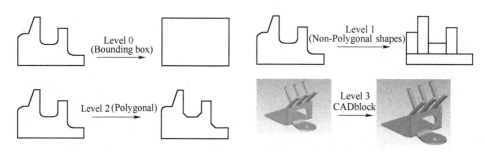

图 4-223　4 种 Simplify 转化实例比较

当完成风机转化后，DM 视图中的风机几何形状不发生任何变化，但是导入 ANSYS Icepak 后，风机将显示成 ANSYS Icepak 认可的风机模型，如图 4-224 所示。

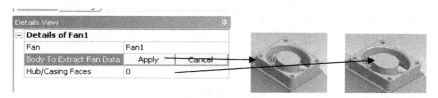

图 4-224　轴流风机的转化

3. Opening(开口) 和 Grille(散热孔)

（1）Opening 可创建 ANSYS Icepak 认可的开口。单击此命令，然后选择 CAD 体包含开口的面，也可以同时选择多个面，单击 Generate，即可生成开口模型。同一面生成的多个开口，会自动作为 DM 模型树下的几何；导入 ANSYS Icepak 后，模型树下会出现多个开口组成的 Assembly 装配体，如图 4-225 所示。

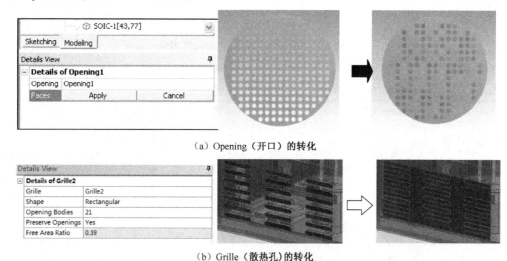

(a) Opening（开口）的转化

(b) Grille（散热孔）的转化

图 4-225　开口和散热孔命令面板

（2）Grille 可创建 ANSYS Icepak 认可的 Grille(散热孔)模型。在 Opening(开口)模型的基础上，使用 Grille 命令，可以将开口集合转化为散热孔热模型。单击 Grille 命令，出现如图 4-225(b)所示的面板，单击 Shape 选择 Grille 的形状，在 Opening Bodies 中选择建立的开口装配体，或者框选多个 Opening(开口)，Free Area Ratio 将显示出 DM 自动计算的 Grille 开孔率，单击 Generate，完成散热孔(Grille)的建立。

由于建立了 Grille(散热孔)热模型,那么原有的 Opening 将不再需要导入 ANSYS Icepak。在模型树下选择开口模型,单击右键,选择 Suppress Body,将相应的开口模型抑制;或者在如图 4-225(b)所示的命令面板中,选择 Preserve Openings 为 No,转化 Grille 后开口模型会被自动抑制。

4. Icepak Enclosure

Icepak Enclosure 可以将立方体的方腔,如机箱、机柜,自动转化成 ANSYS Icepak 认可的 Enclosure。单击此命令,选择方腔几何体,单击 Generate,完成 Enclosure 的转化。在转化过程中,会忽略原始模型上的所有小尺寸特征,如图 4-226 所示。

图 4-226 腔体(Enclosure)的转化

5. Set Icepak Object Type

Set Icepak Object Type 主要对转化后的几何体设置成 ANSYS Icepak 的不同模型对象,如可以将 DM 模型树下的 Block,直接设置为 ANSYS Icepak 认可的 PCB 模型,如图 4-227 所示。

图 4-227 将 Blcok 设置为 PCB 类型

在 DM 中,单击此命令,选择模型中多边形的 Block,单击 Apply;在 Icepak Object Type 中选择 PCB,DM 模型树下的 Block 类型将转化成 ANSYS Icepak 的 PCB 类型;导入 ANSYS Icepak 后此 Block 将变成 PCB 的对象模型。

不同的 CAD 几何形状,可以设置的 ANSYS Icepak 对象模型也不同(见图 4-228),具体可参考表 4-4 所示。

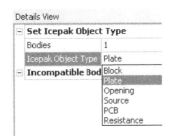

图 4-228 设置 ANSYS Icepak 的不同类型

表 4-4 不同几何体对应的 ANSYS Icepak 模型对象

几何形状	ANSYS Icepak 对象模型
方形面、圆形面、倾斜面、多边形面	Opening、Source、Plate、Wall
立方体	Source, Block, Resistance, PCB
多边形	Block, Resistance, PCB
圆柱体	Source, Block, Resistance
ANSYS Icepak 的 CAD 三维实体	Block
ANSYS Icepak 的 CAD 三维面	Plate

6. Show Ice Bodies

Show Ice Bodies 仅仅显示 ANSYS Icepak 认可的体,即可以直接导入 ANSYS Icepak 的体。这部分几何体主要是立方体、圆柱体、多边形体、方形面、圆形面、倾斜面、二维多边形面。切记不需要对这类几何体做任何的 Simplify 转化。

7. Show CAD Bodies

Show CAD Bodies 显示不能直接导入 ANSYS Icepak 的 CAD 体;需要使用 Level 2 或者 Level 3 进行 Simplify 转化。

8. Revert View

Revert View 转化到前一个视图,如导入模型后,先单击了 Show Ice Bodies,然后 DM 视图中仅仅出现 ANSYS Icepak 认可的几何体,接着单击 Revert View,则将返回到前一步的视图中,DM 中出现导入的所有 CAD 几何模型。

9. 自动识别

自动识别三维 CAD 几何模型中的立方体、圆柱体、多边形体在 DM 中将被自动转化成 Block 块的类型;而方形面、圆形面、倾斜面、二维多边形面,则自动被转化成 Plate 板的类型,如图 4-229~图 4-231 所示。

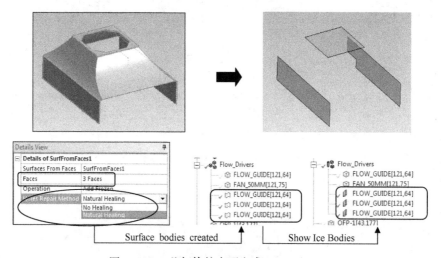

图 4-229 几何体的表面生成 Plate 面(一)

ANSYS Icepak 认可的 Plate 板模型可以使用 DM 中的 Concept→Surfaces Form Faces 或 Surfaces Form Edges 来建立。例如,选择某导流板的 3 个内表面(3 个面不相连);在 Details View 面板的 Holes Repair Method 中选择 Natural Healing,即自然修复;随即会生成三个表面 Surface;通过单击 Show Ice Bodies,模型树下的三个 Surface 随即变成 ANSYS Icepak 认可的 Plate 类型。

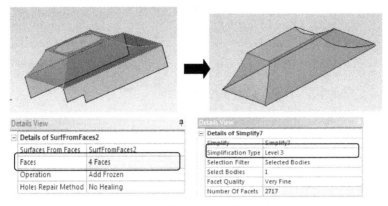

图 4-230 几何体的表面生成异形的 Plate 面

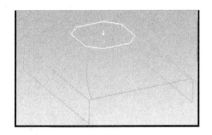 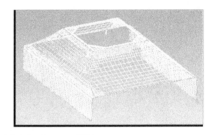

图 4-231 几何体的表面生成 Plate 面(二)

对于异形的薄面,也可以通过 Concept→Surfaces Form Faces 来建立。例如,选择四个弧线的内表面(四个面相连接),单击 Apply、Generate,即可建立由四个 Faces 组成的 Surface 薄面。由于薄面体的形状不规则,因此必须使用 Simplify 中的 Level 3 来对其进行转化,在 Level 3 的 Face Quality 中选择 Very Fine,保持弧面的光滑度。

对于薄壳体的 Plate 模型,ANSYS Icepak 可以使用很少的网格数量对其进行划分,得到贴体的网格,如图 4-231 所示。

10. CAD 模型转化小技巧

(1) 尽可能使用面或者边建立薄壳体。

(2) 如果需要模拟 CAD 体中多个小孔的流动散热,可首先使用 Tools→Electronics→Opening,建立小孔的 Opening 模型,然后将包含小孔的体转化成整个 Plate 或者 Block。注意,在建立 Plate 或者 Block 时,需要在 Details View→Holes Repair Method 中选择 Natural Healing(自然修补),以忽略 CAD 体上的小孔。

(3) 不可以在 Surface 表面上使用 Opening 命令建立开口;但是可通过 Concept 或 Surfaces From Edges 命令,选择开口包含的边,建立 Surface 表面;然后使用 Show Ice Bodies 操作,此 Surface 面将变成 ANSYS Icepak 认可的 Plate;最后使用 Set Icepak Object Type 命令将此 Plate 类型修改为 ANSYS Icepak 的开口。

11. CAD 数据导入

通过上述步骤,将 CAD 体进行转化,然后在 ANSYS Workbench 平台下,拖动 DM 单元至 ANSYS Icepak 单元的 Setup,即可实现 CAD 模型的完整导入,如图 4-232 所示。

(1) 如果对 DM 中的模型进行了修改,可以单击 ANSYS Icepak 单元中 Setup 右侧的更新符号,直接进行更新或替换;或者打开 ANSYS Icepak 软件,单击 ANSYS Icepak 快捷工具栏中的更新符号,也可以更新导入的模型;另外,也可以直接单击 File→Refresh Input Data 进行模型的更新,如图 4-233 所示。

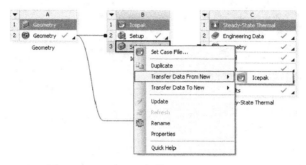

图 4-232　CAD 几何体导入 ANSYS Icepak

(2) 单击更新后,ANSYS Icepak 会提示更新的选项,其中 Update model 表示仅仅更新 DM 中修改的模型,其他模型保持不变;Replace model 表示使用 DM 中新的数据来替换现有的 ANSYS Icepak 热模型,如图 4-234 所示。

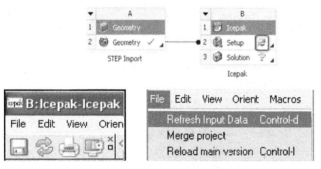

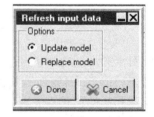

图 4-233　导入 ANSYS Icepak 中几何模型的更新命令　　　图 4-234　Refresh input data 选项

(3) 更新 Refresh Input Data 案例。

① 如图 4-235 所示的案例,首先将 DM 模型导入 ANSYS Icepak,在 ANSYS Icepak 中输入散热器、芯片等器件的属性参数,同时在 ANSYS Icepak 中建立 Grille、风扇等几何体。

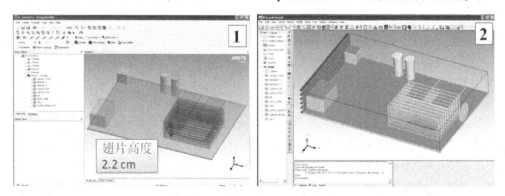

图 4-235　导入 CAD 几何模型

② 其次,在 DM 中,修改了散热器的高度,将其由 2.2cm 降低为 1.8cm,单击 ANSYS Icepak 中的 Refresh 按钮,选择 Update model、Done;ANSYS Icepak 将仅修改散热器的高度,而其他器件的形状、大小、属性均不改变,如图 4-236 所示。

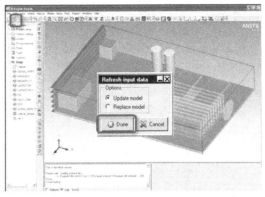

图 4-236 更新导入的 CAD 数据

(4) 如果选择 Replace model,那么现有的 ANSYS Icepak 模型将被 DM 中新的几何模型替换,替换后的 ANSYS Icepak 中仅仅包含新的 1.8cm 散热器及 PCB 其他器件,而建立的 Grille、风扇均被去除,同时,散热器的材料、芯片热耗也需要重新建立输入。

4.4.5 CAD 模型导入 ANSYS Icepak 步骤、原则

将修复后的干净 CAD 模型读入 DM 后,可按照以下步骤进行操作。

(1) DM 中读入 CAD 几何体后,单击 Electronics→Show Ice Bodies,查看模型中可以直接读入 ANSYS Icepak 的几何体(多边形、方体、圆柱体),这些几何可直接导入 ANSYS Icepak,不需要做任何修改。

(2) 单击 Electronics→Show CAD Bodies,DM 显示 ANSYS Icepak 不认可的几何体,如果这类异形的几何体具有多边形的外框,那么可以使用 Electronics→Simplify 中的 Level 2 进行转化,得到与原始 CAD 类似的多边形几何体。

(3) 对于 CAD 中不能通过 Level 2 进行转化的异形几何体,可使用 Electronics→Simplify 中的 Level 3 进行转化;对于异形的导风罩、导流板等几何体,先使用 DM 工具建立其薄壳单元,然后同样使用 Simplify 中的 Level 3 进行转化。

(4) 如果模型中有风机,使用 Electronics→Fan,将风机转化为 ANSYS Icepak 的风机模型。

(5) 如果模型中有开口,使用 Electronics→Opening,对有缺口的面创建相应的 Opening 开口,生成开口后,再使用 Level 0 将原始的包含多个缺口的体进行转化,转化过程中会忽略去除多个缺口,将其转化为一个方体。

(6) 重新单击 Electronics→Show CAD Bodies,如果 DM 的视图区域中不显示任何 CAD 几何体,即表示所有的模型均可以导入 ANSYS Icepak。

(7) 然后进入 ANSYS Workbench 的项目视图中,拖动 Geometry(DM)至 ANSYS Icepak 的 Setup,双击 ANSYS Icepak 中的 Setup,即实现 CAD 几何数据导入 ANSYS Icepak,如图 4-237 所示。

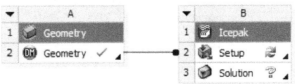

图 4-237 CAD 几何数据导入 ANSYS Icepak

4.4.6　ANSYS Icepak 自带的 CAD 接口

ANSYS Icepak 除可以通过 DM 将 CAD 模型导入外,还可以通过自身的 CAD 接口将模型导入,导入的 CAD 格式为 IGES、Step。此方法导入时,可以将 CAD 模型的 Surface(表面)、Curve(线框)、Points(多点)等导入 ANSYS Icepak。

如果仅仅导入简单的 CAD 体或者单个器件模型,此方法是可以使用的;如果导入的 CAD 模型较多,那么导入后的线框等特征比较杂乱,不容易进行特征的选择,因此,在导入复杂 CAD 几何体时,建议使用 DM 将模型导入转化,然后读入 ANSYS Icepak。

ANSYS Icepak 自带的 CAD 接口导入的步骤如下。

(1) 单击 ANSYS Icepak 的主菜单 Model→CAD data,打开 CAD 接口,如图 4-238 所示。

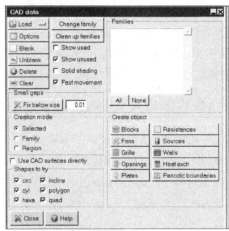
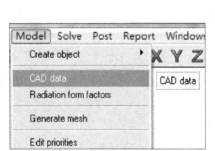

图 4-238　ANSYS Icepak 自带的 CAD 数据接口

(2) 单击图 4-238 面板中的 Options,打开如图 4-239 所示的面板,Max volume change 表示转化过程中多边形体积的最大改变量,Max polygon points 表示多边形的最大点数;Minimum feature size 中的 Value 表示小于此尺寸的几何体特征将被去除。

(3) 在图 4-239 中,Select CAD geometry types 表示导入几何体的特征;Allow non-uniform shapes 表示允许导入上下不均匀的几何特征,如锥形的几何体;Autoscale cabinet 表示自动缩放 Cabinet,将 Cabinet 缩放至几何模型的大小。

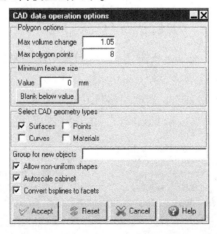

图 4-239　ANSYS Icepak 自带 CAD 接口的选项

（4）单击图4-238面板中的Load→IGES/Step files，打开文件选择浏览面板，选择CAD的几何模型（必须是IGES/Step的中间格式），在Files of type下选择Load加载CAD体的不同特征，单击Open，即可将模型导入，如图4-240所示。

（5）选择CAD data面板（见图4-238）中的Create object，单击相应的ANSYS Icepak类型（见图4-241），左键框选CAD几何体的边框、表面，然后单击鼠标中键，完成相应ANSYS Icepak模型的创建。模型树下会出现相应的ANSYS Icepak原始几何体，可以对ANSYS Icepak模型进行尺寸信息的编辑。在转化过程中，软件会去除CAD几何体的部分特征。

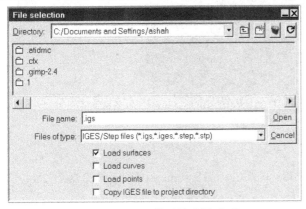

图4-240　CAD模型的选择、加载

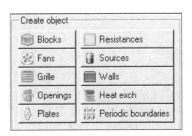

图4-241　ANSYS Icepak的类型

此种方法建立ANSYS Icepak几何模型可通过3种不同的选择方式操作（见图4-242）。

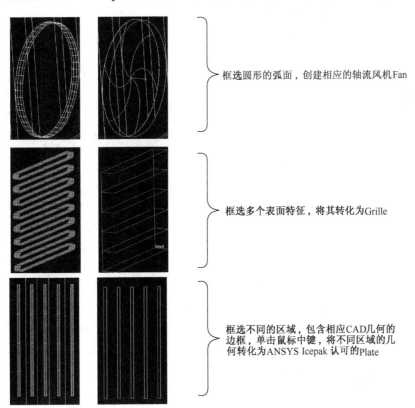

图4-242　生成ANSYS Icepak模型的3种方法

(6) 对于复杂的 CAD 几何模型,其形状与模拟计算的结果息息相关,因此如果要准确模拟电子散热的流动及传热,必须保持 CAD 体的原始几何。首先通过 ANSYS Icepak 自带的 CAD 接口,将 CAD 原始几何体导入 ANSYS Icepak,如图 4-243 所示。

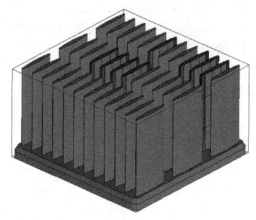

图 4-243 导入 ANSYS Icepak 的异形散热器

(7) 选择 CAD data 面板(见图 4-238)下的 Use CAD surfaces directly(见图 4-244),然后单击 Create object 下的 Blocks。

(8) 使用鼠标左键框选 CAD 异形几何体,导入的 CAD 体颜色将变成灰色,单击鼠标中键,即可将异形的 CAD 几何体转化成 ANSYS Icepak 认可的 CAD 几何体,如图 4-245 所示。

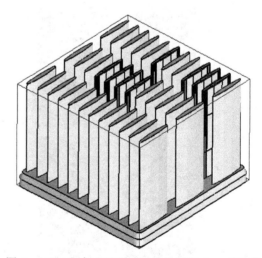

图 4-244 将异形 CAD 几何进行转化　　图 4-245 生成 ANSYS Icepak 认可的 CAD 几何体

(9) 在 ANSYS Icepak 的模型树下,即可出现相应的异形 CAD 模型,如图 4-246 所示;双击此模型,可打开其编辑窗口,在属性中输入其相应的材料属性等;但是不可对此类模型的几何面板进行编辑。此种方法导入的结果和 DM 中使用 Level 3 转化导入的结果相同。

注意:如果要建立异形的 Source 模型(经常用于建立连接器电流的输入输出端热模型,用于计算焦耳热),一方面可以通过 ANSYS Icepak 自带的接口来建立,另一方面可以通过 DM 或者 SCDM 建立异形的 Source 热模型。

第 4 章　ANSYS Icepak 热仿真建模

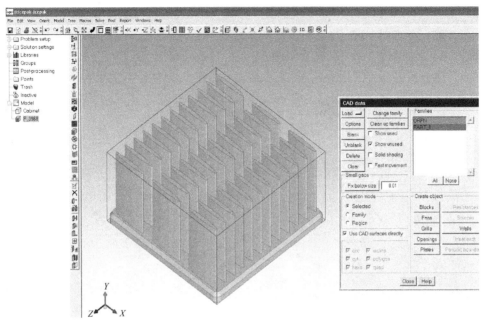

图 4-246　生成 ANSYS Icepak 认可的 CAD 几何体

4.4.7　ANSYS SCDM 与 ANSYS Icepak 的接口

ANSYS SCDM 18.0 以上的版本,可以直接将修复后的 CAD 模型转化为 ANSYS Icepak 的热模型,转化后的热模型可以通过以下两种方式建立 ANSYS Icepak 项目,完成热模型的建立。

(1) 在 ANSYS SCDM 中完成 CAD 模型转化后,单击主菜单文件→另存为,在保存类型中选择"Icepak 项目(*.icepakmodel)",然后在相应的工作目录下建立新文件夹,并对其进行命名(如 A0);然后在 A0 文件夹下单击保存,即可将 CAD 模型转化为项目名称为 A0 的 Icepak 模型,如图 4-247 所示。

注意:此步骤需要自行建立 Icepak 项目的文件夹,并对其进行命名。

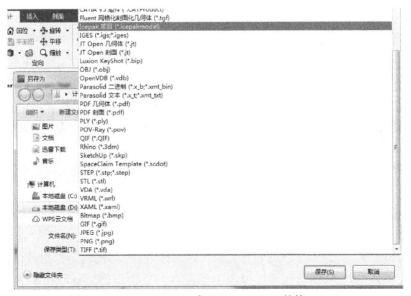

图 4-247　ANSYS SCDM 与 ANSYS Icepak 的接口(一)

（2）在 ANSYS WB 平台下建立 Geometry 单元，然后双击 Geometry 单元（A2）启动 ANSYS SCDM，在 ANSYS SCDM 中将 CAD 模型修复并进行转化，然后选择 Geometry 单元（A2），单击右键，选择 Transfer Data To New，选择 Icepak，建立 Icepak 单元，如图 4-248 所示，修复转化后的模型会自动进入 Icepak，双击 Icepak 单元的 Setup，完成 CAD 模型的导入。

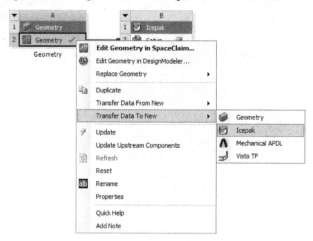

图 4-248　ANSYS SCDM 与 ANSYS Icepak 的接口（二）

ANSYS SCDM 新增的 CAD 模型转化命令面板如图 4-249 所示，单击主菜单栏中的 Workbench，通过识别对象、显示（仿真主体、非仿真主体、所有主体）、仿真简化、开口、风扇、格子可以将修复后的 CAD 模型转化。

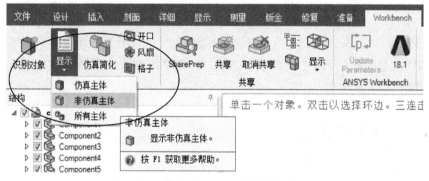

图 4-249　ANSYS SCDM 的模型转化命令

（1）识别对象：单击此命令，ANSYS SCDM 会直接检查模型中能够被 Icepak 识别的模型（在视图区域将以红色实体显示），单击视图区域左上角的绿色勾选✓，将其直接转化成 Icepak 热模型（模型树下模型的图标会由 CAD 类型转成 Icepak 类型），如图 4-250 所示；此类模型主要是圆柱体、长方体、无弧线的多边形，即此类形状的几何模型可通过识别对象直接转换为 Icepak 热模型。

注意：务必保证所有的模型都直接位于模型树下（越往下器件的优先级越高），即模型树下没有子模型树，另外需要保证模型的名称为英文或数字。

在图 4-250 识别对象的面板中，勾选隐藏仿真主体，可将转化后的模型进行隐藏；如果某些被找到的主体无须转换，单击视图区域左上角工具向导面板的排除问题命令（带叉号的箭头），然后选中无须转化的主体，排除即可。

第 4 章　ANSYS Icepak 热仿真建模

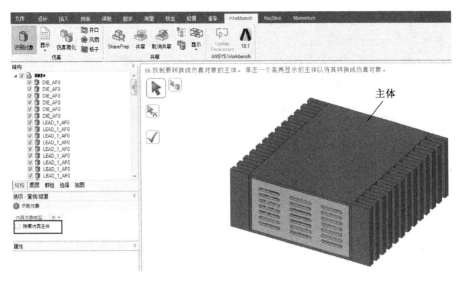

图 4-250　识别对象转化

如果需要将模型转换成不同的 Icepak 对象类型（默认为 Block），单击视图区域左上角工具向导面板的选择主体命令（带实体的箭头），在选项面板中单击下拉菜单，如图 4-251 所示，更改仿真对象类型，然后在视图区域中选择需要更改的模型，单击视图区域左上角的绿色勾选，即可完成热模型类型的更改。

（2）显示命令：如图 4-249 所示，用于显示模型中 ANSYS Icepak 热模型和 CAD 体热模型。单击显示→仿真主体，视图区域仅仅显示 Icepak 认可的模型；单击显示→非仿真主体，视图区域显示 Icepak 不认可的模型；单击显示→所有主体，视图区域将显示模型树下的所有模型。

（3）仿真简化命令：此命令用于将 Icepak 不认可的模型进行转化。单击此命令后，在左侧出现简化类型面板，仿真简化命令包含四种转化级别（与 DM 的 Simplfiy 类似），分别是级别 0、级别 1、级别 2、级别 3。

① 级别 0：将 CAD 模型按照本身各个方向的最大尺寸进行转化，转化后的模型为一个方块，如图 4-252 所示。

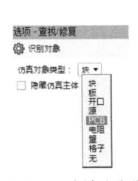

图 4-251　识别对象选项面板

图 4-252　级别 0 的转化选项及示例

② 级别1：用于将模型拟合转换成长方体或者圆柱体（圆锥、环形圆柱），如图4-253所示。勾选级别1选项下的清理，SCDM会移除倒圆角等细节特征，从而便于识别模型的基本形状；勾选允许分割，可在条件允许的情况下将一个主体模型分割成多个简化的形状，勾选随机选择颜色，分割后创建的模型对象将被随机分配颜色。级别1转化示例如图4-254所示。

图4-253 级别1的转化选项　　　　　图4-254 级别1转化示例

③ 级别2：用于使用多边形的几何轮廓（几何体可以沿着轮廓进行拉伸）来拟合原始CAD模型，如果有需要，SCDM会根据规则将原始模型分割成多个多边形，其转化面板如图4-255所示，其中加强轴主要是选择多边形的拉伸方向，单击自动，SCDM会根据简化规则自动选择轴；单击 X 轴，表示沿着 X 轴方向定义多边形；单击 Y 轴，表示沿着 Y 轴方向定义多边形；单击 Z 轴，表示沿着 Z 轴方向定义多边形，如图4-256所示。

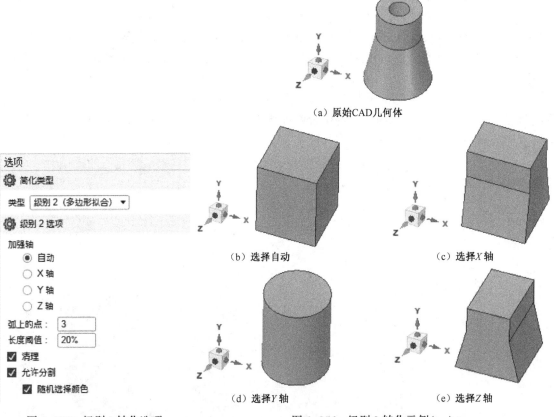

图4-255 级别2转化选项　　　　　图4-256 级别2转化示例（一）

在图 4-255 中，弧上的点表示弧线上内部点（两头的端点除外）的个数，默认为 3，长度阈值用于过滤小尺寸的弧线特征（将其转化为直线斜边），如果一个弧线的长度大于几何体最大边长与长度阈值百分比的乘积，SCDM 则会在其弧线上设置多个点来拟合弧线的形状轮廓；否则，该弧线会被转化为一条直线斜边。勾选级别选项下的清理，SCDM 会移除倒圆角等细节特征，从而便于识别模型的基本形状；勾选允许分割，可在条件允许的情况下将一个主体模型分割成多个简化的形状，勾选随机选择颜色，分割后创建的模型对象将被随机分配颜色。

在图 4-255 中，弧上的点设置为 3，长度阈值设置为 20%，那么小弧线的长度小于原始 CAD 模型最长边的 1/5，那么执行级别 2 转化后，小弧线将被忽略，弧面直接转换为斜面，而大弧线上均匀布置了三个点；如果长度阈值设置为 10%（或者更小），那么小弧线、大弧线的长度均大于原始 CAD 模型最长边的 1/10，那么执行级别 2 转化后，小弧线、大弧线上均布置了三个点（平均分配），如图 4-257 所示。

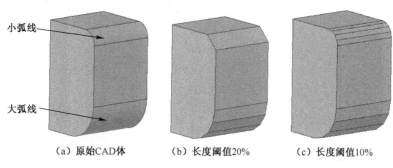

图 4-257　级别 2 转化示例（二）

④ 级别 3：主要用于将复杂异形的 CAD 体转化为 Icepak 热模型（CAD 类型）。如果原始 CAD 体通过级别 0、级别 1、级别 2 转化后都不能保持原有的形状，那么可以选择级别 3 进行转化，级别 3 转化选项如图 4-258 所示，刻面质量用于控制转化后 Icepak 热模型表面的精细程度，拖动滚动条可以改变热模型刻面质量的多少（向右拖动滚动条，那么刻面质量将增多，热模型表面更光滑），如图 4-259 所示。

图 4-258　级别 3 转化选项

（4）开口命令：单击此命令，然后使用鼠标选择包含缺口、开口的表面，SCDM 会自动在缺口的区域建立 ANSYS Icepak 认可的 Opening 模型，并罗列在模型树下，如图 4-260 所示。

（5）风扇命令：单击风扇命令，然后使用鼠标左键依次选择风机的进风口弧面、Hub 轴弧面，然后单击视图区域左上角的绿色勾选 ✓，SCDM 会将原始的 CAD 模型转换为 Icepak 认可的风机模型，如图 4-261 所示。

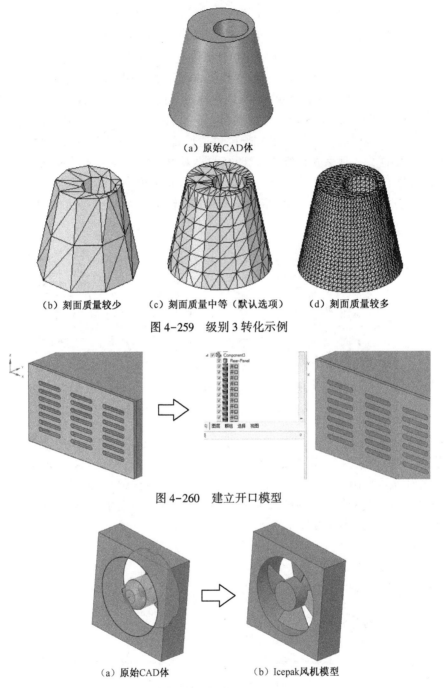

(a) 原始CAD体

(b) 刻面质量较少　　(c) 刻面质量中等（默认选项）　　(d) 刻面质量较多

图 4-259　级别 3 转化示例

图 4-260　建立开口模型

(a) 原始CAD体　　　　(b) Icepak风机模型

图 4-261　风机模型的转化

(6) 格子命令：用于将建立的开口模型转换为 Icepak 认可的 Grille 模型。单击格子命令，然后在格子类型中选择正确的形状，用鼠标左键在视图区域中框选开口，单击视图区域左上角的绿色勾选✓，完成 Grille 模型的转化；如果在选项中勾选了保留开口，那么被选择的开口模型将仍然保留在模型树下，如果不勾选保留开口，那么被选择的 Opening 模型将会被删除，建议不勾选保留开口。单击模型树下的 Grille 模型，在其属性面板中，SCDM 会自动计算 Grille 的开孔率（自由区域比例），如图 4-262 所示。

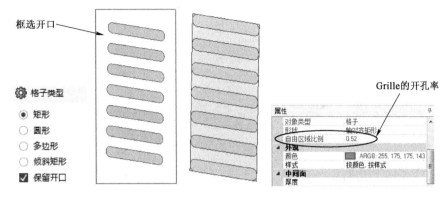

图 4-262 Grille 模型的转化

4.5 CAD 几何模型导入 ANSYS Icepak 实例

ANSYS Icepak 18.0 建议用户通过 DM 将 CAD 几何导入 ANSYS Icepak。如前所述,在模型读入前,工程师需要对 CAD 模型进行修复,删除小尺寸倒角(不影响散热)、螺钉、螺母、安装孔等几何特征。下面以一个电子机箱的 CAD 模型(见图 4-263)为例,讲解如何使用 DM 将模型导入 ANSYS Icepak。

(1) 启动 ANSYS Workbench,双击工具栏中的 Gemoetry,建立 DM 单元 A;双击工具栏中的 ANSYS Icepak,建立 ANSYS Icepak 单元 B,如图 4-264 所示。

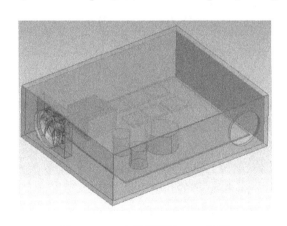

图 4-263 电子机箱的 CAD 模型

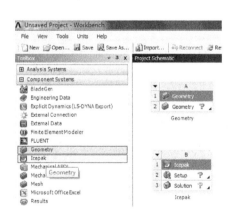

图 4-264 建立 DM 和 ANSYS Icepak 单元

(2) CAD 模型读入 DM:双击 A2→Geometry,便可启动 DM,通过 File→Import External Geometry File,浏览选择相应的 CAD 文件(在线资源中 4.5 文件夹内的 power-sys.stp),单击打开,如图 4-265 所示。

(3) 右键单击模型树下 Import2→Generate,便可以将 CAD 模型读入 DM;或者直接单击工具栏中的 Generate,模型树下显示包含的 14 个几何对象,如图 4-266 所示。

注意:DM 中的任何操作,经过 Generate,可以将闪电符号 变为打勾符号 ,打勾表示执行命令完成。

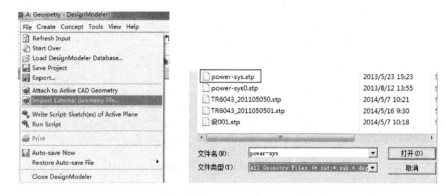

图 4-265 选择需要读入的 CAD 几何体

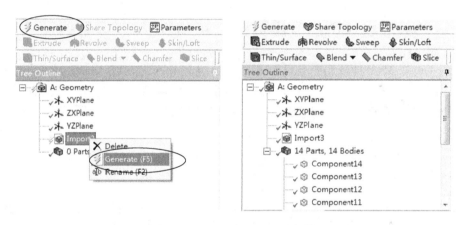

图 4-266 DM 读入 CAD 几何体

（4）DM 中 Tools→Electronics 命令，是 ANSYS 专门给 ANSYS Icepak 提供的数据导入转化接口。当 DM 读入 CAD 模型后，可先点 Show Ice Bodies，DM 便可显示模型中 ANSYS Icepak 本身认可的模型，一般类似圆柱、立方体、多边形棱柱，ANSYS Icepak 都是可以识别的，可以直接导入 ANSYS Icepak，不需要进行专门的转化操作。

如图 4-267 所示，此机箱中，散热器为多边形体、电容为圆柱体、大小芯片及 PCB 属于方块。单击 Show Ice Bodies 命令后，模型树下 ANSYS Icepak 认可的几何将由 ⬚ 变为 ⬚。

（5）单击 Tools→Electronics→Set Icepak Object Type，将模型中 PCB 的类型由 Block 指定为 PCB 的类型，如图 4-268 和图 4-269 所示。

选择 DM 视图区域中的 PCB 模型，其颜色会变为黄色，单击 Bodies 中的 Apply，PCB 的颜色将变为青色。在 Icepak Object Type 中单击下拉菜单，将 Block 改为 PCB，即可将模型转为 PCB 的类型。

（6）单击 Tools→Electronics→Show CAD Bodies 可以显示 ANSYS Icepak 不认可的异形几何体（见图 4-270），这些几何体需要转化 Simplify；此模型中机箱外壳、轴流风机都需要进行转化。

（7）单击 Tools→Electronics→Fan 可以将模型中风机转为 ANSYS Icepak 认可的风机（见图 4-271）。

第4章　ANSYS Icepak 热仿真建模

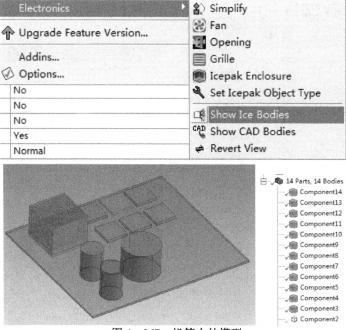

图4-267　机箱内的模型

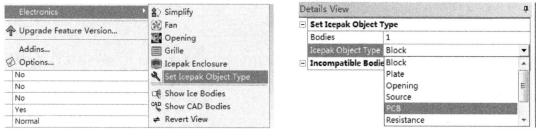

图4-268　设置PCB几何体类型(一)

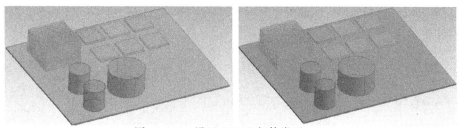

图4-269　设置PCB几何体类型(二)

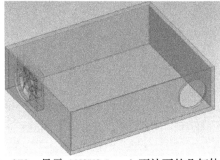

图4-270　显示ANSYS Icepak不认可的几何体(一)

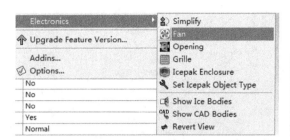
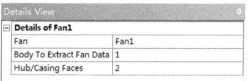

图 4-271 轴流风机的转化(一)

在 Details View 中,在 Body To Extract Fan Data 中选择风机,视图区域中风机会变成青色,在 Hub/Casing Faces 中选择风机 Hub 和 Case 的半径面,单击 Generate,即可将风机进行转化。在 Fan 的 Details View 面板中,DM 会统计出风机 3 个方向的长、宽、高尺寸;另外也可以统计风机的进风口直径和 Hub 直径,Flow Direction 表示风机的风向,如图 4-272 所示。

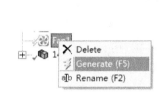

图 4-272 轴流风机的转化(二)

CAD 体的风机经过 Simplify 后,在 DM 的视图区域中,仍然会显示真实的 CAD 体,但是在 ANSYS Icepak 里将显示 ANSYS Icepak 原始的风机,可以针对其几何、属性输入相应的信息。通过单击 Tools→Electronics→Show Ice Bodies,DM 将会显示风机及其他规则的几何体 (见图 4-273),包括芯片、电容、散热器、PCB 等。

(8) 单击 Tools→Electronics→Show CAD Bodies,DM 将显示模型中 ANSYS Icepak 不认可的几何体(见图 4-274),可以发现,DM 将仅显示电子机箱外壳。对于机箱外壳,可使用多种方法进行转化。

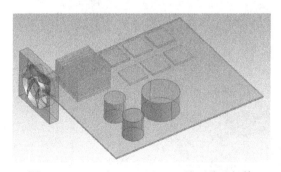
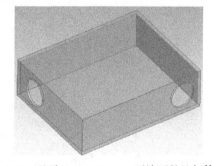

图 4-273 显示 ANSYS Icepak 认可的几何体　　图 4-274 显示 ANSYS Icepak 不认可的几何体(二)

① 方法 1:直接单击 Tools→Electronics→Simplify,在 Details View 的 Simplification Type 中选择 Level 3,选择 DM 视图区域中的机箱模型,在 Select Bodies 中单击 Apply,在 Facet Quality 中选择 Very Fine,保证进出风口的光滑,然后单击 Generate,完成模型的转化。此机箱模型转化为 CAD 类型的 Block(见图 4-275)。

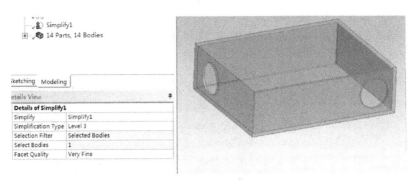

图 4-275 异形 CAD 体的转化

单击 Tools→Electronics→Show CAD Bodies,DM 的视图区域中将不出现任何 CAD 模型,表示所有的几何体均被 ANSYS Icepak 认可,模型可直接读入 ANSYS Icepak。

进入 ANSYS WB 的项目视图中,拖动 A2 至 B2,即可完成 CAD 模型的导入,双击 B2(Setup),可打开 ANSYS Icepak。所有的 CAD 模型均会出现在 ANSYS Icepak 模型树下,模型中此机箱外壳的 Block 为 CAD 类型的 ANSYS Icepak 模型,即不能对此 Block 的形状进行编辑,如图 4-276 所示。

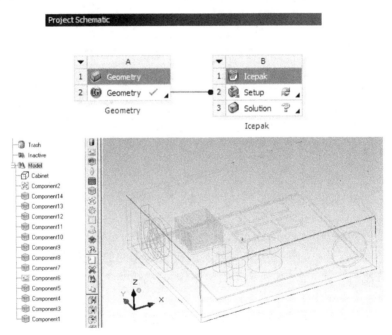

图 4-276 导入 ANSYS Icepak 的热分析模型

② 方法 2:先创建开口 Open,然后直接将机箱外壳通过 Simplify 进行转化。单击 Tools→Electronics→Opening,选择进出口所处的面,单击 Faces 中的 Apply,然后单击 Generate,DM 会自动在这两个面上生成开口 Open(见图 4-277)。

然后单击 Tools→Electronics→Simplify,在 Simplification Type 中选择 Level 1 或者 Level 2,然后选择 DM 视图中的机箱外壳,在 Select Bodies 中选择 Apply,单击 Generate,完成机箱的转化(见图 4-278)。

可以发现,DM 会自动将机箱进行切割(见图 4-279),将整体机箱切割成 6 个体,然后将机箱的进出口特征去除。在 ANSYS Icepak 中,可以对切割后的 Block 块进行尺寸大小的修改。模型树下器件的个数会相应增加,由 16 个块转变为 21 个块,DM 会自动将切割后的 6 个体组建成装配体。

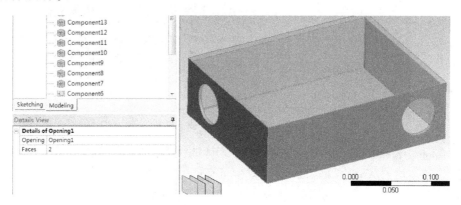

图 4-277 开口 Opening 的建立

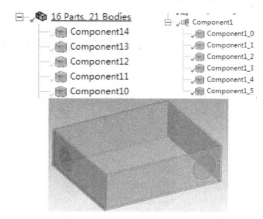

图 4-278 机箱的转化操作　　　　图 4-279 Simplify 自动切割后的机箱

在 ANSYS Icepak 中,Opening 优先级高于 Block,即 Open 和 Block 相贴或相接触,Open 会自动将 Block 打通,打通后的机箱壳体与原始的机箱是相同的。这种方法导入 ANSYS Icepak 后,其网格划分比前一种方法(将机箱作为整体导入,机箱类型为 CAD)更容易控制,而且网格数量少、质量高。

同样,与方法 1 类似,在 WB 平台下,拖动 A2 至 B2,即可完成 CAD 模型的导入。双击 B2 下的 Setup,即可打开导入后的 ANSYS Icepak 热模型,如图 4-280 所示。

③ 方法 3:与方法 2 类似,首先通过 Tools→Electronics→Opening,选择进出口的所处的面,建立进出口的几何体开口。

然后单击 Electronics→Icepak Enclosure,将整体机箱外壳转化为 ANSYS Icepak 认可的 Enclosure(见图 4-281)。

选择视图区域中的机箱模型,在 Details View 的 Select Bodies 中,单击 Apply;Boundary type 使用默认的设置(如果壳体厚度相对机箱比较薄,可以单击下拉菜单,将 Thick 改为 Thin 类型),单击 Generate,完成 Enclosures 的转化,如图 4-282 所示。

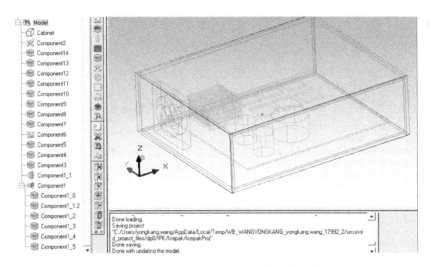

图 4-280 导入 ANSYS Icepak 的热分析模型

图 4-281 使用 Icepak Enclosure 转化机箱外壳　　　　图 4-282 Enclosure 转化操作

在模型树下,机箱外壳的模型将被转化为 Enclosure 的模型。在视图区域中,模型真实的机箱外壳将被去除进出口特征,CAD 的几何体将被转为一空腔 Enclosure 几何体,如图 4-283 所示。

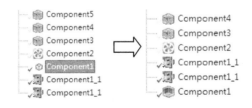

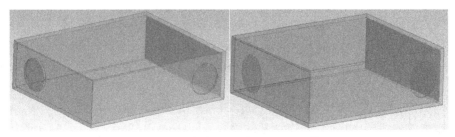

图 4-283 转化后的机箱 Enclosure 模型

同样,由于 Open 与 Enclosure,模型导入 ANSYS Icepak 后,Open 会自动将 Enclosure 打通,划分网格后,可以清楚地看出,Enclosure 机箱侧壁上有进出口的特征,如图 4-284 所示。

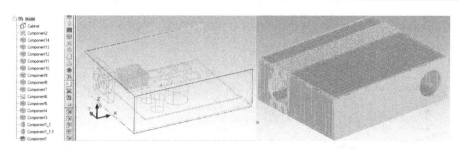

图 4-284　导入后的 ANSYS Icepak 热分析模型及机箱划分的网格

读者自行练习：

（1）使用 ANSYS SCDM 将本章的 CAD 机箱模型直接导入，然后使用 ANSYS SCDM→Workbench 菜单下的转化命令，将机箱 CAD 模型转化为 ANSYS Icepak 热模型；

（2）读者自行对转化后的热模型进行处理，包括计算区域大小的修改、边界条件的设定、各器件热耗及材料的输入、网格划分、求解计算设置、后处理显示等，完成本案例机箱的热流仿真计算。

4.6　电子设计软件 EDA 模型导入 ANSYS Icepak

ANSYS Icepak 作为一款专业的电子热分析软件，与常用的 EDA 软件如 Cadence、Mentor、Zuken、Altium Designer 等有良好的接口。

一方面，ANSYS Icepak 可以将 EDA 软件输出的 PCB 几何模型 IDF 文件导入（EDA 软件设计的 PCB 视图是二维的，但是 EDA 中包含库信息，因此输出的 IDF 文件包含 PCB 的尺寸及各芯片器件的尺寸信息。EDA 输出的 IDF 文件格式为 Emn/emp 或者 Bdf/Ldf）；IDF 文件中包含的模型比较多，如电阻/电容等器件，建议工程师先在 EDA 中做局部简化，删除尺寸较小、热耗较小的器件，只保留对流场有影响、热耗较大的器件。另外，ANSYS Icepak 在导入 IDF 模型的过程中，可以对小特征模型做"过滤"，忽略小尺寸器件。

另一方面，由于 PCB 是多层铜箔和 FR4 组成的复合材料，其导热率呈现各向异性、局部区域不同的特性，因此使用 ANSYS Icepak 进行板级或系统级热仿真时，建议将 EDA 软件设计的 PCB 布线 Trace 铜箔和 Vias 过孔信息文件导入，以便 ANSYS Icepak 计算 PCB 真实的导热率。

4.6.1　EDA-IDF 几何模型导入

IDF 文件是 EDA 软件输出的 PCB 几何模型文件，包含两个文件：一个是 Board（板）文件，文件后缀是 .emn 或者 .bdf；另一个是 Library（库）文件，文件后缀是 .emp 或 .ldf。

其具体的导入过程如下。

（1）单独启动 ANSYS Icepak，单击主菜单 File→Import→IDF File，可以打开导入 IDF 模型的接口面板，在 Board file 浏览加载 bdf 或 Emn 文件（Library file→Ldf 或 Emp 会自动读入），可以在 Trace(.brd) 中输入 Cadence 设计的 Brd 布线过孔文件，单击 Next；也可以导入模型后，再进行布线 Brd 文件的导入，如图 4-285 所示。

通过浏览，选择相应目录下的 bdf 或 emn 文件，单击 Next（见图 4-286）。

（2）单击 Next，弹出如图 4-287 所示的面板：可以选择 PCB 所处的面、PCB 形状，最小尺寸设定等。

（3）当弹出如图 4-288 所示界面时，可对 PCB 的模型进行过滤，在 Size filter 中输入尺寸，可将小于此尺寸的器件忽略；选择 Power filter，可将小于此热耗的器件忽略；勾选 Filter Capacitors,表示忽略(不导入)PCB 上的电容器件;勾选 Filter Resistors,表示忽略(不导入)PCB 上的电阻器件;勾选 Filter Inductors,表示忽略(不导入)PCB 上的电感器件。

选择 Filter by components,其中 Import all components 表示导入所有器件;Import selected components 表示导入选择的器件,单击 Choose 可以选择需要导入的器件。

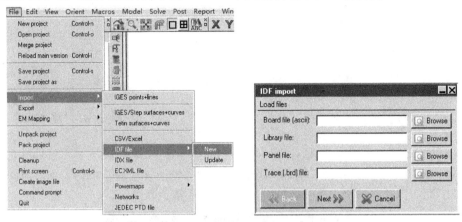

图 4-285　ANSYS Icepak 导入 IDF 接口(一)

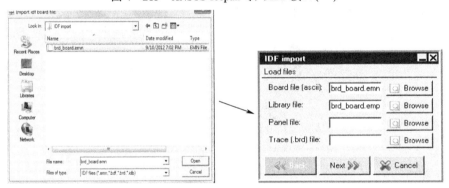

图 4-286　ANSYS Icepak 导入 IDF 接口(二)

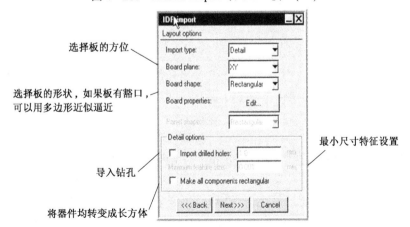

图 4-287　导入 IDF 的选项(一)

(4) 单击图 4-288 中的 Choose,出现 Component selection(器件选择)面板,在 Available components 中选择需要导入的器件,单击 Add,Selected components 中将出现选择的器件名称,单击 Apply,如图 4-289 所示,单击 Next。

图 4-288 导入 IDF 的选项(二)

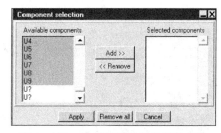
图 4-289 选择需要导入的器件名称

(5) 在图 4-290 的面板下,选择 Model all components as,默认将所有器件热源的类型设置为 3d blocks,即芯片热源均为三维 Block;Cutoff height for modeling components as 3d blocks 中默认为 IDF 文件内器件的最大高度;这两个输入参数通常不修改。

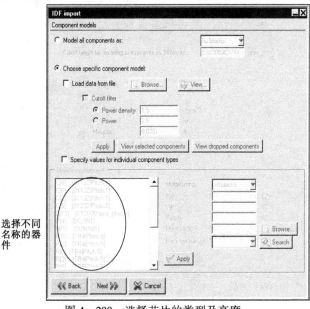
图 4-290 选择芯片的类型及高度

(6) 在图 4-290 中,如果单击选择 Choose specific component model,可通过相应的设置,指定 PCB 不同器件为不同的 ANSYS Icepak 类型。

Load data from file 中可以将热源的名字、热耗、热阻编写为 txt 文本,通过 Browse 加载,ANSYS Icepak 可自动将热耗、热阻输入;Cutoff filter 中可以"忽略"小于此数值的器件(可选热流密度、热耗、最小尺寸);View selected components 查看选择的器件;选择 Specify values for individual component types,选择不同的器件,然后指定器件的类型、热耗;如果选择热阻模型,可输入 R_{jc}、R_{jb}、Power 等;另外 Library path 浏览查找器件库的目录;Search 将库中的信息与同名称的器件进行匹配输入;单击 Apply,单击 Next,弹出图 4-291 的面板。

(7) 在图 4-291 中单击 Finish,完成导入过程,即可在 ANSYS Icepak 图框中出现导入的电路板和器件模型。Naming conventions 主要对器件进行命名;Monitor points 可对不同的器件设置监控点;Points report 生成监控点的报告;选择 Purge Inactive Objects 可将导入过程中忽略的器件放置于 ANSYS Icepak 的 Inactive 模型树下。导入 IDF 文件后的模型如图 4-292 所示。

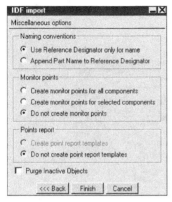

图 4-291　IDF 导入过程的选择

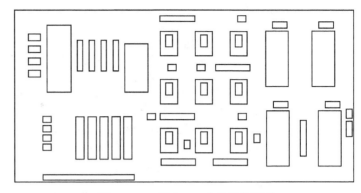

图 4-292　导入 IDF 文件后的模型

4.6.2　EDA 电路布线过孔信息导入

由于 PCB 是 FR-4 和铜箔层组成的复合材料,根据铜层布置位置的不同及过孔布局的不同,会导致整个 PCB 呈现出局部区域各向异性的导热率,因此进行 PCB 级热分析时,建议导入 EDA 设计的 PCB 布线和过孔信息,以便正确反映 PCB 的导热率。

ANSYS Icepak 导入 PCB 布线过孔的步骤如下。

(1) 首先建立 PCB 几何模型:第 1 种方法为直接建立一个 Block 或者 PCB 的模型,相应的形状可以是方块、圆柱体、多边形体等;第 2 种方法是通过 4.6.1 节中的 IDF 导入,建立 PCB 及芯片器件的模型。导入的 PCB 几何模型中,PCB 的名字通常为 Board-outline.1。

(2) 在模型树下双击 PCB 几何模型,打开其编辑窗口,然后在 Geometry→ECAD Geometry →Import ECAD File,单击 Choose type,然后选择不同 ECAD 软件输出的布线文件,打开导入布线的接口,在导入接口中,Reposition 下拉菜单中 Object to trace 表示 PCB 布线过孔的坐标不变,PCB 几何模型去追踪布线过孔的坐标,Trace to object 表示 PCB 几何模型坐标不变,布线过孔去追踪 PCB 的坐标,Resize object 表示重新缩放修改 PCB 的几何尺寸,Min trace width 是对布线尺寸的过滤,小于此数值尺寸的布线将不能导入 PCB 中;单击 Import,即可完成布线过孔的导入,如图 4-293 所示。导入的布线过孔并不参与 CFD 的网格划分,ANSYS Icepak 用其独特的计算方法,计算得到 PCB 的各向异性导热率。另外,在图 4-293 中,Model trace heating 用于对电路板里面布线进行焦耳热计算,勾选 Move trace with object 表示导入的布线过孔信息可以随着 PCB 的移动而移动;Resize object with trace thickness 表示 PCB 的厚度尺寸可以随着布线 trace 厚度的修改而修改。

如图 4-294 所示,在 Board layer and via information 面板中,Layers 表示布线的信息,其中 M 表示铜箔层的信息;Thickness 表示铜箔或 FR-4 的厚度;Vias 表示过孔的信息;Diameter 表示过孔的直径;From layer 和 To layer 表示过孔连接的层。取消 Visible 的勾选,表示不显示某层或者过孔的信息;取消 Layers 面板中的 Active 勾选,表示抑制某层布线,此布线将不参与 PCB 的热流计算;修改 Layer 下铜箔层或 FR-4 的厚度,PCB 的实际厚度也进行相应修改。

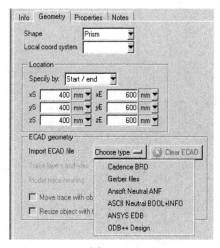

图 4-293 ANSYS Icepak 的 EDA 布线接口

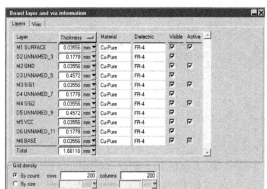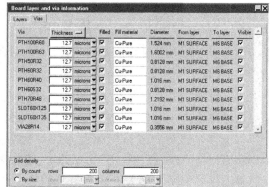

图 4-294 布线的铜层和过孔信息

(3) 如果需要打开布线过孔信息面板,可以单击 Geometry→ECAD geometry 中的 Trace layers and vias 后的 Edit,如图 4-295 所示。

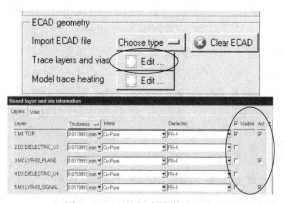

图 4-295 编辑布线信息面板

(4) 图 4-296 中显示的是某层铜箔的布线,以及 ANSYS Icepak 计算的导热率;可以发现,布线面积较大的区域,导热率比较大;过孔密集的区域,导热率也比较大;相反,如果 PCB 上既无布线又无过孔,那么此区域的材料为 FR-4,导热率为 $0.35\text{W/m}\cdot\text{K}$。

另外,与其他电子热分析软件不同,ANSYS Icepak 可以将 PCB 中布线过孔信息按照真实的位置进行布局,从图4-296中可以看出,铜箔布线和过孔的分布是真实的三维空间布置;从导热率的计算结果可以看出,ANSYS Icepak可以将PCB最真实的导热率计算出来,大大提高了PCB级热模拟或系统机箱热模拟的精度。

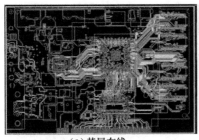

(a) 某层布线　　　　　　　　(b) ANSYS Icepak 计算某层的导热率

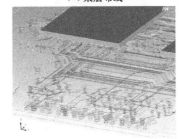

(c) 布线过孔的三维布显示　　　　(d) 各层铜箔的导热率

图4-296　PCB布线及各向异性导热率

(5) 在模型树下选择PCB模型,单击右键,出现下拉菜单,其中布线Traces的显示方式共有3种,Off表示关闭布线的显示,Single color表示单一颜色显示,Color by trace表示根据Trace的颜色进行显示,Color by layer表示分层来显示布线,如图4-297所示。

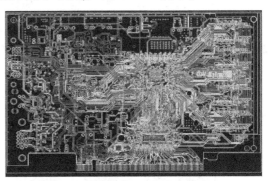

图4-297　布线是否显示的操作

另外,ANSYS Icepak导入PCB布线后,还可以进行PCB内某层铜箔的焦耳热计算。对于PCB布线焦耳热的计算,建议使用ANSYS SIwave来计算,其计算的精度高于ANSYS Icepak。读者可使用SIwave来模拟PCB内的不均匀焦耳热,然后通过ANSYS Icepak与ANSYS SIwave的数据接口,将不均匀焦耳热导入ANSYS Icepak。可参考第9章 ANSYS Icepak热仿真专题。

4.6.3　EDA封装芯片模型导入

除导入布线过孔的文件外,ANSYS Icepak也可以导入EDA软件设计的封装文件,ANSYS Icepak可以自动建立详细的金线、Die、焊球、Substrate基板布线等详细信息,得到芯片封装的详细热模型。

ANSYS Icepak 支持的 IC 封装模型文件为 XX.sip、XX.mcm,导入的器件包括:焊球、基板 Substrates(Trace 和过孔 Vias)、Wire bonds 金线、硅片 Die 的位置和尺寸等。

ANSYS Icepak 导入封装 EDA 模型的过程如下:

(1)在模型工具栏中,单击 Package,建立封装模型;在模型树下双击打开封装的编辑窗口;选择 Dimensions 面板下的 ECAD geometry,单击 Import ECAD file 后的 Choose type,然后选择封装的模型文件,如导入 sip、mcm 文件;ANSYS Icepak 会自动弹出 Package 基板的布线过孔信息,其中 Layers 表示铜层、Vias 表示过孔信息,如图 4-298 所示。

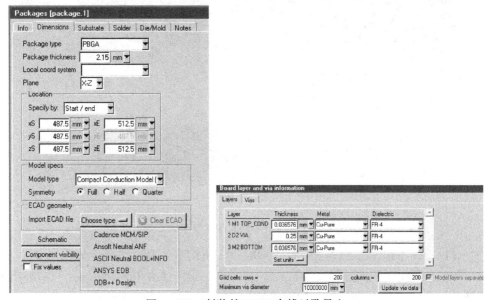

图 4-298 封装的 ECAD 布线过孔导入

(2)单击封装面板的 Solder(表示焊球信息)用户可修改焊球形状,可建立立方体的焊球,也可以建立圆柱体的焊球,ANSYS Icepak 使用等效方法将真实的焊球简化成立方体或圆柱体;用户可输入焊球的直径、高度等信息,单击 Schematic,可以查看相应的形状示意图,如图 4-299 所示。

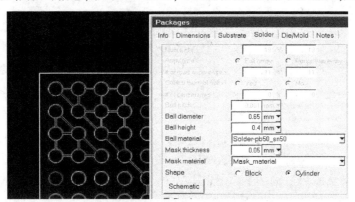

图 4-299 封装的焊球信息编辑

(3)在 Die/Mold 中,可看到 Die、金线、管壳 Mold 的信息。ANSYS Icepak 会自动将芯片封装中的金线等效简化成多边形的薄壳 Plate,如图 4-300 所示;可以查看修改 Die 的长、宽、高信息,可以输入 Die 的热耗等;如果封装包含多个 Die,也可以对多个 Die 的信息进行编辑修改。

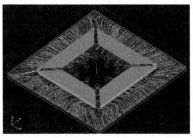
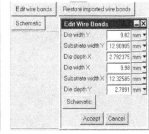

图 4-300 封装的金线编辑

(4) 导入布线过孔的芯片封装,经过 ANSYS Icepak 热仿真后,可以得到 IC 封装详细的热分布,如金线的温度分布、Die 的温度分布,即芯片 IC 的结温,基板的导热率等,如图 4-301 所示。

图 4-301 导入 EDA 布线后的封装及计算结果

另外,ANSYS Icepak 也可以导入 Package on Package(PoP)、Stacked Die Package 封装的 ECAD 文件模型。

对于芯片制造厂商来说,通常需要计算封装的热阻信息,如不同风速下的 R_{ja},封装自身的 R_{jb}、R_{jc} 等热阻信息。当建立了详细的芯片封装模型后,可以使用 ANSYS Icepak 内嵌的 JEDEC 标准测试模型(见图 4-302),将芯片放置于 JEDEC 的自然对流机箱内,计算零风速下的 R_{ja};将芯片放置于 JEDEC 的强迫风冷机箱内,可计算不同空气速度下的 R_{ja},如图 4-303 所示;芯片自身的热阻 R_{jb} 和 R_{jc} 也可以通过 ANSYS Icepak 进行计算,如图 4-304 所示。

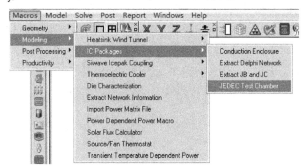

图 4-302 宏命令 Macros 内嵌预定义的 JEDEC 机箱模型

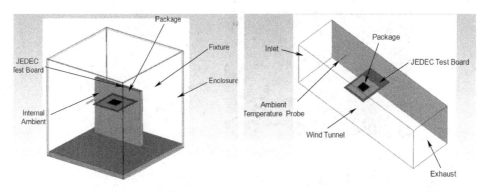

图 4-303 ANSYS Icepak 提供标准 JEDEC 的机箱模型(R_{ja})

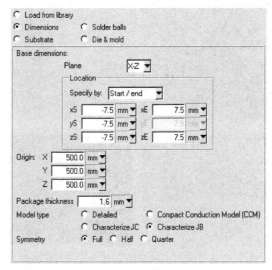

图 4-304 ANSYS Icepak 计算芯片热阻(R_{jb}、R_{jc})的模型

4.7 本 章 小 结

本章节详细地向读者讲解了 ANSYS Icepak 建模的 3 种方式：ANSYS Icepak 自建模、CAD 模型导入 ANSYS Icepak、EDA 模型导入 ANSYS Icepak；对每种建模方式中各种参数的选择、输入等面板，做了详细的讲解。同时，讲解了 CAD 模型的修复工具：ANSYS DM 和 SCDM，针对其中不同的命令，进行了详细的讲解。另外，编者针对不同的建模方式列举了相应的案例。建模是 ANSYS Icepak 进行热分析模拟的第一步，也是很关键的一步，因此需要读者掌握 ANSYS Icepak 各类对象模型的面板、参数的输入，掌握 ANSYS 提供 CAD 模型的修复工具，掌握 CAD 模型及 EDA 模型导入 ANSYS Icepak 的步骤。目前对电子产品进行热模拟建立时，通常将 3 种方式结合使用，以建立真实的电子热仿真模型。

第 5 章 ANSYS Icepak 网格划分

【内容提要】

本章将重点介绍 ANSYS Icepak 的网格划分功能,讲解 ANSYS Icepak 提供的网格类型、网格的显示检查、如何衡量网格质量的好坏;讲解 ANSYS Icepak 划分网格的优先级;讲解如何对 ANSYS Icepak 的热模型划分非连续性网格,以及非连续性网格划分的原则等;讲解如何划分 Mesher-HD 网格以及多级网格,同时列举了相应的多级网格案例;最后重点讲解了 ANSYS Icepak 网格划分的原则与技巧。

【学习重点】

- 掌握 ANSYS Icepak 网格划分控制面板;
- 掌握 ANSYS Icepak 网格的检查及相应的质量标准;
- 掌握 ANSYS Icepak 不同对象类型之间划分网格的优先级;
- 掌握 ANSYS Icepak 非连续性网格的处理方式;
- 掌握 ANSYS Icepak 多级网格的处理方式;
- 掌握 ANSYS Icepak 划分网格的原则、技巧。

5.1 ANSYS Icepak 网格控制面板

对创建的几何模型进行网格划分是 ANSYS Icepak 热仿真的第 2 步,网格质量的好坏直接决定了求解计算的精度及是否可以收敛。由于实际几何模型结构复杂,使用常规理论的解析方法得不到真实问题的解析解(A 变量沿 B 变量变化的真实曲线),因此需要对热仿真几何模型及所有的计算空间进行网格划分处理。一方面,ANSYS Icepak 将建立的三维热分析几何模型进行网格划分,得到与模型本身几何相贴体的网格;另一方面,ANSYS Icepak 会将计算区域内的流体空间进行网格划分,以便计算电子产品内部流体的流动特性及温度分布。

优质的网格可以保证 CFD 计算的精度,ANSYS Icepak 提供非结构化网格、结构化网格、Mesher-HD 网格(六面体占优)3 种网格类型;同时提供非连续性网格、Mesher-HD 专属的多级网格处理方式,3 种网格类型均可以进行局部加密。在 ANSYS Icepak 中,通常对模型进行混合网格划分,即局部区域使用不同的网格类型,如图 5-1 所示。

优秀的网格表现在以下几方面:①网格必须贴体,即划分的网格必须将模型本身的几何形状描述出来,以保证模型不失真;②可以对固体壁面附近的网格进行局部加密,因为任何变量在固体壁面附近的梯度都比较大,壁面附近网格由密到疏,才可以将不同变量的梯度进行合理的捕捉;③网格的各个质量标准满足 ANSYS Icepak 的要求。

通过单击快捷工具栏中划分网格的图标 ,可以打开网格控制面板;另外,通过主菜单 Model→Generate mesh,也可以打开网格控制面板,如图 5-2 所示。

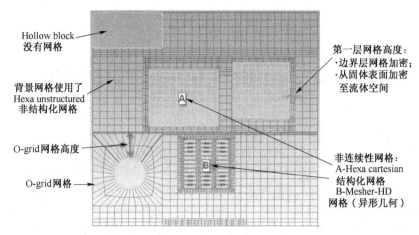

图 5-1 混合网格划分实例

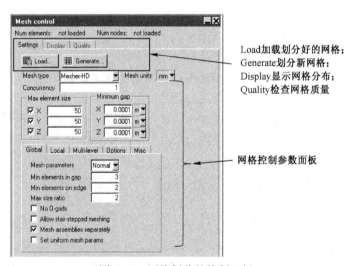

图 5-2 网格划分的控制面板

5.1.1 ANSYS Icepak 网格类型及控制

网格类型说明：ANSYS Icepak 提供 3 类网格，包括 Mesher-HD 六面体占优网格、Hexa unstructured 非结构化网格、Hexa cartesian 结构化网格；在网格控制面板中（见图 5-3），Num elements 表示划分的网格个数；Num nodes 表示划分的网格节点；Load 表示加载已经生成的网格；Generate 表示对模型进行网格划分；通过单击 Mesh type 的下拉菜单，选择合适的背景网格类型；Mesh units 表示网格尺寸的单位，Concurrency 的数值表示同时对几个非连续性网格进行划分，增大此数值，可以提高网格的划分速度。

（1）Mesher-HD：六面体占优网格，可以对 ANSYS Icepak 的原始几何体及导入的异形 CAD 体划分网格；如果选择 Mesher-HD，在网格控制面板下会出现 Multi-level 多级网格的选项；如果模型中包含了异形 CAD 几何体，那么必须使用 Mesher-HD 对其进行划分；Mesher-HD 网格包含六面体网格、四面体网格及多面体网格。

（2）Hexa unstructured：非结构化网格，全部为六面体网格，且网格不垂直相交，适用于对所有的 ANSYS Icepak 原始几何体（立方体、圆柱、多边形等）进行网格划分；非结构化网格可以对规则的几何体进行贴体划分；非结构化网格可以使用 O-gird 网格对具有圆弧特征的几何体进行贴体的网格划分，因此非结构化网格在 ANSYS Icepak 电子热模拟中的应用非常广泛。

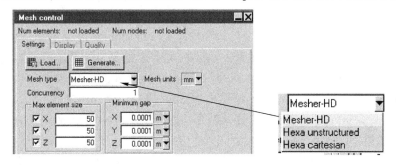

图 5-3　网格控制面板

(3) Hexa cartesian：结构化网格，为六面体网格，所有的网格均垂直正交，三维的实体网格可以使用 $I、J、K(1、2、3\cdots)$ 来对 $X、Y、Z$ 3 个方向的网格进行标注。由于结构化网格在模型的弧线边界会出现 stair-stepped 阶梯状网格，因此结构化网格只适合对类似于方体的几何模型进行贴体划分，而对具有弧线、斜面特征的几何不能保持模型本身的形状，因此适用性很窄，在 ANSYS Icepak 中应用较少。由于其均为正交的网格，因此在一般情况下，结构化网格质量比较好。

以多边形棱柱和圆柱体为例，可以看出 3 种网格的区别，从图 5-4 中可以看出，Mesher-HD 网格和非结构化网格对圆柱体和棱柱具有很好的贴体性，可以保证模型不失真，而结构化网格则不然，无法保证模型的原始几何形状，因此，在电子热模拟计算中，不建议使用 Hexa cartesian 结构化网格。

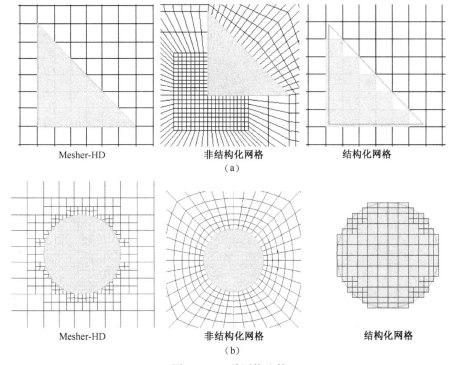

图 5-4　3 种网格比较

(4) Max element size X/Y/Z：背景区域内 X、Y、Z 3 个方向的最大网格尺寸；建议 3 个方向的数值各自为计算区域 Cabinet 3 个对应方向尺寸的 1/20，计算大空间散热模拟或者自然对流模拟时，可以相对小一些，设置为 Cabinet 计算区域的 1/40。

注意：当模型进行第一次网格划分时，单击划分网格的图标，ANSYS Icepak 会自动将 Max element size X、Max element size Y、Max element size Z 设置为计算区域的 1/20。如果重新修改了模型的计算区域，再次进行网格划分时，3 个方向的最大网格尺寸仍然与前一次的相同，此时需要手动修改 3 个方向的最大网格尺寸，相应的尺寸为计算区域 Cabinet 的 1/20。

(5) Minimum gap：最小间隙尺寸，如果两个面之间的尺寸小于此数值，相应的间隙将被自动删除；另外，如果模型中有小于此尺寸的几何模型，相应的几何模型将被删除。

如图 5-5 所示，两个 Block 块 Z 方向的间隙为 1(mm)，如果在网格控制面板内输入 Z 方向为 1(mm)，那么网格将会对 Block 之间的小间隙进行捕捉，小间隙会导致网格数量的增加，网格个数为 17160；如果将 Minimum gap 中 Z 方向间隙设置为 1.05mm，那么 ANSYS Icepak 会自动将某个 Block 的尺寸扩大 1mm，Block 之间的间隙将被忽略，网格数量为 8000。对于传热计算来说，1mm 的空气势必导致相应的热阻，可以使用 Plate 来设置相贴面的接触热阻；接触热阻的厚度为 1mm，材料为固体的空气。

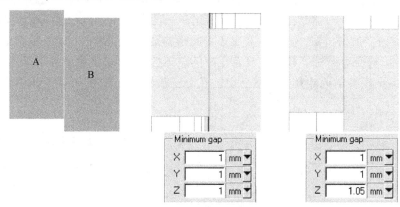

图 5-5　最小间隙的输入

(6) 通过主菜单栏 Edit→Preferences→Meshing，在打开的面板中，可以设置某种网格类型为默认的网格，依次单击 All projects、Save 按钮，如图 5-6 所示；当打开划分网格的控制面板时，ANSYS Icepak 会使用 Preferences 中设置的网格类型。

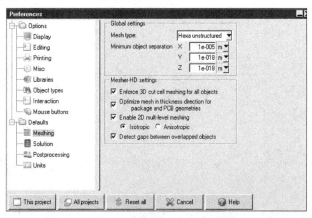

图 5-6　设置默认的网格类型

5.1.2 Hexa unstructured 网格控制

选择不同的网格类型,网格控制面板内的设置是不同的。当选择 Mesh type 为 Hexa Unstructured 和 Hexa cartesian 时,网格控制面板的设置如图 5-7 所示。

1. Global 面板的整体设置

(1) Mesh parameters:包含 Normal/Coarse,即细化网格/粗糙网格,其区别为 Min elements in gap、Min elements on edge、Max size ratio 中设置的参数不同;Normal 推荐的为 3、2、2,而 Coarse 推荐的为 2、1、10。

(2) Min elements in gap:表示在空隙中的最少网格个数。此数值不应超过 3;对于系统级的散热模拟,推荐设置此值为 2;如图 5-8 所示。

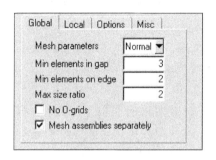

图 5-7 网格控制面板

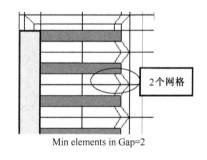 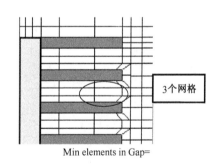

图 5-8 间隙内最小网格个数

(3) Min elements on edge:模型中各个边上的最小网格数,推荐设置此值为 1 或者 2。

(4) Max size ratio:网格增长的比率。如果此值越大,表示网格尺寸增大得越快,网格数目越少;反之,ratio 越小,网格越细化,网格数目较多。

如图 5-9 所示,从固体壁面开始计算,Δx_3 为第 3 个网格尺寸;Δx_2、Δx_1 分别为第 2 个网格、第一个网格尺寸;如果 $\Delta x_3/\Delta x_2$ 及 $\Delta x_2/\Delta x_1$ 均小于 ratio 中设置的数值,那么 ANSYS Icepak 是认可的;ratio 的数值不允许超过 10,对于小尺寸的模型,此值推荐为 2,而大尺寸的模型,此值推荐为 5。

(5) No O-grids:表示不划分 O 形网格,一般不选择。如果模型里包含圆形几何,尽量使用 O 形网格来划分,这样可以保证网格比较贴体。不选择此选项,ANSYS Icepak 默认划分 O 形网格,如图 5-10 所示。

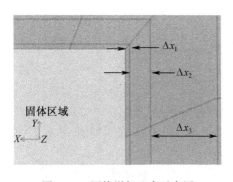
图 5-9 网格增长比率示意图

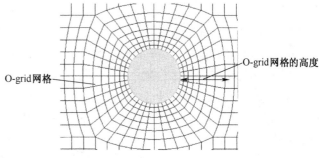
图 5-10 O-grid 网格划分

(6) Mesh assemblies separately：对模型中设置的非连续性区域划分非连续性网格。

2. Local 面板的局部细化设置

局部细化设置主要针对模型本身的几何特征进行网格的设置，如设置某面的网格个数、网格初始高度、网格向内/向外的增长比例 ratio 等。

1) 网格细化打开方法

(1) 在模型树下选择需要加密细化的模型，单击鼠标右键，在弹出的面板中选择 Edit mesh parameters，ANSYS Icepak 会自动弹出 Per-object parameters 面板；可以在 Per-object parameters 面板下对模型进行网格加密，如图 5-11 所示。

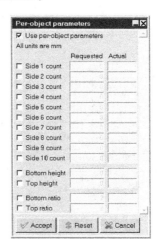

图 5-11 网格细化的参数输入

(2) 单击网格控制面板下的 Local，然后选择 Object params，可以对模型的网格进行细化设置，如图 5-12 所示。

在 Per-object meshing parameters 面板中，左边区域包含所有的模型对象，右边区域表示对不同的对象进行加密的输入面板。此方法可以同时对多个同类的模型对象进行参数设置，可以按下 Ctrl 键同时单击鼠标左键，选择同类的模型对象，也可以单击第一个模型，然后按 Shift 键，同时左键选择最后一个模型，然后选择右侧的 Use per-object parameters，对模型的网格输入同样的细化设置。

如图 5-12 所示，可选择激活需要加密的选项，然后在 Requested 中输入细化的数值，单击 Done，完成细化设置。如果已经对模型划分了相应的网格，在 Actual 栏中将会显示划分的网格个数。单击网格划分的 Generate，ANSYS Icepak 将使用新的设置划分网格。

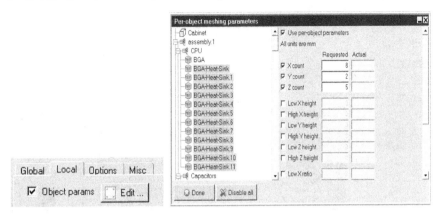

图 5-12　网格细化的参数输入

2) 局部细化参数说明

Count 表示在某个边或者某个方向的网格个数；Height 表示从固体壁面开始，第一个流体网格的高度尺寸；Ratio 表示流体网格的增长比率；Inward Height 表示从壁面开始向内第一个固体网格的尺寸；Inward Ratio 表示固体区域网格的增长比率，如图 5-13 所示。

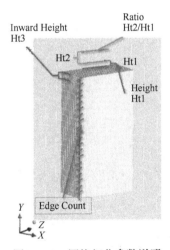

图 5-13　网格细化参数说明

对于不同的几何形状，Per-object meshing parameters 面板中输入的参数是不同的。例如，方体有 X、Y、Z 3 个方向的网格个数，X、Y、Z 向内/向外网格的初始高度及网格增长比例；而圆柱体的输入参数为直径方向的个数、固体壁面网格的初始高度以及增长比率；如图 5-14 所示。

3) ANSYS Icepak 二维几何体网格细化说明

主要针对二维几何细化，如 Plate、Source、Wall 等，是对某个边或者面的网格个数细化，与三维实体是相同的设置；如某 Y-Z 的二维几何体，沿着正 X 轴的面表示 High side，而沿着负 X 轴的面表示 Low side，如图 5-15 所示。

4) ANSYS Icepak 特定组合对象的网格细化

这类模型包括散热器、风扇、腔体等。不同的模型对应不同的几何形状，因此在 Per-object meshing parameters 里面的输入参数是不同的，图 5-16 为散热器网格细化的参数输入，图 5-17

为腔体网格细化的参数输入。

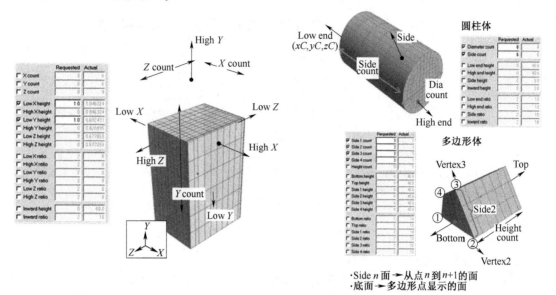

图 5-14 不同几何网格细化参数输入

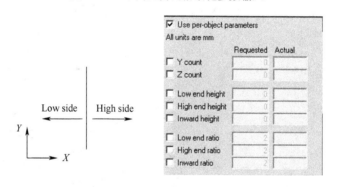

图 5-15 二维几何网格细化参数输入

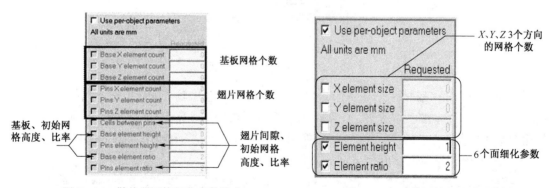

图 5-16 散热器网格细化参数输入　　　图 5-17 腔体网格细化参数输入

3. Options 面板设置(见图 5-18)

(1) Min elements on cyl face 表示 1/4 圆柱面上的最少网格数,默认为 4 个,如图 5-19 所示。

(2) Min elements on tri face 表示棱柱、多边形几何最长斜面上划分的最少网格数,默认为 4 个。

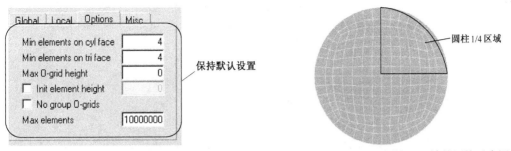

图 5-18 Options 面板设置 　　图 5-19 1/4 圆柱面区域的网格示意图

(3) Max O-grid height 表示 O 形网格的最大高度,如果设置为 0,表示允许自动划分 O 形网格的最大高度;修改此数值,可缩放 O 形网格高度,如图 5-18 所示。

(4) Init element height 表示固体壁面边界上网格的初始高度,建议不要选择使用,如果设置的尺寸不合适,会导致出现大量的网格数目。

(5) No group O-grids 表示不对 Group 组里的模型划分 O 形网格。

(6) Max elements 表示 ANSYS Icepak 允许划分的最大网格数量,默认为 1000 万个,如果热模型比较大,可以手动修改最大的网格个数。

4. Misc 面板

建议选择 Allow minimum gap changes(见图 5-20)。ANSYS Icepak 会自动寻找最小尺寸的几何体或者最小的间隙;最小特征的 1/10 将被自动设置为 Minimum gap。

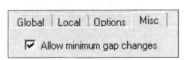

图 5-20 网格控制 Misc 面板

5.1.3 Mesher-HD 网格控制

如果在 Mesh type 中选择 Mesher-HD 的网格类型,其控制面板与 Hexa unstructured 和 Hexa cartesian 的面板有所不同。Mesher-HD 表示六面体占优网格,主要适合于划分 CAD 类型的模型,而且只有 Mesher-HD 才能划分 Multi-level 多级网格。其控制面板如图 5-21 所示。

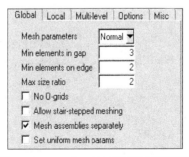

图 5-21 Mesher-HD 的网格控制面板

1. Global 面板

与非结构化网格的面板相比,此面板增加了 Allow stair-stepped meshing 和 Set uniform mesh params 选项。

(1) Allow stair-stepped meshing 表示对模型划分阶梯网格,此功能忽略了 Mesher-HD 中的

四面体等非正交的网格,要求所有划分的网格均垂直正交(不推荐使用,因为阶梯状网格不能对几何模型贴体)。例如,使用 Mesher-HD 对圆柱体进行多级网格划分,选择 Allow stair-stepped meshing 选项,划分的网格如图 5-22 所示。

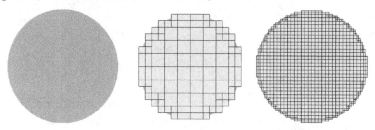

图 5-22 Mesher-HD 的网格划分(一)

在图 5-23 中,从使用 Allow stair-stepped meshing 划分的结果中可以发现,多级网格级数加密后,网格数量会逐渐增加,更加贴体圆柱几何,但由于其边界仍然是正交的网格,不能完全匹配圆柱弧面,因此不建议使用 Allow stair-stepped meshing 来对模型进行网格划分。

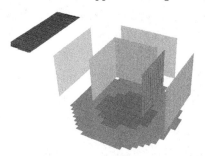

图 5-23 Mesher-HD 的网格划分(二)

(2) Set uniform mesh params:对器件几何使用均匀化的网格参数设置,通过式(5-1)计算出 C 值,将 C 值作为热模型 3 个方向的网格尺寸,即强制使用 C 值作为网格尺寸在 X、Y、Z 3 个方向划分网格,其中 X、Y、Z 分别表示网格控制面板中 3 个方向的最大网格尺寸 Max element size。此选项可以提高模型的网格质量,同时减少网格数量;在划分 Mesher-HD 多级网格时,建议选择 Set uniform mesh params。

$$C \approx \sqrt{\frac{1}{3}(X^2+Y^2+Z^2)} \qquad (5-1)$$

uniform mesh params 的功能如图 5-24 所示,可以看出,使用 Set uniform mesh params 后,右图线框中包含的网格数量少于左图,明显地改进了网格的质量,同时减少了网格数量。

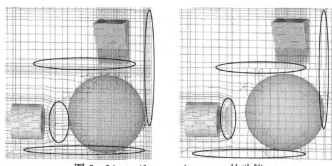

图 5-24 uniform mesh params 的功能

2. Multi-level 多级网格面板

选择 Allow multi-level meshing 表示对几何模型使用 Mesher-HD 的多级网格进行划分;Max levels 表示多级网格的级别,默认为 2;通过单击 Edit levels,在打开的面板内,可对不同的模型设置不同的多级级数;默认选择 Proximity 和 Curvature,可最大限度保证网格对模型的贴体性。

在图 5-25 中,Buffer layers 表示多级网格中,第一级网格的层数,对多级网格的边界层进行加密,默认是 0,那么最外层第一级的网格层数为一个;如果修改 Buffer layers 为 1,那么最外层的第一级网格层数会增加为二个;如果修改 Buffer layers 为 2,那么最外层的第一级网格层数会增加为三个。Buffer layers 可以使网格平缓过渡,因此变量的梯度也可以平滑过渡,如图 5-26 所示。

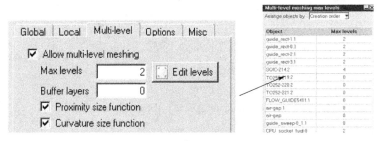

图 5-25 多级网格级数输入面板

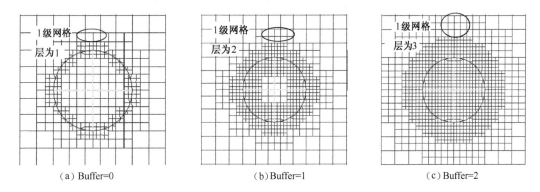

(a) Buffer=0　　　　　(b) Buffer=1　　　　　(c) Buffer=2

图 5-26 Buffer 的作用——加密多级网格

3. Misc 面板

Misc 面板增加了 3 个选项。通常来说,如果模型中有异形 CAD 实体、薄壳、Package 等,那么在使用 Mesher-HD 的多级网格时,建议选择这 3 个选项,如图 5-27 所示。

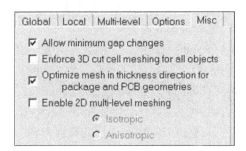

图 5-27 Mesher-HD 网格控制 Misc 面板

(1) Enforce 3D cut cell meshing for all objects：选择此项，ANSYS Icepak 将忽略 Local 中对模型进行的细化设置，全部使用 Cut-cell 多级网格来对模型进行网格划分，如图 5-28 和图 5-29 所示的比较。

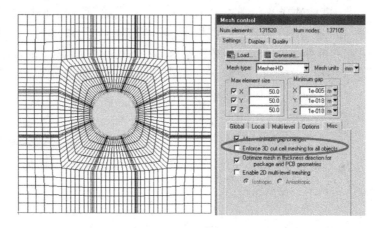

图 5-28 不勾选 Enforce 3D cut cell meshing for all objects

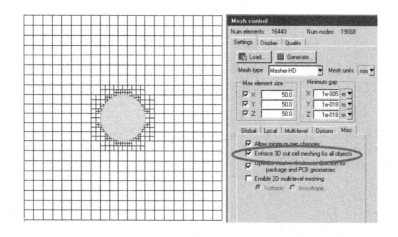

图 5-29 勾选 Enforce 3D cut cell meshing for all objects

(2) Optimize mesh in thickness direction for package and PCB geometries：选择此选项，ANSYS Icepak 将在 PCB 和 Package 的基板区域，每层放置一个网格，此区域仅进行导热计算，主要用于控制 PCB 和 Package 厚度方向的网格数，因此在一定程度上可减少网格的数量。如图5-30 所示的比较，选择后网格数量明显减少。

(3) Enable 2D multi-level meshing：选择此选项，表示对多边形几何体(沿着某个方向拉伸的体)或者圆弧体划分多级网格，可以明显提升网格质量，并减少网格数量，如图 5-31 所示。此命令划分网格时，在多边形轮廓面的两个方向划分多级网格，而多边形拉伸轴的方向由于无明显的细小特征，因此划分的网格稍微粗糙一些，如图 5-32(a)所示，可以看出，网格沿着 Y、Z 方向对细小特征进行捕捉加密，而在 X 方向(多边形的拉伸方向)网格则划分的比较粗糙。

在图 5-30 中，Enable 2D multi-level meshing 下的 Isotropic 表示各向同性设置，2D 多级网格会在多边形轮廓面的两个方向均进行加密，如图 5-32(b)所示，而 Anisotropic 表示各向异性设置,2D 多级网格只对多边形轮廓面上的细小弧线或角度进行捕捉加密,如图 5-32(c)所示,因此选择 Anisotropic 比选择 Isotropic 生成的网格少很多,但是 Isotropic 划分的网格质量更好。

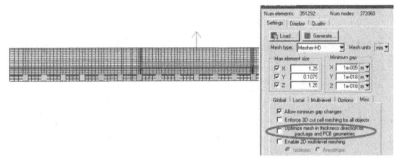

(a) 不勾选Optimize mesh

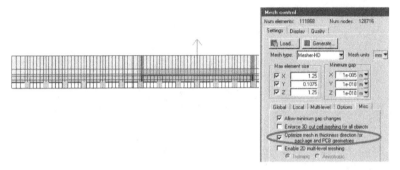

(b) 勾选Optimize mesh

图 5-30 Optimize mesh 的作用

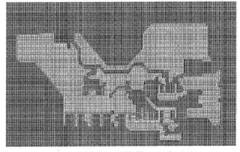 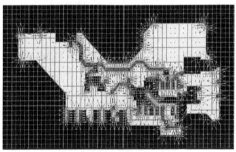

(a) 不选,网格数17万个　　　　　　　　(b) 选择,网格数3.5万个

图 5-31 是否选择 Enable 2D multi-level meshing

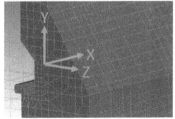

(a) 2D多级网格示例

图 5-32 2D Multi-level 多级网格划分示例及比较

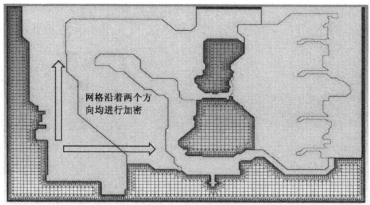

(b) Isotropic 划分的网格

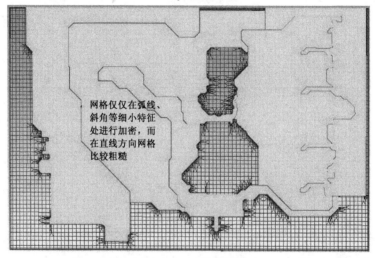

(c) Anisotropic 划分的网格

图 5-32　2D Multi-level 多级网格划分示例及比较(续)

5.2　ANSYS Icepak 网格显示面板

当对 ANSYS Icepak 中的模型划分了相应的网格后,可以单击网格控制面板的 Display,通过不同的方式来查看划分的网格,确保模型均能被划分网格,以及划分的网格能够捕捉模型的几何特征。

图 5-33 中左图为贴体网格,非结构化网格可以将圆形弧线进行贴体处理,而结构化网格由于网格全部垂直正交,导致不能捕捉圆柱体边界的弧线,网格不贴体。

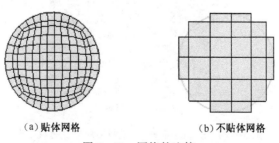

(a) 贴体网格　　　　　　(b) 不贴体网格

图 5-33　网格的比较

另外，如果模型中部分几何没有被划分网格，那么在 ANSYS Icepak 的 Message 窗口中将会出现警告，提示某些体没有网格。通过查找网格的优先级或者调整模型网格尺寸的大小，确保任意模型均有贴体的网格，如图 5-34 所示。

图 5-34　Message 窗口显示网格的划分结果

选择网格控制面板的 Display mesh，可以进行网格显示；Display attributes 表示网格显示的类别，包括 Surface 显示面网格、Volume 显示体网格、Cut plane 显示计算区域的切面网格；Display options 表示显示的方式；Wire 表示以线的形式显示表面网格；Solid fill(object) 表示以实体形式显示表面网格；Solid fill(plane) 表示以实体形式显示切面网格，如图 5-35 所示。

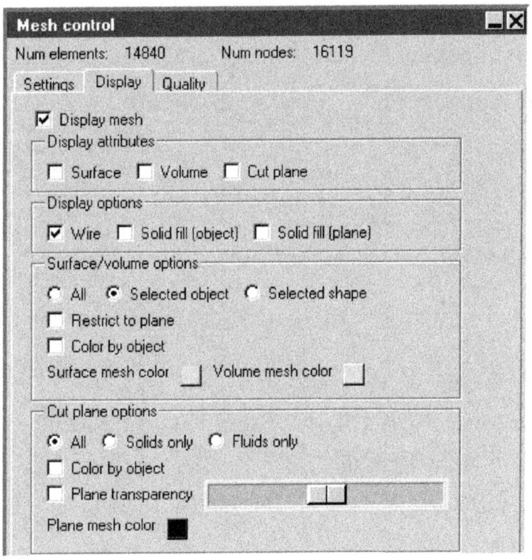

图 5-35　网格显示的控制面板

Surface/volume options：All 表示显示所有模型的网格；Selected object 表示显示选中模型的网格；Selected shape 表示根据当前选中器件的形状来显示网格。Surface mesh color 可以修改面网格的颜色。Restrict to plane 表示将某个体的面网格或体网格投影到某个面上（面的位置通过控制面板中的 Plane location 来决定）；Color by object 表示由几何体自身的颜色来显示网格的颜色，Volume mesh color 表示体网格的颜色。

Cut plane options：All 表示显示切面所有的网格；Solids only 显示切面中固体的网格；Fluids only 显示切面中流体的网格。Color by object 表示切面网格的颜色由几何体的颜色来显示；Plane transparency 表示切面网格的透明程度，可拖动后侧的滚动条来调整；Plane mesh color 表示切面网格的颜色。

如果通过 Display mesh 进行网格显示，发现某些几何体的网格有破面或者不贴体的现象，建议修改相应的网格设置或对此模型区域进行加密,以保证网格能够捕捉模型的几何特征,如图 5-36 所示。

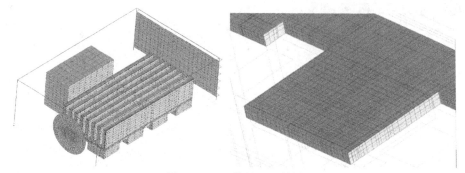

图 5-36　网格的显示结果

选择 Display-Cut plane,可以显示切面的网格;ANSYS Icepak 将显示此切面的固体网格和流体网格。单击 Set position 的下拉菜单,可进行不同方式的切面选择,具体选择的方式如下。

(1) X plane through center、Y plane through center、Z plane through center:切过 X、Y、Z 3 个轴方向的中间面(见图 5-37)。

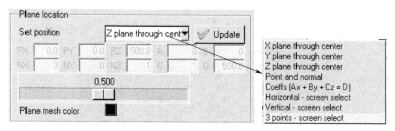

图 5-37　Cut plane 切面的选择(一)

(2) Point and normal:输入一个点和垂直此面的法向向量,可以确定一个平面。其中 PX、PY、PZ 表示点的具体坐标,而 NX、NY、NZ 表示垂直面的法向向量。例如,NX、NY 为 0,NZ 为 1,表示定义了一个 Z 轴的向量,相应的面为 $X-Y$ 面(见图 5-38)。

(3) Coeffs($Ax+By+Cz=D$):输入 A、B、C、D 的系数,以确定相应的面(见图 5-39)。

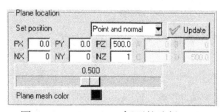

图 5-38　Cut plane 切面的选择(二)

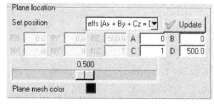

图 5-39　Cut plane 切面的选择(三)

(4) Horizontal-screen select:使用鼠标左键,单击选择视图区域中水平的某个面。

(5) Vertical-screen select:使用鼠标左键,单击选择视图区域中垂直的某个面。

(6) 3 points-screen select:使用鼠标,选择视图区域中任意 3 个点,以确定相应的面;选择点时,选择一个点,然后单击中键,可以继续单击另一个点,直到完成 3 个点的选择;最终得到相应的切面。

显示了不同切面的网格后,可以拖动下方的滚动条,得到平行切面不同位置的网格显示,如图 5-40 所示。Plane mesh color 表示显示切面网格的颜色,可选择不同的颜色。

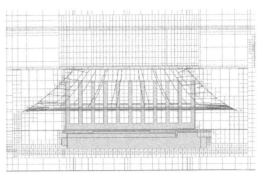

图 5-40 热分析模型切面网格的显示

选择 Solid fill(plane),可对切面的网格进行实体显示。选择 Plane transparency,可对切面的网格进行不同程度的透视显示,如图 5-41 所示。

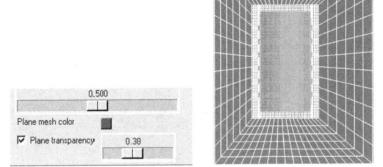

图 5-41 切面网格的实体显示

5.3 ANSYS Icepak 网格质量检查面板

ANSYS Icepak 有检查网格质量好坏的标准,比如面的对齐率 Face alignment、网格体积值 Volume、网格的偏斜度 Skewness 等。划分完网格后,首先应通过网格的显示面板,检查网格是否能够贴体保形;其次使用 ANSYS Icepak 提供的检查网格标准来进行网格质量的判断。

单击网格控制面板的 Quality,出现网格质量检查面板,单击不同的标准,可进行网格质量的检查,如图 5-42 所示。

1. 面的对齐率 Face alignment(见图 5-43)

面的对齐率,其数值为 0~1;Face alignment 小于 0.15,表示不好的网格。Face alignment 必须大于 0.05。

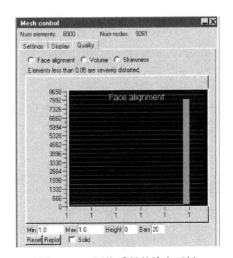

图 5-42 网格质量的检查面板

2. 网格体积值 Volume

网格体积值为模型中划分网格的体积。如果网格的最小体积大于 1e-13，则可以使用单精度进行计算；如果网格的最小体积是 1e-15 或者更小，则必须使用双精度来进行计算。

建议所有的 ANSYS Icepak 热模拟计算均使用双精度进行，双精度可通过 Solution Settings→Advanced settings 进行设置，如图 5-44 所示；另外，划分的网格不能有负体积。

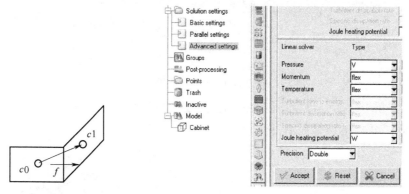

图 5-43 网格面对齐率示意图　　图 5-44 求解双精度的设置面板

3. 网格的偏斜度 Skewness

Skewness 主要用来衡量划分的网格与理想网格的接近程度，如图 5-45 所示。Skewness 的数值应该大于 0.02。

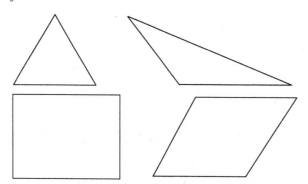

图 5-45 理想网格与偏斜网格的比较

表 5-1 为网格偏斜度不同数值的说明表。

表 5-1 网格偏斜度的说明

Skewness 值	网 格 质 量
0	严重偏离
小于 0.02	极差（存在类似于薄片的网格）
0.02～0.25	差
0.25～0.5	中等
0.5～0.75	较好
0.75～1	良好
1	等边形（高质量）

4. 网格质量检查

对 ANSYS Icepak 热模型生成网格后，单击 Quality 下的不同网格标准，ANSYS Icepak 会自动统计此标准的数值,具体数值显示在 Message 窗口里,如图 5-46 所示。通过查看不同网格标准的数值大小,可以衡量网格质量的好坏;所有标准的数值越大,网格的质量越好。

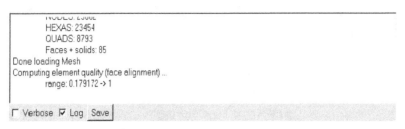

图 5-46 Message 窗口显示网格质量的结果

在网格的 Quality 面板下,也会统计显示不同标准的最大值、最小值;同时会使用柱状图统计显示不同区间内的网格个数,Min 表示此标准的最小值,Max 表示此标准的最大值,如图 5-47 所示。

在图 5-47 的面板中,Height 默认为 0,Bars 表示柱状图的个数,默认为 20;如果修改 Bar 的数值为 1,那么处于 Min~Max 之间的网格将显示成一个柱状图,如图 5-48 所示;Replot 表示重新显示;Solid 表示对选中柱状图区间内的网格以实体形式显示,其中被选中的柱状图将由绿色变为粉色;被选中的网格将在 ANSYS Icepak 视图区域内显示。

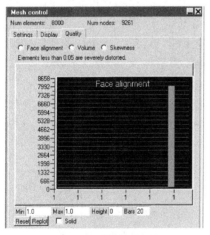

图 5-47 网格质量检查面板(一)

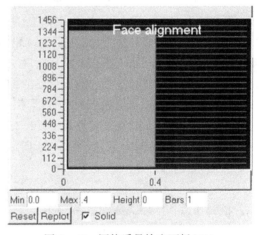

图 5-48 网格质量检查面板(二)

通过修改 Quality 面板的 Max 数值,可以显示质量比较差的网格(见图 5-49),如单击

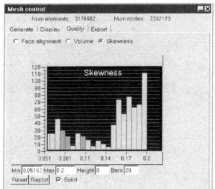

图 5-49 质量较差网格的查询显示

Quality 面板下的 Skewness,在 Max 中输入 0.2,单击 Replot;单击不同数值范围的柱状图,选择 Solid,ANSYS Icepak 的视图区域中将显示 Skewness 处于 0.2 以下的网格,可以查看相应网格所处的区域位置;然后通过对网格进行局部加密,重新划分网格,可以提高网格的质量,保证各衡量标准均高于 ANSYS Icepak 允许的最小值。

5.4　ANSYS Icepak 网格优先级

图 5-50　干涉区域网格的归属

网格 Priority 优先级的概念:当模型互相干涉,有重叠部分时,干涉部分的归宿主要通过优先级来区分。在 ANSYS Icepak 中划分网格、求解计算 Cas 文件时,软件必须确定重叠干涉区域的网格归属类型、重叠区域的材料属性、边界条件等。优先级较高的模型对象将占有重叠的区域,如图 5-50 所示。

在 ANSYS Icepak 中,优先级有两种:一种是同类型几何间的优先级,如 Block 和 Block 干涉,主要是通过 Priority 的数值来区别优先级;另一种是不同类型对象之间的优先级,如 Block 和 Plate 相交干涉、Block 和 Open 干涉,这类优先级是 ANSYS Icepak 里固定排序的,修改不同类型对象的 Priority 优先级数值,将不能决定重叠区域的归属。

双击模型树下的几何模型,在模型编辑窗口的 Info 面板下,ANSYS Icepak 会自动赋予其具体的 Priority 数值,如图 5-51 所示。在 ANSYS Icepak 模型树下,越往下排列,模型的优先级数值越大,模型的优先级就越高;后建立的器件优先级大于先前建立器件的优先级。

如果需要查看模型优先级的排列顺序,可以通过鼠标右键单击 Model,在弹出的面板中,选择 Sort→Meshing priority,模型将按照其 Info 面板中的 Priority 数值进行重新排序;模型优先级越高,其排列顺序越向下,如图 5-52 所示。

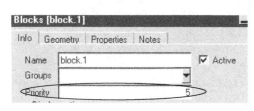

图 5-51　网格优先级 Priority 面板

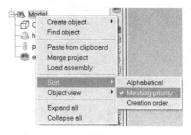

图 5-52　模型优先级的排列

如果需要调整模型本身的优先级,可以通过手动修改 Priority 的数值,调整不同模型的网格优先级,调整后器件会在模型树中上下移动;或者在模型树下直接选择模型,然后拖动其上下移动;向上移动模型,表示减小其 Priority 优先级数值,向下移动模型,表示增大其优先级数值。

1. 同类对象模型间的优先级说明

同类对象,如 Block 与 Block、Plate 与 Plate 等,表示同一类的模型。如果同类的对象模型相交重叠,那么干涉部分需要通过 Info 面板的 Priority 数值进行判断,重叠部分归 Priority 数值大的器件所有,即干涉区域归优先级高的模型所有,如图 5-53 所示。

图 5-53　干涉区域网格的归属

例如,在图 5-53 中,block.1 和 block.2 相交,从模型树下看,block.2 位于 block.1 的下方;其中 block.1 编辑窗口 Info 面板中的 Priority 为 1,block.2 编辑窗口 Info 中的 Priority 为 2,因此重叠部分就归 block.2 所有,而 block.1 的网格则丢失重叠的区域。相反,如果在模型树下,block.1 位于 block.2 的下方,那么重叠部分就归 block.1 所有。

2. 同类物体优先级修改

ANSYS Icepak 允许对同类模型的 Priority 进行修改,修改后,同类对象的重叠区域将按照修改后的 Priority 网格优先级来进行划分,具体修改的方法如下。

(1) 通过单击主菜单 Model→Edit priorities,在弹出的 Object priority 面板中修改相应几何的网格优先级,如图 5-54 所示。

(2) 双击模型树下某物体,打开其编辑窗口,在 Info 面板的 Priority 中增大或减小相应的数值。如果将 Priority 的数值增大,则在模型树下,模型会自动向下移动;如果将 Priority 的数值减小,则模型会自动向上移动;如图 5-55 所示。

图 5-54　网格优先级的修改(一)

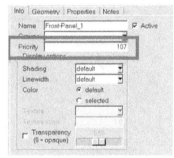
图 5-55　网格优先级的修改(二)

(3) 在模型树下,左键选择某物体,然后向上移动(减小优先级)或者拖曳向下移动(增大优先级),也可以完成优先级的调整,如图 5-56 所示。

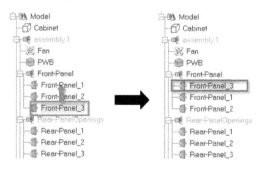

图 5-56　网格优先级的修改(三)

3. 不同类型对象间的优先级

表 5-2 中列出了 ANSYS Icepak 14.5 及以下版本中不同类型优先级的规则,从上往下,依次升高。N/C Assembly* 表示非连续性网格。在非连续性网格区域里,网格优先级的规则同样适用。

表 5-2 不同类型对象优先级排列(14.5 及以下版本)

序号	14.5及以下版本不同类型
1	Package
2	Thick wall
3	Block/Heat sink/Resistance
4	Thin wall
5	Plate/Enclosure
6	PCB
7	Source
8	Grille/Opening/Fan(2D and 3D)
9	Heat Exchanger
10	Network Block/Network Object
11	Symmetry wall
12	N/C Assembly*

(低优先级 Lowest Meshing Priority → 高优先级 Highest Meshing Priority)

例如,Open 比 Block 的优先级高,那么当 Open 与 Block 相交后,Open 会将 Block 打穿,空气可以流过打穿的区域;Plate 与 Block 相交后,重叠部分就归 Plate 所有。因此不同类型对象的网格优先级不通过 Info 面板的 Priority 数值来决定,而是通过 ANSYS Icepak 里固化的优先级规则来决定重叠区域的归属,如图 5-57 所示。

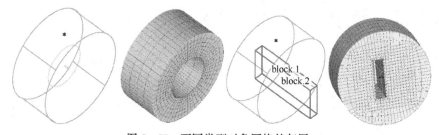

图 5-57 不同类型对象网格的归属

在 ANSYS Icepak 15.0 以上的版本里,ANSYS 对不同对象的优先级做了局部调整,如表 5-3 所示。主要是将 Package 芯片封装、PCB 与 Block 调整为同一优先级别,即可以通过修改它们三者的 Priority 数值,决定重叠区域或者重叠面的归属。

表 5-3 不同类型对象优先级排列(15.0 以上版本)

序号	不 同 类 型
1	Thick wall
2	Block/Heatsink/Resistance/Package/PCB
3	Thin wall
4	Plate/Enclosure
5	Source
6	Grill/Opening/Fan(2D/3D)
7	Heat Exchanger
8	Network Block/Network object
9	Symmetry wall
10	N/C Assembly

(低优先级 → 高优先级)

如图 5-58 所示,由于 block.1 的优先级为 4,高于 pcb.1 的优先级 3,因此重叠的区域将被 Block 占有,而 PCB 则失去重叠区域。

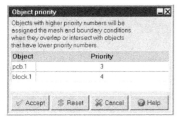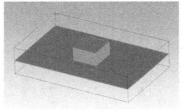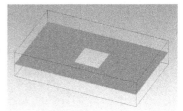

图 5-58 网格优先级的归属

5.5　ANSYS Icepak 非连续性网格

在实际的 ANSYS Icepak 热分析模型中,经常会有细长比较小的器件,如散热器翅片、各类隔板等,如果对其划分连续网格,势必导致模型的网格数量较大,相应地增大了计算量,因此需要对这类模型划分非连续性网格;另外,使用非连续性网格可以对不同的区域设置不同的网格类型,如可以对某异形几何体划分 Mesher-HD 的多级网格,而其他区域可以使用其他网格类型。

非连续性网格(Non-Conformal Meshing)是 ANSYS Icepak 里最常用的网格处理方法,一方面可以最大限度减少网格数量,但是不影响求解计算的精度;另一方面可以对网格质量差的区域进行网格加密调整,以保证网格的质量,如图 5-59 所示;同时,ANSYS Icepak 可以使用非连续性网格对任何热仿真模型进行混合网格的处理划分。

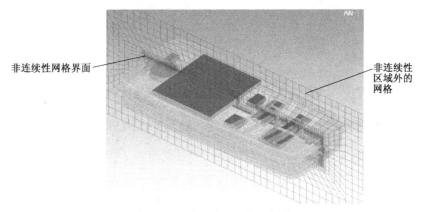

图 5-59 非连续性网格的划分

5.5.1　非连续性网格概念

非连续性网格是指热模型的网格在某一界面突然中断,界面两侧的网格数目不一致。非连续性网格必须是立方体的空间区域,ANSYS Icepak 可以对非连续性区域进行网格加密;在非连续区域内,模型的网格类型、网格大小等不影响背景区域(除非连续区域以外的空间),从而能避免小尺寸特征造成的大量网格,在很大程度上减少了 CFD 的计算量。

在 ANSYS Icepak 中划分非连续性网格,需要对相应的模型及空间创建 Assembly,然后对

Assembly 进行非连续性网格的设置,实现非连续性网格的划分,如图 5-60 所示。

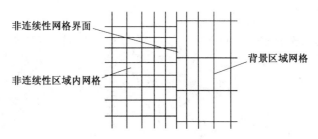

图 5-60　非连续性网格示意图

图 5-61 为连续性网格和非连续性网格的比较。图 5-61(a)为连续性网格,图 5-61(b)为非连续性网格,可以发现,散热器的翅片直径与模型计算区域的比值非常小;如果对模型划分连续性网格,小尺寸会影响到整体的计算空间,增加模型的网格数量;而如果对散热器所处的空间进行非连续网格的划分,那么 ANSYS Icepak 会对此非连续性区域进行网格加密,而背景区域网格的尺寸较大(背景区域内的变量梯度较小,可以划分较粗的网格),这样在很大程度上减少了网格的计算数量。非连续性网格可以将非连续性区域内划分的网格与背景区域的网格隔离开。如图 5-62 所示,可以对背景区域和非连续性区域设置不同的网格类型和网格尺寸大小。

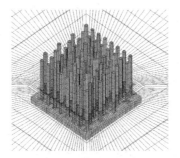
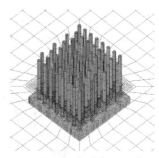

(a)连续性网格　　　　　　　　(b)非连续性网格

图 5-61　连续性网格和非连续性网格的比较

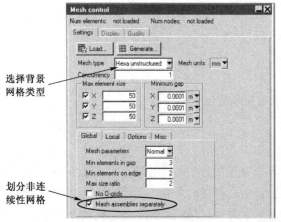
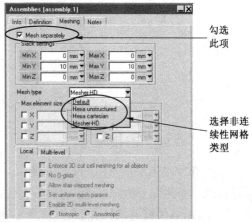

图 5-62　非连续性网格的设置

5.5.2 非连续性网格的创建

如何对 ANSYS Icepak 的热分析模型划分非连续性网格呢？

(1) 在模型树下选择需要进行非连续性网格划分的器件(一个或多个)，单击鼠标右键，在弹出的面板中选择 Create→Assembly，创建装配体，模型树下会出现装配体的图标，此装配体代表一个方体的区域范围，区域大小与其包含器件的坐标范围相同。右键单击装配体，然后选择 Rename，可重新对装配体进行命名，如图 5-63 所示。

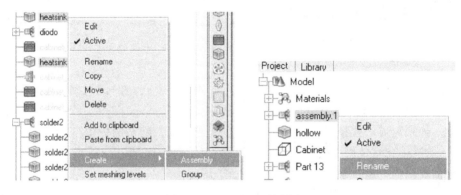

图 5-63 Assembly 的创建

(2) 双击模型树下的装配体，打开装配体的编辑窗口，然后选择 Mesh separately(表示单独对此区域划分网格)，Assembly 默认区域是装配体内包含模型的最大尺寸空间。Slack settings 表示需要对装配体空间进行放大的尺寸数值，橘色的 Min X、Min Y、Min Z、Max X、Max Y、Max Z 表示非连续性区域的 6 个面，可以对 6 个面输入具体的数值，非连续性网格的空间将向 6 个面扩展相应的尺寸，如图 5-64 所示。

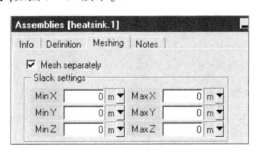

图 5-64 非连续性网格区域的扩展

(3) 由于非连续网格必须保证其边界上两侧网格的属性相同，如都是空气或者都是固体，因此对装配体区域的 6 个面 Min X、Min Y、Min Z、Max X、Max Y、Max Z 给定合理的数值，保证非连续性区域向外各扩展一定的空间。这个数值需要根据区域本身周边的几何和非连续性网格的规则来决定。

在 ANSYS Icepak 14.0 之前的版本中，不允许非连续性网格 Slack settings 的数值为 0；而在 ANSYS Icepak 14.5 及以上的版本中允许工程师将 Slack 的数值设置为 0。

在图 5-65 中，芯片下焊球的个数较多、尺寸较小，分别对芯片、散热器划分了非连续性网格；各自 Assembly 6 个面的 Slack 数值设置为 0，可以在很大程度上减少划分的网格数量。

(4) 在非连续性网格面板中,Mesh type 表示非连续性区域内的网格类型,其中 Default 表示非连续性区域与背景区域使用同类的网格(网格控制面板中选择的网格类型);如果需要使用混合网格,可在 Mesh type 中选择合理的网格类型,如图 5-66 所示。

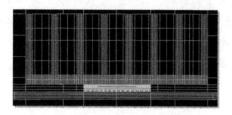 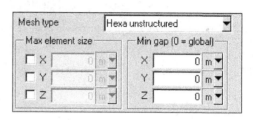

图 5-65 设置芯片、散热器非连续性网格的 Slack 数值为 0

图 5-66 非连续性网格类型的选择

(5) Max element size 表示非连续性网格内,X、Y、Z 3 个方向的最大网格尺寸;如果不选择,那么 ANSYS Icepak 将使用整体网格控制面板中 Max element size 的尺寸作为区域内的最大网格尺寸;如果需要对模型进行局部加密,可以在非连续性网格面板中输入 Max element size 数值。输入的数值比整体网格控制面板的数值小,表示对此区域进行网格加密。各个方向加密的数值,需要根据模型在各个方向的最小特征来确定。

如图 5-67 中的 LED 散热器模型,如果未选择非连续性网格的 Max X/Y/Z 数值,LED 散热器划分的网格比较粗糙。主要是由于其使用背景区域内较大的网格尺寸,未能完全捕捉散热器的厚度、灯泡的弧线等特征,因此需要加密非连续性区域内的网格。

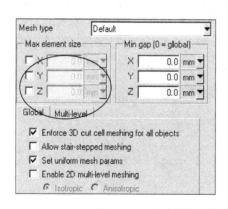 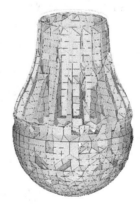

图 5-67 非连续性网格的划分(一)

如图 5-68 所示,选择 Max element size X、Max element size Y、Max element size Z,然后分别输入 1.5(mm)、1.5(mm)、3(mm),表示 X、Y 方向的最大网格尺寸是 1.5mm,Z 方向的最大网格尺寸为 3mm,其他设置保持不变,由于最大网格尺寸缩小,划分的网格可以很好地捕捉 LED 散热器的特征。

(6) Min gap 表示非连续性区域内最小间隙的设置(在整体网格控制面板里已做过详细的说明)。

(7) 如果选择 Mesh type 为 Mesher-HD,那么非连续性网格面板中将出现 Mesher-HD 的控制面板(见图 5-69),相应选项的含义与整体网格控制面板的相同,在此不再叙述。

(8) 如果只是建立了 Assembly 装配体,但是在整体的网格控制面板中未选择 Mesh sepa-

rately,则表示不划分非连续性网格。在模型树下和 ANSYS Icepak 的视图区域面板中,非连续性网格的 Assembly 显示为紫色,如图 5-70 所示。

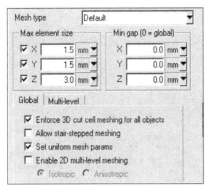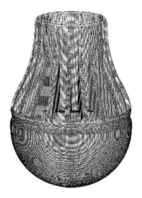

图 5-68 非连续性网格的划分(二)

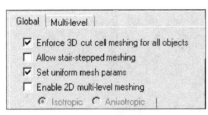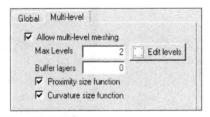

图 5-69 非连续性网格的设置

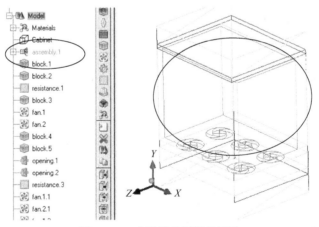

图 5-70 非连续性网格的显示

5.5.3 Non-Conformal Meshing 非连续性网格划分的规则

ANSYS Icepak 的非连续性网格有以下规则。

(1)多个非连续性网格的 Assembly 不能相交,但是非连续性网格的界面可以相贴,如图 5-71 所示。

在图 5-71 中,非连续性网格 Assembly A 不可以与非连续性网格 Assembly B 相交,但是非连续性网格 Assembly A 的边界可以与非连续性网格 Assembly B 的边界相贴。

(2)非连续性网格 Assembly 可以在模型树下包含其他非连续性网格 Assembly,相应的 Assembly 在视图区域中被包含。

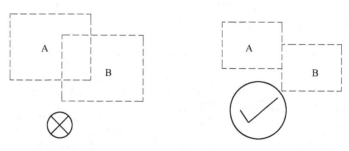

图 5-71 非连续性网格的规则

如图 5-72 中,非连续性网格 Assembly 3 包含非连续性网格 Assembly 2,非连续性网格 Assembly 2 中包含非连续性网格 Assembly 1,Assembly 1 中又包含非连续性网格 Assembly。不同的 Assembly 非连续性网格可以选择不同的网格类型。

图 5-72 非连续性网格

根据几何模型的尺寸信息,非连续性网格 Assembly 可以包含其他 Assembly,也可以独立分开,分开后的非连续性网格 Assembly 不能有重叠相交的区域,如图 5-73 所示。

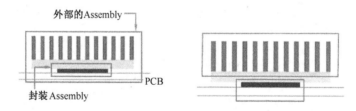

图 5-73 非连续性网格示意图

(3) 非连续性网格的 Slack 边界可以与 Cabinet、Wall 及 Hollow Block 相贴,因为它们是模型计算区域的边界。

(4) 非连续性网格的边界可以与方体、圆柱体相交;ANSYS Icepak 18.1 的版本也允许与方体、圆柱体的表面相贴,但是建议扩大或缩小 Slack 的数值,以保证非连续性网格的 Slack 边界不与其他 ANSYS Icepak 器件表面相贴。

(5) 非连续性网格的边界不允许和薄板 Plate、斜板 Plate、CAD 异形 Block、多边形体相交;如果非连续性网格和薄板、斜板 Plate、CAD 异形 Block、多边形体相交,那么相交的区域将不会划分网格,如图 5-74 所示。

当多边形体与非连续性网格相交时(见图 5-75),尽管 ANSYS Icepak 的 Mesher-HD 网格能够对多边形体的相交区域划分网格,但是其计算结果是错误的。

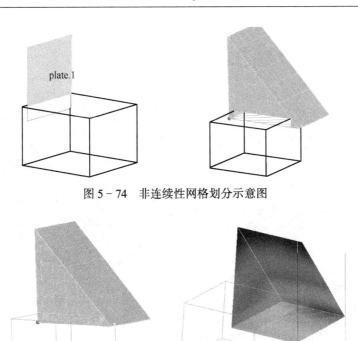

图 5-74 非连续性网格划分示意图

图 5-75 非连续性网格与多边形体相交

（6）如果非连续性网格区域在几何空间上包含薄板、二维热源 Source，但是在模型树下并未包含，那么薄板、Source 就不能被划分网格，在 Message 的窗口中会有相应的警告提示，如图 5-76 所示。

若遇到如图 5-76 所示的情况，需要在模型树下，将薄板、热源 Source 移动至非连续性网格 Assembly 内，这样薄板、二维面热源 Source 可以被划分相应的网格，如图 5-77 所示。

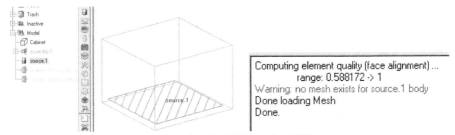

图 5-76 非连续性网格包含二维几何

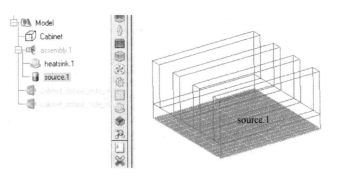

图 5-77 非连续性网格包含 Source 面热源

（7）ANSYS Icepak 允许用户设置 0 尺寸的 Slack 区域(不扩展非连续性网格 Assembly 的空间区域)，也可以划分相应的非连续性网格，如图 5-78 所示。

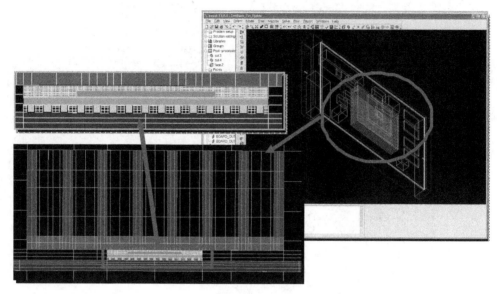

图 5-78 非连续性网格的 0 尺寸扩展

（8）当非连续性网格的 Slack 数值设置为 0 时，需要注意以下事项。

非连续性网格边界不能接触到 CAD 类型的几何体，除非 CAD 体的表面是在计算区域的边界上。

确保非连续性网格的边界不能接触 2D(二维)的几何模型，如 Fan、开口 Opening、Grille、传导薄板 Conduct thin plate 或者指定了属性的某个面（如 Block 的某面设置了热流或者接触热阻，这种表面就不能与非连续性网格相贴）。

非连续性网格的边界不能与对称 Wall 的边界接触。

尽管 ANSYS Icepak 允许设置 Slack 数值为 0，但是不推荐使用 0 尺寸 Slack 的非连续性网格。

5.5.4 非连续性网格的自动检查

针对非连续性网格的划分，ANSYS Icepak 提供了自我检查的工具，以检查非连续性网格是否遵循了相应的规则。

单击主菜单 Macros→Productivity→Validation→Automatic Case Check Tool，如图 5-79 所示，即可打开检查工具，如图 5-80 所示。

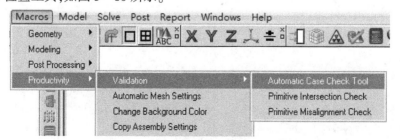

图 5-79 非连续性网格的自动检查工具

第 5 章 ANSYS Icepak 网格划分

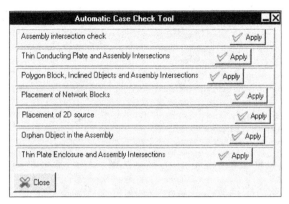

图 5-80 非连续性网格的检查面板

(1) Assembly intersection check：单击 Apply，ANSYS Icepak 将检查多个非连续性网格 Assembly 是否有相交的问题。

在图 5-81 的模型中，单击 Assembly intersection check 右侧的 Apply，ANSYS Icepak 会自动提示非连续性网格 assembly.1 和非连续性网格 assembly.2 相交，单击 Close，关闭 Assemblies Intersection 面板；如果 Assembly 不是非连续性网格，只是普通的装配体，则不会弹出 Assemblies Intersection 面板，而在 Message 窗口提示（见图 5-82）：There is no assembly intersecting each other，表示没有非连续性网格相交。

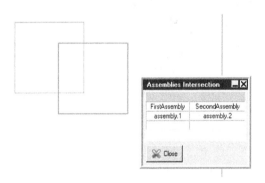

图 5-81 非连续性网格相交

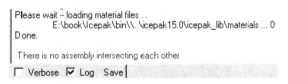

图 5-82 Message 窗口的提示

(2) Thin Conducting Plate and Assembly Intersections：单击其右侧的 Apply，ANSYS Icepak 将自动检查 Assembly 是否和薄板壳模型相交，如图 5-83 所示。

(3) Polygon Block, Inclined Objects and Assembly Intersections：单击检查工具中的 Apply，ANSYS Icepak 将检查多边形、倾斜物体是否和 Assembly 相交，如图 5-84 所示。

(4) Placement of Network Blocks：单击其右侧的 Apply，ANSYS Icepak 将自动检查双热阻模型的芯片是否与 Hollow Block 相贴；如果热阻模型的芯片与 Hollow Block 相贴，ANSYS

Icepak 将自动提示,如图 5-85 所示。

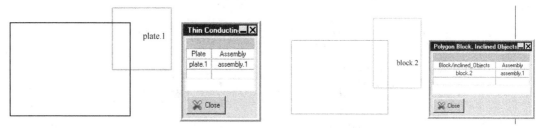

图 5-83　非连续性网格与薄板相交　　　　图 5-84　非连续性网格与多边形、斜板相交

如果模型中不存在类似的错误,ANSYS Icepak 将在 Message 窗口显示蓝色的检查结果,如图 5-86 所示。

图 5-85　芯片热阻模型与 Hollow Block 相贴　　　图 5-86　Message 的窗口提示

（5）Placement of 2D source：单击右侧的 Apply,用于检查是否有二维热源 Source 与传导薄板 Thin_Conducting_Plate 相贴,如图 5-87 所示。

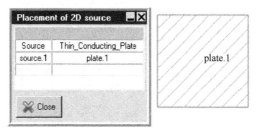

图 5-87　薄板与 Source 相贴

（6）Orphan Object in the Assembly：单击右侧的 Apply,ANSYS Icepak 将自动检查是否有不属于 Assembly 的器件被包含在 Assembly 的区域里（孤儿几何体）,可从 ANSYS Icepak 的视图区域中查看,如图 5-88 所示。

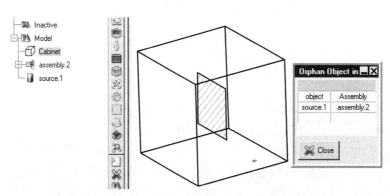

图 5-88　孤儿几何体的检查结果

从图 5-88 中可以看出,在模型树下,source.1 未被包含在 assembly.2 中,而在 ANSYS Icepak 的视图区域中 assembly.2 在几何空间内包含了 source.1,单击 Apply,ANSYS Icepak 将提示 source.1 被 assembly.2 包含。在模型树下,需要将 source.1 直接拖动到 assembly.2 中。

当出现类似图 5-89 中的情况时,也可以双击 Assembly,在其编辑窗口中缩小 Slack 的数值,使得在视图区域中,非连续性网格 Assembly 与 Block 互不干涉。

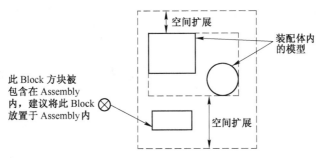

图 5-89 孤儿几何体示意图

(7) Thin Plate Enclosure and Assembly Intersections:单击右侧的 Apply,ANSYS Icepak 将自动检查 Enclosure 中是否有薄面 Thin 与非连续性网格 Assembly 相交。

在图 5-90 中,Enclosure 的 6 个面均为传导薄面,Assembly 与其相交,自动检查工具会提示薄板与 Assembly 相交。

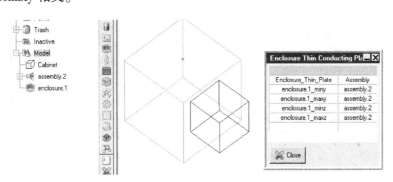

图 5-90 非连续性网格与薄板相交

5.5.5 非连续性网格应用案例

从图 5-91(a)中可以看出,热模型包含 4 个高密度的散热器。由于高密度翅片的细长比比较小,如果划分连续性网格,势必导致较大的网格数量;因此需要分别对 4 个散热器设置非连续性网格,可以在很大程度上减少网格的数量。

图 5-91(b)和(c)分别为此模型划分的连续性网格和非连续性网格结果,其中连续性网格个数为 143 万个,可以看出,高密度散热器的翅片会对整个计算区域内流体空间进行加密,造成网格数量的增加;分别对 4 个散热器模型建立了 Assembly 非连续性网格,可明显看出,散热器只在 Assembly 内部进行加密,而外部空间的背景网格则比较稀疏,即薄尺寸的散热器翅片并未影响背景区域内的网格划分,Assembly 区域内外的网格明显不同,网格个数为 38 万个。与连续性网格相比,非连续性网格减少了 73% 的网格量。

图 5-92 为连续性网格和非连续性网格计算结果的比较,连续性网格的最高温度为

94.9℃,而非连续性网格的最高温度为93.85℃。由此可见,对高密度翅片使用非连续性网格,可以在保证计算精度的同时,大幅减小网格数量,相应的计算量也会减少。

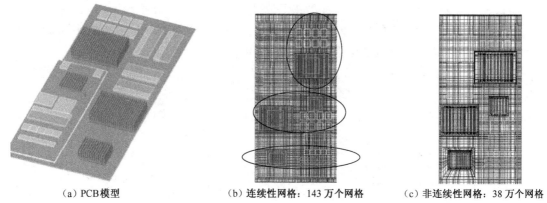

(a) PCB模型　　　　(b) 连续性网格：143万个网格　　　　(c) 非连续性网格：38万个网格

图 5-91　连续性网格与非连续性网格比较

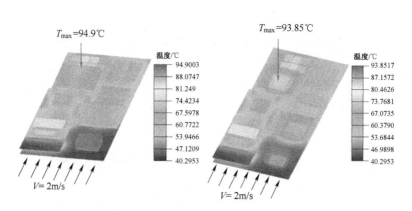

图 5-92　连续性网格和非连续性网格计算结果的比较

5.6　Mesher-HD 之 Multi-level 多级网格

Mesher-HD 网格又称六面体占优网格,其划分的网格大部分为 hexahedral 六面体网格,另外包含 tetrahedral 四面体、polyhedral 多面体网格等。Mesher-HD 可以对 ANSYS Icepak 的原始规则几何体划分网格;另外,热仿真模型中 CAD 类型的几何体(异形 CAD 几何类型),只能通过 Mesher-HD 来划分网格,如图 5-93 所示。

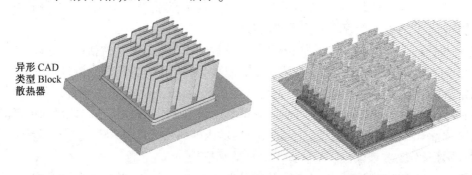

图 5-93　CAD 类型的几何划分

5.6.1 Multi-level（M/L）多级网格概念

Multi-level（M/L）多级网格：是指对热模型使用不同的级数来划分网格。ANSYS Icepak 可以通过不断加密网格级别，来保证异形几何体或者规则几何体的网格贴体。其加密的规则是：背景区域网格是0级网格，其网格尺寸最大，1级网格的尺寸是0级的1/2，依次 n 级的尺寸是 $n-1$ 级尺寸的1/2，如图5-94所示；级数最好不大于4级，ANSYS Icepak 默认的自动多级级数为2级。

Multi-level 多级网格通常是在几何模型的边界进行加密，因此可以更好地捕捉固体壁面边界上的变量梯度。

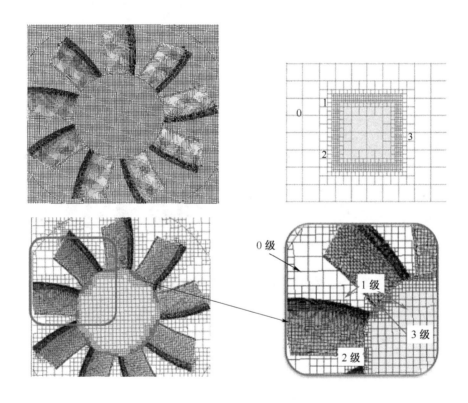

图 5-94 Multi-Level(M/L)多级网格划分示意图

在图5-94中，对轴流风机不划分多级网格，其网格数量为93万个，主要通过设置网格的最大尺寸（网格尺寸0.4mm），对风机进行加密，以捕捉风机模型的细小特征；如果对此模型采用多级网格划分，网格最大尺寸设置为2mm，多级级数设置为3级，网格数量为34万个，减少了59万个网格。

从图5-94中可以看出，在多级网格中，1级网格尺寸是0级的1/2，2级网格尺寸是1级的1/2，3级网格尺寸是2级的1/2，通过网格尺寸的缩小，使得网格对模型具有良好的贴体性；同时，在风扇的边界处，网格由密到疏，可以很好地捕捉各种变量的梯度。

5.6.2 多级网格的设置

在网格控制面板中，网格类型（Mesh type）选择 Mesher-HD，便可以对背景区域的不同模型或者非连续性网格区域内的不同模型进行多级网格的划分。

如图 5-95 所示,选择网格控制面板中的 Allow multi-level meshing(整体网格控制面板和非连续性网格控制面板都可以选择),即可进行多级网格划分,默认 Max levels 为 2,表示将模型中所有几何体的多级级数设置为 2 级。通常来说,需要根据几何模型本身的尺寸特征来设定不同的级数。单击 Edit levels,表示手动编辑各个模型的多级网格级数,可以在打开的 Multi-level meshing max levels 面板中对不同的几何模型设置相应的级数,如图 5-96 所示。

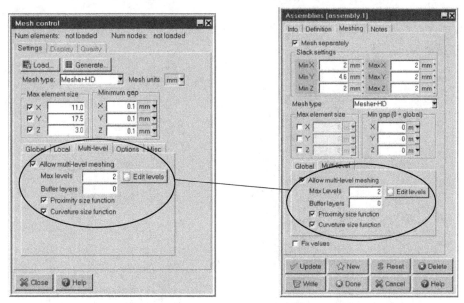

图 5-95　多级网格级数设置

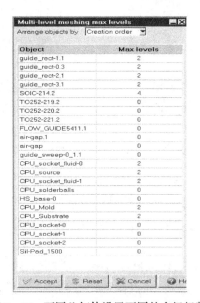

图 5-96　不同几何体设置不同的多级级数

网格控制面板中的 Buffer layers、Proximity 和 Curvature 在 5.1.3 节中已经做了详细的说明;通常 Buffer layers 默认为 0;默认选择 Proximity 和 Curvature,可保证 Mesher-HD 对模型的弧线具有良好的贴体性。

如图 5-97 所示，在进行 Mesher-HD 的 Multi-level 多级网格划分时，除选择上述 Allow multi-level meshing 选项外，在背景网格的控制面板中，还需要选择 Global 中的 Set uniform mesh params，建议不选择 Allow stair-stepped meshing；而在 Misc 中则需要选择 Enforce 3D cut cell meshing for all objects 和 Enable 2D multi-level meshing。

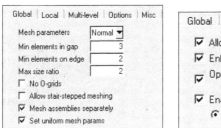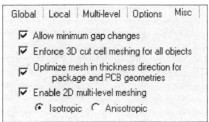

图 5-97　多级网格控制参数输入

同理，在非连续性网格 Assembly 的控制面板中，需要选择 Global 面板中的 Enforce 3D cut cell meshing for all objects、Set uniform mesh params 和 Enable 2D multi-level meshing，不选择 Allow stair-stepped meshing，如图 5-98 所示。

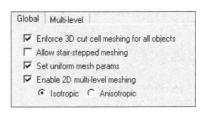

图 5-98　非连续性网格多级网格控制参数输入

5.6.3　设置 Multi-level 多级级数的不同方法

在 ANSYS Icepak 中，需要对不同的几何体设置不同的多级网格级数，主要有以下两种方法。

（1）单击网格面板上的 Edit levels，手动编辑多级级数（见图 5-99）：通过单击网格控制面板中的 Edit levels，打开 Multi-level meshing max levels 面板；根据单个模型本身的几何尺寸特征来确定输入的级数；最小尺寸越小，需要输入的级数越高。

Arrange object by：不同模型的排列规则，其中 Alphabetical 表示根据模型器件的名字首字母进行排序；Creation order 表示根据模型的建立顺序进行排列；Meshing priority 表示根据模型自身的优先级 Priority 进行排列。双击不同对象 Object 右侧的 Max levels，可输入此 Object 模型的多级级数。在划分网格前，需要对 ANSYS Icepak 热模型中不同的几何体设置多级级数，以确保网格对模型的贴体保形。

（2）在模型树下对不同的模型设置级数：在模型树下，选择单个几何体，然后单击右键，在弹出的面板中选择 Set meshing levels；随即会弹出 Meshing level 面板，设置输入此几何体的级数（主要是根据几何模型本身的尺寸进行不同级数的输入）。

如果模型中多个几何体需要设置相同的级数，在模型树下选择多个不同的几何体（可通过 Ctrl+左键选择），然后单击右键，在弹出的面板中选择 Set meshing levels，在 Meshing level 面板中输入需要设置的级数，完成多级网格级数的输入，如图 5-100 所示。

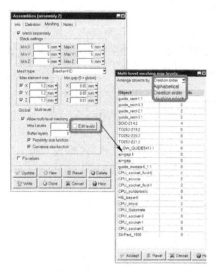 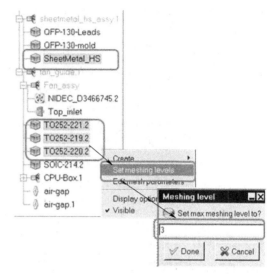

图 5-99　非连续性网格内多级网格级数的输入　　　　图 5-100　多级网格级数的输入

5.7　ANSYS Icepak 网格划分的原则与技巧

5.7.1　ANSYS Icepak 网格划分原则

在 ANSYS Icepak 中常用的网格划分原则如下。

(1) 设置整体网格控制面板的 Max X、Max Y、Max Z 网格最大尺寸为计算区域 Cabinet 的 1/20；如果对自然对流进行模拟，可以将 X、Y、Z 3 个方向的尺寸减小为计算区域 Cabinet 的 1/40。

(2) 对于 ANSYS Icepak 可编辑几何尺寸的几何体（主要指 ANSYS Icepak 的原始几何体，圆柱体，方体，斜边，多边形体等），均使用非结构化网格；当然也可以使用 Mesher-HD，但是不对这些几何体使用 Multi-level 多级网格划分。

(3) 对于导入的异形 CAD 类型 Block，必须对其使用非连续性网格，同时在非连续性网格面板中选择 Mesher-HD 的类型，使用 Multi-level 多级网格对非连续性区域进行网格划分。

(4) 对于高密度翅片的散热器模型，在 DM 导入模型时，一方面建议将其转化成 ANSYS Icepak 的原始几何体，确保散热器形状不变；另一方面需要使用非结构化网格对其进行网格处理。

(5) 第 1 次计算时，可在 Global settings/Mesh parameters 中选择 Coarse。

(6) 在流体通道 Gap、散热器翅片间隙内布置 3~5 个网格，可使用网格控制面板的 Local 进行加密。

(7) 对于散热器几何体，需要在翅片高度方向布置 4~8 个网格，而在散热器基板厚度方向，则需要布置 3 个网格。

(8) 对于 PCB 几何体，需要在 PCB 的厚度方向布置 3~4 个网格。

(9) 对于发热的模型器件，需要在各个边设置至少 3 个网格。

(10) 使用面/边/点对齐、中心对齐、面/边匹配工具，去除所有模型对象之间的小间隙，以减少由于小间隙导致的大量网格数。

(11) 对于 Openings/Grilles/Fan(环面),每个边最少设置 4~6 个网格(可通过 Local 局部加密来实现)。

(12) 划分完网格后,使用 Display 面板,检查不同模型的面网格、体网格,确保网格保持模型本身的几何形状,足以捕捉模型的几何特征,保证模型的网格不失真;通过切面网格显示工具,检查不同位置流体、固体的网格划分。

(13) 检查网格控制面板的 Quality,确保各个判断标准满足推荐的数值要求。

(14) 如果模型有互相重叠的区域,如液冷散热模型,需要检查 Block 的属性(如检查流体 Block 的属性,确保所有流体块的属性为同一种流体,否则计算一定不收敛);检查不同 Block 的优先级是否正确。

(15) 小间隙容差会造成质量差的网格,如图 5-101 所示。

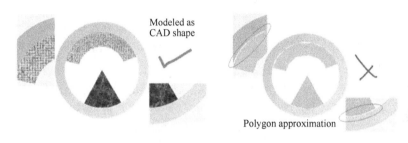

图 5-101 小间隙容差

如果模型中不同的器件相贴、相切,如几个异形的体相切,切面半径相同;建议使用 DM 中的 Simplify 工具,选择 Level 3,在 Face quality 中选择 Very Fine,将异形几何体转化为 ANSYS Icepak 认可的 CAD 类型 Block;如果在 DM 中将部分几何体转化成多边形 Block,那么多边形的 Side 面势必与圆柱体的内面形成间隙,如图 5-101 所示;由于小间隙的存在,可能会导致相贴面产生质量很差的网格。

5.7.2 确定模型多级网格的级数

如果需要对局部区域划分非连续性网格,而且必须选择 Mesher-HD 网格类型,同时选择了多级网格划分,那么如何有针对性地设置非连续性区域内的 Max X、Y、Z 3 个方向的最大网格尺寸?

第 1 步:根据模型的最小厚度尺寸、最小流体间隙尺寸来估计最小的网格尺寸。

第 2 步:计算需要设定的级数,通常为 1 级或者 2 级;最好不要超过 4 级。

第 3 步:设定第 n 级网格尺寸为最小尺寸,然后第 $n-1$ 级尺寸为第 n 级最小尺寸的 2 倍,直到计算出 0 级网格的尺寸,那么相应的 0 级网格尺寸即为 Max X、Y、Z 3 个方向的最大网格尺寸。

如图 5-102 中某手机热模型芯片的最小尺寸厚度仅为 0.15mm,如果设定芯片的级数为 2 级,那么第 2 级网格尺寸为 0.15mm,第 1 级网格尺寸应该为 0.3mm,第 0 级网格尺寸应该为 0.6mm,所以 Max X、Y、Z 3 个方向的最大网格尺寸为 0.6mm。

如果设定芯片的级数为 3 级,那么第 3 级尺寸为 0.15mm,第 2 级网格尺寸应该为 0.3mm,第 1 级网格尺寸应该为 0.6mm,第 0 级尺寸就应该为 1.2mm,所以 Max X、Y、Z 尺寸为 1.2mm。

综合比较,可将非连续性网格的 Max X、Y、Z 3 个方向的最大网格尺寸设置为 1.2mm,然后对薄尺寸的芯片设置其级数为 3 级,而对芯片模型内其他大尺寸的几何设置级数为 2 级,则可保证网格的贴体划分。

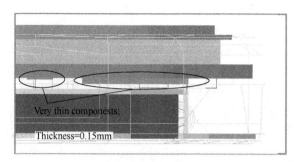

图 5-102 多级网格级数的确定

5.7.3 网格划分总结

针对 ANSYS Icepak 电子散热常见的几种热模型，划分网格的方法如下。

(1) Case 1：热模型中，ANSYS Icepak 可以对所有 Object 的几何尺寸进行编辑，模型均为 ANSYS Icepak 的原始几何体。

方法：背景网格类型为非结构化网格，也可以选择 Mesher-HD，但是不能选择多级网格设置；对于类似的高密度散热器翅片几何体，需要对其建立非连续性网格。

(2) Case 2：热模型中大部分几何体为 ANSYS Icepak 的原始几何体，局部区域存在异形的 CAD 类型如 Block、Plate 等模型。

方法：整体网格的划分方法与 Case 1 相同，但是对于异形的 CAD 几何体，确保建立非连续性网格；对此非连续性网格，使用 Mesher-HD 的网格类型，同时使用多级网格的设置，根据 CAD 体的几何特征尺寸，设置合理的多级级数。

(3) Case 3：ANSYS Icepak 热模型均为通过 DM 导入的大尺寸异形 CAD 几何体，无 ANSYS Icepak 的原始几何体。

方法：背景网格控制面板中选择网格类型为 Mesher-HD，选择多级网格设置，务必对不同的异形几何体设置不同的多级级数；此工况在 LED 散热、异形流道的冷板热模拟中比较常见。

(4) Case 4：在热分析模型中，存在大尺寸的异形 CAD 几何体，也存在 ANSYS Icepak 的原始几何体。

方法：背景网格控制面板中选择网格类型为 Mesher-HD，选择多级网格设置，务必对不同的异形几何体设置不同的多级级数；针对 ANSYS Icepak 认可的原始几何体，对其建立非连续性网格，选择的网格类型为非结构化网格。

(5) Case 5：液冷模型中，流体流道比较规则，建议对流道使用 ANSYS Icepak 认可的原始几何体进行建立或使用 DM 的 Level 2 进行转化，确保流道不变形；也可以使用 SCDM 将流体流道进行切割，确保流道的形状不变。

方法：与 Case 1 类似，如图 5-103 所示。

(6) Case 6：液冷模型中，流体流道异常复杂，必须通过 DM 进行转化，转化后的流道模型为 ANSYS Icepak 认可的 CAD 类型几何体，而冷板的外壳是 ANSYS Icepak 认可的方体。

方法：在背景网格控制面板中选择网格类型为 Mesher-HD，对于不同的几何体设置不同的多级级数，如图 5-104 所示。

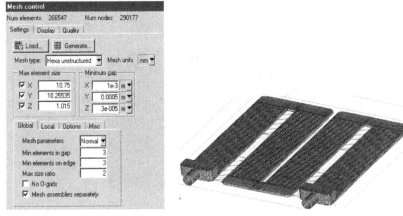

图 5-103 液冷模型中流道的网格划分

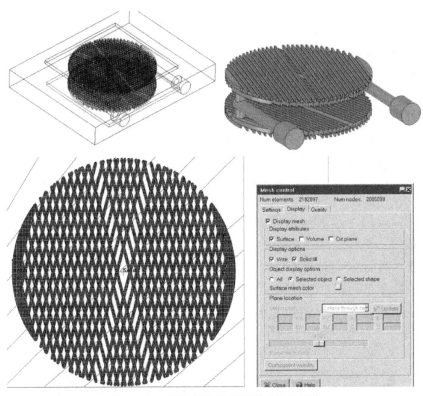

图 5-104 液冷模型异形流道的网格划分

5.8 ANSYS Icepak 网格划分实例

本节主要使用常见的几类电子热模型,详细讲解其划分网格的方法,主要包括强迫风冷机箱的网格划分、LED 灯具强迫风冷散热的网格划分、液冷冷板的网格划分及热管散热器的网格划分,讲述网格划分的方法及网格控制面板的设置。

5.8.1 强迫风冷机箱

强迫风冷机箱中包含散热器、异形导流罩、风扇、CPU 芯片、母板 PCB 和器件等模型,热模型中大部分几何为 ANSYS Icepak 的原始几何体,但是在局部区域存在异形 CAD 类型的 Plate 导流罩;导流罩区域内还包含了芯片、高密度叉齿散热器,如图 5-105 所示。

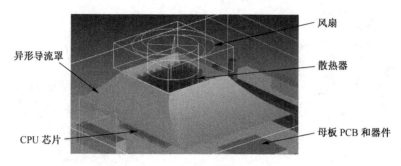

图 5-105 强迫风冷机箱模型

表 5-4 中列出了机箱模型中各个几何体的形状特点及空间位置特点。

表 5-4 风冷机箱模型本身特点

名 称	形 状 特 点	位 置
母板 PCB 和器件	ANSYS Icepak 原始几何体	导流罩外部
导流罩	CAD 异形 Plate 薄壳	母板 PCB 上
散热器	ANSYS Icepak 原始几何体	导流罩内部
CPU 芯片	ANSYS Icepak 原始几何体	导流罩内部
风扇	ANSYS Icepak 原始几何体	导流罩上部

此机箱网格划分的方法如下。

(1) 建立非连续性网格:由于模型中大部分几何体为 ANSYS Icepak 认可的原始几何体,但是在局部区域存在异形的 CAD 几何体,因此必须对异形几何体所处的空间区域建立非连续性网格 Assembly.1;由于模型中的散热器为高密度的叉齿散热器,因此必须对其建立非连续性网格 Assembly.2。

由于模型本身的几何布局,导致建立的非连续性网格 Assembly.1 和非连续性网格 Assembly.2 相交,因此按照非连续性网格的规则,需要将非连续性网格 Assembly.2 拖至非连续性网格 Assembly.1 内部,因此 Assembly.1 包含了 Assembly.2,在模型中由于芯片的尺寸比较小,需要建立非连续性网格 Assembly.3,同样,将 Assembly.3 拖至非连续性网格 Assembly.1 内部,这样,Assembly.1 包含了 Assembly.2 和 Assembly.3,如图 5-106 所示。

图 5-106 非连续性网格

(2) 在整体的网格控制面板中,选择网格类型为非结构化网格,对于 Assembly.1,设置其网格类型为 Mesher-HD,而对于 Assembly.2 和 Assembly.3 都使用非结构化网格类型。表 5-5

罗列了不同模型及 Assembly 使用的网格类型。

表 5-5　不同模型及 Assembly 使用的网格类型

名　　称	非连续性网格位置	子 Assembly	网 格 类 型
母板 PCB 和器件	无非连续性网格		背景网格为非结构化网格
导流罩 Assembly	位于模型树下	包含散热器 Assembly 和芯片 Assembly	Mesher-HD 的非连续性网格,使用多级网格对导流罩进行网格处理
散热器 Assembly	位于导流罩 Assembly 下		非连续性网格的非结构化网格
CPU 芯片 Assembly	位于导流罩 Assembly 下		非连续性网格的非结构化网格
风扇 Assembly	位于模型树下		非连续性网格的非结构化网格

（3）机箱划分的网格及计算结果如图 5-107 所示。

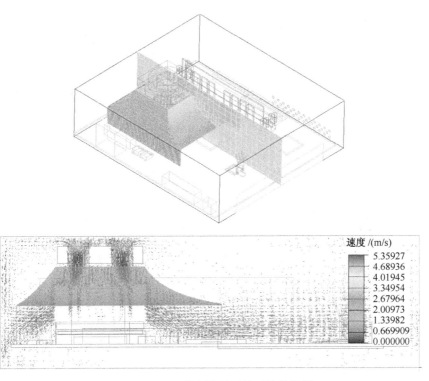

图 5-107　机箱划分的网格及计算结果

5.8.2　LED 灯具强迫风冷散热模拟

LED 灯具几何模型如图 5-108 所示,模型包含异形 CAD 类型的太阳花散热器 Block、ANSYS Icepak 的原始风机、规则的圆柱体铝基板,以及多边形体的 LED 热源。

对于本案例编者整理了几种不同的模型:一种是将 LED 灯芯作为整体的块热源进行网格划分,可将 LED 热源模型直接通过 DM 导入 ANSYS Icepak(工况 Case 1 和工况 Case 2);另一种是将 LED 块热源使用面热源 Source 来替代处理(工况 Case 3);不同工况建立了不同的非连续性网格,非连续性网格内包含的模型是不同的,如图 5-109 所示。

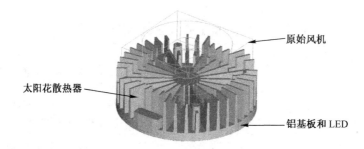

图 5-108 LED 灯具几何模型

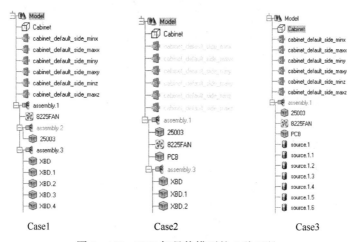

图 5-109 LED 灯具热模型的 3 种工况

各个工况的模型特点如下。

(1) Case 1：在 Case 1 中，背景网格类型必须为 Mesher-HD，仅对 CAD 类型的太阳花散热器设置了非连续性网格，对非连续性网格的散热器 Assembly.2 使用 Mesher-HD 的多级网格划分处理；然后将其他器件风扇、铝基板、LED 直接使用 Mesher-HD 来划分。

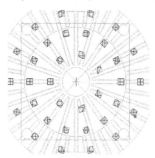

图 5-110 LED 热源的网格划分

由于 LED 本身的尺寸比较小，在 Case 1 中未对其建立非连续性网格，LED 灯芯厚度比较薄，势必导致大量的计算网格；在整体网格控制面板中，Max X、Y、Z 的网格最大尺寸为计算区域的 1/20，由于网格的最大尺寸超过 LED 灯芯本身的厚度、长度、宽度，因此划分的网格未能正确捕捉 LED 热源的本身形状，如图 5-110 所示，LED 热源网格粗糙，并且不贴体，Case 1 的网格划分错误。

(2) Case 2：在 Case 2 中，对所有的模型几何建立了非连续性网格 Assembly.1，另外对 LED 所有灯芯热源体建立 Assembly.3；在模型树下，Assembly.1 包含了 Assembly.3；对于非连续性网格 Assembly.1 和 Assembly.3 均设置网格类型为 Mesher-HD 的多级网格，对 Assembly.1 内部的散热器、风扇、铝基板及 Assembly.3 内部的 LED 热源使用不同的多级网格，背景网格使用非结构化网格来划分，划分的网格结果如图 5-111 所示。

从图 5-111 中可以看出，多级网格完全贴体了 LED 灯芯的模型；另外，通过切面可以看出，散热器、风机均划分了多级网格。

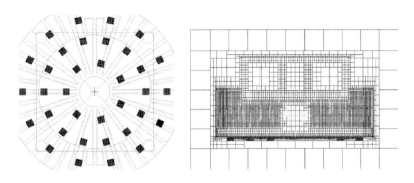

图 5-111　Case 2 划分的网格

（3）Case 3：在 Case 3 中，将所有小尺寸的 LED 灯芯块热源替换为相同接触面积的面热源 Source，然后将模型树下所有的几何器件放置于 Assembly.1 中，设置为非连续性网格，网格类型为 Mesher-HD。对不同尺寸的模型设置相应的多级网格级数，背景网格设置为非结构化网格，网格划分结果如图 5-112 所示。

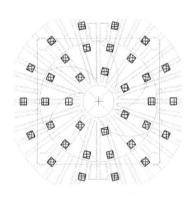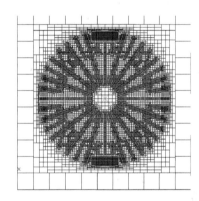

图 5-112　Case 3 划分的网格（一）

从图 5-112 中可以看出，ANSYS Icepak 对 LED 的面热源使用了较少的多级网格，划分的网格贴体面热源（由于 Source 面热源无厚度，因此 Case 3 网格数量少于 Case 2）；通过切面的网格，可清楚地看到对散热器使用了非连续性网格的多级网格处理。

通过图 5-113 可以看出，Case 3 的网格处理方法可以将风机、铝基板及散热器模型进行完全的贴体划分。通过 3 种工况的网格划分比较，可以发现，Case 3 的网格性价比最高。表 5-6 对 3 种工况的网格做了整体的比较。

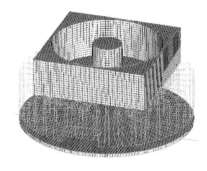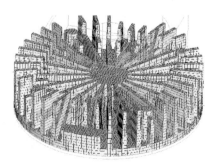

图 5-113　Case 3 划分的网格（二）

表 5-6　3 种工况的网格划分方法比较

工况 网格划分方法	Case 1	Case 2	Case 3
背景网格类型	Mesher-HD	非结构化网格	非结构化网格
非连续性网格	仅包含散热器	整体模型建立非连续性网格 Assembly.1,然后将 LED 热源建立 Assembly.3,Assembly.1 包含 Assembly.3,非连续性网格使用 Mesher-HD	所有模型建立非连续性网格;非连续性网格使用 Mesher-HD
LED(Source)级数	—	1	3
散热器级数	2	3	3
风机级数	—	2	3
铝基板级数	—	2	3
网格数量	45 万个	125 万个	14 万个
结果	网格质量差,不贴体,不能计算	可以计算收敛	可以计算收敛

5.8.3　液冷冷板模型

液冷冷板的热模型如图 5-114 所示,其流体的流道为高密度翅片,除了高密度翅片,流道其余部分为 ANSYS Icepak 认可的原始几何体(多边形体和圆柱体)。

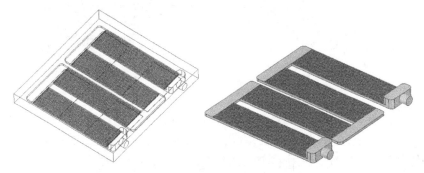

图 5-114　液冷冷板的热模型

(1) ANSYS Icepak 热模型:此模型建议使用 DM 或者 SCDM 将流道的流体 Block 进行切割,使其分割为 ANSYS Icepak 认可的原始几何体;如果将流体 Block 整体导入 ANSYS Icepak,那么流道将变为 CAD 体的异形流道,则必须使用 Mesher-HD 的多级网格划分,而多级网格对于高密度 Block 块的适应性比较差,不能对高密度翅片的流道划分贴体保形的网格,因此不建议将流体 Block 整体导入 ANSYS Icepak。

错误的冷板热模型如图 5-115 所示,不建议使用此方法。

(2) 网格划分:很明显,将流体块进行切割后,各流体 Block 块均为 ANSYS Icepak 认可的原始几何体,那么模型可以使用非结构化网格来进行划分;注意确保冷板的优先级低于流体 Block 块的优先级;分别对流道内 4 个高密度翅片区域建立非连续性网格(如果不使用非连续性网格,也可以计算,但是网格数量较大),如图 5-116 所示。

图 5-115　错误的冷板热模型　　　　图 5-116　正确的冷板热模型

根据 ANSYS Icepak 划分网格的原则,将不同区域的高密度流体 Block 设置为非连续性网格,共划分 4 个非连续性网格区域,非连续性区域内使用非结构化网格,背景区域内的网格类型选择非结构化网格。

如图 5-117 所示,使用非连续性网格,此冷板模型生成的网格数为 13 万多个,通过网格控制面板 Display 检查切面网格的分布,可以发现,高密度流体 Block 仅在非连续性网格区域内加密,对背景区域内的网格无影响,如图 5-118 所示。

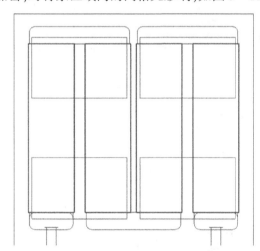
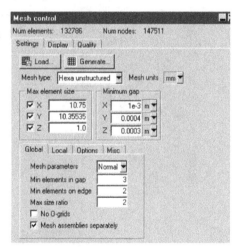

图 5-117　冷板网格的划分设置

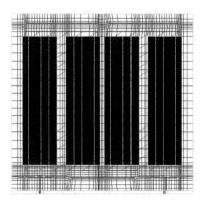

图 5-118　冷板划分的非连续性网格

图 5-119 为冷板计算的迹线分布和速度矢量分布。

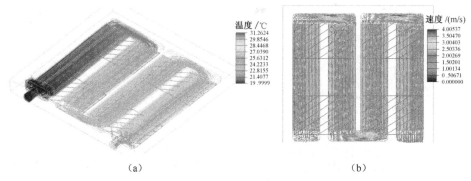

(a)　　　　　　　　　　　(b)

图 5-119　冷板计算的迹线分布和速度矢量分布

如果对此冷板模型不划分非连续性网格,即不设置非连续性网格区域,划分的网格数量为 32 万多个,如图 5-120 所示。通过网格控制面板的 Display 显示切面划分的网格,可以发现,高密度流体 Block 的网格会影响整个热模型的网格划分,导致网格数量的增加。

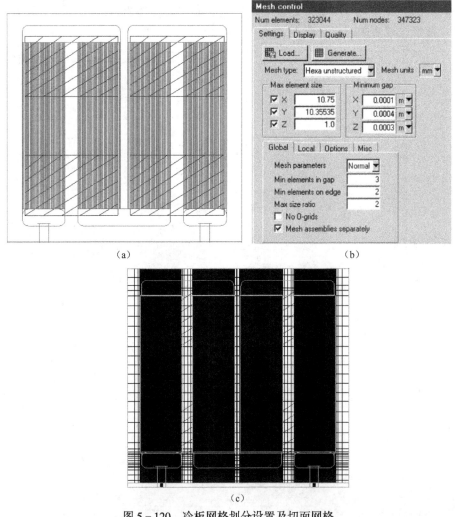

(c)

图 5-120　冷板网格划分设置及切面网格

5.8.4 强迫风冷热管散热模拟

热管散热器模型中包含高密度的散热器翅片,翅片厚度仅为0.5mm;模型基板底部布置7×7个小热源,热源为体Block;另外,包含3个轴流风机,每组散热器内部嵌入了一根异形的CAD热管模型,如图5-121所示。

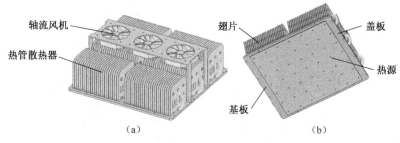

图5-121 热管散热器模型

1. 热模型的修复与建立

删除此模型中热源基板及上部盖板的安装孔、倒角等小特征,可使用SCDM或者DM进行小特征的删除修复,如图5-122所示。

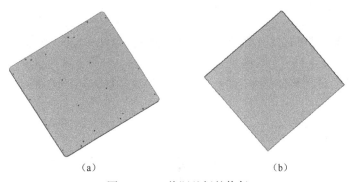

图5-122 热源基板的修复

由于散热器本身的厚度比较薄,仅0.5mm,与模型最大尺寸相比,细长比比较小,因此需要提取散热器翅片的薄壳单元,将每个散热器简化成薄壳Plate模型;同样需要提取风扇支架的薄板模型Plate;可通过SCDM或者DM来进行壳单元模型的提取,如图5-123所示。

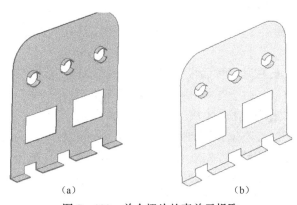

图5-123 单个翅片的壳单元提取

做完模型修复后,原始的 CAD 几何体将转变为图 5-124 中的几何模型。

将修复后的几何模型通过 DM 的转化功能进行导入,可得到相应的 ANSYS Icepak 热模型;由于热管与散热器翅片为异形的 CAD 几何体,因此需要在 DM 中使用 Simplify 的 Level 3 来进行转化,选择 Face quality 为 Very fine,可保证转化后的热管和散热器形状保持不变;在 ANSYS Icepak 中,双击模型树下散热器所有翅片的薄壳模型(Plate 类型),选择其类型为 Conducting thin 传导薄板,然后输入相应的厚度 0.5mm;导入 ANSYS Icepak 后的热模型如图 5-125 所示。

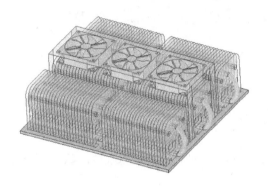 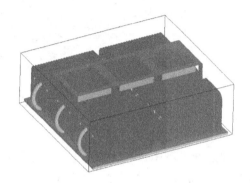

图 5-124　修复后的 CAD 模型　　　　图 5-125　导入 ANSYS Icepak 后的热模型

另外,由于热源本身的尺寸比较小,此处建议使用面热源 Source 来代替真实的 Block 块热源。可使用 ANSYS Icepak 提供的匹配命令,将 Source 面热源与体热源的面进行匹配(见图 5-126);然后使用复制命令,建立 7×7 的面热源布局,最后删除所有体热源。

图 5-126　面热源 Source 的匹配

2. 网格划分方法

(1) 将基板和面热源建立非连续性网格 Assembly.1。

(2) 在模型树下选择第 1 步建立的 Assembly.1 和其他几何模型,单击右键,建立另外一个非连续性网格 Assembly.2。

(3) 双击 Assembly.1,在其编辑面板中选择 Mesh separately,对于 Assembly.1 的 6 个面,设置 Slack 面板的数值为 1mm;由于基板和面热源都是 ANSYS Icepak 认可的几何模型,因此在网格类型 Mesh type 中选择非结构化网格,如图 5-127 所示。

(4) 双击 Assembly.2,在其编辑窗口中选择 Mesh separately,对 Assembly.2 的 6 个面,设置 Slack 面板的数值为 6mm;选择网格类型 Mesh type 为 Mesher-HD;选择 Max element size X、Y、Z 3 个方向的数值为 10mm,设置非连续性区域内的网格最大尺寸,如图 5-128 所示。

如图 5-128 所示,在 Global 面板中选择 Enforce 3D cut cell meshing for all objects、Set uniform mesh params 和 Enable 2D multi-level meshing;在 Multi-level 面板中,选择 Allow multi-level meshing,单击 Edit levels,对不同的模型对象编辑其相应的多级网格级数,具体数值可参考表 5-7。

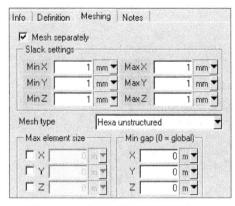

图 5-127 非连续性网格的设置(一)

(a)

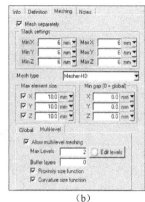
(b)

图 5-128 非连续性网格的设置(二)

表 5-7 不同模型的多级网格级数

器件名称	多级级数
风扇	1
盖板	2
风扇支架	1
薄板 Plate 翅片	2
热管	3

3. 热管散热器模型的网格划分结果

单击网格显示功能,仔细检查热管与散热器翅片是否完全接触,如果热管与散热器之间的网格不贴体,那么势必导致二者之间不能进行良好的导热;检查热管的网格是否完全贴体划分,如图 5-129 所示。

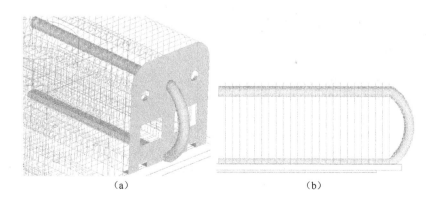

(a)　　　　　　　　　　　　　(b)

图 5-129 散热器翅片及热管的网格

通过切面的网格显示，可以看出，对热管及散热器翅片使用了 Mesher-HD 的多级网格进行划分处理；而非连续性网格外侧，则使用了非结构化网格进行划分处理，如图 5-130 所示。

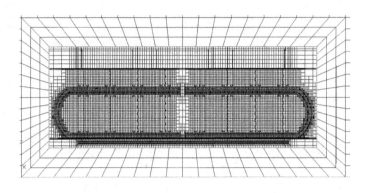

图 5-130　热管散热器模型的切面网格

图 5-131 为散热器翅片的贴体划分，如果网格未能贴体划分模型，一方面很容易造成计算不收敛，另一方面，即使求解计算可以收敛，其后处理显示的结果也不能正确表达原始模型的真实几何形状，计算的误差较大。

图 5-132 为 ANSYS Icepak 对此热管散热器划分的网格个数和网格节点，其中网格数为 3037505 个，网格节点数为 3613678 个。

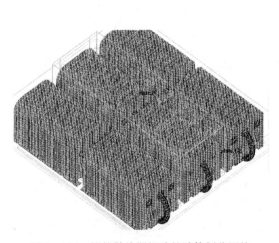

图 5-131　热管散热器翅片的贴体划分网格

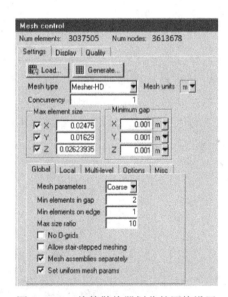

图 5-132　热管散热器划分的网格设置

图 5-133~图 5-135 为此热管散热器计算的切面温度分布、速度矢量图及温度分布。

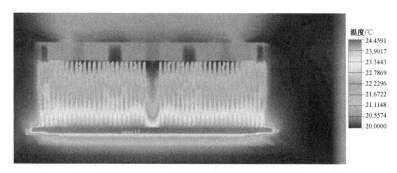

图 5-133　热管散热器切面温度分布

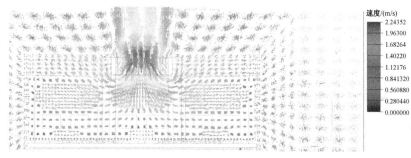

图 5-134　切面的速度矢量图

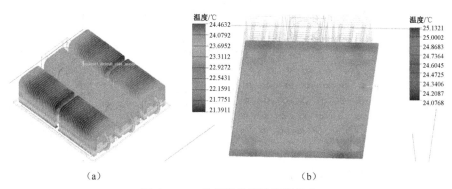

(a)　　　　　　　　　　　(b)

图 5-135　热管散热器的温度分布

5.9　本章小结

本章主要对 ANSYS Icepak 的 3 种网格类型（非结构化网格、Mesher-HD 网格、结构化网格）做了详细的介绍，讲解了 ANSYS Icepak 网格控制面板、网格检查面板、网格质量面板；讲解了 ANSYS Icepak 的网格优先级说明；重点讲解了 ANSYS Icepak 非连续性网格的使用方法、使用规则等；针对非连续性网格，还列举了具体的案例；另外，讲解了 ANSYS Icepak 常用的 Multi-level 多级网格的概念、多级网格的设置，以及多级网格级数的设置方法；讲解了 ANSYS Icepak 划分网格的原则与技巧；最后列举了 4 个电子行业的典型热仿真案例，有针对性地讲解了网格划分的方法。

第 6 章 ANSYS Icepak 相关物理模型

【内容提要】

本章将重点讲解 ANSYS Icepak 涉及的自然对流控制方程、自然对流使用的模型以及进行自然对流计算时,计算区域的选择等问题;重点讲解 ANSYS Icepak 中涉及的 3 种辐射换热模型,以及三者的比较;讲解 ANSYS Icepak 针对户外产品开发的太阳辐射模型设置;讲解 ANSYS Icepak 进行瞬态模型计算的各种设置,包括瞬态时间步长设置、热源热耗的瞬态设置及模型初始温度的瞬态设置等。

【学习重点】

- 掌握 ANSYS Icepak 进行自然对流的相关设置;
- 掌握 ANSYS Icepak 辐射换热模型;
- 掌握 ANSYS Icepak 的太阳辐射模型;
- 掌握 ANSYS Icepak 中瞬态模拟计算的相关设置。

6.1 自然对流应用设置

在对流换热中,因为冷、热流体的密度差引起的流动,称为自然对流。ANSYS Icepak 热模拟计算中,有两种工况需要考虑自然对流计算:一种为纯自然对流,热模型中无风扇等强迫对流的边界条件;另一种为混合对流,热模型中有强迫风冷或者强迫液冷,另外包含密闭的空间,空间内充满空气。图 6-1 为机载电子控制机箱模型,为了考虑机箱的电磁兼容,各电子模块处于封闭的机箱内部。另外,通过引入外界的冷风,对机箱的 3 个冷却通道进行强迫对流散热;冷却通道内的空气不能进入模型的密闭空间;密闭空间内包含自然对流、传导、辐射换热 3 种散热方式,这种情况称为混合对流冷却。

图 6-1 机载电子控制机箱模型

6.1.1 自然对流控制方程及设置

控制方程为

$$\rho\left(\frac{\partial u}{\partial t} + u \cdot \nabla u\right) = -\nabla p + \nabla \cdot \tau - \rho g \tag{6-1}$$

式中，ρg 为自然对流的浮力项。

在 ANSYS Icepak 中，如果模型为强迫对流散热，由于自然冷却所占的比例较少，通常将自然冷却计算关闭，即忽略模型通过自然对流和辐射换热散出的热量。

在 ANSYS Icepak 中，双击打开 Basic parameters 面板，选择 Natural convection 下的 Gravity vector，即可考虑自然对流计算。默认的设置为：Y 轴的负方向代表重力方向，为 -9.80665（m/s^2），如图 6-2 所示。

另外，如果热模型在实际工程中与重力方向之间有一定的夹角，那么可以有以下两种方法设置自然对流。

方法 1：将真实倾斜的模型通过 DM 导入 ANSYS Icepak，如图 6-3 所示；选择相应的重力方向，即可进行自然对流计算。但是因为热模型是倾斜的，必须使用 Mesher-HD 的多级网格划分处理，会导致较大的网格数量。

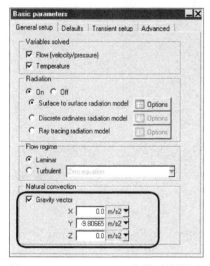

图 6-2　ANSYS Icepak 自然对流设置

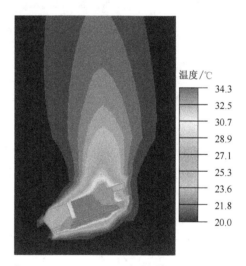

图 6-3　ANSYS Icepak 倾斜模型自然对流计算

方法 2：将模型旋转一定角度，保证热模型在 ANSYS Icepak 中与坐标轴平行或垂直，这样划分的网格数量较少，但是重力方向与真实方向不一致，此时可以按照图 6-4 所示方式，将真实的重力方向进行分解。相应的计算结果如图 6-5 所示。

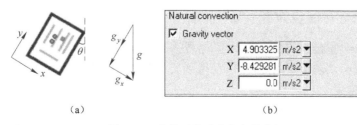

图 6-4　自然对流重力方向的分解

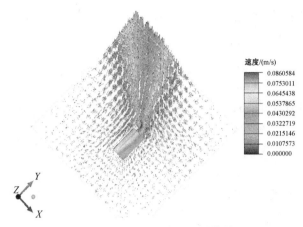

图 6-5 分解重力方向的计算结果

6.1.2 自然对流模型的选择

ANSYS Icepak 提供两类自然对流模型：一种模型为 Boussinesq approximation，称为布辛涅司克近似；另一种模型为 Ideal gas law，即理想气体方程，如图 6-6 所示。

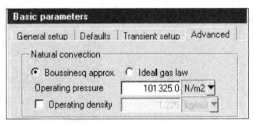

图 6-6 自然对流模型的选择

（1）单击选择 Boussinesq approx.：布辛涅司克近似认为在自然对流控制方程中，动量方程浮力项 ρg 中的密度是温度的线性函数，而其他所有求解方程中的密度均假设为常数。

浮力项中的密度公式为

$$\rho_\infty - \rho = \rho\beta(t - t_\infty)$$

式中，ρ_∞ 为周围环境的空气密度；t_∞ 为周围环境的空气温度；β 为周围环境空气的膨胀系数。

Boussinesq approximation 是 ANSYS Icepak 默认的自然对流模型，适用于大部分电子产品的自然散热模拟计算。

（2）单击选择 Ideal gas law 理想气体方程：当流体密度变化非常大时，可选择 Ideal gas law 理想气体方程。选择 Operating density，输入周围环境的空气密度，可改进自然对流求解的收敛性。

6.1.3 自然对流计算区域设置

在 ANSYS Icepak 中进行自然对流计算时，需要对其设置相应的计算区域。Cabinet 表示计算区域的空间，其必须被指定的足够大，使得远场处各种变量的梯度足够小，才能够保证自然对流模拟计算的精度。

针对计算区域 Cabinet 的大小，ANSYS Icepak 的规定如下。

图 6-7 中，Unit modeled 表示模型树下所有模型组成的装配体或者热模型，L 为此模型集

合的特征尺寸(L 为装配体 3 个方向的最大尺寸值),那么在装配体上部空间,需要设置至少 $2L$,即 2 倍的特征尺寸空间;在四周的空间内,需要设置至少 $0.5L$,即 0.5 倍的特征尺寸空间;而在装配体下部,需要设置至少 L,即 1 倍的特征尺寸空间,如图 6-7 所示;计算区域 Cabinet 的 6 个面,必须设置为 Opening 的开口属性。

如果电子热模型本身的环境为密闭空间,如模型被放置在一个密闭的环境内进行散热,那么 Cabinet 6 个面则不能设置为开口的属性,此时必须将 Cabinet 的某些面或者 6 个面设置为 Wall 的属性,然后单击 Edit,输入 Wall 的属性,可输入温度、换热系数、热流密度等(见图 6-8),以考虑计算区域外部环境和 Cabinet 内部空气的换热过程;否则,求解计算将不能收敛。

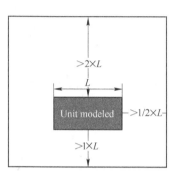
图 6-7 自然对流计算的最小空间

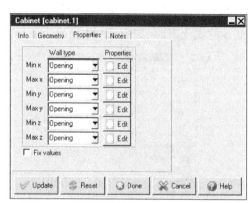
图 6-8 自然对流计算 Cabinet 的属性设置

如果热模型密闭空间为立方体,则可以使用 Cabinet 的 6 个面作为热模型计算区域的边界;而如果模型密闭空间为异形的、不规则几何空间时,那么必须使用 Hollow block 来将方形的 Cabinet 空间进行切割,得到异形的计算空间。此时不用遵循 ANSYS Icepak 默认的自然对流计算区域限制,将 Hollow block 切割后的计算区域边界设置为 Wall,然后输入恒定的温度,或者相应的换热系数,ANSYS Icepak 即可计算相应密闭空间内空气的自然冷却,可以得到自然冷却的温度场、流场分布等,如图 6-9 所示。关于异形计算区域的建立,第 9 章 ANSYS Icepak 热仿真专题会进行详细说明。

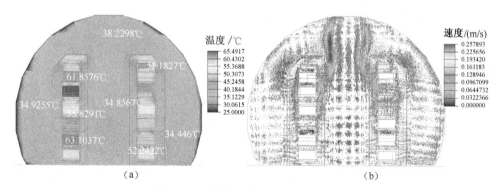
图 6-9 异形空间自然对流的计算结果

6.1.4 自然冷却模拟设置步骤

(1) 在 ANSYS Icepak 中,当建立了相应的热模型后,进行自然冷却模拟的设置步骤如下。双击打开 Basic parameters 面板,默认选择其中的 Flow(velocity/pressure) 和 Temperature。

（2）在 Basic parameters 面板中选择 Radiation 下的 On，表示辐射换热打开；选择 Radiation 下的任何一种辐射换热模型；建议单击选择 Discrete ordinates radiation model 模型，如图 6-10 所示。

（3）在 Flow regime 面板下选择合理的流态，一般选择 Turbulent，默认使用 Zero equation 零方程模型，零方程模型足够保证电子散热计算的精度。

（4）选择 Natural convection（自然对流）下的 Gravity vector，考虑合理的重力方向，如图 6-10 所示。

（5）在 Defaults 面板下，修改设置自然对流的环境温度、环境压力（默认为相对大气压）、辐射换热温度（通常与环境温度相同）；Default materials 下表示设置默认的流体材料、固体材料料及表面材料；默认的流体为空气，默认的固体为铝型材，默认的表面材料为发射率0.8、粗糙度0.0的氧化表面，如图 6-11 所示。

图 6-10 自然对流面板设置（一）

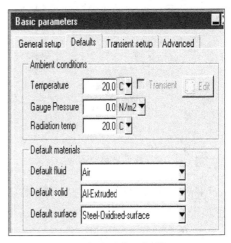

图 6-11 自然对流面板设置（二）

（6）在 Transient setup 面板中，选择稳态/瞬态模拟计算；进行自然对流计算时，在 Solution initialization 中，输入重力方向反方向的速度 0.15（m/s）（假如重力方向为 Y 轴负方向，那么可以在此处 Y velocity 中输入 0.15（m/s），表示求解初始化的速度），如图 6-12 所示。

（7）可以在 Advanced 面板中，选择合适的自然对流模型，默认选择 Boussinesq approx.，即布辛涅司克近似，如图 6-13 所示。

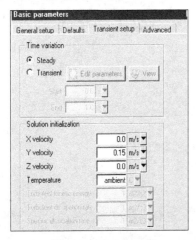

图 6-12 自然对流面板设置（三）

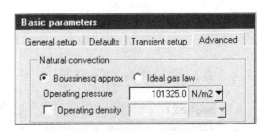

图 6-13 自然对流模型的选择

(8) 按照 ANSYS Icepak 的规定,如图 6-7 所示,修改 Cabinet 的计算区域;可使用面对齐、移动等操作,将模型组成的装配体定位到 Cabinet 的相应位置。

(9) 设置 Cabinet 的 6 个面均为 Opening 开口边界,完成自然对流计算的设置。

6.2 辐射换热应用设置

当任何两个面有温差时,即可发生辐射换热。辐射换热的计算公式可参考第 2 章,辐射换热量与参与辐射换热表面的温差、表面的发射率及角系数等有关。在 ANSYS Icepak 中模型的表面均为灰体,即发射率和吸收率相等;表面是不透明的,即透射率为 0;参与辐射换热的表面为漫反射表面。

在 ANSYS Icepak 中,有以下几种情况需要考虑辐射换热。

(1) 热模型采用自然冷却的散热方式。由于在自然冷却中,辐射换热的换热量占总热量的 30% 左右,因此需要考虑辐射换热计算。

在图 6-14 中,某散热器进行自然冷却计算,图 6-14(a) 为不考虑辐射换热计算,散热器最高温度约为 82.45℃;图 6-14(b) 为考虑辐射换热计算,散热器最高温度约为 74.97℃。通过二者的比较,可以看出,散热器模型的最高温度相差 7.4778℃。因此,在进行自然冷却计算时,必须考虑辐射换热计算。

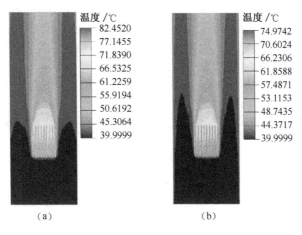

图 6-14 辐射换热的重要性比较

(2) 电子机箱热模型采用混合对流散热,即散热方式中包含强迫风冷(液冷),而密闭机箱内部空间是自然冷却散热,也需要考虑辐射换热计算。

(3) 当电子产品处于外太空(相当于很大的热沉)或真空环境中时,由于外太空或真空环境没有空气、重力影响,热模型只能依靠辐射换热和传导进行散热,因此也需要考虑辐射换热计算。

在单纯的强迫风冷或强迫液冷散热时,为了保守计算,可以关闭辐射换热计算;而在混合对流或自然冷却中,必须考虑辐射换热计算。

针对辐射换热计算,ANSYS Icepak 提供 3 种辐射换热模型:第 1 种为 Surface to surface (S2S) 辐射模型;第 2 种为 Discrete ordinates 辐射模型,简称 DO 模型;第 3 种为 Ray tracing 辐射模型,简称光线追踪法,如图 6-15 所示。

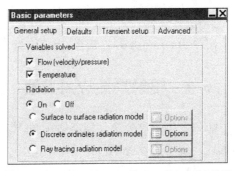

图 6-15　ANSYS Icepak 提供的 3 类辐射换热模型

6.2.1　Surface to surface(S2S 辐射模型)

在 Basic parameters 面板中,ANSYS Icepak 默认 Radiation 为 On,但是并不代表模型已经考虑辐射换热计算;如果选择 Off,表示辐射换热计算关闭。

单击 Radiation 下面的 Surface to surface radiation model(S2S 辐射模型),表示选择 S2S 辐射模型,但是没有进行角系数计算,那么 CFD 的求解不会考虑辐射换热。因此,如果选择 S2S 辐射模型,首先必须进行辐射换热角系数的计算。

打开角系数计算面板有两种方法:一种为单击 Surface to surface radiation model(S2S)后侧的 Options,即可打开角系数计算面板;另一种为直接单击快捷工具栏中 ![icon],也可以打开 S2S 角系数计算面板,如图 6-16 所示。

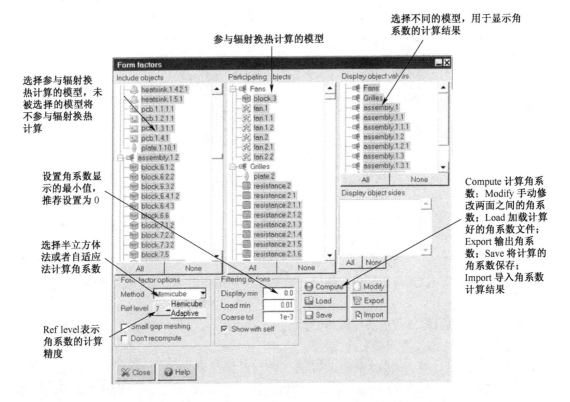

图 6-16　S2S 辐射换热角系数计算面板

如果完成了角系数的计算,可以选择 Load 或者 Import,将计算好的角系数直接加载,以减少计算的时间。当热模型比较复杂时,可排除一些无关紧要的模型对象,或者在角系数计算面板中,仅选择大尺寸的模型对象参与计算,然后单击 Compute,可减少角系数的计算时间。

单击图 6-16 面板下的 Modify,可修改面与面之间的角系数数值,如图 6-17 所示;在 From object 下选择一个面,在 To object 下选择另一个面,然后在 Value 中输入这两个面之间的角系数值,单击 Modify、Close,完成两个面之间角系数的修改。

在辐射换热模型中,S2S 辐射模型的计算精度不如光线追踪法辐射模型或者 DO 辐射模型,而且 S2S 辐射模型不可以被用于计算 CAD 类型的 Block、Plate 等模型的辐射换热计算;另外,对于非常复杂的 ANSYS Icepak 热模型,S2S 辐射换热经常需要较长的时间来进行角系数的计算,因此,S2S 辐射模型用得不多。

在图 6-16 的面板 Display object values 下,选择某个体或者面,ANSYS Icepak 将显示计算的角系数值,如图 6-18 所示。

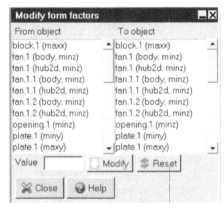

图 6-17 角系数的修改

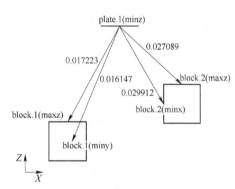

图 6-18 S2S 辐射换热角系数的显示

6.2.2 Discrete ordinates(DO 辐射模型)

当热模型非常复杂,尤其是模型中有很多高密度的翅片时,选择 S2S 辐射换热模型或者光线追踪法计算辐射换热角系数时要求计算机有较大的内存;在此种工况下,可选择使用 Discrete ordinates(DO 辐射模型)。DO 辐射模型可用于计算非常复杂的热模型的辐射换热,CAD 类型的几何模型也可以选择 DO 辐射模型来进行辐射换热计算。

通过单击选择 Radiation 下的 Discrete ordinates radiation model,即可选择 DO 辐射模型,如图 6-19 所示。

单击 DO 辐射模型后侧的 Options,打开 DO 辐射模型的参数面板,如图 6-20 所示。

在图 6-20 中,Flow iterations per radiation iteration 表示 DO 辐射换热计算的频率,默认设置为 1,即代表每计算一次辐射换热,就进行一次流动迭代计算;增大此数值,可加速计算求解的过程,但是会减缓耦合求解的过程。

Theta divisions 和 Phi divisions 用来定义每个 45°角空间离散时,控制角的个数。这两个数值越大,表示对角空间离散的越细,可以更好地捕捉小几何尺寸或者形状变化较大几何的温度梯度,但是将花费较多的计算时间,因此如果模型中有曲面、小尺寸几何体时,建议增大 Theta divisions 和 Phi divisions 的数值,可修改其为 3。

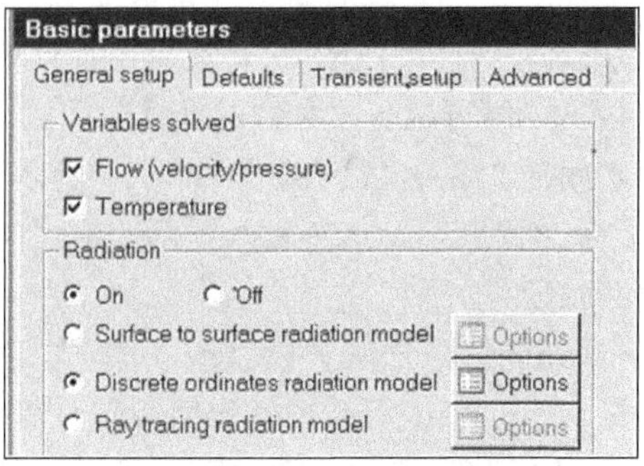

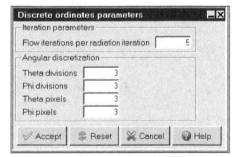
图 6-19　DO 辐射模型的选择

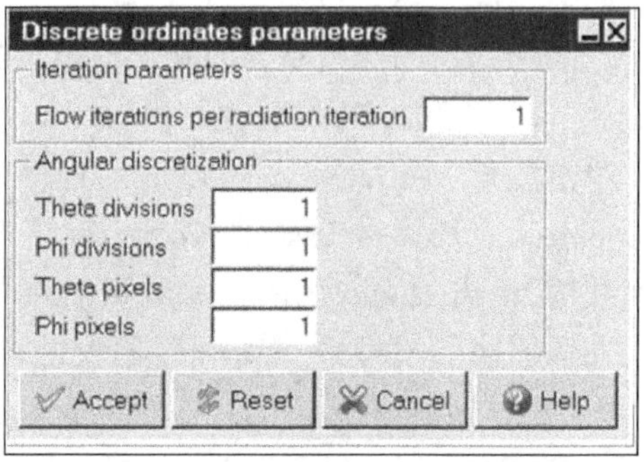

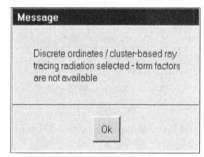
图 6-20　DO 辐射模型的参数输入（一）

对于灰体辐射而言，Theta pixels 和 Phi pixels 的数值为 1 是足够的；但是对于模型中包含对称 Wall、周期性边界条件或者半透明物体表面的工况，建议将 Theta pixels 和 Phi pixels 的数值设置为 3，相应的 CFD 计算时间也将增加。

如果将 DO 辐射模型的 Theta divisions、Phi divisions、Theta pixels、Phi pixels 设置为 1，相应的辐射换热计算是比较粗糙的，精度不高；如果将这 4 个数值设置为 3，则可提高辐射换热的计算精度，如图 6-21 所示。

如果选择了 DO 辐射模型，那么直接单击快捷工具栏中计算角系数的按钮，ANSYS Icepak 将提示图 6-22 中的相应信息，告知不能进行角系数计算。

图 6-21　DO 辐射模型的参数输入（二）　　图 6-22　Message 窗口的提示

选择 DO 辐射模型，在求解过程中，残差面板将增加一条青色的曲线，用于计算 DO 辐射换热的残差数值，如图 6-23 所示。

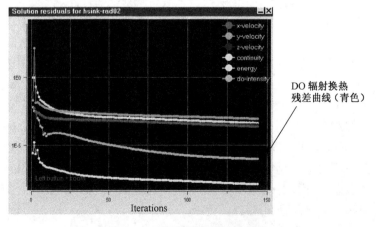

图 6-23　求解计算的残差曲线

6.2.3 Ray tracing(光线追踪法辐射模型)

在 Radiation 面板下单击选择 Ray tracing radiation model,可使用光线追踪法来计算辐射换热,如图 6-24 所示。

单击其后侧的 Options,可打开光线追踪法参数面板,如图 6-25 所示。

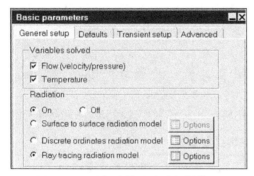

图 6-24 选择光线追踪法辐射模型

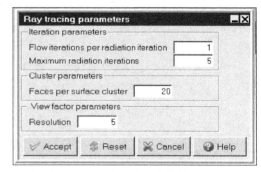

图 6-25 光线追踪法参数输入(一)

其中,Flow iterations per radiation iteration 表示辐射换热计算的频率,默认设置为 1。Maximum radiation iterations 表示辐射换热迭代计算的最大次数。

Cluster parameters 中的 Faces per surface cluster 用于控制辐射换热面的个数,表示每个粒子簇由多少个表面网格来发射,此值默认为 20,那么辐射换热面(发射粒子簇的表面)的个数等于整体模型的表面网格个数除以 20(见图 6-26)。如果增大此数值,那么参与辐射换热面的个数将减少,这样可以减小角系数文件的大小,降低计算对内存的要求,但是会导致辐射换热计算精度的降低;如果减小此数值,那么参与辐射换热面的个数将增加。

View factor parameters 下的 Resolution 表示角系数计算的精度,增大 Resolution 数值,可提高计算的精度,建议使用默认的数值。

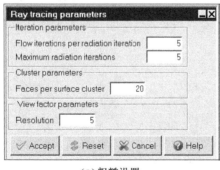

(a)粗糙设置

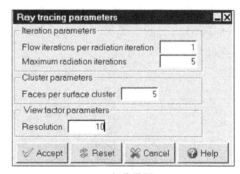

(b)细化设置

图 6-26 光线追踪法参数输入(二)

光线追踪法辐射模型适用于所有的 ANSYS Icepak 模型,可用于处理 ANSYS Icepak 的原始规则几何体、CAD 类型的几何体等模型的辐射换热计算。光线追踪法辐射模型比 S2S 辐射模型的计算精度更高。

在计算角系数方面,光线追踪法辐射模型要比 S2S 辐射模型花费更多的时间。另外,光线追踪法辐射模型不支持周期性或者对称性的边界条件的辐射换热计算(DO 辐射模型可以)。

6.2.4 3种辐射模型的比较与选择

对于 ANSYS Icepak 的 3 种辐射换热模型而言，三者的区别如下。

(1) S2S 辐射模型可用于粗略的计算，而使用 Ray tracing 辐射模型和 DO 辐射模型则可以提高辐射换热的计算精度。

(2) 当热模型非常复杂时，参与辐射换热的表面非常多，如果使用 S2S 辐射模型和 Ray tracing 辐射模型计算角系数，将花费较大的内存和较长的计算时间，因此建议选择 DO 辐射模型。

(3) Ray tracing 辐射模型和 DO 辐射模型可用于计算 CAD 类型的 Block 体、Plate 等 ANSYS Icepak 热模型，但 S2S 不可以。

以某电子产品自然冷却和混合对流冷却为例，比较了 3 种辐射换热模型，如表 6-1 所示。

表 6-1 3 种辐射换热模型的比较

工况 \ 类别	辐射模型	最高温度/℃	求解时间/s	角系数计算时间/s	总时间/s
自然对流	S2S	114.1	2441	16	2457
	DO	118	4353	0	4353
	Ray tracing	118.1	4400	96	4496
混合对流	S2S	110.9	1239	20	1259
	DO	111.3	2993	0	2993
	Ray tracing	111.3	1811	52	1863

在图 6-27 中，比较了在自然冷却中，3 种辐射换热模型的计算结果。图 6-27(a) 为热模型的最高温度比较，可以看出，DO 辐射模型和光线追踪法辐射模型的计算结果比较接近；图 6-27(b) 为三者计算时间的比较，DO 辐射模型和光线追踪法辐射模型的计算时间高于 S2S 辐射模型。

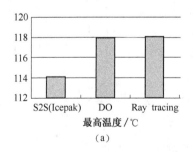
(a)

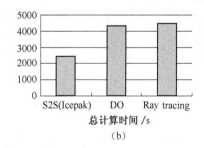
(b)

图 6-27 3 种辐射模型的比较(一)

图 6-28 为混合对流计算中，考虑辐射换热计算，3 种不同辐射模型的计算结果。图 6-28(a) 为 3 种辐射模型计算的最高温度柱状图；图 6-28(b) 为 3 种辐射模型的计算时间比较，可以看出，DO 辐射模型和光线追踪法辐射模型的计算结果比较接近；但是 DO 辐射模型的计算时间最长。

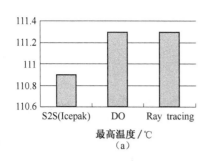
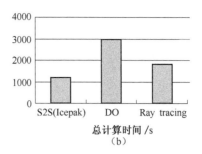

图 6-28 3 种辐射模型的比较(二)

6.3 太阳热辐射应用设置

针对户外的电子产品,ANSYS Icepak 可以考虑太阳热辐射载荷对电子产品热可靠性的影响。通过在 ANSYS Icepak 中输入太阳载荷的信息,比如当地的经度、纬度、日期、时间、电子产品放置的方向等,软件将自动考虑太阳热辐射对热模型散热的影响。图 6-29 为 ANSYS Icepak 太阳热辐射载荷示意。

ANSYS Icepak 的太阳辐射模型具有以下特点。

(1) ANSYS Icepak 的太阳辐射模型可对透明体、半透明体、不透明体进行辐射计算。

(2) ANSYS Icepak 支持透明表面对不同角度太阳光的透射、吸收等热辐射载荷计算。

(3) 提供太阳热辐射载荷计算器,用户可输入时间、地点进行太阳热辐射的计算。

(4) 主要是将太阳热辐射载荷的热源赋予固体表面附近的流体网格内,用于考虑太阳热辐射载荷。

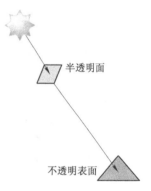

图 6-29 ANSYS Icepak 太阳热辐射载荷示意图

(5) ANSYS Icepak 支持太阳载荷的瞬态计算(10 个时间步长自动变化一次),如需要计算户外电子产品从 12:00 开始至 13:00 的温度变化;在瞬态设置面板中,瞬态的时间步长设置为 60s;在太阳热载荷求解器中输入时刻为中午 12:00,那么 ANSYS Icepak 在计算时,太阳载荷的热流密度会 600s 变化一次。

6.3.1 太阳热辐射载荷设置

(1) 打开 Problem setup,双击 Basic parameters,可打开 Basic parameters 面板,单击面板中的 Advanced。

(2) 在 Advanced 面板中,选择 Solar loading 下的 Enable,可激活太阳热辐射载荷计算器,如图 6-30 所示。

(3) 单击 Solar loading 下的 Options,可打开太阳辐射热载荷面板;它包含两个选项,Solar calculator 表示太阳载荷计算器,Specify flux and direction vector 表示需要输入太阳辐射的热流密度和太阳所处位置的矢量方向,如图 6-31 所示。

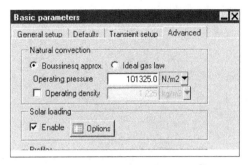 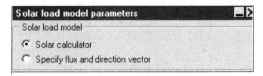

图 6-30　太阳热辐射载荷的开启　　　　图 6-31　太阳热辐射模型的选择

（4）在 Solar calculator 的面板中，需要输入的参数包括：Date 表示日期，Month 表示月份，即几月几日，Time 中需要输入几点几分(必须是白天的时刻)；+/-GMT 表示当地的时区，如北京时间为东八区，则应该输入+8，ANSYS Icepak 默认的-5，表示西五区，Latitude 表示纬度（北纬 North、南纬 South），Longitude 表示经度（West 西经、East 东经）。

（5）Illumination parameters：表示光照参数；Sunshine fraction 的数值为 0~1，用于考虑天空云层对太阳照射热载荷的影响，Ground reflectance 的数值为 0~1，表示地面对太阳照射热载荷的反射。

（6）North direction vector：表示朝北的方向矢量，默认 X 轴的正方向为北向，如图 6-32 所示，确定了朝北的方向，那么热模型中朝南、朝西、朝东的方向就自动确定了。

（7）如果选择了 Specify flux and direction vector，表示直接加载具体的太阳载荷热流密度，需要输入 Direct solar irradiation 太阳直接照射热载荷、Diffuse solar irradiation 太阳照射的漫反射载荷及 Solar direction vector 太阳所处位置的矢量方向，如图 6-33 所示。

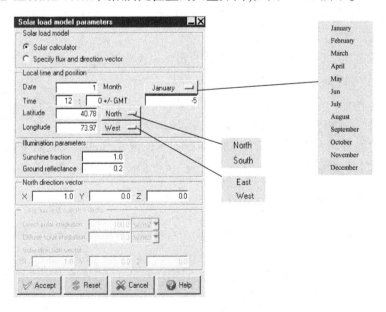

图 6-32　太阳热辐射载荷计算器

（8）单击选择图 6-33 中的 Specify flux and direction vector，可在 Direct solar irradiation 和 Diffuse solar irradiation 中输入太阳辐射热流密度和漫反射的热流密度。

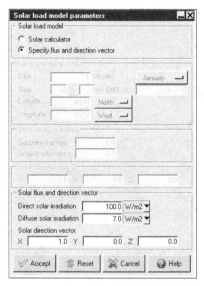

图 6-33 太阳热辐射载荷的加载

在图 6-33 中,太阳辐射热流密度和漫反射的热流密度的计算方法为:单击主菜单的 Macros→Other→Solar flux,可打开太阳辐射热流密度的计算器,如图 6-34 所示。

(9) 在 Solar Flux Calculator 面板中,Horzontal surface 表示太阳照射对模型水平表面的热流密度计算;Vertical surface tilt 则表示太阳照射对模型垂直表面的热流密度计算;在 Face direction specified by 中可选择表面所处的方向,其中 S 表示南,SW 表示西南,W 表示西,NW 表示西北,N 表示北,NE 表示东北,E 表示东,SE 表示东南;如图 6-35 所示。

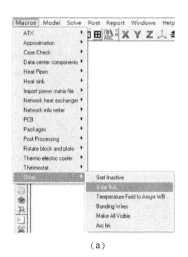
(a)

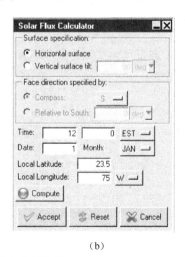
(b)

图 6-34 太阳热流密度计算器(一)

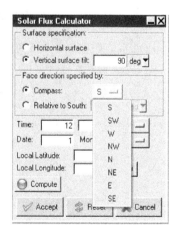

图 6-35 太阳热流密度计算器(二)

(10) 与前面类似,同样需要输入具体的时间、日期、纬度、经度;单击 Compute,ANSYS Icepak 会自动在 Message 窗口中显示当地的太阳辐射热载荷的热流密度,如图 6-36 所示。

(11) 在 Message 窗口中,Icepak 将显示出当地的日出、日落具体时间,The Apparent Solar Time 表示视太阳时。

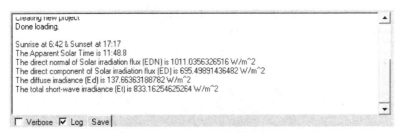

图 6-36　太阳辐射热流密度的计算结果

（12）从图 6-36 中可以看出，Direct solar irradiation 太阳直接照射热载荷的热流密度为 695.5(W/m^2)，Diffuse solar irradiation 太阳照射的漫反射载荷的热流密度为 137.7(W/m^2)；在太阳热载荷面板中直接输入相应的数值即可，如图 6-37 所示。

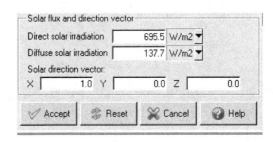

图 6-37　太阳辐射热流密度的输入加载

（11）图 6-37 中 Solar direction vector 表示太阳所处位置的矢量方向，默认为 X 轴的正方向。

6.3.2　太阳热辐射瞬态载荷案例

本章使用一个简单的热模型，验证 ANSYS Icepak 太阳热辐射载荷的瞬态变化。模型包括一个 Plate 板和一个 Enclosure，如图 6-38 所示。

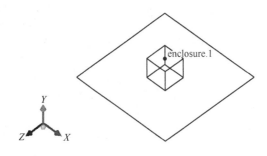

图 6-38　热模型示意图

（1）在太阳热载荷计算器中，使用默认的时刻、日期、时区、纬度、经度等；在 North direction vector 中 X、Y 均输入 0，在 Z 中输入 -1，即 (0,0,-1)；表示 Z 轴的正向为南，负向为北，如图 6-39 所示。

（2）在 Basic parameters 面板中，单击 Transient setup 面板，单击选择 Transient 表示选择瞬态计算，在 Start 中输入 0(s)，在 End 中输入 7200(s)；单击 Edit parameters 按钮，输入合理的 Time step（时间步长），如图 6-40 所示。

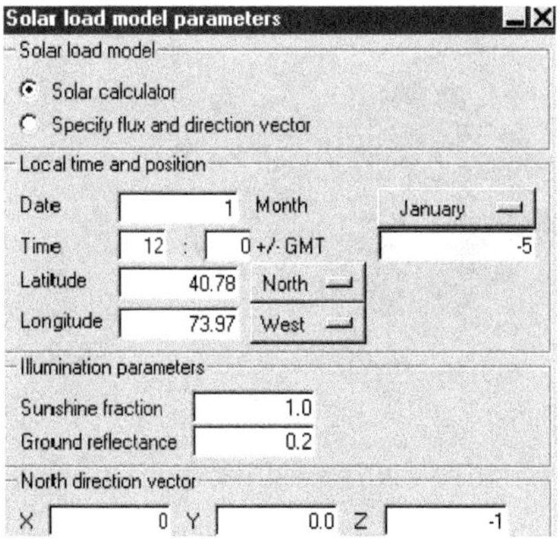

图 6-39 太阳热流载荷参数输入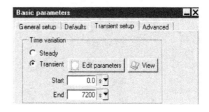

图 6-40 瞬态求解计算的设置

（3）单击快捷工具栏中的计算按钮█，ANSYS Icepak 将启动 Fluent 求解器进行计算。

在 Fluent 求解器的计算面板中,求解器会根据不同时刻来调整太阳的位置矢量和太阳照射的热流载荷;从图 6-41 中可以看出,随着时间变化,太阳的位置发生变化,相应的太阳照射的热流载荷也随着发生变化。

图 6-41 太阳热辐射载荷随时间的变化

（4）查看计算结果。

从图 6-42 中可以看出,当处于中午 12:00 时,热模型的温度分布左右对称,最高温度在模型中间位置约为 67.25℃;到 14:00 时,可以发现,温度分布左右不对称,最高温度位于模型的西南角,并且降低了 2.1℃,与实际情况吻合。

从图 6-43 中可以发现,当模型处于中午 12:00 时,Plate 板的温度分布对称,随着时间的进行,最高温度朝西南方向移动,而最低温度朝东北方向移动,这与实际情况吻合。

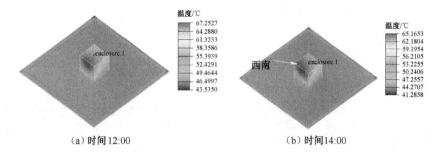

图 6-42 太阳热辐射载荷计算结果(一)

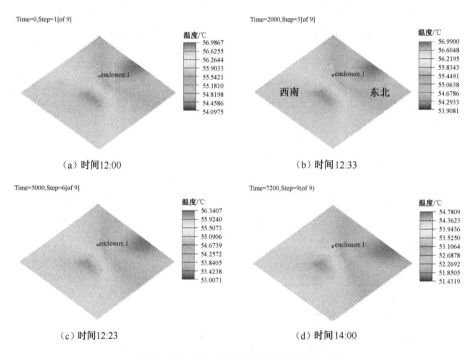

图 6-43 太阳热辐射载荷计算结果(二)

6.3.3 热模型表面如何考虑太阳热辐射

在 ANSYS Icepak 的表面材料面板中,除 Roughness 表面粗糙度和 Emissivity 表面发射率以外,还可以在 Solar behavior 中考虑太阳载荷对模型的影响,如图 6-44 所示。

(1) 在 Solar behavior 面板中:Opaque 表示几何表面不透明;Transparent 表示几何表面是透明的。

(2) 如果选择 Opaque 不透明表面,Solar absorptance-normal incidence 表示模型表面对太阳直接辐射热载荷(Direct solar irradiation)的吸收率,Hemispherical diffuse Absorptance 表示模型表面对太阳辐射漫辐射热载荷(Diffuse solar irradiation)的吸收率。

(3) 如果选择 Transparent 透明表面,除了输入 Solar absorptance-normal incidence 和 Hemispherical diffuse Absorptance,还需要输入 Solar transmittance-normal incidence,表示模型表面对太阳直接辐射热载荷(Direct solar irradiation)的透射率,以及 Hemispherical diffuse transmittance,表示模型表面对太阳辐射漫辐射热载荷(Diffuse solar irradiation)的透射率。

第 6 章 ANSYS Icepak 相关物理模型

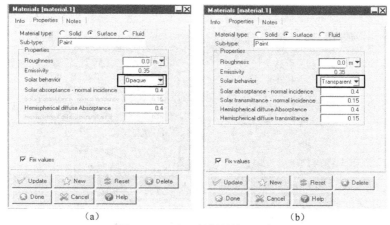

图 6-44 表面材料的输入面板

图 6-45(a)未考虑太阳热辐射对机箱的影响,图 6-45(b)考虑了太阳热辐射对机箱的影响。可以看出,太阳热辐射载荷对户外电子产品的热可靠性有明显的影响。

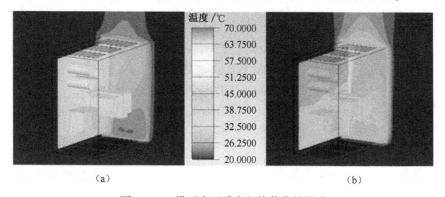

图 6-45 模型表面受太阳热载荷的影响

6.4 瞬态热模拟设置

6.4.1 瞬态求解设置

单击 Basic parameters 面板,在 Transient setup 中,单击 Transient,即可进行瞬态设置,在 Start 中输入瞬态热模拟的开始时间,通常默认为 0(s);在 End 中输入瞬态计算的结束时间;单击 Edit parameters,可进行瞬态热模拟的时间步长 Time step 设置;View 是将瞬态模型的时间步长、热源瞬态设置等以 Plot 图的形式进行显示,如图 6-46 所示。

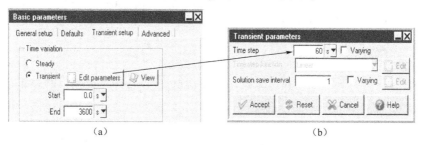

图 6-46 瞬态热模拟的参数输入

单击 Edit parameters 右侧的 View,可查看模型中相应的瞬态设置,如图 6-47 所示。

图 6-47 瞬态设置参数查看

在通常的瞬态热模拟中,工程师常会碰到以下瞬态工况。

1. 工况 1

例如,A 工况瞬态热模拟计算了 3600s,通过计算结果发现,热模型在 3600s 之内没有完全达到稳定,需要继续进行瞬态计算,以求解热模型达到稳态所需的时间。一方面,可以设置新的时间,在 Start 中输入 0(s),在 End 中输入 7200(s)或者更长的时间;另一方面,可以在 Transient 瞬态设置面板中,设置 Start 为 3600(s),在 End 中设置 7200(s),即让 ANSYS Icepak 以 A 工况的计算终止时间 3600(s)为基础,继续计算热模型在 3600~7200s 之间的热特性分布,如图 6-48 所示。

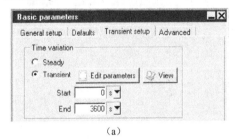 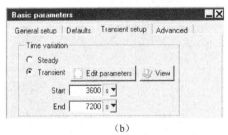

图 6-48 瞬态计算设置

除在 Transient 中设置分段时间外,还需要在 Solve 求解面板中,单击 Restart 进行重新计算;在 ID 中,输入新工况的名称,如新工况名称为 B;在 Type 中,选择 Restart,单击 Select,选择 A 工况的计算结果(0~3600s),选择 Full data;单击 Start Solution,ANSYS Icepak 会自动以 3600s 的计算结果为新工况 B 的初始状态,进行新时间段 3600~7200s 的热仿真计算,如图 6-49 所示;在进行 B 工况的后处理时,除了可查看 3600~7200s 的结果,也可以直接查看 A 工况内 0~3600s 的计算结果。

2. 工况 2

新的瞬态热模拟以其他稳态热模拟结果为初始条件,这种工况在电子热模拟中比较常见。例如,某 U 盘制造商,需要先模拟 U 盘插入计算机后,U 盘的稳态计算结果,然后用手将 U 盘拔出,模拟在一定时间段内,U 盘的瞬态温度变化,或者模拟计算 U 盘冷却到环境温度所需的时间。

对于这种工况,需要按照以下步骤来进行设置。

(1) 在计算完稳态结果后,在 Basic parameters 中,单击选择 Transient,然后输入 Start 和 End 的瞬态时间,单击 Edit parameters,设置时间步长,进行瞬态热模拟设置,如图 6-50 所示。

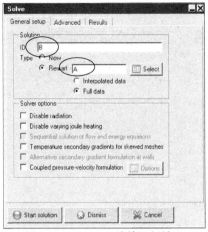

图 6-49 Restart 计算面板输入

(2) 在模型树下,选择计算机 USB 接口模型,单击鼠标右键,在出现的面板中,取消 Active 选项,抑制 USB 模型;但是对 U 盘本身的几何尺寸、位置不能做任何修改,如图 6-51 所示。

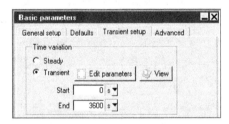

图 6-50 瞬态热模拟计算的参数设置

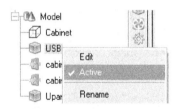

图 6-51 抑制 USB 模型

然后按照相应的位置,重新建立手指模型,如图 6-52 所示。

在手指模型的属性面板中,选择 Hollow Block 属性,在 Thermal specification 中,选择 Fixed temperature,在 Temperature 中输入 36.5(℃),表示手指的温度,如图 6-53 所示。

图 6-52 建立手指模型

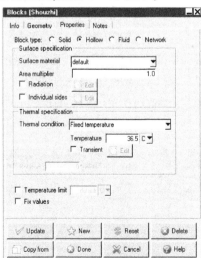

图 6-53 手指的温度参数输入

(3) 在 Solve(求解)面板中,ID 为新瞬态模拟的名称(假定为 B),选中 Restart,单击 Select 选择稳态热模拟的计算结果(假定为 A);选中 Full data,单击 Start solution,ANSYS Icepak 将以稳态计算的结果为初始条件,进行新的瞬态热模拟计算,如图 6-54 所示。

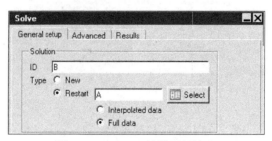

图 6-54 Restart 计算面板输入

6.4.2 瞬态时间步长(Time step)设置

单击 Transient 后的 Edit parameters 按钮,可弹出 Transient parameters 面板,在其面板中设置 Time step(时间步长),时间步长可以是固定的,也可以是变化的,如图 6-55 所示。

在 Time step 中输入时间步长数值,如总计算时间 Start/End 为 300s,而时间步长 Time step 为 60(s),那么 ANSYS Icepak 将计算 0s、60s、120s、180s、240s、300s 时刻模型的温度分布。

选择 Time step 右侧的 Varying,可以设置变化的、不均一的时间步长,具体的类型包括:Linear(线性时间步长)、Square wave(方波状时间步长)、Piecewise constant(分段常数时间步长)、Piecewise linear(分段线性时间步长)及 Automatic(自动时间步长),共 5 种时间步长类型,如图 6-56 所示。

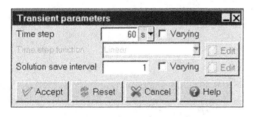

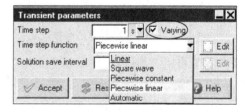

图 6-55 瞬态时间步长设置   图 6-56 时间步长类型的选择

(1) Linear(线性时间步长):在 Δt_0 中输入初始的时间步长,a 表示线性时间步长因子,t 表示具体的瞬态计算时刻,如图 6-57 所示。

(2) Square wave(方波状时间步长):单击 Time step function 右侧的 Edit,打开 Square wave 的时间步长参数;主要适用于时间步长周期性变动的工况,如图 6-58 所示。

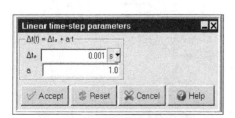

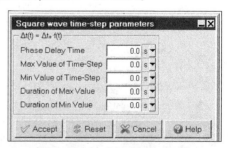

图 6-57 线性时间步长设置   图 6-58 方波状时间步长设置

可通过图 6-59 来理解方波状时间步长各输入项的具体含义。Phase Delay Time 表示延迟的具体时间；Max time step value 表示最大的时间步长值；Min time step value 表示最小时间步长值；Duration of DT_{max} 表示最大时间步长的持续工作时间段；Duration of DT_{min} 表示最小时间步长的持续工作时间段。

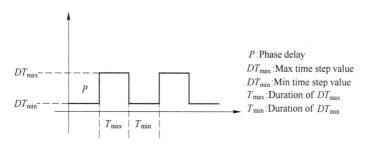

图 6-59　方波状时间步长示意图

（3）Piecewise constant（分段常数时间步长）：单击 Edit，打开 Piecewise constant time-step parameters 面板。在面板中，可通过输入多行的 time　time-step 进行分段时间步长的输入；time 表示瞬态计算的时间，而 time-step 表示此时间段内的时间步长。time 与 time-step 必须以空格隔开。输入完每组 time　time-step，必须回车，另起一行，输入新的 time　time-step；如在面板中输入：

$$10 \quad 1$$
$$50 \quad 2$$
$$100 \quad 5$$
$$300 \quad 10$$

time 和 time-step 之间隔一个空格即可，输入完成后单击 Accept，如图 6-60 所示。

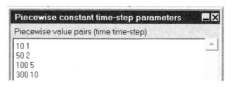

图 6-60　分段时间步长输入

在 Transient 面板中，单击 Edit parameters 面板右侧的 View，可查看分段瞬态时间步长，如图 6-61 所示。

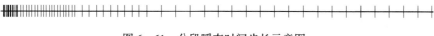

图 6-61　分段瞬态时间步长示意图

此分段时间步长表示：在 0~10s 内，时间步长为 1s；10~50s 内，时间步长为 2s；50~100s 内，时间步长为 5s；100~300s 内，时间步长为 10s。即 ANSYS Icepak 将计算热模型在 0s、1s、…、9s、10s、12s、14s、…、48s、50s、55s、60s、…、95s、100s、110s、120s、…、280s、290s、300s 的散热情况。

由于 Piecewise constant 分段常数类型的时间步长容易通过 Profile 面板进行输入，容易控制，因此其适用性比较广，可满足所有的瞬态热模拟计算。

(4) Piecewise linear(分段线性时间步长):在分段线性的时间步长设置面板中,输入参数的方法与 Piecewise constant 分段常数是相同的,但表达的瞬态时间步长的意思是不同的。

其具体的计算公式如下:

在开始的时间段内:

$$\Delta t = \Delta t_0 + \left[\frac{\Delta t_1 - \Delta t_0}{t_1 - t_s}\right](t - t_s) \quad (6-2)$$

式中,Δt_0 为在 Transient parameters 中输入的 Time step 时间步长数值;t_s 为开始的时刻。
对于 $t_n < t < t_{n+1}$,则时间步长为

$$\Delta t = \Delta t_n + \left[\frac{\Delta t_{n+1} - \Delta t_n}{t_{n+1} - t_n}\right](t - t_n) \quad (6-3)$$

图 6-62 为分段线性时间步长设置。

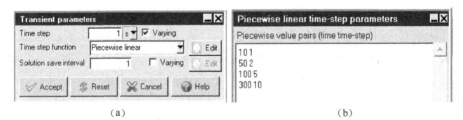

(a)　　　　　　　　　　　　(b)

图 6-62　分段线性时间步长设置

如果在 Transient parameters 中输入的 Time step 为 1s,根据计算公式,可以得到 0~10s 内,时间步长均为

$$\Delta t = 1 + \left[\frac{1-1}{10-0}\right](t-0) \quad (6-4)$$

而在 10~50s 之间,时间步长为

$$\Delta t = 1 + \left[\frac{2-1}{50-10}\right](t-10) \quad (6-5)$$

在 50~100s 之间,时间步长为

$$\Delta t = 2 + \left[\frac{5-2}{100-50}\right](t-50) \quad (6-6)$$

在 100~300s 之间,时间步长为

$$\Delta t = 5 + \left[\frac{10-5}{300-100}\right](t-100) \quad (6-7)$$

式中,t 为当前的瞬态计算时间。

(5) Automatic(自动时间步长):根据相应的设置,ANSYS Icepak 可以自动调整相应的时间步长。例如,在瞬态计算中,可能会出现伪发散的错误计算或者求解没有完全收敛,ANSYS Icepak 会自动减少时间步长,以保证模型每个时刻的收敛性,如图 6-63 所示。

Number of fixed time steps 表示时间步长改变前使用固定时间步长的计算步数。

Minimum time step size 表示最小的时间步长;当 ANSYS Icepak 需要减小时间步长时,相应的时间步长不能小于 Minimum time step size;如果时间步长非常小,将需要较高的计算代价。

Maximum time step size 表示最大的时间步长;当 ANSYS Icepak 需要增大时间步长时,对

应的时间步长不能大于 Maximum time step size；如果时间步长比较大，求解计算的精度将不能保证。

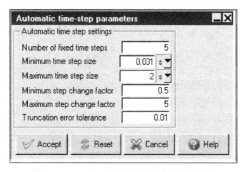

图 6-63　自动时间步长参数的设置

Truncation error tolerance 表示截断误差。输入的截断误差与计算的截断误差之比，表示时间步长的改变因子 f，如果增大截断误差，那么时间步长改变因子将增大，势必导致时间步长的增大，将降低求解计算的精度；如果减小截断误差，时间步长改变因子将减小，导致时间步长减小，将使得求解计算需要更长的时间。对于 ANSYS Icepak 大部分的瞬态热模拟，Truncation error tolerance 设置为 0.01 是非常合适的。

Minimum step change factor、Maximum step change factor 分别表示最小时间步长、最大时间步长的改变因子。

① 如果 $1<f_{max}<f$，即计算的时间步长因子 f 大于输入的 Maximum step change factor(f_{max})，如 $f=6$，那么 $1<5<6$，相应的下一个时间步长 Δt_n 将增加为 f_{max} 与前一个时间步长 Δt_{n-1} 的乘积。

② 如果 $1<f<f_{max}$，即计算的时间步长因子 f 大于 1，但是小于输入的 Maximum step change factor，时间步长也将增加；如 $f=2$，那么 $1<2<5$，相应的下一个时间步长 Δt_n 将增加为 f 与前一个时间步长 Δt_{n-1} 的乘积。

③ 如果 $f_{min}<f<1$，即计算的时间步长因子 f 小于 1，但是大于输入的 Minimum step change factor，时间步长将不变，维持默认的时间步长；如 $f=0.75$，那么 $0.5<0.75<1$，时间步长将维持不变。

④ 如果 $f<f_{min}<1$，即计算的时间步长因子 f 小于 f_{min}，同时也小于 1，时间步长将减小，如 $f=0.2$，那么下一个时间步长 Δt_n 将减小为 f_{min} 与前一个时间步长 Δt_{n-1} 的乘积。

（6）在 Transient parameters 面板中，Solution save interval 表示多少个时间步长保存一次结果，如果时间步长固定为 60s，在 Solution save interval 输入 1，表示每隔 60s，计算结果保存一次，如图 6-64 所示。选择 Varying，可在 Profile 面板中输入不同时间段内的保存计算结果的频率。

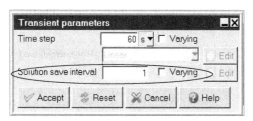

图 6-64　瞬态计算结果的保存频率

6.4.3 变量参数的瞬态设置

在瞬态热模拟中,很多变量也会随着时间改变。如环境温度、Block 热源本身的热耗、风机 Fan 的转动强度、开口 Opening 的速度和温度、Wall 边界的温度(换热系数、热流密度)、Source 面热源、多组分污染物浓度等,如图 6-65~图 6-67 所示。

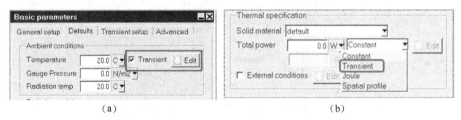

图 6-65 环境温度和热耗的瞬态设置

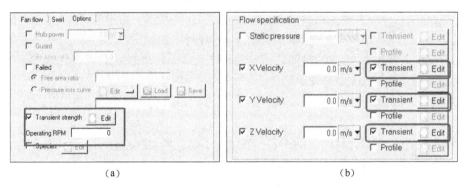

图 6-66 变量参数的瞬态设置(一)

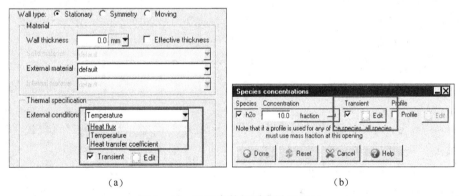

图 6-67 变量参数的瞬态设置(二)

另外,在 Block 属性面板中,选择 Individual sides(单面设置),在打开的面板中选择 Thermal properties;在 Thermal condition 中选择相应的变量,选择 Transient,单击 Edit,可进行相应变量的瞬态设置,如图 6-68 所示。

在图 6-69 变量参数的瞬态设置中,输入 Start time(开始时间)和 End time(结束时间); End time 的时间应该大于或等于 Basic parameters 面板中 Transient setup 瞬态设置的 End 时间。

对于变量数值的瞬态设置,主要包括以下几种类型。

1. Linear(线性变化)

Linear 表示变量值与时间呈现线性的变化,如图 6-70 所示。

第 6 章 ANSYS Icepak 相关物理模型

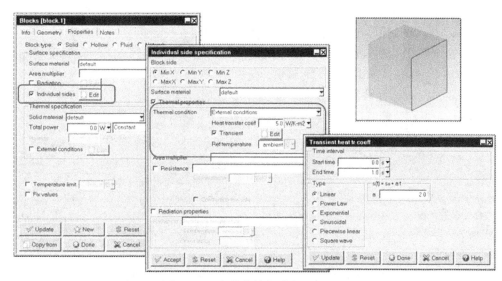

图 6-68 变量参数的瞬态设置(三)

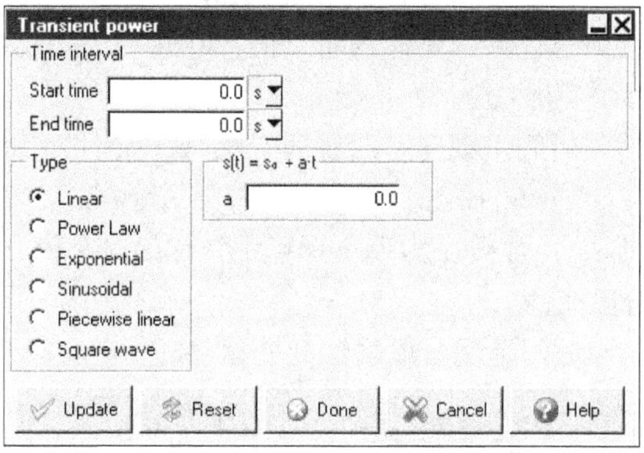

图 6-69 变量参数的瞬态设置(四)

具体的计算公式为: $s(t)=s_0+at$。其中, $s(t)$ 为 t 时刻的变量值; s_0 为 0s 时变量的数值; a 为线性的系数, 也是常数; t 为瞬态计算中具体的时刻值, 如图 6-71 所示。

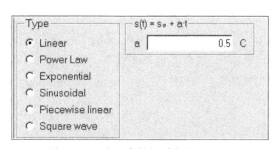

图 6-70 变量参数的瞬态设置(五)

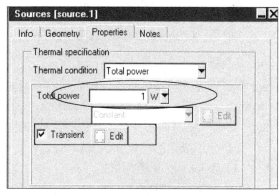

图 6-71 变量参数的瞬态设置(六)

在任何变量参数的瞬态设置面板前, 均有相应的面板输入变量参数的具体数值, 此值即为 s_0。在后续其他类型的设置中, 均包含 s_0 的数值。

2. Power law(幂函数变化)

Power law 表示变量值与时间呈现幂函数的变化,如图 6-72 所示。

其具体的计算公式为:$s(t)=s_0+at^n$,其中,$s(t)$ 为 t 时刻的变量值;s_0 为 0s 时变量的数值;a、n 均为常数;t 为瞬态计算中具体的时刻值,如图 6-72 所示。

3. Exponential 指数函数变化

Exponential 表示变量值与时间呈现指数函数的变化,如图 6-73 所示。

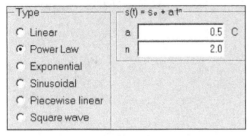

图 6-72 变量参数的瞬态设置(七)

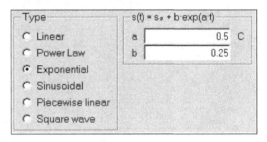

图 6-73 变量参数的瞬态设置(八)

其具体的计算公式为:$s(t)=s_0+b\exp(at)$。其中,$s(t)$ 为 t 时刻的变量值;s_0 为 0s 时变量的数值;a、b 均为常数;t 为瞬态计算中具体的时刻值,如图 6-73 所示。

4. Sinusoidal(正弦曲线变化)

Sinusoidal 表示变量值与时间呈现正弦曲线的变化,如图 6-74 所示。

其具体的计算公式为:$s(t)=s_0+a\sin[2\pi(t-t_0)/T]$。其中,$s(t)$ 为 t 时刻的变量值;s_0 为 0s 时变量的数值;T 为周期;a 为常数;t 为瞬态计算中具体的时刻值;t_0 为相位位移。

5. Piecewise linear(分段线性)

Piecewise 表示变量值与时间呈现分段线性的变化,如图 6-75 所示。

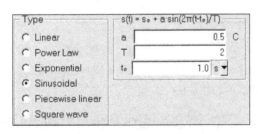

图 6-74 变量参数的瞬态设置(九)

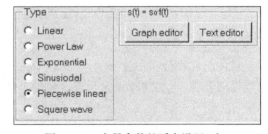

图 6-75 变量参数的瞬态设置(十)

其具体的计算公式为:$s(t)=s_0 f(t)$。其中,$s(t)$ 为 t 时刻的变量值;s_0 为 0s 时变量的数值。变量的分段线性函数 $f(t)$ 可以通过 Graph editor 图表格式输入,也可以通过 Profile 的 Text editor 文本格式输入。如果 s_0 输入的数值为变量的最大值,那么 $f(t)$ 的数值将在 0~1 变化;如果 $s_0=1$,那么 $f(t)$ 的数值将在 0 到变量的最大值之间改变。

变量分段线性的设置方法有以下两种。

(1) Graph editor 图标格式。

单击鼠标中键可创建曲线上的点;用鼠标中键选择某个点,然后按住中键可以拖动选择的点;鼠标右键选择某点,可删除选择的点,如图 6-76 所示。

单击图标中的 Set range,可设置 X、Y 各轴的最大和最小值,如图 6-77 所示。

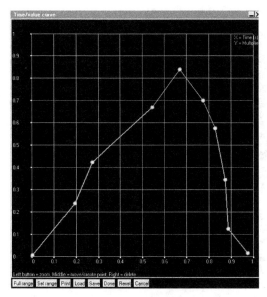

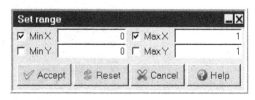

图 6-76 变量参数的瞬态设置(十一)　　　　图 6-77 X、Y 轴数值范围的输入

单击 Load 可加载编辑好的曲线图;单击 Save 可将输入的曲线数值进行保存;单击 Done,完成图标的输入。由于创建的点不够精确,而且操作烦琐,因此 Graph editor 方式用得比较少。

(2) Text editor:使用 Profile 的 txt 文本,即可输入变量在不同时刻的变化数值。

如 $s_0 = 1$,然后在文本面板中输入不同时间段的 $f(t)$ 值,s_0 与输入 $f(t)$ 数值的乘积表示不同时刻的真实变量数值,如图 6-78 所示。

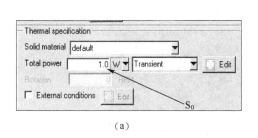
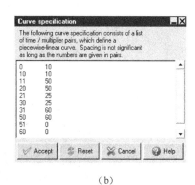

(a)　　　　　　　　　　　　　(b)

图 6-78 变量参数的瞬态设置(十二)

在图 6-78 中,0~10s 时,热耗为 10W;10~11s 时,热耗由 10W 线性地增加到 50W;11~20s 时,热耗为 50W;20~21s 时,热耗由 50W 线性地减小到 25W;21~30s 时,热耗为 25W;30~31s 时,热耗由 25W 线性地增加到 60W;31~50s 时,热耗为 60W;50~51s 时,热耗由 60W 线性地减小到 0W;51~60s 时,热耗为 0W。Profile 所对应的变量曲线如图 6-79 所示。

由于使用 Text editor 便于数据输入,同时较易精确控制变量的变化,因此经常使用此方式来输入变量的瞬态变化曲线。如果输入图 6-80 的数值,表示 0~10s,热耗为 10W;10~11s 时,热耗由 10W 线性地增加到 50W;11~20s 时,热耗为 50W;20~60s 时,热耗由 50W 线性地减小到 0W,如图 6-81 所示。

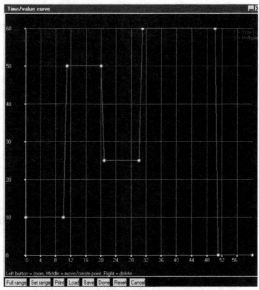

图 6-79 变量参数的瞬态设置(十三)

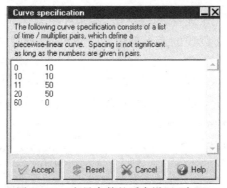

图 6-80 变量参数的瞬态设置(十四)

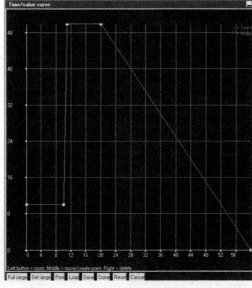

图 6-81 变量参数的瞬态设置(十五)

6. Square wave(方波变化)

Square wave 表示变量值与时间呈现方波曲线的变化,如图 6-82 所示。

其具体的计算公式为: $s(t) = s_0 f(t)$。其中,$s(t)$ 为 t 时刻的变量值;s_0 为 0s 时变量的数值;$f(t)$ 为具体的方波函数;如果 s_0 输入变量的最大数值,那么 $f(t)$ 的数值将在 0~1 变化。

在图 6-83 中,Phase 表示第一个波峰与 0 时刻的差值,即相位位移;On time 表示变量最大数值维持波峰的时间;Off time 表示变量最小数值维持波谷的峰值时间;Off value 表示变量处于波谷的具体数值。

变量方波状变化实例如下。

例如,环境的温度需随时间变化,在默认的 Basic parameters 面板中,在 Temperature 处输入 20(℃);在 Transient setup 中分别输入 Start 和 End 的值 0 和 60,表示计算 60s,如图 6-84 所示。

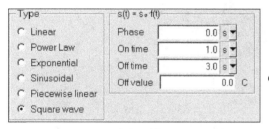

图 6-82 变量参数的瞬态设置(十六)　　　图 6-83 方波状变化示意图

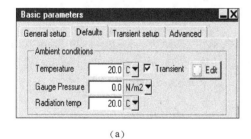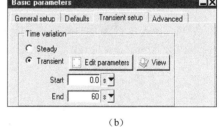

(a)　　　　　　　　　　　　　　(b)

图 6-84 瞬态计算的设置

选择 Defaults 面板 Temperature 后侧的 Transient,单击 Edit,在弹出的面板中,选择 Square wave,输入图 6-85 中的参数,在 Phase 中输入 10,表示相位位移为 10s;在 On time 中输入 3,表示波峰时间为 3s,在 Off time 中输入 1,表示波谷时间为 1s,在 Off value 中输入 2,表示环境温度在波谷时是 2℃;因此 Off value/s_0 表示 $f(t)$ 波谷的值,如图 6-86 所示。

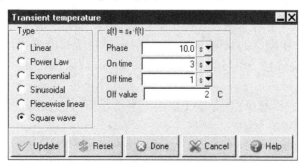

图 6-85 变量参数的瞬态设置(十七)

单击图 6-84 面板中 Transient 后侧的 View,可查看变量方波函数 $f(t)$ 的变化曲线。图 6-86表示在 0~10s 内,环境温度为 Off value 的数值 2℃,$f(t)$波谷的数值为 $2/20=0.1$;在 10~13s 内,环境温度变为 20℃,波峰时间维持 3s;在 13~14s 内,环境温度变为 2℃,波谷时间维持 1s,完成一个方波周期;依此类推,完成其他周期。

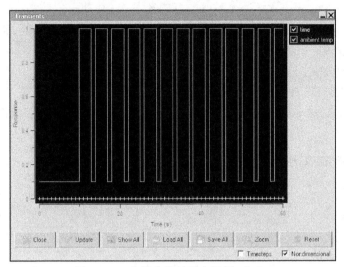

图 6-86 变量参数的瞬态设置(十八)

6.4.4 求解的瞬态设置

在 Basic parameters 面板中选择 Transient,那么双击 Solution settings 下的 Basic settings,打开相应的面板(见图 6-87),可设置每个时刻求解计算的迭代步数和各变量的残差数值。

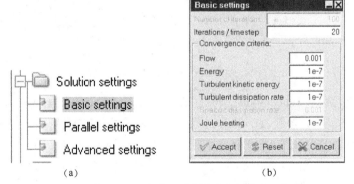

图 6-87 求解的瞬态设置

Iterations/timestep 中默认的数值为 20,表示每个时间步长的迭代步数是 20 步。如果 20 步的计算不能保证计算收敛,建议增加 Iterations/timestep 数值,保证每个时刻的求解均为收敛的结果。

在 Basic parameters 面板中,各变量的初始化数值是瞬态计算的一个很关键的参数,表示 0s 时刻各变量参数的数值,如图 6-88 所示。

另外,对于一些特殊的电子散热工况,需要设置某些器件初始时刻的温度或者模型中初始时刻空气的温度,可通过单击主菜单 Solve→Patch temperatures,打开 Patch temperatures 面板,如图 6-89 所示。

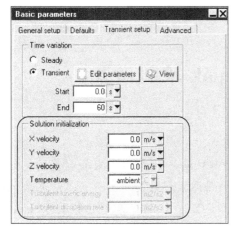
图 6-88 瞬态计算的初始值设置

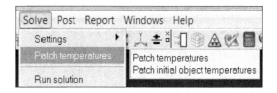
图 6-89 设置模型的初始温度

在图 6-90 的 Patch temperatures 面板中,选择 Patch,可对其右侧的模型输入初始时刻的温度值;如果选择 Patch default_fluid,然后输入相应的温度,表示 0s 时刻整个模型内默认流体的温度值。

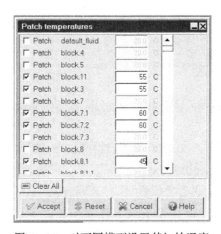
图 6-90 对不同模型设置其初始温度

6.5 本 章 小 结

本章主要讲解了 ANSYS Icepak 的自然对流控制方程、自然对流设置及其适用的范围,介绍了自然对流使用的模型及进行自然对流计算时,计算区域的选择等问题;讲解了自然对流计算的详细步骤;详细讲解了 ANSYS Icepak 中 3 种辐射换热模型,即 Surface to Surface (S2S) 辐射模型、Discrete Ordinates 辐射模型、Ray Tracing model 辐射模型,并对三者进行了详细的比较,讲解了各自的适用范围;重点讲解 ANSYS Icepak 针对户外产品开发的太阳辐射模型设置,并列举了具体的实例;详细讲解了 ANSYS Icepak 中瞬态模型计算的各种设置,包括瞬态时间步长多种类型的设置、热源瞬态变化多种类型的设置、求解的瞬态设置、模型各器件初始温度的瞬态设置等。

第 7 章 ANSYS Icepak 求解设置

【内容提要】

本章将重点介绍 ANSYS Icepak 求解计算的各种面板设置,包括基本物理模型的定义、环境温度、压力、海拔、是否考虑自然冷却和辐射换热等;讲述求解计算中打开自然对流的规则;讲述求解计算迭代步数、残差标准的设置、求解监控点设置方法;讲述求解计算面板的选项说明;讲解判断模型求解是否收敛的方法;讲解如何清除、压缩相应的计算结果等。

【学习重点】

- 掌握 ANSYS Icepak 定义基本物理模型的面板设置;
- 掌握 ANSYS Icepak 求解计算中打开自然冷却(自然对流和辐射换热)规则;
- 掌握 ANSYS Icepak 求解迭代步数、残差标准的面板设置;
- 掌握 ANSYS Icepak 求解计算变量监控点的设置方法;
- 掌握 ANSYS Icepak 求解计算的收敛标准;
- 了解清除、压缩 ANSYS Icepak 的计算结果。

7.1 ANSYS Icepak 基本物理模型定义

当对 ANSYS Icepak 的热模型划分了高质量的网格后,接下来需要对模型进行物理问题的定义,各种边界条件、求解参数的设置,然后就可以进行求解计算了。ANSYS Icepak 主要采用 Fluent 求解器进行求解计算,其具有鲁棒性好、计算精度高、求解速度快等优点。另外,ANSYS Icepak 可以使用 ANSYS HPC 并行计算模块对热模型进行多核并行计算;也可以使用 Nvida GPU 模块进行并行加速计算,可以大大提高热模拟计算的效率。

ANSYS Icepak 求解的过程如图 2-23 所示。当单击求解计算按钮后,ANSYS Icepak 会自动弹出 Fluent 求解器进行计算,如图 7-1 所示。

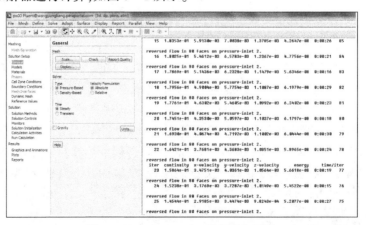

图 7-1 ANSYS Icepak 进行求解计算

7.1.1 基本物理问题定义设置面板

单击模型树 Project 下 Problem setup 的"+"符号,打开 Problem setup 的问题设置面板,如图 7-2 所示。双击 Basic aparameters 面板,可打开物理问题定义面板。在 Basic parameters 面板中,包含 4 个子面板,即 General setup、Defaults、Transient setup、Advanced,如图 7-3 所示。

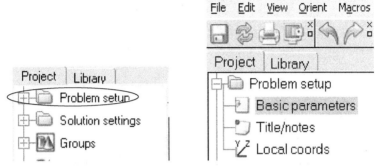

图 7-2 打开基本参数面板

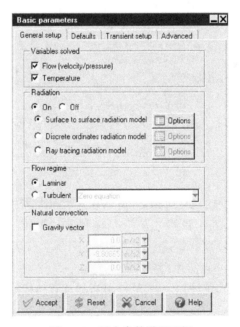

图 7-3 基本参数设置面板

1. General setup 面板

Variables solved 表示需要求解的变量,选择 Flow,表示求解速度和压力;选择 Temperature,表示计算求解能量方程;同时选择,表示求解计算热模型的流动和温度(求解 N-S 方程中的动量守恒方程和能量方程)。

如果热模型处于真空状态或者外太空状态,此时电子产品只能通过热传导和热辐射进行散热,因此需要取消 Flow 的选择,仅选择 Temperature。

Radiation:On 表示打开辐射换热计算;Off 表示关闭辐射换热。ANSYS Icepak 支持的辐射换热模型包括:Surface to surface(S2S)、Discrete oridinates(Do)、Ray tracing(光线追踪法)3 种辐射模型,三者的适用范围及相应的比较,已经在第 6 章已经做了详细的说明。

Flow regime 表示热模型流体的流态,Laminar 表示层流模型,Turbulent 表示湍流模型;工程上通常用雷诺数 Re 的大小进行流体流态的判断(见图 7-4),具体可参考第 2 章。

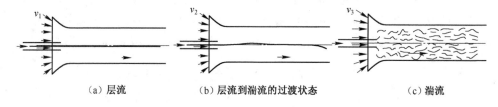

(a) 层流　　　　　　(b) 层流到湍流的过渡状态　　　　　　(c) 湍流

图 7-4　流体流态示意图

ANSYS Icepak 中提供了多种湍流模型,包括零方程和多种双方程模型。经比较,对于电子行业来说,零方程的性价比较高,可适用于大多数电子散热的工况;对于高密度翅片的散热器来说,使用方程模型 Spalart-Allmaras 可以更好地模拟翅片边界层的流动;而双方程模型主要用于高速冲击、射流的计算工况,如图 7-5 所示。在利用 ANSYS Icepak 进行微通道散热模拟时,切记选择 Laminar 层流模型,并且需要对微通道内流体的黏度做适当修正,才能保证模拟计算的精度。

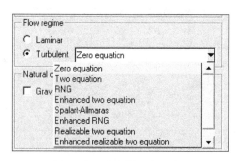

图 7-5　湍流模型的选择

在 ANSYS Icepak 中,对于强迫对流而言,雷诺数大于 10^4,需要选择湍流模型,而雷诺数小于 10^4,则应该选择层流模型;对于自然对流来说,瑞利数大于 10^9,需要选择湍流模型,而瑞利数小于 10^9,则需要选择层流模型。雷诺数和瑞利数的计算公式可参考第 2 章。

另外,当热模型建立后(包括各种边界参数的输入),ANSYS Icepak 可以根据模型输入的边界条件,单击求解基本设置面板的 Reset,软件可自动计算热模型的雷诺数和瑞利数,并告知模型所处的流态。

Gravity vector:在 Natural convection 下,选择 Gravity vector,表示重力方向,可打开自然对流模拟的设置。具体的重力方向设置可参考第 6 章。

2. Defaults(默认设置)面板

Defaults 主要用于设置环境条件及默认的材料属性。

Ambient conditions 表示环境条件;Temperature 表示环境温度,默认为 20(℃),选择 Transient,可输入环境温度随时间动态变化的曲线;Gauge Pressure 表示环境的相对大气压;Radiation temp 表示计算辐射换热的温度,与环境温度相同。

Default materials:表示默认的各种材料;Default fluid 表示默认的流体材料,默认为海拔 0m 的空气;Default solid 表示默认的固体材料,默认为型材铝,导热率为 205W/m·K;Default surface 表示默认的固体表面材料,默认为氧化表面、发射率为 0.8、粗糙度为 0。如果表面做过特殊处理,如涂漆、发黑氧化,发热率会增加;做喷砂处理后,表面变粗糙,散热面会增加,提高辐射换热的换热量,如图 7-6 所示。

单击材料框中的下拉菜单,View definition 可以查看材料的具体属性,Edit definition 可对当前的材料属性进行编辑,Create material 可以创建新的材料,如图 7-7 所示。

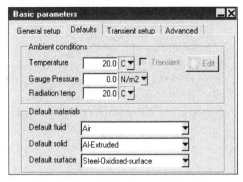

图 7-6 环境条件的输入

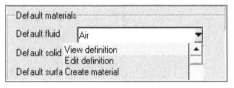

图 7-7 默认材料的选择

如果模型处于真空环境或外太空环境状态,需要在图 7-7 的面板中,单击 Default fluid,选择 Create material 创建新的默认流体材料,在弹出的材料面板中,将默认流体的黏度、密度、热容、导热率均设置为 1.0e-6,然后在 Info 面板中,对其进行命名,如图 7-8 所示。

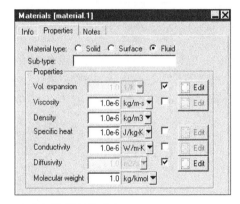

图 7-8 太空环境材料的建立

3. Transient setup 面板

单击 Steady 表示进行稳态计算模拟;单击 Transient 表示进行瞬态计算模拟,瞬态模拟的具体设置(见图 7-9)可参考第 6 章。

Solution initialization 表示求解计算时各个变量的初始化数值。

对于稳态计算而言,变量初始化的数值表示迭代计算时的初始值,此数值与实际结果越接近,那么迭代计算需要的时间越少,迭代步数也越少。例如,如果电子产品进行自然冷却,重力方向为 Y 轴负方向,则可以在 Y velocity 处设置 0.15(m/s),计算收敛的速度会比较快,计算更容易收敛,而对于瞬态计算来说,变量的初始化数值表示 0s 时各个变量的具体数值。

4. Advanced 面板

Natural convection 表示选择不同的自然对流模型,包含 Boussinesq approximation(布辛涅司克近似)和 Ideal gas law 理想气体方程。

Solar loading:打开太阳辐射热载荷的设置面板,可参考第 6 章。

Spatial power profile file：可对一个固体区域加载一个 Profile 体热源；Profile 体热源文件中包含具体的坐标及相应的热耗数值，每行均包含 X、Y、Z、Power value 4 个数字，如图 7-10 所示。

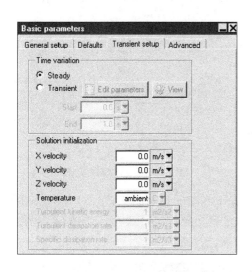

图 7-9　瞬态模拟计算设置面板

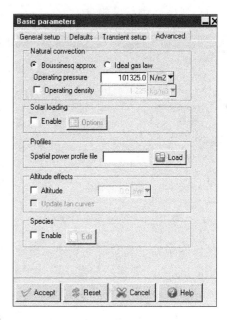

图 7-10　基本参数设置面板

Altitude effects：模拟不同海拔高度对电子产品散热的影响，ANSYS Icepak 默认的环境条件为海平面的状态。选择 Altitude，然后输入相应的海拔高度，ANSYS Icepak 会自动将默认的海平面空气的属性修改为高海拔的空气属性，如图 7-11 所示。

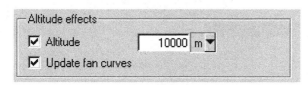

图 7-11　海拔高度的输入面板

选择 Update fan curves，表示允许 Icepak 根据海拔高度自动更新风机本身的风量风压 $P-Q$ 曲线。在 ANSYS Icepak 中，风机模型输入的 $P-Q$ 曲线为海拔 0m 时，风机额定转速对应的 $P-Q$ 曲线。如果电子产品为强迫风冷系统，选择 Update fan curves，ANSYS Icepak 会自动将风机额定转速下的 $P-Q$ 曲线换算成高海拔环境下的 $P-Q$ 曲线。

由图 7-12 可以看出，随着海拔的升高，空气的密度随之降低，相应空气的冷却能力将随之下降。从图 7-13 中可以看出，风机的 $P-Q$ 曲线压力值也会随海拔的升高而降低，在系统结构不变的情况下，风机提供的体积流量将不发生变化，但是由于密度降低，因此空气的质量流量将降低，导致空气的冷却能力降低，相应的系统温度将随之升高。另外，空气密度降低也会导致系统结构本身的阻力曲线降低。因此在高海拔情况下，需要增大风机的转速，才能维持系统正常的工作温度。

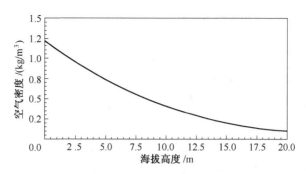

图 7-12 空气密度随海拔高度的变化

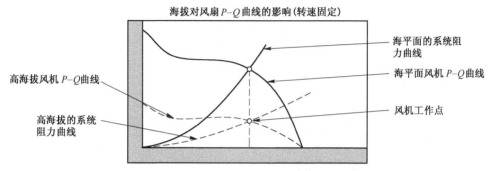

图 7-13 风机 P-Q 随海拔高度的变化

在图 7-14 中,某电子机箱在 ANSYS Icepak 中进行参数化海拔高度的数值计算。从图表中可以看出,在海平面为 0m 时,环境温度为 20℃,模型的最高温度为 71.07℃;当海拔高度为 10000m 时,环境温度为 -5℃,此时由于空气密度降低,将导致风机的冷却能力随之降低。尽管环境温度较低,但是其最高温度为 77.09℃,与海平面的计算结果相比,温度升高了 6.02℃。

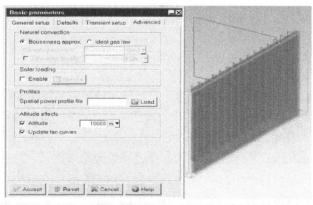

图 7-14 海拔升高对系统温度的影响

图 7-10 中的 Species:选择 Species 下的 Enable,单击 Edit,可打开多组分气体定义面板；ANSYS Icepak 可以模拟多种污染物组分的输运扩散计算。

在 Number of species 中,输入不同组分的种类数；组分种类的最大数为 12,输入 Number of species 后,单击 Enter 键,灰色的面板将被激活；然后可以在 Species 栏中,选择各类组分；如果 ANSYS Icepak 的材料库中没有包含需要的污染物组分,可直接创建新材料；默认的气体为空气和水蒸气。

Initial concentration 表示不同组分的初始浓度。单击 fraction,可选择输入组分浓度的单位,其中 fraction 表示组分的质量百分数;gr/lbm 和 g/kg 为湿度比,仅对于水蒸气有用;RH 表示相对湿度,仅对于水蒸气有用;PPMV 表示 $N\%$ 的容积比,如 8PPMV 指的是 8% 的容积比;kg/m^3 表示混合组分的密度,如图 7-15 所示。

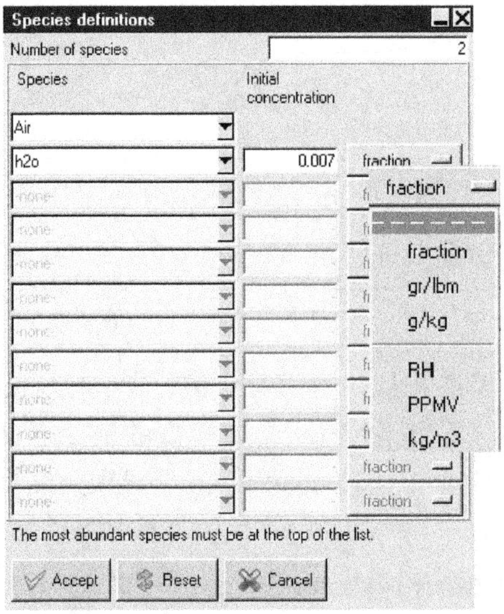

图 7-15 多组分及浓度的输入面板

注意:在组分面板中,工程师只能输入 $N-1$ 个组分的浓度,求解器会自动将组分浓度换算为质量百分比;然后用 1 减去 $N-1$ 个组分的质量百分比之和,剩余的质量百分比是混合组分中质量最大气体的百分比,默认的质量最大气体为空气。

对于 Opening、Grille、Fan 等边界,可输入各类边界组分的浓度,以 Opening 为例。

单击 Species 后的 Edit,打开组分浓度输入面板,可直接在 Concentration 中输入各自组分的浓度；如果进行瞬态模拟计算,选择 Transient,单击 Edit,可输入组分浓度随时间的变化曲线,具体的输入方式可参考第 6 章；另外,也可以选择 Profile,对开口直接输入 Profile 的浓度数值和瞬态浓度数值,如图 7-16、图 7-17 所示。

如果热模型中存在 recirculation opening(循环开口),单击 Species filter 后的 Edit,可打开 Species filter efficiency,即组分过滤效率面板,可模拟不同组分的增加或者减少,如图 7-18 所示。

在图 7-18 面板中,Filter fraction 表示通过循环开口,不同组分质量分数的减少;Augment factor 为一个增大因子,表示通过循环开口,不同组分浓度增大的因子。

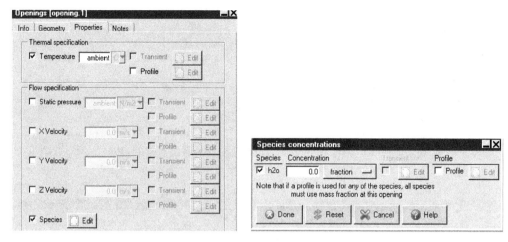

图 7-16 开口组分浓度的输入

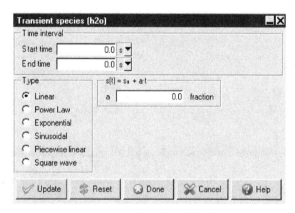

图 7-17 组分浓度的瞬态输入

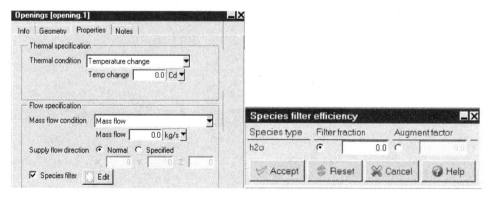

图 7-18 循环开口的组分输入面板

7.1.2 基本物理问题定义向导设置

ANSYS Icepak 提供了 Problem setup wizard，即物理问题的向导设置。鼠标右键单击 Problem setup，出现 Problem setup wizard 面板，鼠标左键单击此面板，即可打开 Problem setup wizard 面板，如图 7-19 所示。

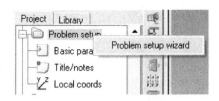

图 7-19 物理问题向导

ANSYS Icepak 共提供 14 个向导面板来引导工程师进行物理问题的定义,如图 7-20~图 7-24 所示。

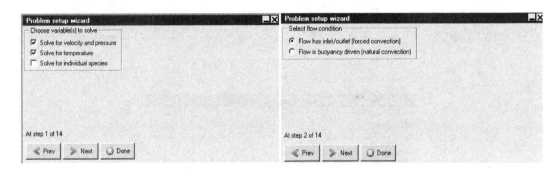

图 7-20 物理问题向导面板(一)

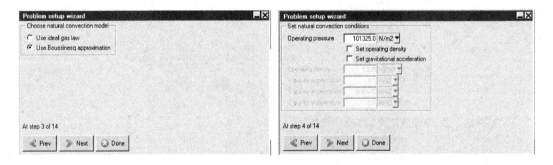

图 7-21 物理问题向导面板(二)

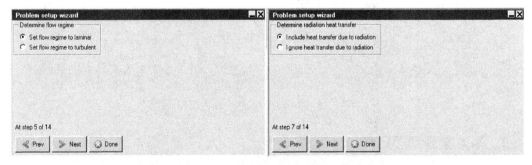

图 7-22 物理问题向导面板(三)

图 7-23　物理问题向导面板(四)

图 7-24　物理问题向导面板(五)

Solve for velocity and pressure：选此选项，表示求解连续性方程和动量方程，计算速度和压力。

Solve for temperature：选此选项，表示计算能量方程。

Solve for individual species：选此选项，表示计算单组分的流体。

Flow has inlet/outlet(forced convection)：热模型有进出口，输入强迫风冷计算。

Flow is buoyancy driven(natural convection)：热模型通过自然冷却计算。

Use ideal gas law：使用理想气体方程。

Use Boussinesq approximation：使用布辛涅司克近似。

Operating pressure：工作的环境压力。

Set gravitational acceleration：设置相应的重力加速度。

Set flow regime to laminar：设置流体的流态为层流。

Set flow regime to turbulent：设置流体的流态为湍流。

Include heat transfer due to radiation：包括辐射换热计算。

Ignore heat transfer due to radiation：忽略辐射换热计算。

Use surface-to-surface model、discrete-ordinate model、ray-tracing model：选择不同类型的辐射换热模型，可使用鼠标直接单击选择。

Include solar radiation：考虑太阳辐射热载荷计算。

Variables are time-dependent(transient)：变量随时间进行变化，即瞬态热模拟。

Variables do not vary with time(steady-state)：变量不随时间进行变化，即稳态热模拟计算。

Adjust properties based on altitude：随着海拔高度的变化，允许 Icepak 自动调整默认的环境条件。

Adjust fan curves based on altitude：随着海拔的变化，允许 Icepak 自动调整风机的风量—风压曲线。

Set altitude to：设置海拔高度。

7.2 自然冷却计算开启的规则

在 ANSYS Icepak 热模拟中，如果选择了 Basic parameters 面板下的 Gravity vector，即表示打开了重力方向，考虑热模型的自然对流计算，如图 7-25 所示。

在自然冷却模拟中，除选择 Gravity vector，考虑自然对流，还需要考虑模型的辐射换热计算，即选择 Radiation 下的 On，然后选择合适的辐射换热模型，如图 7-26 所示。

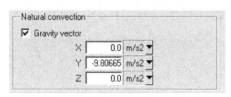

图 7-25 考虑自然对流计算

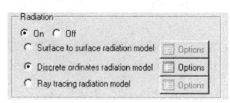

图 7-26 辐射换热模型的选择

下面以具体的实例来说明什么样的工况需要考虑自然冷却计算；以及如何考虑自然冷却计算。

1. 强迫风冷散热模型

某强迫风冷机箱，机箱内部安置轴流风机，机箱两侧有相应的进出风口，如图 7-27 所示。

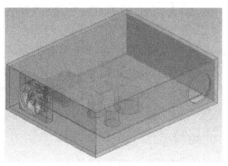

图 7-27 强迫风冷机箱示意图

方法 1：忽略整个机箱模型的自然对流和辐射换热计算，仅仅计算强迫风冷，进行保守计算，即不修改 Cabinet 的尺寸，Cabinet 的属性使用默认设置 Default，表示绝热。

方法 2：将模型导入 ANSYS Icepak 后，设置 Cabinet 的 6 个面为 Wall，然后对 6 个 Wall 壳体输入自然冷却换热系数 $10(W/K \cdot m^2)$（自然冷却换热系数经验值），用于考虑机箱外壳与机箱外空气的自然冷却过程，如图 7-28 所示。

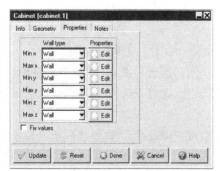
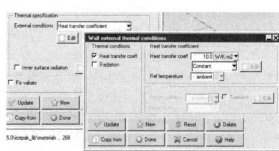

图 7-28 Wall 的建立及换热系数的输入

方法 3：将计算区域 Cabinet 相应扩大，设置 Cabinet 的 6 个面均为 Opening（开口），选择 Basic parameters 面板下的 Gravity vector，设置合理的重力方向；单击 Radiation 下的 On，然后选择合适的辐射换热模型；ANSYS Icepak 除计算强迫风冷以外，还会计算机箱外壳与空气的自然冷却和辐射换热，即混合冷却，通过相应的后处理，可以得到外壳自然冷却的换热系数，如图 7-29 所示。

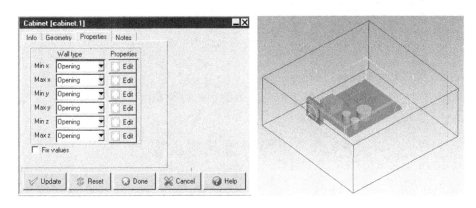

图 7-29　混合冷却计算的热模型

2. 混合对流换热模型

在图 7-30 的混合对流机箱模型中，为了考虑机箱的电磁兼容，将各电子模块安装在密闭空间内；另外，机箱内部存在高密度翅片的波纹板，外界环境的强迫冷风在导流板和均匀系统作用下，流入上、中、下 3 个高密度波纹板内；密闭空间内的模块主要通过自然对流、传导和辐射换热将热量导给壳体，然后机箱再通过强迫风冷将热量带出系统。

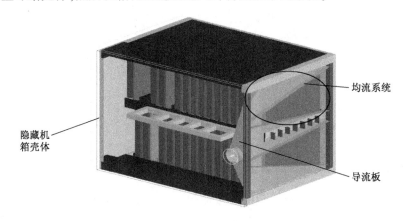

图 7-30　混合对流机箱模型

此模型在进行热模拟计算时，除了计算强迫风冷，还需要计算密闭腔体内各模块之间的辐射换热，以及密闭腔体内空气的自然对流过程。因此，对于混合对流的热模拟案例，也需要选择 Basic parameters 面板下的 Gravity vector，设置合理的重力方向；单击 Radiation 下的 On，然后选择合适的辐射换热模型。

如果不考虑密闭腔体内的自然冷却计算，模拟计算的温度会高于实际测试的温度。图 7-31 为机箱内部密闭腔体的温度云图和自然对流速度矢量图。

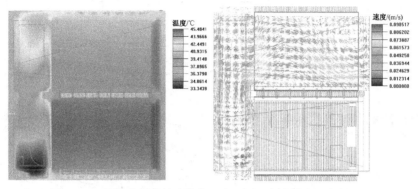

图 7-31　机箱内部密闭腔体的温度云图和自然对流速度矢量图

7.3　求解计算基本设置

单击模型树 Project 下 Solution settings 的"+"符号,打开 Solution settings 求解设置面板。求解基本设置包括:Basic settings(基本设置面板)、Parallel settings(并行设置面板)、Advanced settings(高级设置面板),如图 7-32 所示。

另外,通过单击 Solve→Settings→Basic、Advanced 或 Parallel,也可以打开基本设置面板、高级设置面板或并行设置面板,如图 7-33 所示。

图 7-32　求解基本设置面板(一)

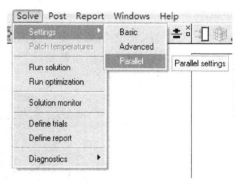

图 7-33　求解基本设置面板(二)

7.3.1　Basic settings(求解基本设置面板)

双击 Basic settings,打开求解的基本设置面板。Number of iterations 表示稳态求解计算的迭代步数;Iterations/timestep 表示瞬态计算中,每个时间步长的迭代步数,默认为 20,通常可修改增大此数值,以保证每个时间步长的求解计算均收敛。

在图 7-34 中,Convergence criteria 表示求解计算的耦合残差标准;其中 Flow 表示流动的残差收敛标准,连续性方程的残差、3 个方向的动量方程残差均需要满足 Flow 的残差标准;Energy 表示能量(温度)方程的残差收敛标准。

ANSYS Icepak 认为 Flow 流动的残差值到 $1e-3$,Energy 能量残差值到 $1e-7$,便可以认为热模型计算收敛了,即所有的变量都不再随着迭代计算步数变化了。建议用户不要修改相应的残差数值。如果电子热模型放置于外太空环境下,因为没有流动,无须耦合计算,此工况仅有辐射换热和热传导,因此可以将 Energy 的残差数值修改为 $1e-17$。

7.3.2 判断热模型的流态

打开图 7-34 所示的面板,单击 Basic settings 面板中的 Reset 按钮,ANSYS Icepak 可针对设置的参数,自动计算雷诺数和瑞利数,以帮助工程师判断求解问题的流态。图 7-35 为 ANSYS Icepak 判断流态的准则及相应数值。

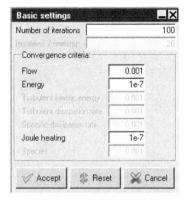

准则参数	范围	散热方式
Reynolds 雷诺数	$10^3 \sim 10^5$	强迫对流
Peclet 贝克来数	$10^3 \sim 10^5$	
Prandtl 普朗特数	0.71	自然冷却
Rayleigh 瑞利数	$10^5 \sim 10^9$	

图 7-34 求解迭代步数及残差设置面板

图 7-35 电子散热流态判断准则

例如,热模型中包含风机或者开口,为强迫风冷散热;单击 Basic settings 面板中的 Reset 按钮,ANSYS Icepak 将计算热模型的雷诺数和贝克来数,然后告知模型的流态为湍流,如图 7-36 所示。

```
The approximate Reynolds and Peclet numbers for this problem are 75008.5 and 53144, respectively. (Please
note these are only estimates based on the current setup - actual values may vary.)
Reset solver defaults for forced convection and turbulent flow.
```

图 7-36 ANSYS Icepak 自动判断湍流模型(一)

如果模型为自然冷却散热(选择了 Basic parameters 面板的重力方向),单击 Basic settings 面板中的 Reset 按钮,ANSYS Icepak 将计算瑞利数,然后告知模型的流态为湍流,如图 7-37 所示。

```
The approximate Rayleigh number for this problem is 4.6090e+009, and the approximate Prandtl number is
0.70850574712644. (Please note these are only estimates based on the current setup - actual values may vary.)
Reset solver defaults for natural convection and turbulent flow.
Reset initial velocity to -1e-4 * gravity for natural convection.
```

图 7-37 ANSYS Icepak 自动判断湍流模型(二)

如果在 Basic Parameters 面板中选择的流态与 ANSYS Icepak 计算判断的流态不一致,那么 ANSYS Icepak 会自动在 Message 窗口中提示红色标注的警告,告知工程师应该选择合理的流态(层流/湍流),如图 7-38 所示。

```
Warning: the approximate Reynolds and Peclet numbers for this problem are 75008.5 and 53144, respectively.
Setting the "Flow regime" option on the Problem form to "Turbulent" is recommended. (Please note these are only
estimates based on the current setup - actual values may vary.)
Reset solver defaults for forced convection and laminar flow.
```

图 7-38 ANSYS Icepak 自动判断湍流模型(三)

7.3.3 Parallel settings(并行设置面板)

双击 Parallel settings,打开并行设置面板。其中 Serial 表示单核计算;GPU computing 表示

使用 Nvida GPU 模块加速并行计算;Parallel 表示多核并行计算,如图 7-39 所示。

(1) 选择 Parallel,表示在本地机器上进行多核并行计算。可以在 Parallel options 中输入参与并行计算 CPU 的核数,如图 7-40 所示。

(2) 选择 Network parallel,表示通过局域网进行多核并行计算,如图 7-41 所示。

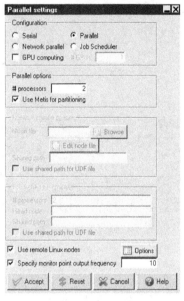

图 7-39　并行计算设置面板(一)

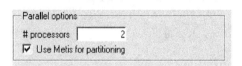

图 7-40　并行计算核数输入

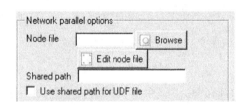

图 7-41　局域网并行计算设置

在 Node file 中设置局域网内参与并行计算的机器名称,Node file 可以是 txt 格式,如图 7-42 所示。

```
balin
bilbo
bofur
dain
dwalin
```

图 7-42　局域网内参与计算的机器名称

使用局域网 Network parallel 并行计算时,不需要指定 CPU 的核数,参与计算的核数与计算机的个数相等。对于 Windows 系统的网络并行计算,必须指定 Shared path,即共享路径,其表示 ANSYS Icepak 的 Fluent 求解器的安装路径。如果求解器被安装在 Windows 系统服务器上,那么必须在 Shared path 中输入\\服务器名称\fluent.inc,fluent.inc 表示共享 Icepak 安装目录下求解器的文件夹;如可以输入\\Pcname\fluent.inc,那么 Pcname 表示 Windows 系统服务器的名称,Use shared path for UDF file 通常默认不选择。

注意:在 Windows 系统下使用 Network parallel,必须首先安装 MPI,可通过 ANSYS 的安装管理器进行安装 MPI,如图 7-43 所示。

(3) 单击 Job Scheduler,表示选择工作调度表的模式来管理多个计算工况,管理计算机资源的分配及发送相应的任务到指定的计算机节点;必须安装 Microsoft 公司的 Job Scheduler。在图 7-44 中,# processors 处需要输入计算机的核数;Head node 处需要输入计算机的名称。

第 7 章　ANSYS Icepak 求解设置

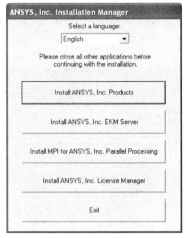

图 7-43　MPI 的安装

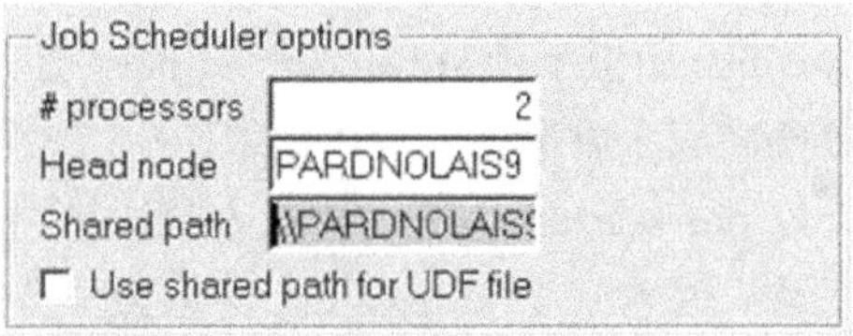

图 7-44　并行计算设置面板(二)

在 Shared path 中输入 ANSYS Icepak 的 Fluent 求解器的安装路径。此目录必须共享，在 Shared path 中输入\\服务器名称\fluent.inc 即可。

（4）Use remote Linux nodes 表示使用局部网内的 Linux 系统进行计算。

可以在 Windows 系统上开启 Icepak，然后将 Windows 系统上的模型提交到 Linux 系统上进行计算；必须安装 Putty 密码生成器，生成相应的密码，才可以将 Windows 系统与 Linux 系统进行数据连接，如图 7-45 所示。可以单击链接：http://www.chiark.green-end.org.uk/~sgtatham/putty/download.html，下载 Putty 密码生成器。

图 7-45　Putty 密码生成器

在图 7-46 的面板中，Linux head node 表示 Linux 系统的计算机名称；Linux login 表示输入登录 Linux 系统的用户名称；Remote solver path 表示 ANSYS Icepak 的 Fluent 求解器安装的目录；Remote working directory 表示工作目录。

图 7-46 使用远程 Linux 系统的设置

7.3.4 Advanced settings（高级设置面板）

双击求解设置 Solution settings 面板下的 Advanced settings，打开高级设置面板，如图 7-47 所示。其中，Discretization scheme 表示离散格式，用于将 N-S 方程的偏微分方程进行离散，有一阶迎风、二阶迎风等格式。Under-relaxation 表示离散方程中变量的迭代因子；对于强迫对流计算而言，Pressure 压力迭代因子输入 0.3，Momentum 动量方程迭代因子输入 0.7；而对于自然对流或者复杂的对流散热计算而言，建议 Momentum 动量方程迭代因子输入 0.3，而 Pressure 压力迭代因子输入 0.7，同时压力的离散格式选择 Body Force Weighted。

Linear solver 表示线性求解器，用于加速计算。Precision 表示计算的精度，默认的是 Single；建议所有的热模拟计算均使用双精度 Double。对于焦耳热计算来说，需要对温度的离散格式选择 Second，即二阶迎风格式；对 Linear solver 中温度的 Stabilization 选择 BCGSTAB；选择双精度，可改进焦耳热求解计算的精度和稳定性，如图 7-48 所示。

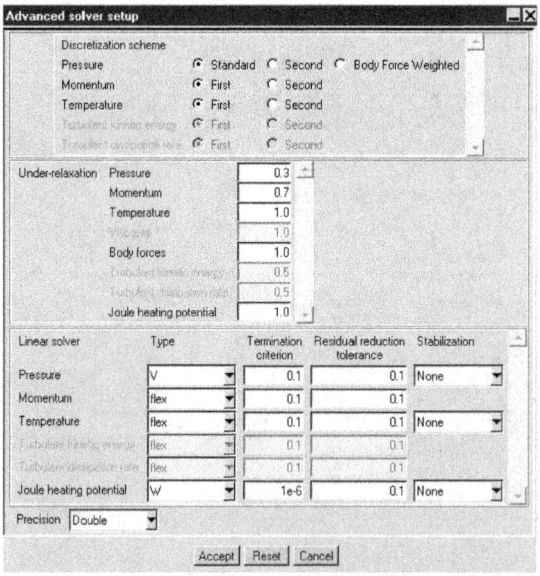

图 7-47 高级设置面板

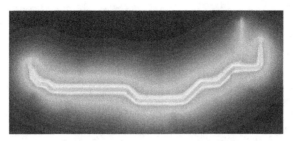

图 7-48　PCB 铜箔的焦耳热计算

7.4　变量监控点设置

变量监控点用于监测求解计算时某点的变量(压力、速度、温度)变化情况,是判断计算是否收敛的主要标准。对于稳态热模拟计算而言,当监控的变量不再随计算迭代步数变化,即可认为计算收敛;对于瞬态热模拟而言,变量监控点可显示各变量随时间的变化情况。在 ANSYS Icepak 中,可通过以下 4 种方法进行变量监控点的设置。

7.4.1　直接拖曳模型

如图 7-49 所示,选择模型树下某个器件,按住鼠标左键,拖动至模型树上面的 Points,ANSYS Icepak 会自动将此模型中心点位置的变量作为监控点;拖动至 Surfaces,ANSYS Icepak 会将此模型表面的变量作为监控,统计此表面某变量的平均数值。双击 Points 或者 Surfaces 下的模型,可打开变量的监控面板,然后选择需要监控的变量,如图 7-50 所示。

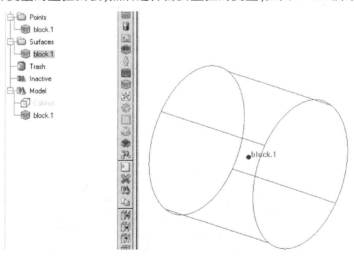

图 7-49　设置监控变量

在 Modify point 面板中,Location 表示此监控点的坐标,当然也可以直接手动修改监控点坐标;在图 7-50 的面板中,单击 Object 右侧的下拉菜单,可选择其他模型,将其中心点位置作为监控点坐标。在 Monitor 下,选择选监控点的变量,Temperature 表示温度,Pressure 表示压力,Velocity 表示速度。如果监控点的坐标是固体区域,那么只能选择 Temperature 温度;如果监控点坐标是流体区域,那么建议再选择 Pressure 压力和 Velocity 速度,表示同时监测了此点的温度、速度、压力。

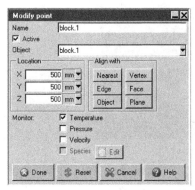 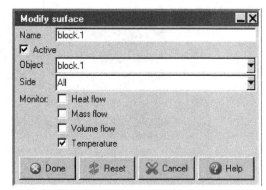

图 7-50 变量监控面板

单击 Done,在软件的模型视图区域中,会出现监控点的图标,其中温度监控点图标为红色,压力监控点图标为黄色,速度监控点图标为蓝色;同时监控压力和速度,图标将变为紫色,如图 7-51 所示。

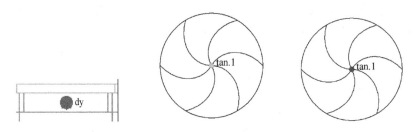

图 7-51 变量监控点的示意图

如果被监控的模型为双热阻(R_{jb}、R_{jc})芯片,那么监控点坐标将位于芯片的中心位置,即 junction(节点),在进行瞬态热模拟时,ANSYS Icepak 将自动显示芯片的结温随时间的变化曲线,如图 7-52 所示。

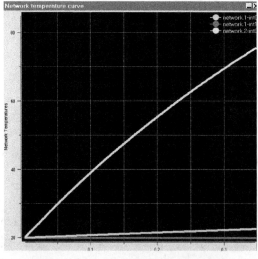

图 7-52 芯片结温随时间的变化曲线

如图 7-50 所示，在 Modify surface 面板中，单击 Object 的下拉菜单可以选择热模型，Side 表示监控所选热模型的面，默认为 All，在 Monitor 下，可以选择监控面的变量，Heat flow 表示面的热耗，Mass flow 表示面的质量流量，Volume flow 表示面的体积流量，Mass flow 和 Volume flow 仅适用于 Opening（开口）、Fan（风扇）、Grille（散热孔）、Resistance（阻尼）等流动特性的热模型，Temperature 表示面的温度；Surface 主要监控所选面变量的平均数值。

7.4.2 复制粘贴

当模型树下器件特别多时，不能直接将模型拖曳到 Points 下，此时可选择需要监控的模型，单击鼠标右键；在弹出的面板中选择 Add to clipboard，即复制到剪贴板；然后鼠标左键选择模型树上的 Points，单击右键，选择 Paste from clipboard，即从剪贴板上将模型复制到 Points 下，如图 7-53 所示。

ANSYS Icepak 将会自动将此模型中心位置的坐标作为监控点的坐标，在 Points 下双击相应的监控点，可打开变量监控点面板，选择需要监控的变量，单击 Done，完成变量监控点的设置。相应的，在模型视图区域中，具体坐标处将出现监控点的图标。

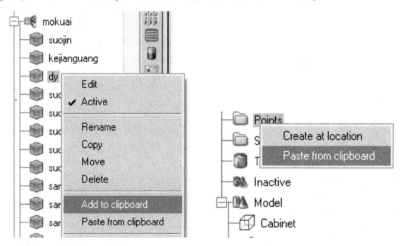

图 7-53 变量监控点的创建（一）

7.4.3 直接输入坐标

鼠标右键选择 Points，在弹出的面板中，选择 Create at location，即创建变量的监控点，可直接打开变量监控点的创建面板，如图 7-54 所示。

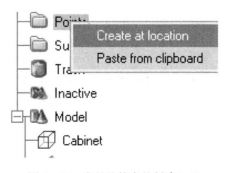

图 7-54 变量监控点的创建（二）

在图 7-55 的 Create point 面板下,可直接单击 Object 的下拉菜单,选择模型树下的模型,建立相应监控点;或者在 Location 下输入具体的坐标,建立监控点。

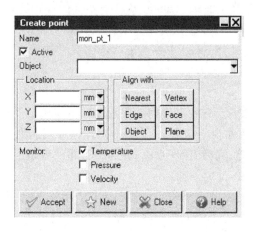

图 7-55 变量监控点的创建(三)

另外,可以直接单击 Align with 下的按钮,建立监控点;其中,Nearest 可使用鼠标左键选择 Cabinet 计算区域中的任何一点;Edge 表示选择某条边,ANSYS Icepak 会自动将选中边的中心点作为监控点;Object 表示选择某个物体,用其中心点作为监控点;Vertex 表示选择模型中的某个具体的点,用其作为监控点;Face 表示选择模型中的相应的面,Icepak 将用此面中心点的坐标为监控点;Plane 表示使用鼠标左键单击 Cabinet 内任意 3 个点,形成一个平面,然后单击此平面上的相应点,作为变量的监控点。在 Monitor 处选择需要监控的变量,单击 Accept,完成变量监控点的设置,如图 7-55 和图 7-56 所示。

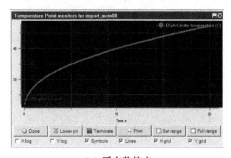
(a) 瞬态监控点

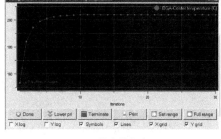
(b) 稳态监控点

图 7-56 瞬态计算和稳态计算的变量监控点

7.4.4 模型树下建立监控点

在模型树下,选择需要监控的模型对象(一个或多个),单击右键,在弹出的面板中选择 Create→Monitor point,ANSYS Icepak 会自动建立相应的监控点。监控点位于所选对象模型的中心位置。监控的变量为温度,双击 Points 下的监控点,可修改监控的变量,如图 7-57 所示。

另外,在视图区域中,使用按下 Shift 键同时单击鼠标右键选择相应的模型,在弹出的面板中,选择 Create→Monitor point,也可以建立相应模型中心点位置的监控点,如图 7-58 所示。

第 7 章 ANSYS Icepak 求解设置

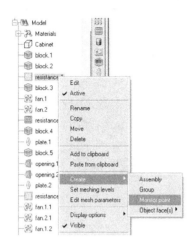

图 7-57 变量监控点的创建(四)

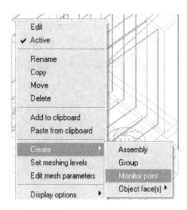

图 7-58 变量监控点的创建(五)

7.5 求解计算面板设置

单击求解计算,ANSYS Icepak 将调用 Fluent 求解器进行热模型的计算。直接单击快捷工具栏中的计算图标"",可打开计算面板,如图 7-59 所示。

图 7-59 求解计算按钮

另外,单击主菜单栏 Solve→Run solution,也可以打开求解计算的面板。

求解计算面板包含 General setup(通用设置面板)、Advanced(高级设置面板)、Results(结果管理面板),如图 7-60 所示。

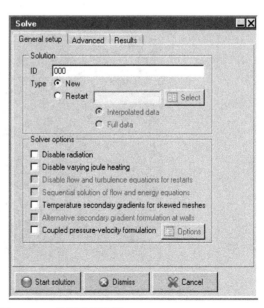

图 7-60 求解计算面板

7.5.1　General setup(通用设置面板)

在图 7-60 面板中，Solution 求解 ID 表示热模拟结果的名称，默认的设置方法为热模型本身的名称，外加相应的数字，如 rack00；如果输入的名称与已有的计算结果名称相同，ANSYS Icepak 将提示 Solution exists，即求解已经存在；如 A solution already exists for ID rack00 - overwrite it?询问是否重新计算，单击 Yes，重新进行 Icepak 计算，单击 No，取消计算，如图 7-61 所示。

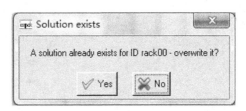

图 7-61　是否覆盖替换现有计算结果

在图 7-60 中，Type 下的 New 表示开始一个新的计算。

Restart 表示以别的计算结果作为初始条件，进行新的计算；通过单击 Select，可选择已有工况的计算结果；其中，Interpolated data 表示使用内插数据，而 Full data 表示使用全部数据。建议选择 Full data 进行 Restart 重新计算。

Solve options：求解其他选项。

Disable radiation：不考虑辐射换热计算，即忽略辐射换热。

Disable varying joule heating：忽略变化电流的焦耳热计算。

Sequential solution of flow and energy equations：先计算流动 Flow，当流动计算收敛以后，在收敛的流场基础上，再计算能量方程，此选项仅适合强迫冷却，不适合自然对流、混合对流的工况。由于没有同时求解 N-S 控制方程，因此这种方法可加速强迫冷却的求解计算，其求解残差曲线如图 7-62 所示。

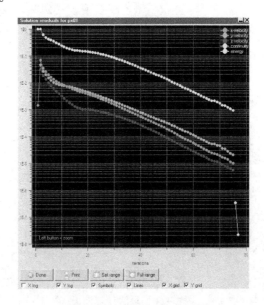

图 7-62　求解残差曲线

从图 7-62 中可以看出,前 75 步仅计算了连续性方程和动量方程,当 Flow 计算收敛后,ANSYS Icepak 再在收敛后的流场基础上计算能量方程,此模型仅需要两步即可完成能量方程的计算。由于同时求解的方程较少,因此对于强迫冷却来说,选择 Sequential solution of flow and energy equations 可加速求解计算。

Temperature secondary gradients for skewed meshes:对 Skewness 数值小于 0.64 的网格使用温度第 2 梯度方法进行矫正,可增加计算结果的精度。

Alternative secondary gradient formulation as walls:选择了 Temperature secondary gradients for skewed meshes 后,建议再选择 Alternative secondary gradient formulation as walls,可增加求解计算的鲁棒性,使求解计算容易收敛。

Coupled pressure-velocity formulation:选择此选项后,表示 ANSYS Icepak 将使用压力基的耦合算法来求解计算。与传统的 Simple 算法(分离算法)相比,其鲁棒性更强,计算速度更快。

以某 Rack 机柜热模拟为例,使用 Simple 算法,需要 104 步,模型计算收敛;如果使用 Coupled pressure-velocity formulation,仅需要 30 步即可收敛,如图 7-63 所示;两者的计算结果比较如图 7-64 所示。

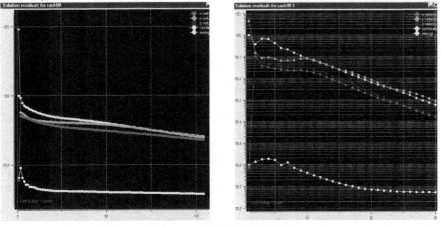

图 7-63 求解残差曲线比较

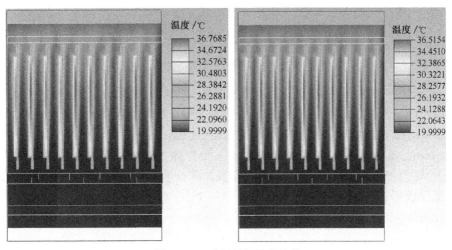

图 7-64 求解计算结果比较

图 7-64 为通过 Simple 算法和 Coupled pressure-velocity 算法的计算结果，可以看出，两者计算的结果是相同的。

7.5.2 Advanced（高级设置面板）

在图 7-65 中，Submission options 表示提交计算的选项。默认为 This computer，表示提交本机进行计算。

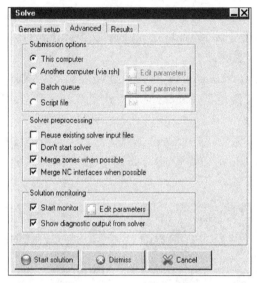

图 7-65　求解的设置面板

Another computer(Via rsh)表示使用局域网内的其他计算机进行计算。单击 Edit parameters，可打开远程执行参数面板，如图 7-66 所示。

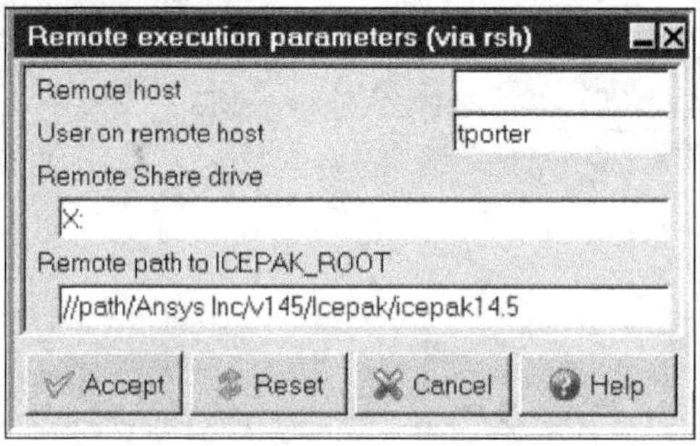

图 7-66　远程求解设置

在 Remote host 中输入项目被提交的计算机名称；在 User on remote host 中输入登录进入远程计算机的账户名称；在 Remote Share drive 中输入远程计算机内项目被放置的目录；在 Remote path to ICEPAK_ROOT 中输入在远程计算机中，ANSYS Icepak 被安装的目录路径，单击 Accept。

Script file 主要用于建立模型求解的多个 bat 批处理文件，然后将所有的批处理文件进行合并；双击合并后的 bat 批处理文件，ANSYS Icepak 将自动依次计算 bat 批处理中所有的热模型。当计算完成后，可依次打开各个模型的计算结果，进行相应的后处理，具体案例可参考第 9 章 ANSYS Icepak 热仿真专题。

Solver preprocessing 下的 Reuse existing solver input files 表示使用已有的 cas 文件和脚本文件。当模型所有参数没有修改时，选择此选项，可继续进行以前的求解计算。

Don't start solver：不打开求解器，可用于 ANSYS Icepak 输出 bat 批处理文件。

Merge zones when possible：引导 ANSYS Icepak 通过合并 Zone 来优化求解。

Merge NC Interface when possible：引导 ANSYS Icepak 尽可能合并非连续性网格的界面。

Solution monitoring：Start monitor 表示显示计算过程中的残差曲线；单击 Edit parameters，可打开残差监控面板，默认 All，即显示所有变量的残差曲线，如图 7-67 所示。

Show diagnostic output from solver：将残差曲线显示在一个单独的窗口中。

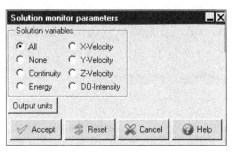

图 7-67 变量残差的选择

7.5.3 Results（结果管理面板）

Results 结果管理面板主要对 ANSYS Icepak 的计算结果进行管理，如图 7-68 所示。

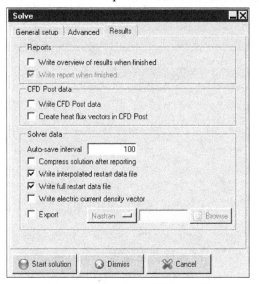

图 7-68 Results 结果管理面板

在图 7-68 中，Write overview of results when finished：选择此项，表示在求解结束时，Icepak 会自动将 Overview 的整体报告输出。

Write report when finished：选择此项，Icepak 将对 Summary report 面板中定义的结果进行自动输出。

Write CFD Post data：指示 ANSYS Icepak 将计算结果输出后缀为 x.cfd.dat 和 x.cfd.cas 的文件，x.cfd.dat 和 x.cfd.cas 可以被 CFD-Post 读入。如果是瞬态热模拟的 x.cfd.dat 和 x.cfd.cas 文件，将会读入每个时刻的计算结果。如果在 ANSYS Workbench 平台下进行 ANSYS Icepak 热模型的计算，那么 x.cfd.dat 和 x.cfd.cas 将会被自动输出。在 ANSYS Workbench 平

台下拖动 Icepak 单元至 CFD-Post 单元,可自动将 Icepak 的结果加载至 CFD-Post。

Create heat flux vectors in CFD Post:选择此项,ANSYS Icepak 会将导热率及其他变量输出到 CFD-post 中,用于建立热流(Heat flux)矢量图。

Auto-save interval:ANSYS Icepak 在进行稳态计算时保存计算结果的频率,默认为 100,表示每进行 100 步迭代计算,保存一次结果。

Compress solution after reporting:选择此项,ANSYS Icepak 会在计算结束后,将一些与求解相关的文件进行压缩,以节省硬盘的空间。这样做不会影响后处理的显示。

Write interpolated restart data file:此选项默认选择,ANSYS Icepak 将直接输出 X.dat 的文件;在 Restart 重新计算的 Interpolated data 处,可选择此文件,如图 7-69 所示。

图 7-69　重新计算的选择(一)

Write full restart data file:此选项默认选择,ANSYS Icepak 将直接输出 X.fdat 的文件,用于 Restart 重新计算,选择 Full data,然后可将 X.fdat 作为其他工况的初始数值,如图 7-70 所示。

图 7-70　重新计算的选择(二)

Write electric current density vector:将计算的电流密度矢量图输出到 X.resd 的文件里。

Export:允许将 ANSYS Icepak 的计算结果输出到 Nastran、Patran 或者 IDEAS 中,用于计算热流—结构动力的耦合模拟分析。在 ANSYS Workbench 平台下,可以直接拖动数据流,将 Icepak 的计算结果加载于 Mechinical,以完成热流—结构的耦合模拟分析。

单击求解计算面板下的 Start solution,即可开始进行求解计算。

7.5.4　TEC 热电制冷模型的计算

如果模型中包含 TEC 热电制冷模型,那么计算时,单击 Macros→Modeling→Thermoelectric Cooler→Run TEC,打开 TEC 热模拟的计算面板,如图 7-71 所示。

在 TEC 的计算面板中,可选择不同的计算方法,进行 TEC 的计算模拟。Specify I and calculate T 表示输入 TEC 的电流,计算相应的温度;Specify T and calculate I 表示输入 TEC 冷面的温度,然后计算 TEC 需要的电流,如图 7-72 所示。

第 7 章 ANSYS Icepak 求解设置

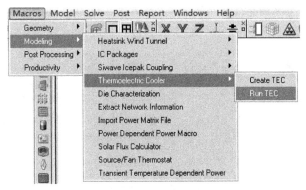

图 7-71 TEC 模拟计算命令

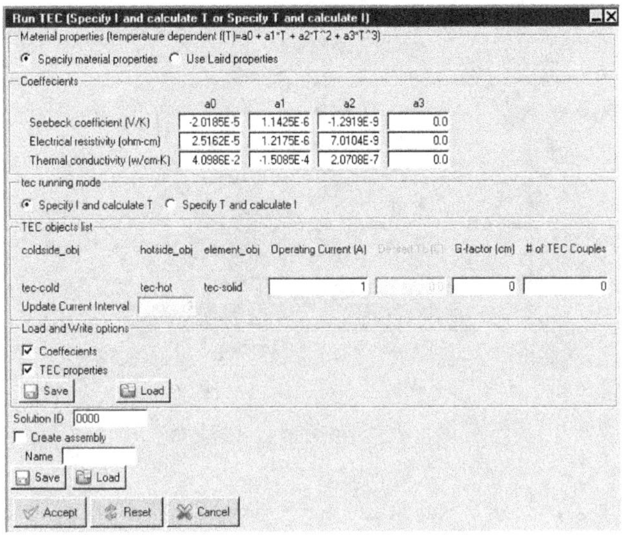

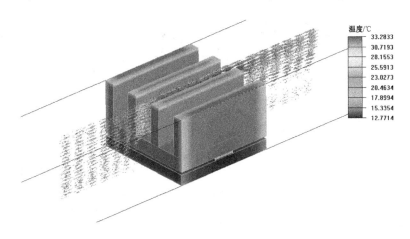

图 7-72 TEC 热电制冷计算面板

输入 TEC 相应的参数，在 Sloution ID 中输入工况的 ID 名称，单击 Accept，即可进行 TEC 制冷的模拟计算，TEC 热电制冷可以将热源的温度降低至环境温度以下，如图 7-73 所示。

图 7-73 TEC 热电制冷计算结果

关于 TEC 热电制冷详细的计算设置,读者可参考本书的姊妹篇《ANSYS Icepak 进阶应用导航》第 9 章进行学习。

7.5.5 恒温控制计算

对于瞬态模拟计算,ANSYS Icepak 可以使用温度的监控点来实时控制各个发热器件的热耗变化,从而保证某个点的温度恒定;另外,也可以使用温度的监控点来实时控制风机的开启/关闭,以及风机转速的不同程度,以保证温度监控点的温度恒定。

对于恒温控制模拟计算,需要单击 Macros→Modeling→Source/Fan Thermostat,打开热源/风机恒温控制的计算面板,如图 7-74 所示。

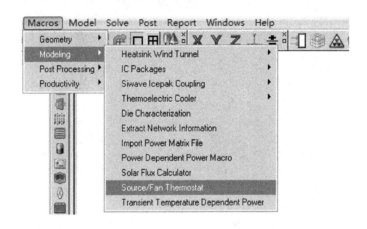

图 7-74 恒温控制计算命令

在如图 7-75 所示的 Thermo Stat Macro for Source/Fan Variation 的面板中,可选择温度的监控点,设置 Trigger Temp(℃)温度改变点数值;Power/RPM Factor 表示热源/风机转速的改变因子,Initial 表示被监测控制的模型 Object 的初始状态;在 Specify solution id 中输入 Solution ID,单击 Accept,即可进行恒温控制的模拟计算,如图 7-76 所示。

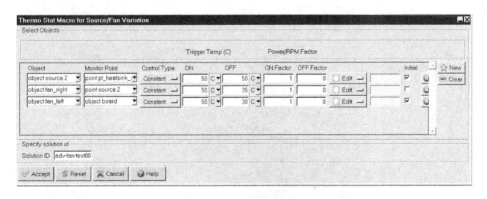

图 7-75 恒温控制计算面板

关于电子产品恒温控制计算的详细设置,读者可参考本书的姊妹篇《ANSYS Icepak 进阶应用导航》第 10 章进行学习。

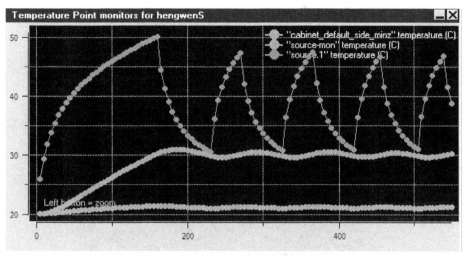

图 7-76　恒温控制温度监控点变化

7.6　ANSYS Icepak 计算收敛标准

对于 ANSYS Icepak 热模型的求解计算,需要符合以下 3 点,才可认为此模型的求解计算是收敛的。

1. 残差曲线

模型求解计算的各变量方程(连续性、动量、能量方程)残差达到 ANSYS Icepak 默认的残差标准,Flow 的残差标准为 0.001,而能量方程残差 Energy 为 1e-07,对于外太空环境下的散热,由于仅计算热传导和辐射换热,需要考虑将能量方程残差 Energy 设置为 1e-17,同时设置温度监控点,残差曲线监控的选择如图 7-77 所示。

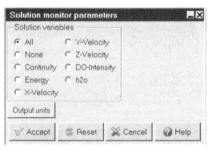

图 7-77　N-S 方程的残差监控选择

在求解计算过程中,单击残差面板中的 Terminate,可终止模型的计算,如图 7-78 所示。

2. 进出口差值

通过统计计算进出口的质量流量、体积流量的差值,统计进出口的热耗差值来判断。当求解计算结束后,单击 Report→Solution overview→View 或 Create,可生成 Overview 的 Report(报告),如图 7-79 所示。

Overview Report 将分别统计系统进出口质量流量、体积流量及进出口的热耗;也可以统计进出口各变量差值的相对误差,以此来判断模型是否收敛。通常进出口流量相对误差在 1%之内,可认为模型求解收敛,如图 7-80 所示。

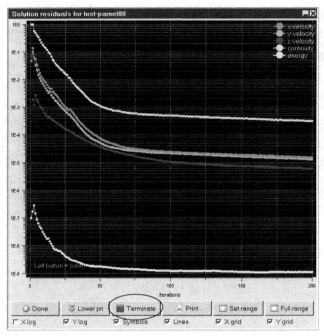

图 7-78 求解计算的残差面板

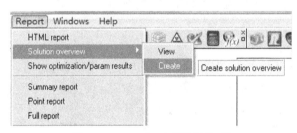

图 7-79 Overview 报告的生成

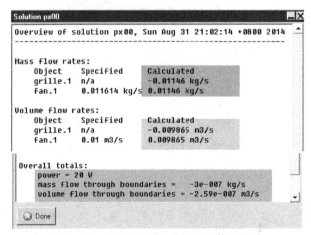

图 7-80 进出口流量、热耗及差值的统计

3. 变量监控点曲线

通过求解计算的变量监控点是否变化来判断收敛。

如果在计算前,设置了不同变量的监控点,那么 ANSYS Icepak 将在独立的窗口中显示变量数值随迭代步数的变化情况。建议设置监控某点的温度、速度、压力,如果这些监控变量不再随着求解迭代而继续改变,那么热模型的计算完全收敛,如图 7-81 所示。

如果残差曲线显示求解已经收敛,但是监控点的变量值仍有变化,Overview Report 的质量/热量不守恒,那么此情况表示求解计算尚未完全收敛。建议修改求解计算 Basic settings 面板中 Flow 和 Energy 的残差标准数值,继续进行计算,以使计算完全收敛,如图 7-82 所示。

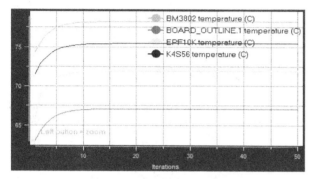

图 7-81 监控点变量随迭代步数的变化

图 7-82 减小残差数值

在瞬态热模拟中,可以增大 Iterations/timestep 的数值,以保证每个时间步长的求解结果均收敛。

4. 计算不收敛原因

在 ANSYS Icepak 中,通常以下原因容易造成求解不收敛(曲线见图 7-83)。

(1) 网格质量差:可通过网格质量的检查标准来判断错误网格的区域,以改进网格的质量。

(2) 设置的迭代因子数值较大。

(3) 不合理的边界设置:如 Cabinet 计算区域边界设置为绝热;求解只有进口,没有出口等。

(4) 通过后处理的 Isosurface 等值云图命令或者 Plane cut 切面云图命令,查询速度较高的区域,如 10000m/s 的速度区域,如图 7-84 所示。可通过非连续性网格对这些区域的网格进行加密,以改进错误速度区域的网格质量。

(5) 检查模型的各边界条件,尤其是进出口边界条件。

(6) 对于液冷模型计算来说,检查模型中液体的属性是否均为同一种属性等。

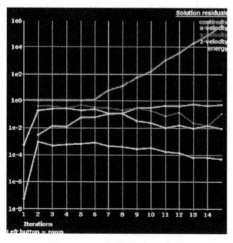

图 7-83 发散的残差曲线

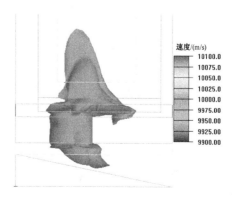

图 7-84 速度的等值云图

7.7 ANSYS Icepak 删除/压缩计算结果

当模型求解计算结束后,如果想删除错误的计算结果或者不需要的计算结果,可通过以下 3 种方式进行删除或压缩。

(1) 单击主菜单 File→Cleanup,打开 Clean up project data(清除数据面板),选择相应的 ID 名称,单击 Remove,即可清除此 ID 的计算结果,如选择 Solution"rack03"、Version"rack03",即可清除 rack03 的相应计算结果,如图 7-85 所示。

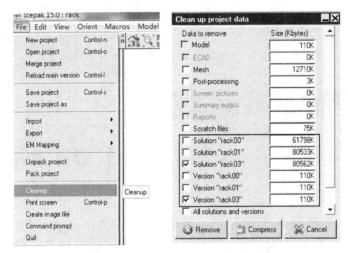

图 7-85　Cleanup 清除相应计算结果

(2) 在 ANSYS Icepak 的工作目录下,打开 Project(热模型)所处的文件夹(可通过其名称进行查找),然后选中需要删除的名称,如选择所有名称中包含 rack03 的文件,单击 Delete,即可删除相应的计算结果,如图 7-86 所示。

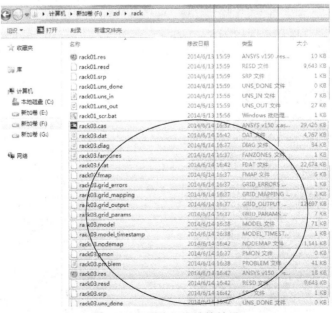

图 7-86　删除相应计算结果

(3) 在 Clean up project data 面板中,可以选择相应的计算结果 ID,然后单击 Compress,ANSYS Icepak 软件将自动删除计算结果的部分文件,然后将剩余的文件进行压缩,压缩文件将以 ID 的名称进行命名,如图 7-87 所示。

在 Message 窗口中,会显示删除、压缩的过程,如图 7-88 所示,Compress 压缩计算结果如图 7-89 所示。

图 7-87 Compress 压缩计算结果(一)

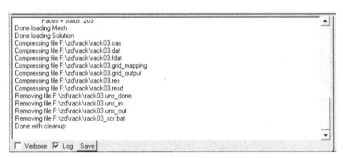

图 7-88 Message 窗口显示压缩的过程

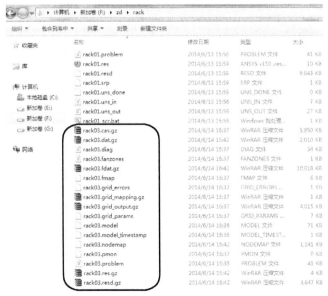

图 7-89 Compress 压缩计算结果(二)

当工程师对压缩的 ID 计算结果进行后处理时,ANSYS Icepak 会自动对压缩的文件进行解压缩,然后可以通过后处理命令对其进行后处理显示;解压缩的过程如图 7 - 90 所示。

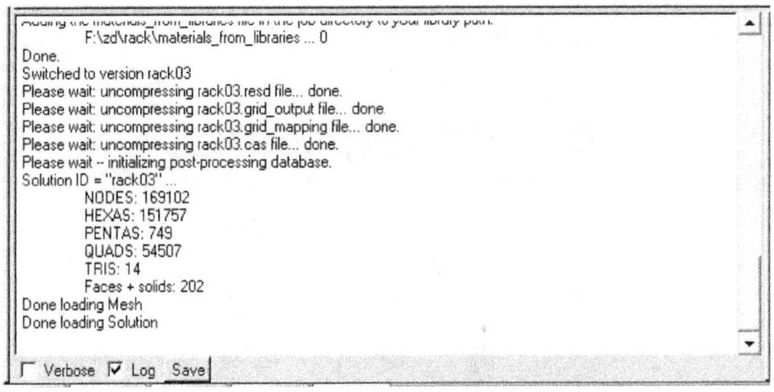

图 7 - 90 Uncompress 解压缩过程

7.8 本 章 小 结

本章重点讲解了 ANSYS Icepak 求解计算涉及的面板设置:包括基本物理问题的定义,默认环境温度、压力、海拔、流体、固体、面材料设置,求解的初始化,自然对流模型的选择,太阳热辐射载荷加载,海拔高度对热模拟的影响等;讲解了求解计算中打开自然对流的规则;讲解了求解迭代步数、残差标准设置、求解监控点设置方法;讲解了求解计算面板的各种选项说明;讲解了计算 TEC 热电制冷的求解,以及在瞬态计算中,恒温控制的计算;讲解了判断模型求解是否收敛的方法;讲解了模型计算发散后,保证求解计算收敛的调整方法;讲解了如何清除、压缩相应的计算结果等。

第 8 章 ANSYS Icepak 后处理显示

【内容提要】

本章将重点讲解 ANSYS Icepak 自带的后处理功能:体处理、切面处理、等值云图、点处理、瞬态结果处理等,可对热模拟的各种变量进行相应的后处理显示;另外,Icepak 允许以报表的形式输出计算变量的具体数值等;ANSYS Icepak 还可以将计算结果输出到 ANSYS CFD-Post 软件中,使用 CFD-Post 进行不同变量的各种后处理显示。

【学习重点】

- 掌握 ANSYS Icepak 自带的快捷后处理功能;
- 掌握 ANSYS Icepak 各种数字报表的处理功能;
- 掌握 CFD-Post 的常用后处理功能。

8.1 ANSYS Icepak 后处理说明

ANSYS Icepak 有两种方法可进行计算结果的后处理显示:一种方法为使用 ANSYS Icepak 自带的后处理工具,另一种方法是将 ANSYS Icepak 的计算结果输出到 ANSYS CFD-Post 软件中,使用 CFD-Post 进行后处理显示;CFD-Post 可以单独打开使用,也可以在 ANSYS Workbench 平台下使用(见图 8-1)。

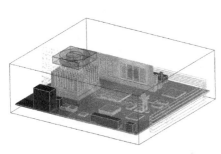
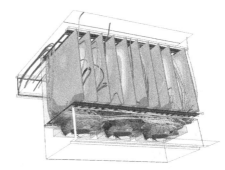

(a) ANSYS Icepak 自带后处理显示　　　　(b) CFD-Post 后处理显示

图 8-1 后处理显示

两种后处理方法可以使用多种后处理命令进行显示,包括等值云图、矢量、云图、迹线、动画、报告等。

ANSYS Icepak 自带的后处理命令可通过单击 Post,如图 8-2 所示,在弹出的下拉菜单中选择合适的后处理命令;另外,也可以直接单击快捷工具栏中的后处理命令进行后处理操作,如图 8-3 所示。

另外,如果单击 Report,在出现的下拉菜单中,可输出各类报告;显示优化/参数化计算结果及各类报表的输出结果等,如图 8-4 所示,后续会对各个选项做详细的讲解说明。

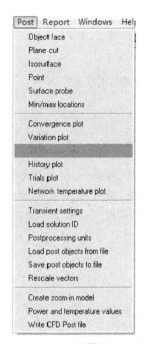

图 8 – 2 ANSYS Icepak 自带的 Post 后处理命令

图 8 – 3 ANSYS Icepak 快捷工具栏的后处理命令

如果对计算结果做了后处理,那么在 Project 的 Post-processing 模型树下会出现相应的后处理显示(见图 8 – 5),模型视图区域也会有后处理的结果。如果需要把后处理结果保存为图片格式,可单击快捷工具栏中的 Create image file,ANSYS Icepak 会将视图区域内的后处理结果进行输出。

图 8 – 4 ANSYS Icepak 的后处理报告　　　图 8 – 5 后处理模型树说明(一)

如图 8 – 6 所示,在 Post-processing 下,选择相应的后处理结果,单击鼠标右键,可选择 Edit 编辑后处理;取消 Active 选择,表示抑制后处理结果;Delete 表示删除后处理结果。如果取消 Active 选择,后处理结果将被抑制到 Inactive 模型树下;如果单击 Delete,删除的后处理结果将被放置到 Trash(垃圾箱)中。

ANSYS Icepak 可以对速度、压力、温度、湍动能及耗散率、质量流量、相对湿度、各向异性导热率、电流密度、电压分布等变量进行后处理显示,如图 8 – 7 所示。

第 8 章　ANSYS Icepak 后处理显示

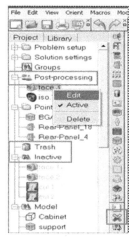

图 8-6　后处理模型树说明(二)

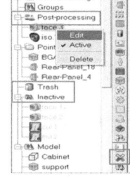

图 8-7　ANSYS Icepak 后处理的各种变量

单击主菜单 Edit→Preferences，在 Display→Color legend data format 面板中，Exponential 表示将后处理图例数值以指数形式显示；Float 表示将后处理图例数值以浮数形式显示；General 表示将后处理图例以通用形式显示。Numerical display precision 表示后处理数值显示的精度，默认为 0。

如图 8-8 所示，将 Numerical display precision 设置为 4，不同格式显示的后处理结果如图 8-9 所示。

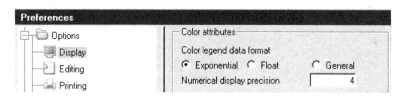

图 8-8　后处理结果的显示格式

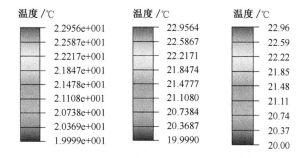

图 8-9　不同格式显示的后处理结果

通过比较可以发现，Numerical display precision 对于 Exponential 和 Float 来说，表示的是图例中数字小数点后显示的位数；而对于 General(通用格式)来说，则表示图例中数值有效数字的位数。

Post-processing tolerance 表示后处理的容差；Surface probe color 表示云图中探针 Probe 的颜色，可单击后侧的颜色面板进行修改；Particle trail marker spacing 表示粒子迹线标注点(标记符号)之间的距离，最小的数值为 1；Legend color shceme 表示后处理云图的类型，读者可根据需求自行选择不同的云图模式，如图 8-10 所示。

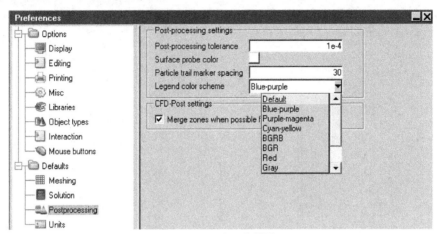

图 8-10 后处理其他设置

单击主菜单 Post→Postprocessing units，可打开后处理变量的单位面板，在此面板中，可对后处理结果中不同变量的单位进行修改，如图 8-11 所示。

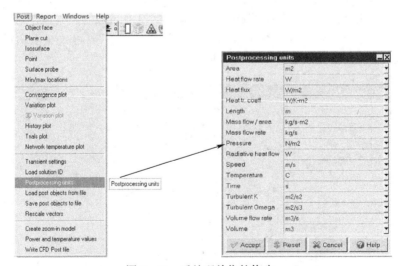

图 8-11 后处理单位的修改

8.2 ANSYS Icepak 自带后处理显示

如 8.1 节所述，ANSYS Icepak 自带了丰富的后处理命令。常用的后处理命令主要是快捷工具栏中标注的后处理命令，如图 8-3 所示。

8.2.1 Object face(体处理)

Object face 面板主要显示选中模型对象的网格,以及不同变量的云图,如温度、速度、压力等;也可以显示流动类型对象的速度矢量,如 Opening(开口)、Fan(风扇)的速度矢量图等;另外,可显示流动类型对象的迹线图,相应的迹线可转换成动画格式。

ANSYS Icepak 打开 Object face 面板,可通过单击 Post→Object face 来实现,也可以直接单击快捷工具栏中的 命令,打开 Object face 面板。

在 Object face 面板中,Name 表示此后处理的名称,可自行命名;在 Object 中,需要单击下拉菜单,选择后处理的对象模型;当模型器件比较多时,选择起来比较麻烦。在 Object 的下拉菜单中单击 Filter,弹出 Tree filter 面板,取消不同模型前面的勾选,即表示不显示此类模型,可以帮助工程师精确地选择后处理模型;Object sides 中默认全部选择,取消某面的选择,将不显示此面的后处理云图;Transparency 表示对后处理云图进行不同程度的透明显示。Icepak 可对所有的后处理进行不同程度的透明显示,如图 8-12、图 8-13 所示。

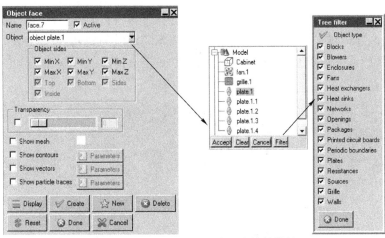

图 8-12 Object face 后处理中选择器件

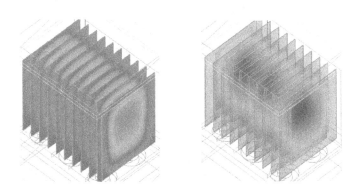

图 8-13 后处理云图的透明显示

(1) Show mesh 表示显示所选对象模型的网格;单击其后侧的颜色面板,可选择后处理网格的颜色。

(2) Show contours 表示显示所选对象不同变量的云图;单击后侧的 Parameters 按钮,可打开 Object face contours 面板。

在图 8-14 中，Contours of 表示选择后处理云图中的变量，单击下拉菜单，可选择不同的变量；Contour options 中 Solid fill 表示以实体显示云图，Line 表示以等值线显示云图，Shading options 表示 Solid fill 实体显示中变量梯度的光滑程度。

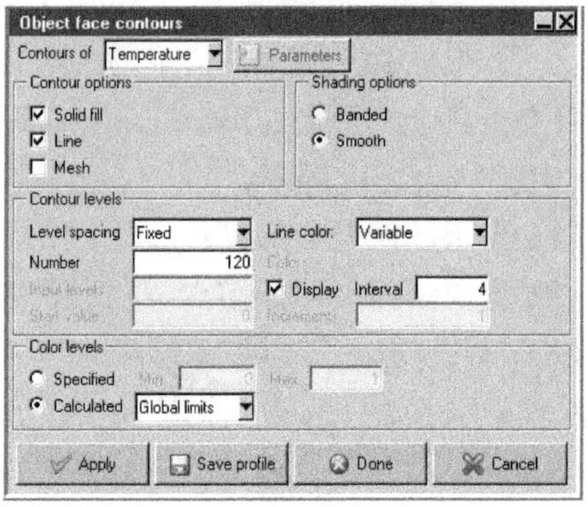

图 8-14　后处理云图参数面板

Level spacing 使用默认的 Fixed，Number 表示云图变量梯度 Band（带）的个数，默认为 20；建议修改为 120，可使得云图梯度光滑；Line color 表示等值线的颜色，勾选 Display 表示在云图中将变量等值线上的具体数值进行标记，通过修改 Interval 的数值可以调整等值线上标记的数值个数，如图 8-15 所示。

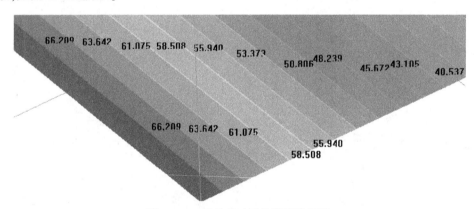

图 8-15　后处理云图及等值线显示

在 Color levels 中，可输入云图变量的最大值和最小值；在 Specified 中，Min 表示变量的最小值，Max 表示变量的最大数值；在 Calculated 中，单击下拉菜单，Global limits 表示使用整体热模型中变量的最大值或最小值来显示云图及图例；This object 表示使用 Object face 中被选择对象变量的最大值或最小值来显示云图及图例；Visible on screen 表示以视图区域中看到的所有后处理对象变量的最大值或最小值来显示云图及图例，如图 8-16 所示。

同时单击 Shift 加鼠标右键，选择图例，将弹出图例的两个选择，Set levels 和 Set orientation。其中 Set levels 主要表示图例的等级级数，默认为 9，可手动修改，将 9 修改为 15 后，图例等级将增加，如图 8-17 所示。

Set orientation 表示设置图例布置的方向，默认的图例方向为垂直布置；如果选择 Horizontal，则表示图例水平放置。另外，按下 Ctrl 键同时单击鼠标中键，可将图例移动到合适的位置，如图 8-18 所示。

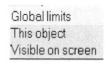

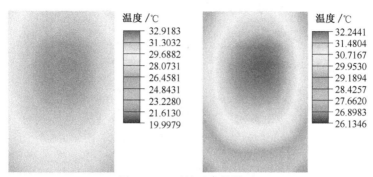

图 8-16 后处理参数设置

图 8-17 后处理图例的修改

图 8-18 后处理图例的修改

（3）Show vector 表示显示所选对象的速度矢量图，必须保证所选的对象为流体类型，如开口、风扇、散热器等或者为流体类型的 Block 块；单击后侧的 Parameters，可打开 Object face vectors；Color by 表示速度矢量图的颜色显示，Velocity magnitude 表示以速度大小来进行显示；Fixed 表示以固定的颜色来进行显示；Scalar variable 表示以其他变量梯度的颜色来显示速度矢量图，如图 8-19 所示。

Display options 下默认的 Mesh points，表示显示模型网格内的速度矢量图；Uniform 中可输入相应的数值，Icepak 会自动对网格内的数值进行差值计算，可显示区域内多个点的速度矢量图，如图 8-20 所示。

图 8-19 中 Arrow style 表示速度矢量的箭头格式，No arrow heads 表示速度矢量无箭头显示；Open arrow heads、2D arrow heads 表示以二维箭头显示速度矢量图；3D arrow heads 表示以三维箭头显示速度矢量图；Dart 表示以标枪状显示速度矢量图；Diamond 表示以菱形形状显示速度矢量图；Rhomboid 表示以长菱形形状显示速度矢量图，如图 8-21 所示。

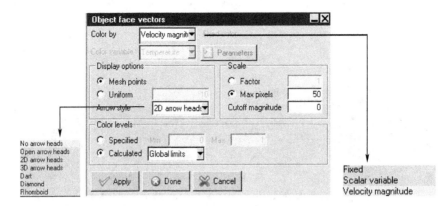

图 8-19 后处理速度矢量图的参数面板

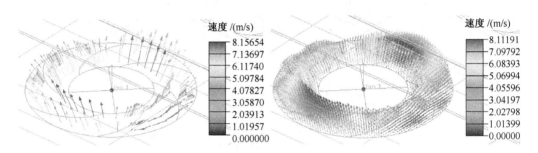

图 8-20 速度矢量图的显示比较

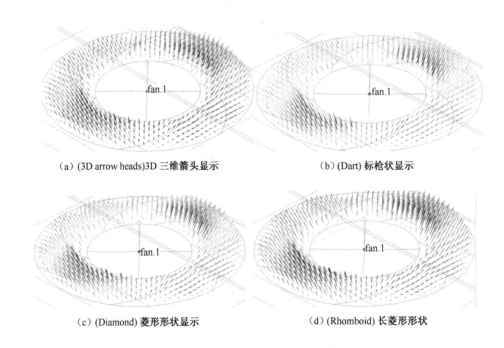

(a) (3D arrow heads)3D 三维箭头显示　　(b) (Dart) 标枪状显示

(c) (Diamond) 菱形形状显示　　(d) (Rhomboid) 长菱形形状

图 8-21 速度矢量图的显示格式

Scale 表示速度矢量图大小的比例,默认的 Max pixels 为 50;如果增大或者减小此数值,速度矢量图的箭头长度将改变,如图 8-22 所示。

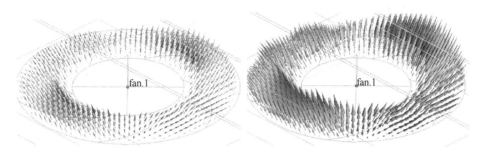

图 8-22 修改速度矢量图的 Scale 比例

Cutoff magnitude 默认为 0,表示显示所有的速度矢量图;如果输入一定的数值,那么 ANSYS Icepak 将不显示大于此数值的速度矢量图。例如,在图 8-23 中速度最大值为 8.05636m/s,如果在 Cutoff magnitude 输入 6,那么风扇模型中 6~8.05636m/s 的速度将不会被显示,仅显示 6m/s 以下的速度。

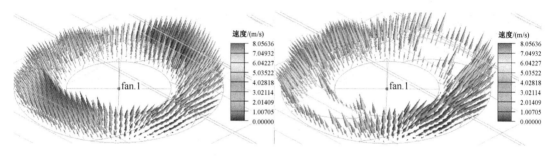

图 8-23 速度矢量图的比较

Color levels 中所有选项的设置说明与 Object face contours 面板中的相同,建议在 Calculated 中,选择下拉面板中的 This object 选项。

(4) Show particle traces 表示显示失重粒子迹线分布;在 Object face 中选择相应的流体类型的对象,如 Fan、Opening、Grille 等,一般选择进风口;选择 Show particle traces,单击后侧的 Parameters,打开 Object face particles 面板。面板中 Color by、Color variable、Color levels 与 Object face contours、Object face vectors 的说明完全相同,在此不再叙述。

在 Point distribution options 中,Uniform 表示在所选模型(开口或出口)处放置的失重粒子个数,粒子将均匀分布;如果选择 Mesh points,失重粒子将被布置在相应的网格节点上,网格密集的区域,粒子分布将比较多,而网格稀疏的区域,粒子将比较少,Skip 中输入的数值,表示忽略几个网格上的粒子迹线,即在网格节点上间歇布置粒子迹线,迹线个数将减少,如图 8-24 所示。

在图 8-24 的 Particle options 中,Start time 表示粒子开始逃逸的时刻,默认为 0;End time 表示粒子逃逸结束时刻,ANSYS Icepak 会自动计算此数值,也可以增大此数值,以保证粒子完全逃逸;如果手动减小此数值,可能有粒子不能逃出系统。例如,在 End time 输入 2,那么图 8-25 中的粒子将不能完全逃出机箱系统;如果输入 10,则粒子可以完全逃离系统。Max steps 使用默认的 10000,表示最大帧数。

在图 8-24 中,Transient particle traces 表示在瞬态热模拟中,可以显示一定时间内的瞬态迹线分布;Reverse direction 表示显示相反方向的粒子迹线分布,如果在 Object face 中选择了系统流体的出口,则可以选择 Reverse direction,Icepak 将显示系统区域内的迹线分布。

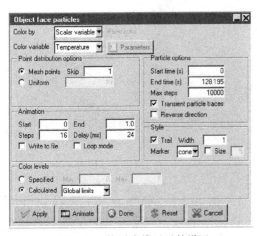 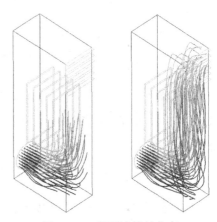

图 8-24　粒子迹线显示的设置　　　　图 8-25　粒子迹线的分布

Style：Trail 表示显示粒子逃逸的轨迹；Width 表示粒子迹线的线宽；Marker 表示粒子迹线中离散点的格式，其中 cone 表示以圆锥形状表示粒子点，dot 表示以圆点形状表示粒子点；none 表示不显示粒子点；Size 表示所选格式点的尺寸大小，如图 8-26 所示。

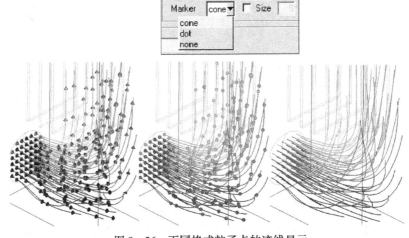

图 8-26　不同格式粒子点的迹线显示

Animation 主要将粒子迹线进行动画显示：Start 表示动画开始的迹线分布图，默认为 0，End 表示动画结束时的迹线分布图，ANSYS Icepak 会自动根据 Particle options 的输入计算动画结束 End 的数值；Steps 表示 Start 和 End 两个分布图之间动画的帧数，Icepak 会自动将 Start 和 End 之间的动画进行差值均分；Delay(ms) 表示动画中帧与帧之间的延迟的时间，以毫秒(ms)为单位。选择 Loop mode，表示以循环模式进行动画显示，如果不选择，动画将仅仅显示一次。

选择 Write to file，表示将动画输出成动画视频文件，如果选择 Write to file，那么图 8-27 下面的 Animate 按钮将变成 Write 按钮；Delay(ms) 将变成 Frames/s，Frames/s 表示每秒钟显示的动画帧数，如图 8-27 所示。

单击 Write 后，Icepak 将弹出保存动画 Save animation 面板，在 File name 中输入动画名称；在 File of type 中，单击下拉菜单，可选择输出动画文件的格式，包含 gif、mpg、avi、swf 等格式，如图 8-28 所示。

第 8 章 ANSYS Icepak 后处理显示

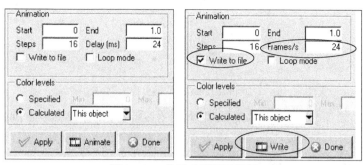

图 8-27 粒子动画显示设置

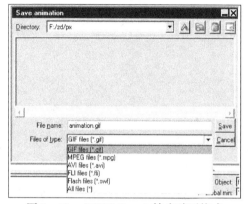

图 8-28 ANSYS Icepak 输出动画格式

（5）其他 Object face 后处理显示的方法：在视图区域中，按下 Shift 键同时单击鼠标右键选择相应的模型，在弹出的面板中，选择 Create→Objcet face(s)→Combined 或 Separate，可显示选择对象的后处理云图，默认的变量为温度，如图 8-29 所示。

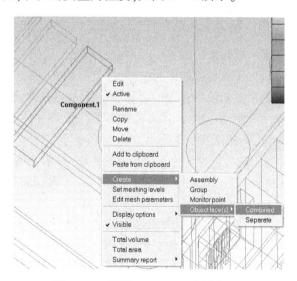

图 8-29 进行 Object face 的创建（一）

在 Post-processing 模型树下，会自动出现 Object face 的后处理结果，双击相应的后处理，可打开 Object face 面板，对 Object face 进行其他的后处理编辑，如图 8-30 所示。

图 8-30　Post-processing 模型树下建立的 Object face

在模型树 Model 下,选择相应的对象模型,单击鼠标右键,在弹出的面板中,选择 Create→Object face(s)→Combined 或 Separate,也可以显示选择对象的后处理云图,默认的变量为温度,如图 8-31 所示。同样,如图 8-30 所示,在 Post-processing 的模型树下,也会出现 Object face 的后处理结果,双击后处理 Object face,可对其进行不同变量的编辑等。

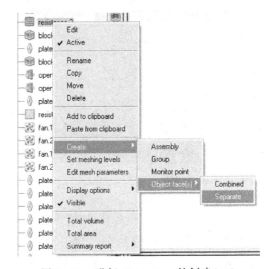

图 8-31　进行 Object face 的创建(二)

8.2.2　Plane cut(切面处理)

Plane cut(切面处理)表示对模型中的某一切面进行不同变量的后处理显示。单击快捷工具栏中的 ,即可打开 Plane cut 切面后处理面板;通过单击 Post→Plane cut,也可以打开 Plane cut 的后处理面板。Name 表示此切面后处理的名称;Plane location 表示后处理切面的位置;单击 Set positon 的下拉菜单,可使用不同的方式来选择切面;拖动 Set position 下的滚动条可查看同一方向不同切面的变量显示,如图 8-32 所示。

在 Set position 的下拉菜单中,包含 8 种选择切面的方法,如图 8-33 所示。

(1) X plane through center、Y plane through center、Z plane through center:切过 X、Y、Z 3 个轴的中间面。

(2) Point and normal:输入一个点和垂直此面的法向向量,可以确定一个平面。其中 PX、PY、PZ 表示点的具体坐标,而 NX、NY、NZ 表示垂直面的法向向量。

(3) Coeffs(Ax+By+Cz=D):输入 A、B、C、D 的系数,以确定相应的面。

(4) Horizontal-screen select:使用鼠标左键,单击选择视图区域中水平的某个面。

(5) Vertical-screen select:使用鼠标左键,单击选择视图区域中垂直的某个面。

(6) 3 points-screen select:使用鼠标,选择视图区域中任意 3 个点,以确定相应的面;选择点时,选择一个点,然后单击中键,然后可以继续单击另一个点,直到完成 3 个点的选择。

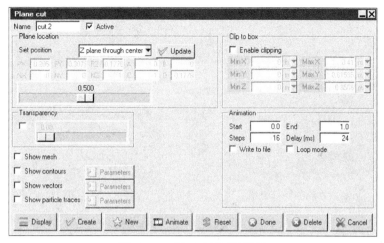

图 8-32 切面后处理的设置

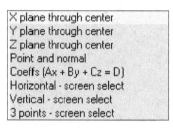

图 8-33 不同切面的选择方法

Clip to box：选择 Enable clipping，然后输入相应的数值，将显示此切面中某个区域范围内的变量云图，如图 8-34 所示。

Transparency 表示切面变量云图的不同程度透明显示。

Animation 表示动画显示，主要是将相同方向不同切面位置的变量结果进行动画显示，Start 默认为 0，表示切面开始位置，End 默认为 1，表示切面结束位置，动画切面将从切面的开始位置到结束位置（此方向计算区域的边界）；Steps 表示动画帧数；Delay(ms) 表示动画中帧与帧之间的延迟时间。选择 Loop mode，表示以循环模式进行动画显示，如果不选择，动画将仅显示一次。

如果选择 Write to file，表示将动画输出成动画视频文件，那么下面的 Animate 按钮将变成 Write 按钮；Delay(ms) 将变成 Frames/s，Frames/s 表示每秒显示的动画帧数。单击 Write，可将动画的文件进行输出，相应的格式和 Object face 里的说明相同。

Plane cut 切面处理也包含 Show mesh、Show contours、Show particle traces，这些选项后面的 Parameters 与 Object face 选项的 Parameters 完全相同，在此不再说明；选择 Plane cut 切面的 Show vectors，单击 Parameters，在出现的 Plane cut vectors 面板中，出现 Project to plane 的选项，如图 8-35 所示。

如果选择 Project to plane，会将切面的速度矢量图均投影到切面上，可以改善切面速度矢量图的显示，如图 8-36 所示。

在切面的后处理中，选择 Show particle traces，可以显示切面的迹线分布，单击 Show particle traces 的 Parameters，可打开 Plane cut particles，此面板的输入设置与图 8-24 的设置说明完全相同，此处不再讲述。

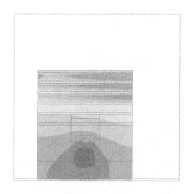
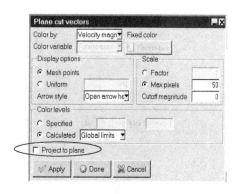

图 8-34 切面后处理的局部显示　　　　图 8-35 切面速度矢量图设置

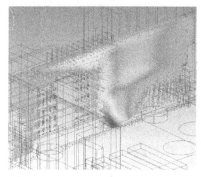

(a) 不选择 Project to plane　　　　(b) 选择 Project to plane

图 8-36 后处理不同设置的比较

另外,对于 Plane cut 切面的后处理(见图 8-37),可直接按下 Shift 键同时单击鼠标左键,拖动切面,进行相同方向不同切面的后处理显示。

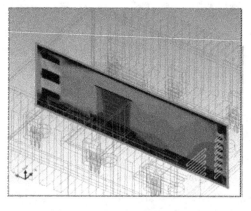

图 8-37 切面的后处理显示

使用 Plane cut 切面后处理显示速度矢量图,可以帮助工程师判断模型中气流的走向,发现气流的短路现象、涡流区域;改进系统模型的结构,增加导流板等,可以有效地破坏气流短路和涡流区域,改善气流的组织形式,以降低器件的温度。在图 8-38 中,存在气流短路的现象;在图 8-39 中,存在明显的涡流区域。

第 8 章 ANSYS Icepak 后处理显示

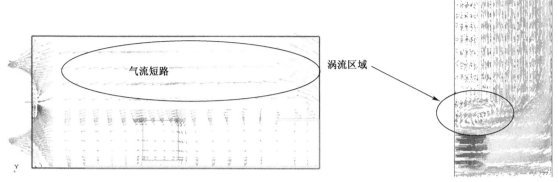

图 8-38 切面速度矢量图显示(一)　　　图 8-39 切面速度矢量图显示(二)

8.2.3 Isosurface(等值面处理)

单击快捷工具栏中的等值面命令 ，可对计算结果进行各参数变量的等值显示。Name 表示等值面后处理的名称;Variable 表示等值变量,如温度、速度、压力等;Value(s)表示变量的数值,如图 8-40 所示。

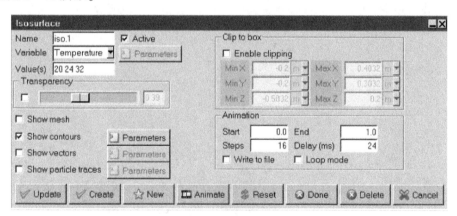

图 8-40 等值云图后处理设置

Isosurface 等值面后处理也包含 Show mesh、Show contours、Show vectors、Show particle traces,这些选项后面的 Parameters 与 Object face 选项的 Parameters 完全相同,此处不再说明。

如果 Variable 选择的是温度,然后输入相应的温度数值 Value(s),如 25;也可以输入多个数值,数值之间用空格隔开,表示同时显示变量多个数值的等值云图,选择 Show mesh,Icepak 将显示计算区域内温度 25℃ 的网格。

选择 Show contours 云图显示,如果在其 Parameters 中,选择的变量是温度,Icepak 将显示计算区域内的温度云图,云图中的数值均等于 25℃;如果在其 Parameters 中,选择的变量是速度,Icepak 将显示温度等于 25℃ 区域内的速度云图,如图 8-41 所示。

选择 Show vectors,Icepak 将显示温度等于 25℃ 区域内的速度矢量图;选择 Show particle traces,Icepak 将显示温度等于 25℃ 区域内的迹线分布图;迹线的变量可以是温度,也可以是速度。

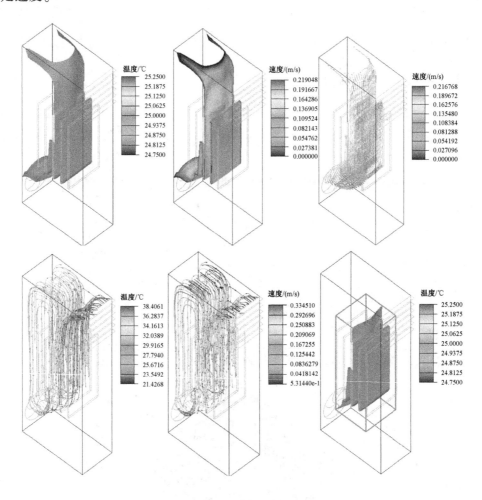

图 8-41 不同变量、不同形式的后处理等值显示

选择 Enable clipping,输入 Min X、Min Y、Min Z、Max X、Max Y、Max Z 6 个面的数值,将仅仅显示 6 个面方形区域内的变量等值云图,如图 8-41 中的最后一个图所示。

单击 Animate,ANSYS Icepak 将自动计算模型中的变量的最小值、最大值;Start 为变量最小值,End 为变量最大值,也可以手动修改 Start、End 中变量的数值;Steps 表示动画的帧数,Delay(ms) 表示帧与帧之间的延迟时间,Steps 和 Delay(ms) 二者的乘积表示动画的总时间长度;Loop mode 表示动画以循环模式进行显示,如图 8-42 所示。

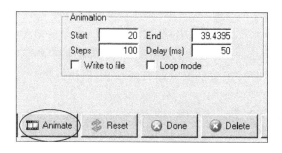

图 8-42 等值云图的动画设置

如果选择 Write to file,表示将动画输出成视频文件,那么下面的 Animate 按钮将变成 Write 按钮;Delay(ms)将变成 Frames/s,Frames/s 表示每秒显示的动画帧数。单击 Write,可将动画文件进行输出,相应的格式和 Object face 中的说明相同。

8.2.4 Point(点处理)

单击快捷工具栏中的 ,可进行 Point(点处理)显示,显示某点的计算结果。Variable 可选择某点的变量,如温度、速度、压力等;Position 表示点的具体坐标,可以直接输入坐标值;如果在求解计算中,设置了求解的变量监控点,单击 Position 的下拉菜单,可出现相应的监控点名称,选择相应的监控点,也可以进行点处理,如图 8-43 所示。

Point size 表示点的大小,默认为 4,增大后,点的图标会变大。Show vector 表示显示具体坐标点的速度,单击 Edit attributes 可打开 Point vectors(点速度矢量图)面板,其面板的设置与 Object face、Plane cut 中的速度矢量图相同;Show particles 表示显示点的失重粒子迹线,单击 Edit attributes,可打开 Point particles,表示点的粒子迹线面板,与 Object face 中的粒子迹线面板相同。

单击 Shift,同时使用鼠标中键选择视图区域中的点,可拖动点在计算区域内进行移动。如果选择 Leave trail,ANSYS Icepak 可将点 Point 移动的轨迹进行标注,如图 8-44 所示。点 Point 的后处理可被用于 Summary Report 报表的统计计算。

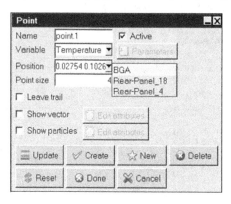

图 8-43 点 Point 的后处理设置

图 8-44 点 Point 的后处理显示

8.2.5 Surface probe(探针处理)

单击快捷工具栏中的 ,可使用探针对后处理的各种云图进行后处理标记,可显示后处理云图中某个点的具体变量数值。

单击一次探针 Surface probe 命令,可对云图的不同位置进行标记。单击 F9,可在探针命令模式和模型视图之间进行转换,如使用探针命令标记云图后,单击 F9,可进行模型视图区域的旋转,标记的变量数值不会丢失。ANSYS Icepak 会清楚地在 Message 窗口中,显示探针标记点的具体坐标及变量的数值。如果单击鼠标右键,表示退出探针标记模式,所标记的数值将自动丢失,如图 8-45 所示。

探针所标记点的具体坐标和变量的具体数值,将会在 Message 窗口中进行显示,如图 8-46 所示。

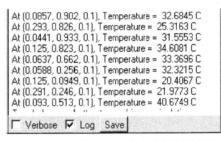

图 8-45　Probe 探针的后处理显示　　　　图 8-46　Message 窗口显示各个点的具体变量数值

8.2.6　Variation plot(变量函数图)

单击快捷工具栏中的 ，表示在计算区域内,某个变量沿着某条直线的变化情况。在 Variation plot 面板(见图 8-47)中,Variable 表示选择的变量名称;在 Point 下需要输入具体点的坐标,必须位于计算区域内;Direction 表示向量、方向;通过一个点、一个向量,即可形成一条直线,那么单击 Create,ANSYS Icepak 将显示变量在此直线上的变化曲线。

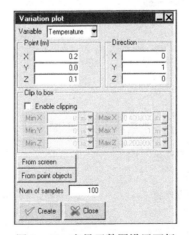

图 8-47　变量函数图设置面板

选择 Clip to box 下的 Enable clipping,输入具体数值,ANSYS Icepak 将仅显示此区域内直线上的变量变化曲线。

第 8 章 ANSYS Icepak 后处理显示

如果进行了 Variation plot 变量函数后处理,在 ANSYS Icepak 的视图区域中,将出现建立的直线,直线上会显示变量云图数值的变化,如图 8-48(a)所示;另外,ANSYS Icepak 会专门建立一个窗口,用来显示变量沿着直线变化的曲线图,可同时以不同颜色显示多条直线上的变化曲线,选择变化曲线面板下的 Symbols,可显示曲线上的多个点,如图 8-48(b)所示。

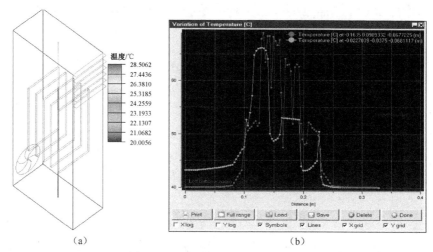

图 8-48 变量函数图的后处理显示

单击变化曲线图面板中的 Save,可将具体的数值进行保存,保存的文件可使用记事本或写字板打开,文本中标记了直线横坐标和相对应的变量数值,如图 8-49 所示。

选择图 8-47 中 Variation plot 面板中的 From screen,可使用鼠标左键,在屏幕视图区域中选择相应的点,面板中 Point 下将出现所选点的坐标,在 Direction 输入相应的向量,单击 Create,即可得到变量沿直线的变化曲线图。

如果对计算结果进行了点 Point 的后处理,可单击 From point objects,弹出选择点的面板,选择第 1 个点,然后选择第 2 个点,此两点即可形成一直线,单击 Create,即可显示变量沿此直线的变化图,如图 8-50 所示。

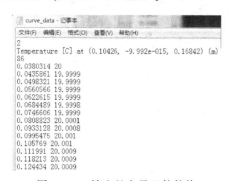

图 8-49 输出的变量函数数值

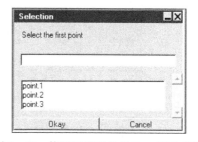

图 8-50 使用后处理的点 Point 建立直线

图 8-47 中的 Num of samples,表示变量变化曲线上的点数,默认是 100。

8.2.7 History plot(瞬态函数图)

针对瞬态模拟计算,单击快捷工具栏中的 ，可打开 History plot 面板。如果是稳态计算,则不能打开此面板。History plot 曲线的横坐标是时间项,而 History plot 面板中的 Y variable 则表示曲线 Y 轴的变量,默认为温度;单击 Y variable 的下拉菜单,可选择不同的变量,如图 8-51 所示。

History plot 曲线是表示某点的某个变量随着时间的变化曲线。

图 8-51 变量瞬态函数图的设置

在图 8-51 中,Start time 表示曲线中横坐标轴的开始时间,End time 表示曲线横坐标轴的结束时间;Add location 表示输入具体点的坐标;而 Add post object 表示选择后处理的点 Point;Add point 表示选择设置的监控点;单击 Create,可得到点相应的变量沿着时间的变化曲线图,如图 8-52 所示。

 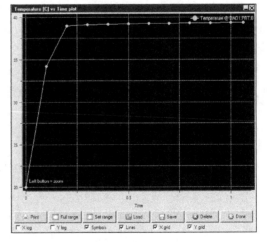

图 8-52 变量瞬态函数图

Clear list 表示清除选择的所有点;使用鼠标右键在 History plot 面板中选择具体的点,然后单击 Remove points,可删除相应的点,如图 8-51 所示。

8.2.8 Trials plot(多次实验曲线图)

单击快捷工具栏中的 ,可打开 Trials plot 面板,其中主要是表示某个点的某个变量在多个 ID(不同工况)中的变化曲线。X variable 表示曲线图的横坐标,横坐标为多次实验的排序

(0、1、2、3、…),可在 Solution names 中,单击 Select 选择 ID 的名称;选择 All,可选择所有的 ID 名称;单击 None,不选择 ID 名称;Y variable 表示曲线图纵坐标的变量,如图 8-53 所示。Trails plot 可用于比较多个不同工况方案的优劣。

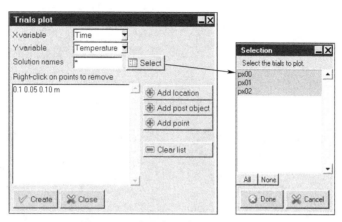

图 8-53　多次实验曲线图设置面板

Add location 表示输入具体的点坐标;而 Add post object 表示选择后处理的点 Point;Add point 表示选择设置的监控点;单击 Create,ANSYS Icepak 会自动加载所有 ID 中的计算结果,然后得到一个点或多个点变量在不同 ID 中的变化曲线图,如图 8-54 所示。

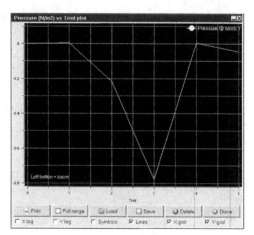

图 8-54　某点压力在不同工况中的比较

Clear list 表示清除选择的所有点;使用鼠标右键在 Trials plot 面板中选择具体的点,然后单击 Remove points,可删除相应的点。

8.2.9　Transient settings(瞬态结果处理)

瞬态计算结果包含不同时刻的多个求解结果,ANSYS Icepak 允许通过时间步数 Time step 或者具体的时间点来查看相应的后处理。单击快捷工具栏中的瞬态结果面板 ,可打开瞬态后处理设置 Post-processing time 的面板,如图 8-55 所示。

首先对计算结果进行 Object face 或者 Plane cut 的后处理,如显示温度的计算结果,那么 ANSYS Icepak 会自动显示初始时刻的温度分布,通常为环境温度;在 Time step 中输入时间步数,单击 Update,ANSYS Icepak 将自动更新对应时间步数的计算结果;另外,单击 Forward(前进),可更新至下一个 Time step 的计算结果;单击 Backward(后退),可将计算结果更新至前一个 Time step 的计算结果。在图 8-56 中,显示了不同时刻散热器的温度分布。

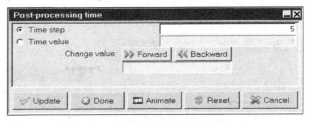

图 8-55　瞬态后处理设置面板(一)

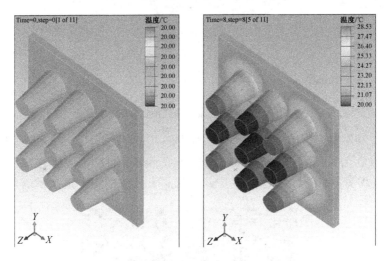

图 8-56　不同时刻散热器的温度分布

如果选中图 8-57 中的 Time value,可输入具体的时刻,单击 Update,更新相应时刻的计算结果;Increment 表示时刻的增量,因此,Post-processing time 的面板主要显示计算结果随时间变化的情况。

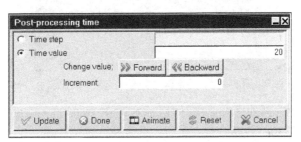

图 8-57　瞬态后处理设置面板(二)

单击 Post-processing time 面板中的 Animate,可打开瞬态动画设置面板,如图 8-58 所示。在 Transient animation 面板中,Start time 表示动画显示的开始时刻,默认为 0;End time 表示动画显示的终止时刻;Steps 表示开始时刻和终止时刻之间的动画显示的帧数;Delay(ms)表示动画中帧与帧之间的延迟时间,以 ms(毫秒)为单位。选择 Loop mode 表示动画以循环模式进行显示。如果选择了 Write to file,那么 Transient animation 面板中的 Animate,将变成 Write;Delay(ms)将变成 Frames/s,其中 Frames/s 表示每秒播放多少帧动画。因此,通过输入 Steps 和

Frames/s,可以控制输出动画的时间长度。

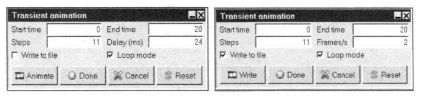

图 8-58 瞬态后处理的动画显示

单击图 8-58 中 Transient animation 面板的 Wirte,可打开动画输出面板。相应的动画可保存为 gif、mpg、avi、fli、swf 等格式,如图 8-59 所示。

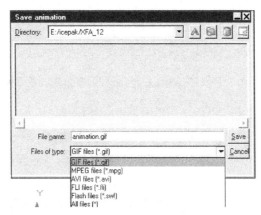

图 8-59 动画的输出格式

8.2.10 Load solution ID(加载计算结果)

当进行不同工况的计算后,ANSYS Icepak 会以不同的 ID 名称将计算结果进行保存。如果需要查看具体工况的计算结果,单击计算结果的加载命令 ,可打开 Version selection 面板,选择不同 ID 的名称,单击 Okay,可加载相应工况的计算结果,如图 8-60 所示。

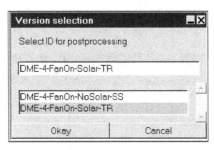

图 8-60 加载不同的计算结果

当 ANSYS Icepak 加载完计算结果后,在 Message 窗口中,会出现 Done loading mesh 和 Done loading solution,表示计算结果加载完成;随即可以使用不同的后处理命令进行相应的后处理显示。

8.2.11 Summary report(量化报告处理)

单击快捷工具栏中的 ,可打开 Define summary report 面板。它主要用于创建简要的报表,报表中包含模型相应的几何对象、不同变量、相应的计算结果等信息,如图 8-61 所示。

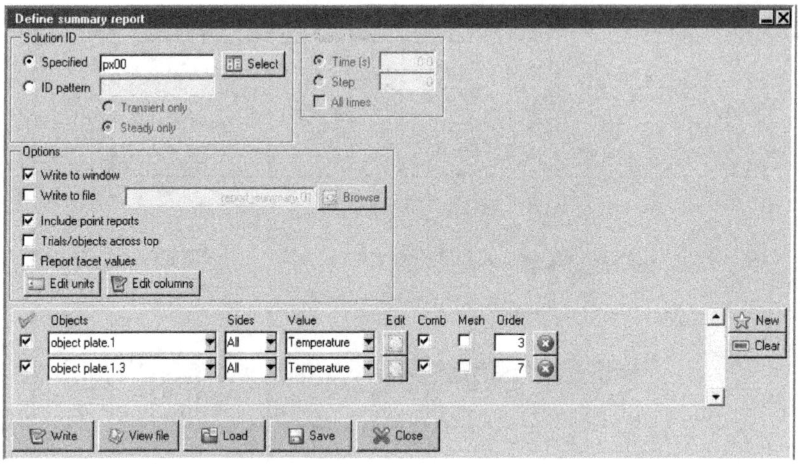

图 8-61 Define summary report 简要报告设置面板

1. Solution ID 面板

在 Speicified 中,可单击 Select,选择计算工况 ID 的名称;ID Pattern 中使用"*",表示项目中所有的 ID 名称;选择不同的工况类型,如选择稳态,那么报表中将出现所有稳态的统计结果,如图 8-62 所示。

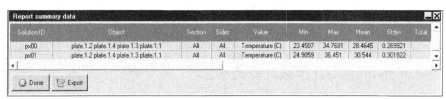

图 8-62 简要报告结果显示

在 Report time 面板中,可在 Time 中输入具体的时刻,或者在 Step 中输入具体的时间步数,可统计具体时刻的变量报表;也可以选择 All times,表示统计所有时刻的变量报表结果,如图 8-63 所示。

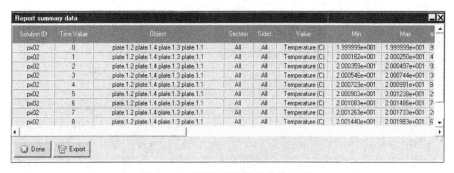

图 8-63 瞬态计算简要报告显示

2. Options 面板

Write to window 表示将统计的报表显示在独立的窗口上;Write to file 表示将统计结果写

成文件并输出,可单击 Browse,将文件保存到相应的目录下;Include point reports 表示包括点的报告;Trials/objects across top 表示调换报表的格式,以纵列形式进行显示,如图 8-64 所示;默认的格式是横列显示。

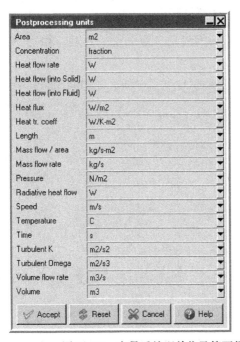

图 8-64 简要报告的纵列显示

Report facet values 表示统计模型面中心点的变量值。

单击图 8-61 中的 Edit units,打开 Postprocessing units 面板,显示后处理变量的单位,可单击下拉菜单,修改相应变量的单位,单击 Edit columns,可以对简要报告中罗列的项目进行修改,打开 Edit columns 面板,取消勾选的选项,表示在 Summary report 的简要报告中不显示此项目,如图 8-65 所示。

图 8-65 变量后处理单位及简要报表项目的修改

3. 结果面板

单击图 8-61 面板右侧的 New,可定义一行新的报告;单击 Clear,可清除建立的报告。单击 Objects 的下拉菜单,可选择 ANSYS Icepak 中的模型对象,可选择一个或者多个模型(使用

Shift 或者 Ctrl,可进行多选);Sides 表示统计模型对象的边,默认为 All;Value 表示需要统计的具体变量,除常规的变量以外,ANSYS Icepak 18.1 还可统计辐射换热的热量、换热系数、散热器热阻、Heat flow(into solid)传导热量、Heat flow(into Fluid)对流换热热量等;单击 Value 的下拉菜单,可进行统计变量的选择,如图 8-66 所示。

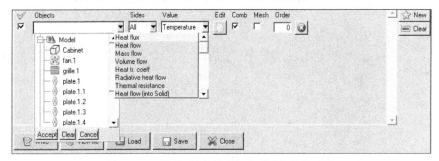

图 8-66 结果面板不同模型不同变量的选择

Comb 表示对所有边的变量综合统计,如统计某 Plate 温度,默认 Comb 的选择,统计的结果如图 8-67 所示。

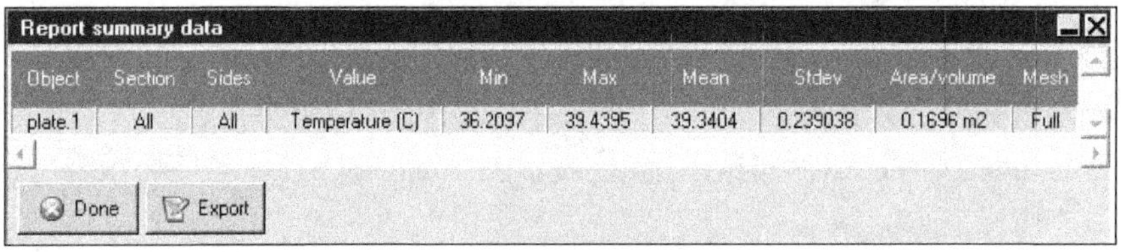

图 8-67 简要报告结果显示(一)

如果取消 Comb 的选择,ANSYS Icepak 将对单个边进行统计,如图 8-68 所示;默认不选择 Mesh。

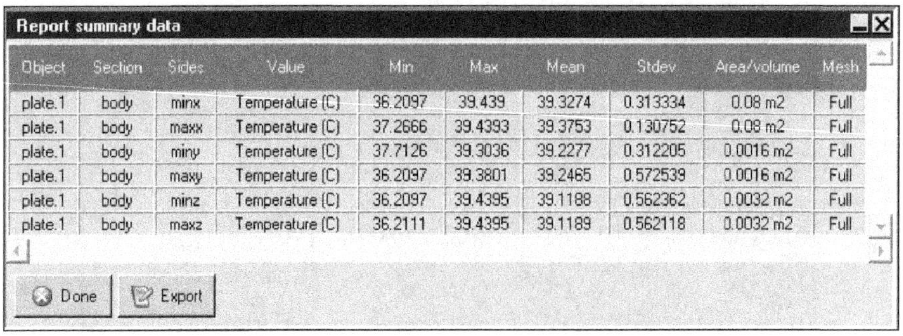

图 8-68 简要报告统计单个面的变量结果

Order 表示各行报告的顺序,可手动修改。单击每行报告后的 ⊗,可删除此行的统计报告。单击 Define summary report 面板下侧区域的 Write,ANSYS Icepak 会自动输出统计变量的结果;单击 Save 可将设置统计的 Summary report 进行保存,后缀格式为 .summ;单击 Load 可加载 Summary report 报告;单击 Close 关闭 Define summary report 面板。

在统计的报表结果中,包含模型对象的名称、边、变量;Min 表示变量的最小值;Max 表示变量的最大值;Mean 表示变量的平均值;Stdev 表示变量的方差平方根;Area/volume 表示统计模型对象的面积/体积,如图 8-69 所示。

第 8 章　ANSYS Icepak 后处理显示

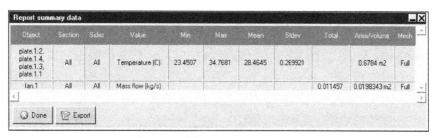

图 8-69　简要报告结果显示(二)

4. Summary Report 其他打开方法

（1）单击 Solve→Define report，打开 Define summary report 面板；如图 8-70 所示。

（2）单击 Report→Summary report，打开 Define summary report 面板，如图 8-71 所示。

图 8-70　打开 Summary Report 的命令(一)

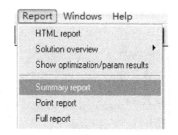

图 8-71　打开 Summary Report 的命令(二)

（3）在模型树下选择需要统计的模型对象，单击鼠标右键，在弹出的面板中，选择 Summary report→Combined 或 Separate，打开 Define summary report 面板，如图 8-72 所示。如果选择多个模型对象，单击右键，选择 Summary report→Combined，表示将这些模型对象整体进行统计，报表中将仅出现一行统计结果；如果选择 Summary report→Separate，表示分别对选择的多个模型进行变量统计，那么报表中将出现每个模型的统计结果。

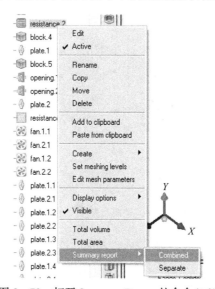

图 8-72　打开 Summary Report 的命令(三)

8.2.12 Power and temperature limits setup 处理

Power and temperature limits setup 用于将计算的结果和输入的限制结果进行比较。单击快捷工具栏中的 ，可打开 Power and temperature limits setup 面板。在此面板中，ANSYS Icepak 会自动报告每个实体的热耗和最大温度数值，如图 8-73 所示。

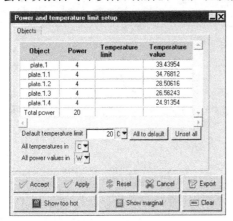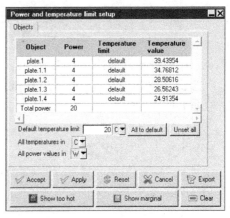

图 8-73 各模块的最大温度显示

可在 Default temperature limit 中输入设置的温度限制；单击 All to default，在面板 Temperature limit 栏中，输入 default 字符；Unset all 表示不对 Temperature limit 一列设置温度限制；在图 8-73 中可手动对每个实体设置其最高温度限制数值。

单击 Show too hot，温度大于 Temperature limit 限制数值的模型将会以红色实体进行显示；Show marginal 表示显示温度临界状态的模型，主要显示温度大于限制数值 95% 的模型对象，这些模型将以黄色实体进行显示，如图 8-74 所示。单击 Clear，清除 Show too hot 和 Show marginal 的显示。

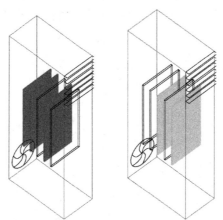

图 8-74 模型温度限制的显示结果

8.2.13 保存后处理图片

做完后处理显示后，可将结果进行保存。单击快捷工具栏中的 ，打开 Save image 面板。Directory 表示图片保存的目录；File name 表示图片名称；File of type 表示图片的类型，如图 8-75 所示。

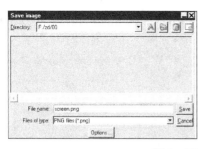
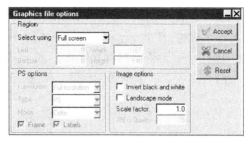

图 8-75 后处理图片的保存

单击 Save image 面板下的 Options,打开 Graphics file options 图形文件选项面板。Select using 表示选择图片的方式,默认为 Full screen 全屏;在 Image options 中,Invert black and white 表示图片的背景颜色在黑和白之间颠倒,如视图区域中背景为黑色,那么选择 Invert black and white 以后,保存的图片格式背景将变为白色,反之亦然;Landscape mode 表示图片以横向方式进行显示;Scale factor 表示图片变大/变小的比例因子。

8.3 Post 后处理工具

除快捷工具栏中的后处理命令外,ANSYS Icepak 主菜单栏 Post 中也包含了大量的后处理命令。单击主菜单 Post,出现后处理的下拉菜单,其中一部分命令和快捷工具栏中的命令相同。相同的后处理命令读者可参考 8.2 节进行学习,编者将 Post 面板划分为 4 个面板。

8.3.1 Post 后处理面板 1

在图 8-76 所示的 Post 后处理面板中,Object face、Plane cut、Isosurface、Point、Surface probe 与快捷工具栏中的命令相同,在此不再讲解。

Min/max locations 表示显示模型中变量的最大值、最小值。单击 Min/max locations 命令,出现 Min/max locations 面板,在面板中选择变量,ANSYS Icepak 将在模型中显示此变量的最大值、最小值及相应的具体坐标,如图 8-77 所示。

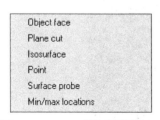

图 8-76 Post 后处理面板(一)

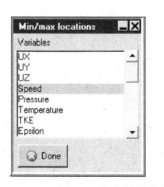
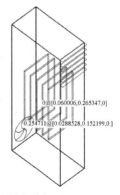

图 8-77 变量最大值、最小值显示

8.3.2 Post 后处理面板 2

在如图 8-78 所示的面板中,Variation plot、History plot、Trials plot 与快捷工具栏中的命令相同,在此不再讲解。

Convergence plot 表示求解计算的残差耦合曲线,单击此命令,可重新显示计算的残差曲线。

如图 8-79 所示,3D Variation plot 只适用于瞬态模拟计算,用以表示计算区域内某条直线(或者多条直线)在不同时刻的变化情况。如果为稳态计算,3D Variation plot 将是灰色显示,不能进行相应的显示。如果是瞬态计算,单击此命令,可打开 3D variation/history plot 面板。

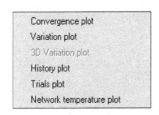

图 8-78 Post 后处理面板(二)

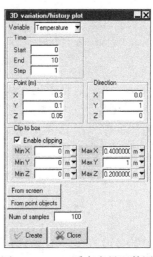

图 8-79 3D 瞬态变量函数图

在 3D variation/history plot 面板中,Variable 表示选择的变量名称;Start 表示开始时刻,默认为 0;End 表示结束时刻;Step 表示 Start/End 之间的时间步长,它与 Basic parameters 面板的时间步长不同;Point(m)处需要输入具体点的坐标,必须位于计算区域内;Direction 表示向量、方向;通过一个点、一个向量,即可形成一条直线。

选择 Clip to box 下的 Enable clipping,输入具体数值,ANSYS Icepak 将仅显示此区域内直线上的变量变化。

在出现的 Variation of temperature 面板中,包含 X、Y、Z 3 个坐标,X 表示直线的长度坐标,Y 表示变量的数值坐标,Z 表示时间坐标,图 8-80 表示某直线 3D 瞬态变量函数的显示结果。

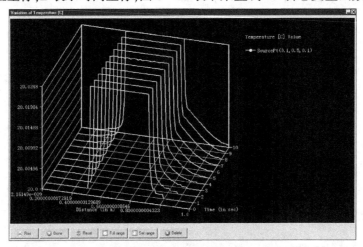

图 8-80 3D 瞬态变量函数的显示结果

Network temperature plot 表示双热阻模型的瞬态温度曲线图。对于瞬态计算来说,如果设置了双热阻模型的温度监控点,那么在进行计算时,ANSYS Icepak 将可以实时显示芯片的结温随时间的变化曲线图。单击 Network temperature plot 的命令，ANSYS Icepak 将重新显示芯片模型结温随时间的求解曲线图，如图 8-81 所示。

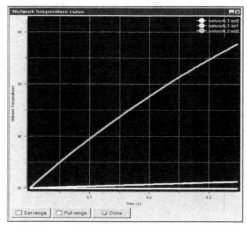

图 8-81　双热阻芯片结温的瞬态变化图

8.3.3　Post 后处理面板 3

在图 8-82 的面板中，Transient settings、Load solution ID 与快捷工具栏中的命令相同，在此不再讲解。

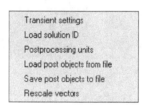

图 8-82　Post 后处理面板(三)

Postprocessing units 表示对后处理变量单位进行修改，如图 8-83 所示。

图 8-83　变量后处理单位的修改

Save post objects from file 将相应后处理的结果保存成文件；单击 Load post objects from file 可以将保存的后处理文件进行加载；Rescale vector 表示以原始大小显示矢量图。

8.3.4　Post 后处理面板 4

在如图 8-84(a)所示的面板中，Power and temperature values 与快捷工具栏中的命令相同，此处不再讲解。

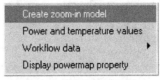

(a) Post 后处理面板（四）

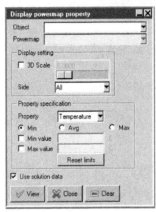

(b) 三维立体显示分布

图 8-84　Post 面板及热耗三维显示

Create zoom-in model 表示创建 Zoom-in 模型，此功能是将系统级模型的计算结果进行提取，传递给子系统，创建得到子系统的热模型，然后在 ANSYS Icepak 中对子系统模型进行详细的几何编辑，但是不能编辑子系统计算区域的各个边界条件。Zoom-in 功能在很大程度上可减少复杂系统级的计算量，在第 9 章中，有关于 Zoom-in 功能的应用专题讲解。

Workflow data 表示将 ANSYS Icepak 的计算结果输出为 CFD-Post 软件认可的结果；打开 CFD-Post 软件，可将输出的结果加载到 CFD-Post 软件中做进一步的后处理显示。对于热耗是通过相应接口导入 ANSYS Icepak 的模型来说，单击 Display powermap property 命令，可以以 2D 或者 3D 云图的形式来显示导入热源的热流、热耗、温度分布等，如图 8-84(b)所示。

8.4　Report 后处理工具

单击主菜单栏 Report 按钮，可打开 Report 的后处理命令面板，如图 8-85 所示。单击此面板中 Summary report，可以打开 Define summary report 面板，与 8.2 节的相同，此处不再讲解。

1. HTML report

单击 HTML report，可打开 HTML report 面板，ANSYS Icepak 允许定制相应的热模拟计算报告，相应的报告可以使用 Web 浏览器来打开，也可以直接用 Word 打开 HTML 输出的报告，这样可以方便工程师进行热设计报告的编写,如图8-86所示。

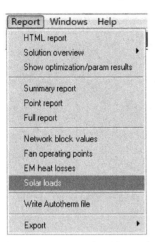

图8-85 Report的后处理面板

图8-86 热模拟计算报告编写

在HTML report的面板中,可以输入相应的汉字。在Report title中输入报告的名称;在Introductory text中输入模型的简介等信息;默认选择Problem specification、Solution overview、Heat source information、Fan information、Vent information;单击Add,可增加图片、Summary report等后处理,同时可以在Text above中输入图片上部区域的文字说明;Text below中输入图片下部区域的文字说明。单击Write,可将报告进行输出,如图8-87所示。

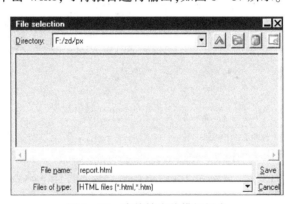

图8-87 直接输出热模拟报告

2. Solution overview

Overview是对整个热模型计算结果的概要报告,可以用来判断求解计算是否收敛。Overview报告包含了流体类型对象(Fan、Grille、Opening)的体积流量、质量流量;模型对象Block、Source、PCB的热耗、温度;轴流风机Fan的工作点;双热阻芯片的结温;热模型热耗的总和;计算流动边界质量流量和体积流量的差值。通过统计的结果,可以判断N-S方程是否守恒,进而判断求解计算的收敛性。通常进出口流量相对误差在1%之内,可认为求解计算完全收敛。

单击主菜单栏Report→Solution overview→View或Create;单击View,可浏览查找后缀为

Overview 的文件,查看 ANSYS Icepak 输出的 Overview 报告;单击 Create,ANSYS Icepak 可直接生成 Overview 的报告结果,如图 8-88、图 8-89 所示。

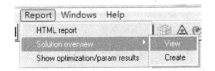

图 8-88 Overview 报告的查看/创建　　图 8-89 ANSYS Icepak 自动生成的 Overview 概要报告

在求解计算面板中,如果选择了 Write overview of results when finished,ANSYS Icepak 将在计算完成后,直接输出 Overview 的报告,如图 8-90 所示。

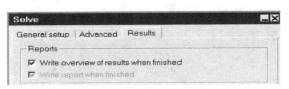

图 8-90 自动输出 Overview 概要报告

3. Show optimization/param results

显示优化计算/参数化计算的结果面板;如果进行参数化计算,ANSYS Icepak 将会弹出此面板。面板中包含定义的变量、目标函数、约束函数,定义的基本函数、复合函数及计算时间等,如图 8-91、图 8-92 所示。

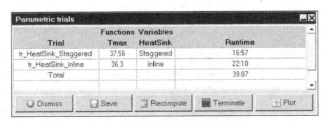

图 8-91 参数化计算结果面板

单击参数化/优化面板的 Plot,ANSYS Icepak 可显示定义的各种函数随变量的变化曲线图,如图 8-93 所示。

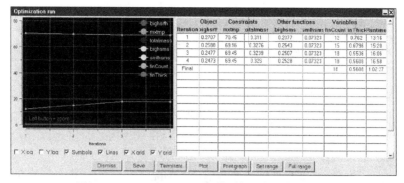

图 8-92 ANSYS Icepak 自带的优化模块计算结果

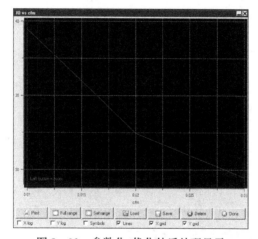

图 8-93 参数化/优化的后处理显示

4. Point report

单击 Report→Point report，可打开点报告面板，此面板与 Define summary report 类似，Point report 用于建立任何点的各变量报告，如图 8-94 所示。

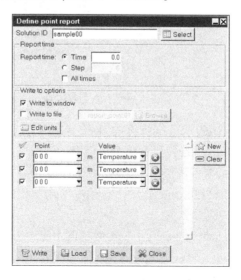

图 8-94 Point 的变量报表设置

(1) Solution ID 面板：可单击 Select，选择计算工况 ID 的名称。

(2) Report time：可在 Time 中输入具体的时刻，或者在 Step 中输入具体的时间步数，可统计具体时刻某点的变量报表，也可以选择 All times，表示统计所有时刻的变量报表结果。

(3) Write to Options 面板：Write to window 表示将统计的报表显示在独立的窗口上，Write to file 表示将统计结果写成文件并输出，可单击 Browse，将文件保存到相应的目录下，单击 Edit units，打开 Postprocessing units 面板，可修改相应变量的单位。

(4) 单击面板右侧的 New，可定义一行新的报告；单击 Clear，可清除建立的报告，或者单击每行的 ⊗，删除定义的点。

(5) 在 Point 栏中，输入点的具体坐标数值；在 Value 栏中，单击下拉菜单选择需要统计的变量；单击 Write，ANSYS Icepak 会输出定义 Point 的报告，如图 8-95 所示。

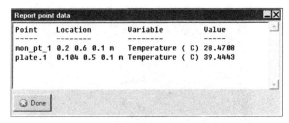

图 8-95 Point 的报告

5. Full report

单击 Report→Full report，打开报告面板。Full report 可用来报告整个计算区域、子区域或者具体模型对象各变量的最大值、最小值、平均值等，如图 8-96 所示。

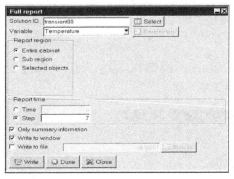
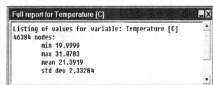

图 8-96 Full report 面板设置

在图 8-96 中，Solution ID 表示求解计算的 ID 名称；Variable 表示 Full 报告中的变量名称；如果选择 Entire cabinet，Full 报告将显示整个热模型的变量最大值、最小值、平均值等。

如果选择 Sub region，则需要输入具体的坐标，定义相应的子区域范围，如图 8-97 所示。

如果选择 Selected objects，可在 Objects 的下拉菜单中选择相应的模型对象，All sides 表示统计模型的所有面，如图 8-98 所示。

图 8-96 中的 Report time 与 Summary report 面板的 Report time 相同，在此不再说明。选择 Only summary information，将仅显示概要的报告；如果不选择 Only summary information，ANSYS Icepak 将输出详细的变量信息，如图 8-99 所示；在图 8-99 中，Node 表示网格节点的编号，X、Y、Z 为网格的坐标，Value 表示网格内变量的数值。

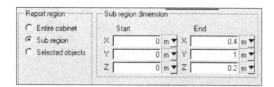

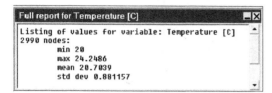

图 8-97 Full report 的统计报告(一)　　　　图 8-98 Full report 的统计报告(二)

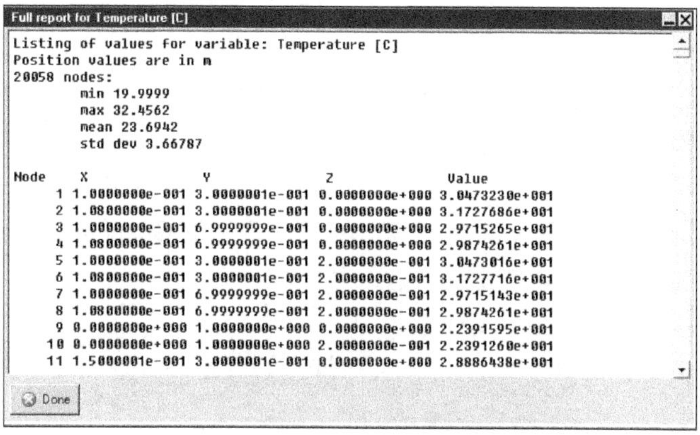

图 8-99 Full report 的统计报告(三)

Write to window 表示将统计的报表显示在独立的窗口上；Write to file 表示将统计的结果写成文件并输出，可单击 Browse，将文件保存到相应的目录下。

6. Network block values

该命令主要用来报告模型中双热阻芯片 Block 的 Junction 结温，相应的报告结果会在 Message 窗口中显示，如图 8-100 所示。

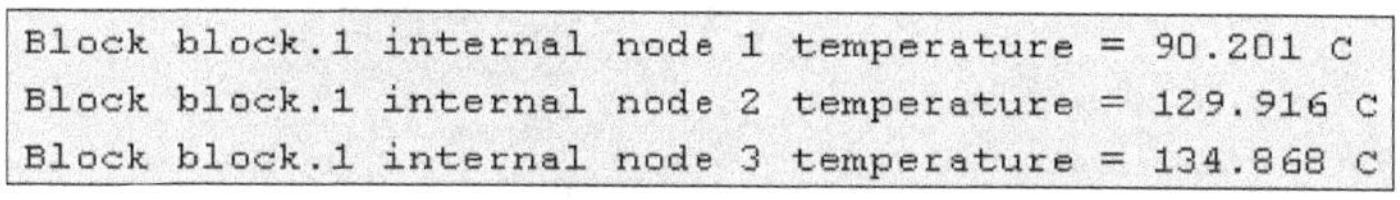

图 8-100 双热阻芯片的结温统计

7. Fan operating points

该命令主要用来报告模型中所有风机(轴流风机和离心风机)的工作点，报告将显示风机提供的流量和压力；ANSYS Icepak 会将相应的结果显示在独立的窗口下，如图 8-101 所示。

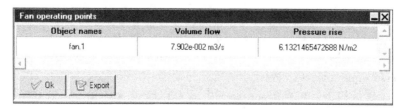

图 8-101 风机工作点的统计报告

8. Write Autotherm file

ANSYS Icepak 可以将温度和换热系数的计算结果输出成 Autotherm 的文件(Autotherm 是 Mentor 公司的 PCB 级分析工具),如图 8-102 所示。

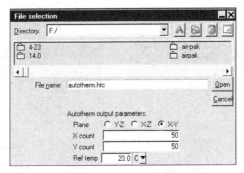

图 8-102 Autotherm 的输出

在图 8-102 中,在 File name 中输入保存的文件名称;在 Plane 中选择需要保存温度和换热系数的面;X count、Y count 表示不同面的点数;在 Ref temp 中输入计算换热系数的参考温度。

9. Export

单击 Report→Export,可以将芯片封装的计算结果输出给 Gradient Firebolt p2i file、Cadence TPKG file 及 Sentinel TI HTC file,如图 8-103 所示。

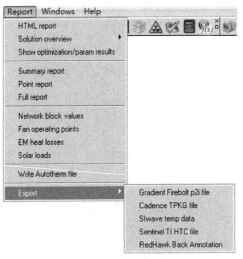

图 8-103 ANSYS Icepak 的计算结果输出接口

(1) 单击 Export→Cadence TPKG file:选择输入计算结果的 ID 名称;在 Die Block 中选择封装 Die 的 Block 模型;在 Ambient temp 中输入环境温度;在 File name 中输入保存文件的名称,如图 8-104 所示。

(2) 单击 Sentinel TI HTC file,可以为 Apache 模块 Sentinel-TI 输出封装的换热系数文件。在 Solution ID 中输入计算结果的 ID 名称;在 Package up direction 中单击选择封装向上的方向,表示封装焊球到 Mold 或者 Die 的方向;在 Package top object 中选择 Mold 管壳的模型;在 Package substrate object 中选择封装基板的模型;在 Package bottom object 中选择焊球模型或者代表焊球的模型;在 Ambient temp 中输入环境温度;Distributed HTC values 表示输出封装顶部和基板区域的换热系数,如果不选择 Distributed HTC values,则仅输出平均换热系数;在 File name 中输入换热系数文件的名称,单击 Write,输出 Sentinel-TI 认可的换热系数文件,如图 8-105 所示。

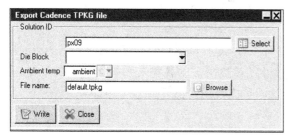

图 8-104 ANSYS Icepak 的计算结果输出

图 8-105 ANSYS Icepak 为 Sentinel-TI 换热系数的输出

(3) 单击 SIwave temp data。可以将 PCB 的温度结果输出给 Ansoft SIwave,以考虑不同温度分布对 PCB 电流、电压的影响。在 Solution ID 中输入求解的名称;在 Block 中单击选择 PCB 模型;在 File name 中输入包含 PCB 温度的文件名称;单击 Write,输出 SIwave 可以读入的温度文件,如图 8-106 所示。关于 Ansoft SIwave 和 ANSYS Icepak 的电热耦合方法可参考第 9 章 ANSYS Icepak 热仿真专题。

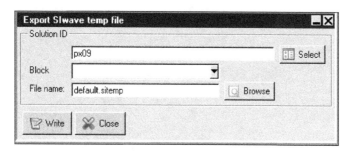

图 8-106 将 ANSYS Icepak 计算的 PCB 温度输出给 SIwave

10. EM heat losses

对项目进行电磁—热流的耦合模拟后,单击此命令,在 ANSYS Icepak 的 Message 窗口中将显示器件相应的热耗。

11. Solar loads

用于在 ANSYS Icepak 的 Message 窗口中显示太阳辐射的热耗数值,将罗列出太阳的方位角及相应的辐射热流密度,如图 8-107 所示。

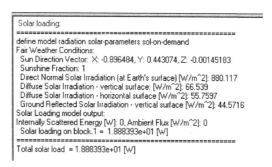

图 8-107 太阳辐射热耗显示

8.5　本 章 小 结

本章对 ANSYS Icepak 自带的后处理功能进行了详细的讲解演示,包括体处理、切面处理、等值云图、点处理、瞬态结果处理等,使得工程师可以对热模拟的各种变量进行相应的后处理显示;详细讲解了 ANSYS Icepak 如何将计算变量的具体数值以报表的形式进行输出等。

第 9 章 ANSYS Icepak 热仿真专题

【内容提要】

本章将对 ANSYS Icepak 软件涉及的部分技术专题进行重点讲解,包括电子产品外太空环境的热仿真说明、PCB 单板导入热仿真设置、异形热流边界 Wall 的建立、电子产品热流—结构动力学的耦合说明、Ansoft SIwave 与 ANSYS Icepak 的耦合说明、ANSYS Icepak 的参数化/优化说明、轴流风机 MRF 模拟说明、机箱系统 zoom-in 的功能说明、ANSYS Icepak 批处理计算的设置说明等。

【学习重点】

- 掌握 ANSYS Icepak 热仿真各专题中的设置说明。

9.1 ANSYS Icepak 外太空环境热仿真

本节将对相应技术专题的设置进行讲解,假定读者已经熟悉 ANSYS Icepak 的相应软件操作,技术专题部分不讲解具体的 Step by Step 操作。

ANSYS Icepak 可以对处于外太空环境(或真空环境)的电子产品进行散热模拟,此时电子产品只能通过辐射换热和热传导进行散热。

以某密闭电子机箱为例,讲解此机箱外太空环境热模拟的设置。此电子机箱的工作状态及相关参数为:

(1) 工作温度:-30~55℃。

(2) 模块会被安装在某个冷板上,冷板热边界温度为恒温 55℃。

(3) 只考虑热传导和热辐射,没有对流换热,工作在外太空环境中。

(4) 盖板和底板材料为铝合金;盖板、外壳的表面发射率为 0.85。

(5) 模块中 PCB 导入布线或根据 PCB 铜箔的层数、覆盖率来计算 PCB 各向异性的导热率。

针对上述参数,相应的设置步骤如下。

1. 关闭对流计算

在 ANSYS Icepak 的 Basic parameters 面板下,取消 Flow (velocity/pressure),即关闭了对流计算;在此面板中,保持 Radiation 为 On,然后选择合适的辐射换热模型;如果模型中包含异形的几何体,则必须选择 Discrete ordinates radiation model 或者 Ray tracing radiation model,并修改其后的 Options,如图 9-1 所示。

由于不计算对流换热 Flow,因此 Flow regime(流态)选

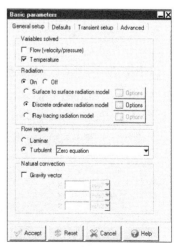

图 9-1 ANSYS Icepak 基本参数设置面板

择 Laminar(层流)还是 Turbulent(湍流)无关紧要;保持 Gravity vector 的选择处于关闭状态,如图 9-1 所示。

2. 建立外太空环境,修改默认的材料

如图 9-2 所示,在 Basic parameters 面板中,单击 Defaults,在 Temperature 和 Radiation temp 中设置电子产品的工作温度 55(℃)。

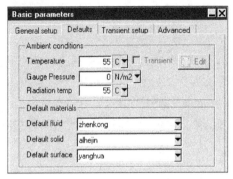

图 9-2　外太空环境的建立

在 Default fluid 中,单击下拉菜单→Create material,建立外太空环境的默认材料,在创建流体材料面板中输入新建材料的名称,如 zhenkong;在 Properties 面板中,对其 Viscosity、Density、Specific heat、Conductivity 均输入 1e-006,完成外太空环境默认材料的建立,如图 9-3 所示。

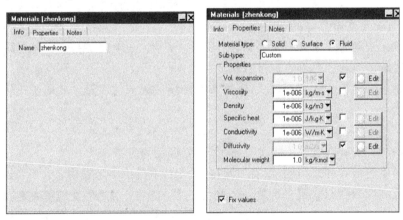

图 9-3　外太空新材料的建立

在 Default solid 默认的固体中,建立新的固体材料,命名为铝合金。在 Default surface 默认的表面材料中,建立新的面处理材料,输入 Emissivity(面的发射率)为 0.85,Boughness(粗糙度)保持为 0;Basic parameters 中其他的面板保持默认的设置,如图 9-4 所示。

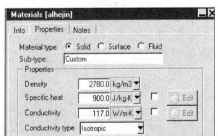 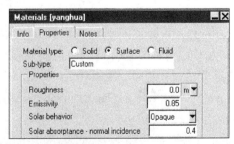

图 9-4　默认固体材料和表面材料的建立

3. CAD 模型导入

在 ANSYS Workbench 平台下,将电子产品的 CAD 模型通过 DM 导入 ANSYS Icepak 软件中,导入过程此处不再讲解。

4. 建立冷板恒定温度的热边界

在外太空工作的电子产品被安置在恒定温度的冷板上,因此需要对机箱底部的表面设置恒定温度。在 ANSYS Icepak 里,有两种方法来实现恒温边界的输入。

(1) 将底板与计算区域 Cabinet 的边界相贴,将相贴的 Cabinet 底面建立为 Wall,然后在 Wall 的属性中,设置此 Wall 面的 Temperature(温度)为 55(℃),如图 9-5 所示。

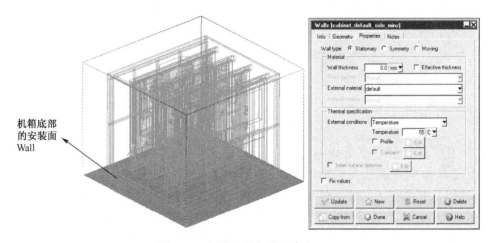

图 9-5 恒温边界条件的建立(一)

(2) 使用二维 Source(面热源)建立恒定的温度边界。根据安装面的具体形状,建立多个 Source;同时编辑多个 Source,在其属性面板中,单击 Thermal condition 的下拉菜单,选择 Fixed temperature,在 Temperature 中输入 55(℃),完成恒温热边界的输入,如图 9-6 所示。

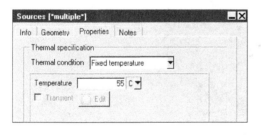 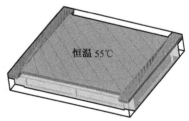

图 9-6 恒温边界条件的建立(二)

5. 固体空气的建立

如果电子产品是密闭的立方体机箱,那么其在地面组装时,机箱内部势必充满了空气。在外太空的环境下,由于无重力,机箱内密闭的空气不能流动。由于空气的导热率很低,那么不流动的空气将起到隔热的作用。因此,在进行外太空的热模拟计算时,需要建立机箱内部的固体空气区域。

由于在 CAD 模型中,通常未建立机箱内部的空气区域模型,因此需要在 ANSYS Icepak 中建立固体空气的模型;在 ANSYS Icepak 中,建立一个 Block 几何,然后使用点、线、面的对齐工具,将 Block 的几何大小与机箱的内部腔体大小进行匹配,如图 9-7 所示。

另外，也可以利用 SCDM 软件提取壳体内的空气区域，然后在 DM 中，将此异形的空气模型进行转化，转化时使用 Level 0。

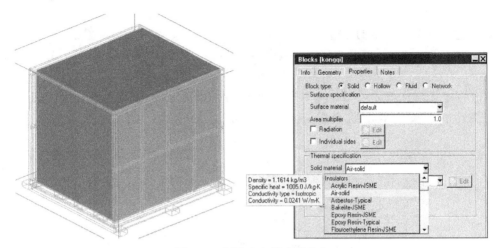

图 9-7　固体空气模型的建立

另外，在模型树下双击此 Block 几何体，打开其编辑窗口，在 Info 面板中，必须修改 Priority 优先级为 0（将其优先级降低，其他模型优先级大于空气 Block 的优先级，其他模块将被划分网格；如果空气的优先级较高，那么模型中的发热器件将不能划分网格），并对其进行命名。

在固体空气的属性面板中，保持 Block 的类型为 Solid，在 Solid material 的下拉菜单中，选择 Air-solid 固体空气，单击 Accept，完成固体空气的建立和材料设置，如图 9-7 所示。

如果模型本身并不是密闭的，属于开放的状态，则不需要建立其内部的固体空气模型，如图 9-8 所示。

图 9-8　开放的太空电子产品

6. PCB 材料的输入

由于在外太空环境下，电子产品主要通过热传导和辐射换热进行散热，因此在建立热模型时，必须保持其传热路径的准确。对于 PCB 来说，由于其是铜箔和 FR4 组成的复合材料，那么在建立模块中的 PCB 模型时，建议工程师导入 PCB 的布线和过孔信息，以精确反映其各层各向异性的导热率。

如图 9-9 所示，PCB X 方向的导热率 K_X 呈现出局部区域不同，各向异性的导热率；铜箔占据较密集的区域，其导热率较高；过孔密集的区域，其导热率也较高；而未布置铜箔的区域,则完全为 FR4,导热率仅为 0.35W/m·K。因此将布线过孔文件导入 PCB 后,可以建立准确的 PCB 热模型。

如果想使用简化的 PCB 模型来进行热模拟计算,则必须在 ANSYS Icepak 中建立 PCB 模型,双击 PCB 模型,打开 PCB 模型的编辑窗口,然后在其属性面板中,输入 PCB 铜箔的层数及各层铜箔的百分比,以计算 PCB 简化的各向异性导热率。

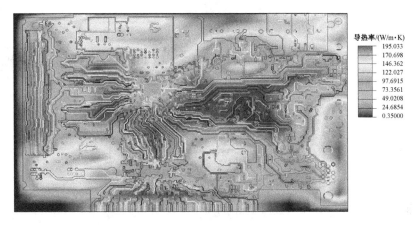

图 9-9 导入布线的 PCB

7. 接触热阻导热硅脂的设置

在外太空的环境下,热路非常关键,那么需要在芯片与散热板之间设置相应的接触热阻。可使用 ANSYS Icepak 的 Plate 来建立接触热阻模型,在 Plate 面板中,选择 Contact resistance,设置导热硅脂的厚度,建立导热硅脂的材料。此部分可参考第 4 章的建模部分。

8. 计算区域大小的设置

对于外太空的热模拟计算,将计算区域 Cabinet 设置的比热模型大即可。如果设置了 Cabinet 的某一边为恒温的 Wall,那么 Cabinet 的其他 5 个面则需要设置为 Opening 的类型;如果使用 Source 建立了安装面的恒定温度,那么 Cabinet 的 6 个面均设置为 Opening 的类型。

9. 计算残差、变量监控点的设置

由于外太空环境下,仅依靠辐射和传导进行散热,不涉及对流换热,因此无对流和传导、辐射换热的耦合作用,因此需要设置较小的能量(温度)残差值。双击求解设置下的 Basic settings,打开残差设置面板。在 Energy 中,修改能量的残差值,如设置为1e-17。如果在计算中,残差达不到设置的标准,但是监控点已经平稳不变,那么可认为模型计算已经收敛。

由于不计算 Flow(流动),因此不需要对 Flow 进行残差设置;为了保证模型的完全收敛,建议将迭代步数 Number of iterations 设置为 500,或者更大,使得求解完全收敛,如图 9-10 所示。

图 9-10 外太空计算残差的设置

另外,在求解计算前,需要设置相应的温度监控点,以判断计算是否收敛。如图 9-11 所示,其残差曲线平稳,同时四个温度监控点也已经平稳,不再变化,模型计算已经完全收敛。

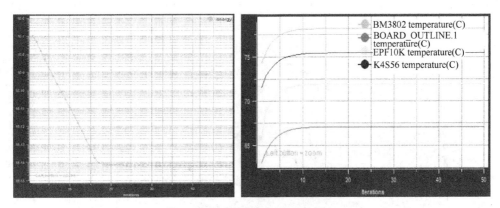

图 9-11 残差曲线和温度监控点

9.2 异形 Wall 热流边界的建立

一些航空航天电子产品,可能布置于异形的密闭空间内。利用 ANSYS Icepak 对这些电子产品进行模拟计算时,需要考虑异形模型的热边界条件,比如弹载的电子产品,通常需要考虑导弹气动热对密闭空间内电子产品和空气的影响。类似的热边界条件主要包含两种:一种为热流密度,另一种为壁面温度。本章节所列案例均为假设虚拟的案例,主要是讲解建立异形 Wall 的方法以及热边界条件的输入,如图 9-12 所示。

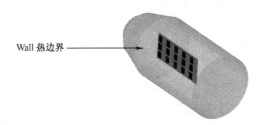

图 9-12 异形 Wall 示意图

9.2.1 圆柱形计算区域的建立

(1) 如果模拟导弹的某一舱段,即计算区域是圆柱形的,那么可使用 ANSYS Icepak 提供的 Macros 命令来进行建立。单击宏命令 Macros→Geometry→Approximation→Polygonal Enclosure,ANSYS Icepak 可使用多个倾斜的 Wall 和多边形的 Hollow Block 来建立密闭的圆柱形计算区域,如图 9-13 所示。

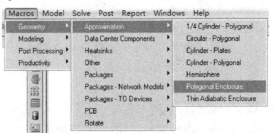

图 9-13 密闭圆柱体计算空间的建立

(2) 在弹出的编辑面板中,输出圆柱计算区域的中心位置及圆柱形的半径、长度、圆柱计算区域的轴、每 1/4 圆柱面 Wall 的个数等信息,单击面板的 Accept,完成圆柱形计算区域的建立,如图 9-14 所示。

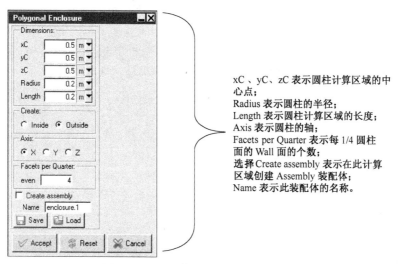

图 9-14 圆柱体计算区域的参数输入

如图 9-15 所示,圆柱形计算区域的 4 个角区域出现 4 个多边形的 Block,每个多边形均为 Hollow Block 的属性,即 Block 内部不划分网格。由于 ANSYS Icepak 自动在圆柱形计算区域的边界布置了 16 个倾斜的 Wall,因此 ANSYS Icepak 将不对四周的多边形 Block 划分任何面或者体的网格,如图 9-16 所示。

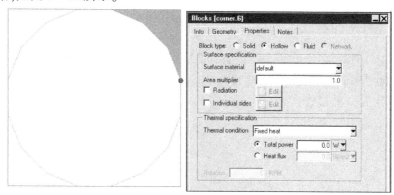

图 9-15 建立的密闭圆柱体空间

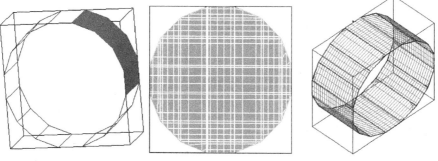

图 9-16 圆柱体计算区域的模型及网格

从图9-16中可以看出,切面的网格并未包含Cabinet 4个角的区域,ANSYS Icepak对边界布置的倾斜Wall划分了贴体的网格;完成模型的建立后,可选中模型树下所有的Wall对象,然后单击编辑命令,可以打开多体的编辑面板,然后对所有的Wall输入稳态或者瞬态的热流密度、温度数值,即可考虑外界的气动热对舱内电子产品和空气的影响。

如果工程师认为建立的圆形区域弧面不光滑,可以在Polygonal Enclosure的编辑面板中,增大Facets per Quarter的数值,这样可得到光滑的圆形计算区域边界。例如,将Facets per Quarter的数值由4增大为8,圆形计算区域的模型和网格如图9-17所示。

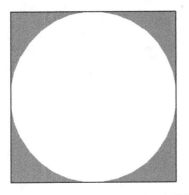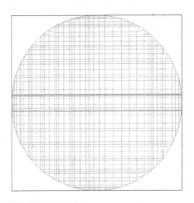

图9-17 光滑的圆柱体计算空间

在ANSYS Icepak中,经常使用Hollow Block来建立异形的计算空间;使用ANSYS Icepak提供的非结构化网格或者Mesher-HD六面体占优网格,可以对建立的异形空间划分贴体的网格。

9.2.2 异形Wall的建立

如果模型的计算区域不是规则的几何空间,如图9-18所示的模型,那么需要建立不规则的计算区域空间,同时需要建立不规则的Wall。下面以某一异形几何体为例,说明建立异形计算区域和异形Wall的过程。

图9-18 异形几何空间

如图9-18所示,需要建立异形实体表面的Wall壳体,设置合理的壁面温度或者热流密度;建立异形的流体计算空间。

(1) 生成建立Wall表面。

通过DM的接口将CAD几何体导入,单击DM主菜单的Concept→Surfaces From Faces,选择异形几何体的所有表面(如果不同表面输入的热边界不同,则可以单独选择不同的异形表面,然后分别使用 Surfaces From Faces 建立不同的面单元,如图 9-19 所示),单击 Faces 面板下的 Apply,单击 Generate,即可得到包含异形外表面的壳体单元。

图 9-19 使用 Surfaces From Faces 建立面单元

DM 的模型树下将包含两个几何体,如图 9-20 所示。

(2) 选择 Tools→Electronics→Simplify,使用转化功能将建立的壳体单元转化成 ANSYS Icepak 认可的薄板 Plate。在 Simplification Type 中选择 Level 3,在 Select Bodies 中选择生成的壳体单元,在 Facet Quality 中选择 Very Fine,单击 Generate,如图 9-21 所示。

 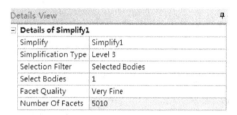

图 9-20 DM 生成壳单元   图 9-21 薄壳体单元的转化

可以发现 DM 模型树下的壳体单元会自动转化成 ANSYS Icepak 认可的 Plate 体,如图 9-22 所示。

(3) 选择 Tools→Electronics→Set Icepak Object Type,此功能可以将异形的薄板单元由 Plate 转化为 Wall 的类型,如图 9-23 所示。

 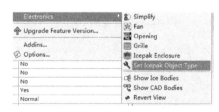

图 9-22 转化后的薄壳体单元   图 9-23 指定 ANSYS Icepak 热模型的类型

选择模型树下 Plate 类型的壳体单元,单击 Set Icepak Object Type 命令,在弹出的面板中,如图 9-24 所示,单击 Bodies 下的 Apply,然后单击 Icepak Object Type 右侧的下拉菜单,选择 Wall 的类型,完成壳体单元的转化。

使用图 9-24 的命令后,模型树下的壳单元随即由 Plate 的类型转化为 Wall 类型,即完成了异形 Wall 的创建,如图 9-25 所示。

(4) 本方法也适用于建立异形的 Grille、Opening 等模型。

(5) 同理,使用 Tools→Electronics→Simplify,将模型树下的异形实体块转化成 ANSYS Icepak 认可的几何体。在 Simplification Type 中选择 Level 3,在 Select Bodies 中选择实体异形几何,在 Facet Quality 中选择 Very Fine,单击 Generate。模型树下的两个几何体将变成 ANSYS Icepak 认可的几何。在 Workbench 下,拖动 DM 至 Icepak 单元,完成 CAD 模型的导入。

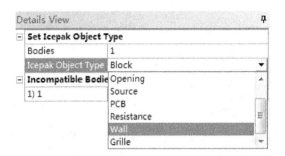

图 9-24 将 Plate 转化为 Wall

图 9-25 Plate 转化为 Wall　　　　图 9-26 异形流体区域的转化

(6) 由于 Wall 为计算区域的边界，实体异形几何为异形流体区域，因此需要在 ANSYS Icepak 里建立一个 Hollow Block，设置 Hollow Block 的优先级为 0，同时在异形实体的属性面板中设置其为 Fluid 类型，即完成异形计算区域、异形边界的建立，如图 9-27 所示。

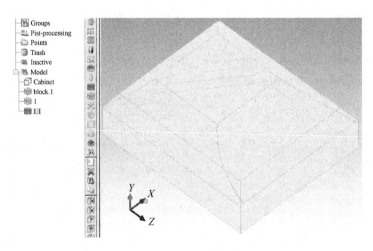

图 9-27 异形计算空间的建立

(7) Wall 热边界的输入。

① 稳态热边界输入：双击模型树下建立的 Wall，打开其编辑窗口，在属性面板中，单击 External conditions 的下拉菜单，选择 Heat flux，可输入恒定的热流密度；如果选择 Temperature，可对 Wall 输入恒定的壁面温度，以考虑外界的热边界条件，如图 9-28 所示。

② 瞬态热边界输入：如果模型为瞬态计算，选择 External conditions 的 Heat flux 或者 Temperature，然后选择 Transient，输入热流密度或者温度随时间变化的曲线（具体可参考 6.4 节瞬态热模拟设置），完成瞬态热边界的输入。

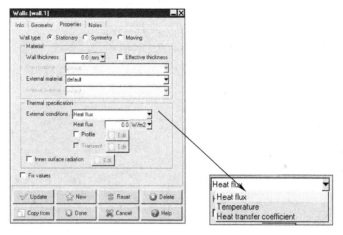

图 9-28　Wall 热边界条件的输入

9.3　热流—结构动力学的耦合计算

很多电子产品除了进行散热模拟,还需要进行结构动力学分析。如果对电子产品进行热流—结构力学的耦合模拟计算,可得到电子产品由于温度不均匀导致的热变形,以及热应变分布等。

使用 ANSYS Workbench 平台下的 ANSYS Icepak 和 ANSYS Mechanical,可以实现电子产品热流—结构力学的耦合模拟。以某电路板模型为例,进行热流—结构的耦合计算,具体的耦合过程步骤如下(由于篇幅限制,有些步骤的细节不再阐述)。

(1) 启动 ANSYS Workbench 平台。

(2) 从工具栏中拖动 Geometry,建立 DM 单元。双击打开 DM 软件,然后通过 File→Import External Geometry File 将电路板的几何模型读入,将 PCB 几何模型通过 DM 的转化工具进行转化。

(3) 从工具栏中拖动 Icepak,建立 Icepak 单元,拖动 DM 至 Icepak,完成几何模型的导入,如图 9-29 所示。

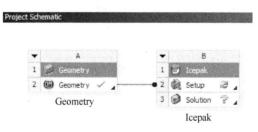

图 9-29　几何模型导入 ANSYS Icepak

(4) 双击 Icepak 单元的 Setup,打开 Icepak 软件。按照电路板的实际工况,输入 PCB、芯片等模型的材料和热耗。

(5) 修改 Cabinet 尺寸。双击模型树下的 Cabinet,在 Cabinet 的编辑面板中,修改 Geometry 的尺寸信息。注意,不可以修改导入的 PCB 模型尺寸坐标信息,包括模型的坐标和尺寸信息。如果是自然冷却模拟,按照 ANSYS Icepak 进行自然冷却计算的要求,修改 Cabinet 的尺寸大小,并设置 Cabinet 的 6 个面为 Opening 属性;如果是强迫风冷计算,则可以使用 Cabinet 作为风道,设置相应的进出口边界条件即可,如图 9-30 所示。

(6) 在网格控制面板中,按照 ANSYS Icepak 对网格划分的要求,设置合理的网格尺寸、参数,对整体的模型进行网格划分,并对所有模型的网格进行检查,查看网格是否贴体;同时检查模型的网格质量,如图 9-31 所示。

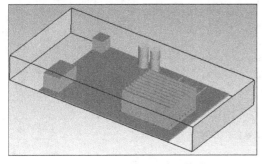 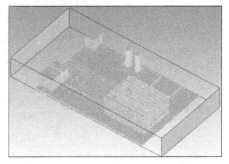

图 9-30 Cabinet 尺寸的修改　　　　　图 9-31 PCB 模组划分的网格

(7) 打开 Basic parameters 面板,对求解的基本物理问题进行定义,设置流态;如果为自然冷却计算,则打开辐射换热,选择合适的辐射换热模型;选择重力方向,设定自然对流合理的初始变量值,进行自然冷却的计算;如果为强迫风冷计算,则关闭辐射换热和自然对流;设置默认的环境温度及默认的材料。

(8) 拖动某芯片至模型树上的 Points,ANSYS Icepak 自动建立芯片的温度监控点;单击求解计算,直至模型收敛,模型的计算结果如图 9-32 所示。

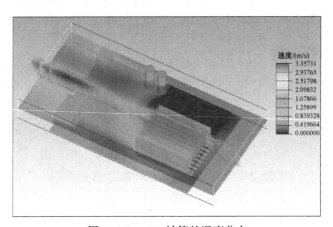

图 9-32 PCB 计算的温度分布

(9) 当完成热流的模拟计算后,ANSYS Workbench 平台下的 Icepak 单元会自动更新,出现"√"的符号,如图 9-33 所示。

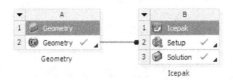

图 9-33 完成热模拟的计算

如果需要在 CFD-Post 中进行后处理显示,可单击工具栏中的 Results,建立 CFD-Post 的单元,然后拖动 Icepak 单元的 Solution 至 Results,双击 Results 单元,可打开 CFD-Post 进行后处理显示,如图 9-34 所示。

图 9-34　ANSYS Icepak 计算结果传递给 CFD-Post

（10）从 ANSYS Workbench 的工具箱中,双击 Static Structural,建立结构动力学分析单元。拖动 Geometry 选项至 Static Structural 单元的 Geometry,将 CAD 模型导入 Static Structural;拖动 Icepak 的 Solution 选项至 Static Structural 的 Setup,将 Icepak 计算的温度分布导入 Static Structural,如图 9-35 所示。

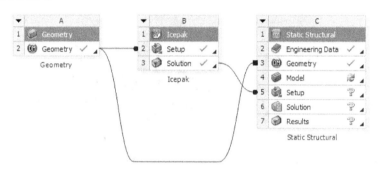

图 9-35　几何模型及热计算结果传递给结构动力学软件

（11）双击 Static Structural 的 Setup 选项,打开结构动力学软件,单击扩展 Imported Load (B3),选择 Imported Body Temperature,弹出 Imported Body Temperature 加载体温度的面板,如图 9-36 所示。

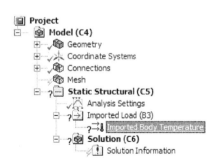

图 9-36　加载 ANSYS Icepak 计算的温度分布接口

在 Imported Body Temperature 面板下,框选所有的几何体,在 Geometry 栏中单击 Apply;然后在 Icepak Body 面板中,单击下拉菜单,选择 All,如图 9-37 所示。

然后鼠标右键选择 Imported Load(B3)下的 Import Body Temperature,在弹出的面板下选择 Import Load,导入 PCB 的温度载荷,如图 9-38 所示。

Static Structural 会自动将 ANSYS Icepak 的计算结果进行加载;由于结构软件划分的网格与 ANSYS Icepak 划分的网格不同,结构动力学软件会将 ANSYS Icepak 计算的温度分布进行差值,因此,Static Structural 显示的温度分布会和 ANSYS Icepak 显示的温度分布稍有不同,如图 9-39 所示。

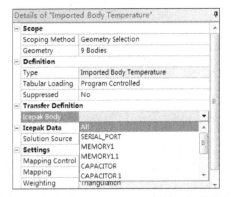
图 9-37 加载 ANSYS Icepak 计算的温度分布

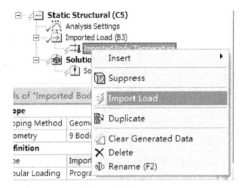
图 9-38 加载温度载荷

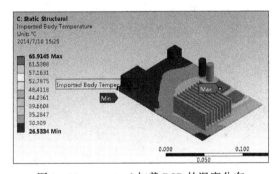
图 9-39 structural 加载 PCB 的温度分布

(12) 单击 Static Structural 主菜单的 Solve,进行结构动力学的计算,如图 9-40 所示。

图 9-40 结构求解计算

(13) 右键单击 Solution(C6)的模型树,选择 Insert→Deformation→Total,可以得到 PCB 模型的整体热变形,如图 9-41 所示。

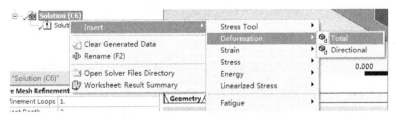
图 9-41 插入 PCB 的热变形计算

(14) 右键选择 Solution(C6)下的 Total Deformation,在弹出的面板中选择 Evaluate All Results,完成整体 PCB 热变形的结构计算,如图 9-42 所示。

整体 PCB 的热变形如图 9-43 所示。

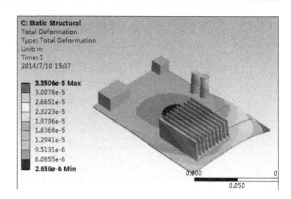

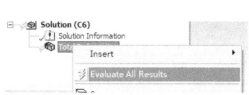

图 9-42　热变形计算的操作　　　　图 9-43　PCB 的热变形结果（一）

（15）在 Static Structural 中，可以对模型的一些点、边、面插入 Fixed Support，如选择 PCB 厚度方向 4 个边，被选中的边呈现绿色；然后鼠标右键选择 Static Structural（C5），选择Insert→Fixed Support，表示将 PCB 的 4 个边固定，如图 9-44 所示。

图 9-44　对 4 个边加入固定约束

模型的 4 个边会自动出现蓝色的固定点，重新右键选择 Solution 下的 Total Deformation，在弹出的面板中选择 Evaluate All Results，完成新的热变形结构计算。在此情况下，PCB 整体模型的热变形如图 9-45 所示。

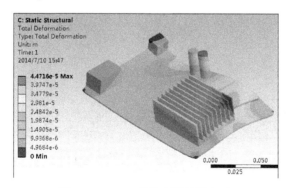

图 9-45　PCB 的热变形结果（二）

（16）右键选择 Solution（C6）→Insert→Strain→Thermal，如图 9-46 所示，可得到 PCB 热应变的分布。

鼠标右键选择 Solution（C6）下的 Thermal Strain，选择 Evaluate All Results 完成热应变的结构计算，如图 9-47 所示。

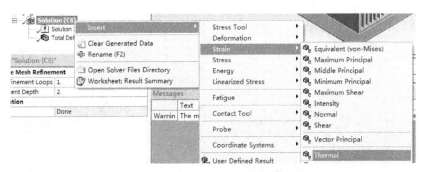

图 9-46 热应变的分布计算

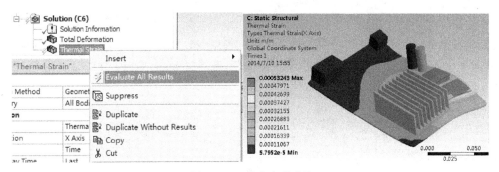

图 9-47 热应变的分布

另外,也可以在加入热载荷的基础上,进行其他结构动力学的模拟计算。

注意:ANSYS Icepak 也可以和 ANSYS 旗下 Ansoft HFSS、Q3D、Maxwell 等软件进行电磁—热流的耦合模拟计算,各个软件之间的数据传递与热流—结构动力学耦合类似,在 ANSYS Workbench 平台下,拖动相应的数据链,即可完成电磁—热流的耦合模拟计算,如图 9-48 所示。

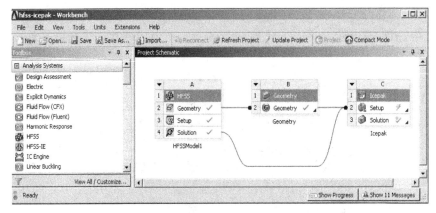

图 9-48 电磁—热流的耦合计算

9.4 ANSYS SIwave 电—热流双向耦合计算

ANSYS SIwave 可以用于模拟 PCB 的信号完整性、模拟电流、电压分布及 PCB 内铜箔层的不均匀焦耳热分布。ANSYS 开发了 SIwave 和 ANSYS Icepak 的数据接口,通过相应的接口,可以将 PCB 内不均匀分布的焦耳热读入 ANSYS Icepak,以考虑铜箔层焦耳热对 PCB 温度分布的影响,提高系统或者单板的热模拟精度。

另外,由于铜箔在不同温度下的导电率不同,导致 PCB 内的电流、电压分布不同,通过 ANSYS Icepak 与 SIwave 的接口,可以将 ANSYS Icepak 计算的 PCB 不均匀温度分布导入 SIwave,重新进行 PCB 的信号完整性、电流、电压、不均匀焦耳热分布计算,完成 PCB 电—热流的双向耦合模拟计算。

PCB 电—热流的耦合模拟步骤如下。

1. SIwave 计算的 PCB 热耗结果导入 ANSYS Icepak

(1) 在 SIwave 中做好相应设置(可参考针对 SIwave 的工具书),单击主菜单栏 Simulation→SIwave→Compute DC Current/Voltage,可打开计算电流、电压及不均匀焦耳热耗的面板,如图 9-49 所示。

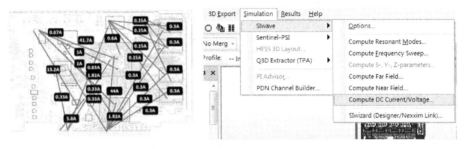

图 9-49 SIwave 计算 PCB 的电流/电压分布

(2) 在弹出的计算 PCB 电流、电压分布面板内,选择 Export Power Dissipation in Icepak format,表示将 SIwave 计算的 PCB 不均匀热耗输出给 ANSYS Icepak,其中 Min. Thermal Cell Size 表示 PCB 内焦耳热热源的最小尺寸;Min. Power Loss Per Cell 表示每个焦耳热单元内的最小热耗值。SIwave 会将其计算的 PCB 不均匀焦耳热以 ANSYS Icepak 认可的 Source 面热源类型输出,如图 9-50 所示。

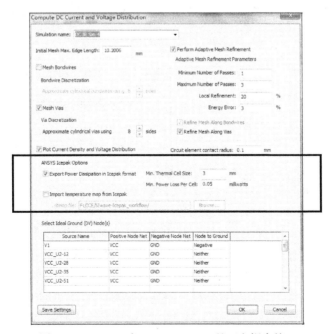

图 9-50 SIwave 与 ANSYS Icepak 的双向耦合接口

SIwave 会自动创立 dcthermal 的文件夹,此文件夹包含 PCB 内各铜箔层的热耗信息,这些不均匀焦耳热后缀为 .out。例如,将某 PCB 计算的不均匀热耗保存在:F:\ICE\SIwave-Icepak_workflow\01_7_DC_voltage_drop.siwaveresults\0000\dcthermal,如图 9-51 所示。这些 *.out 的热耗文件需要通过相应的接口,导入 ANSYS Icepak 的 PCB 热模型中。

图 9-51 SIwave 计算的铜箔热耗

在图 9-50 面板中,如果选择 Import temperature map from Icepak,表示将 ANSYS Icepak 计算的 PCB 温度分布结果导入 SIwave,这样可以考虑不同温度对 PCB 内电流分布、电压分布及不均匀焦耳热分布的影响。

(3) 完成 SIwave 的计算后,可查看计算的电流、电压、不均匀焦耳热结果,如图 9-52 所示。

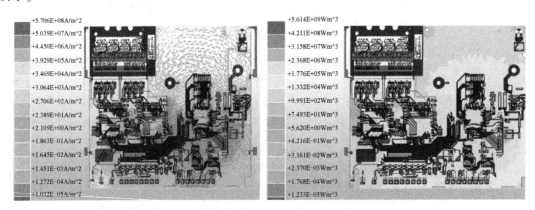

图 9-52 SIwave 计算的电流和不均匀焦耳热耗分布

(4) 启动 ANSYS Icepak 软件,通过 ANSYS Icepak 支持的 EDA 接口,将 PCB 及电路板上器件的模型导入 ANSYS Icepak(如果 EDA 软件输出的 IDF 包含了芯片器件的热阻、热耗信息,那么导入建立的热模型将自动包含这些信息;如果 IDF 文件中不包含热阻热耗信息,那么需要在 ANSYS Icepak 软件中手动输入这些信息)。

(5) 单击 ANSYS Icepak 的主菜单 File→Import Powermaps→SIwave profile,可打开导入不均匀焦耳热的接口,如图 9-53 所示。

(6) 如图 9-54 所示,在弹出的面板中,单击 PC Board 的下拉菜单,选择 PCB 模型;在 Metal layer SIwave files 中,单击 Browse,浏览 SIwave 的计算结果文件夹,选择 SIwave 输出的不均匀焦耳热文件,如图 9-54 所示,单击 Open,可加载 SIwave 计算的不均匀热耗文件。

在 ANSYS Icepak 界面中,可以看出,PCB 内包含多个大小不一的面热源 Source;单击 ANSYS Icepak 快捷工具栏中的 ▢,可统计 PCB 不均匀焦耳热的热耗数值,如图 9-55 所示,PCB 内各铜箔层的不均匀焦耳热总和为 0.804693(W)。

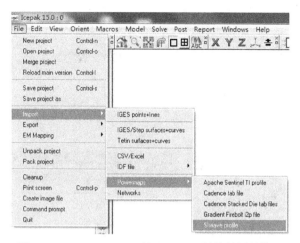

图 9-53 ANSYS Icepak 读入 SIwave 计算结果的接口

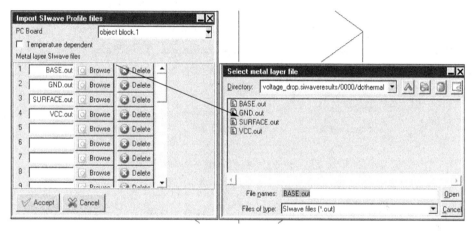

图 9-54 ANSYS Icepak 读入 SIwave 的计算结果

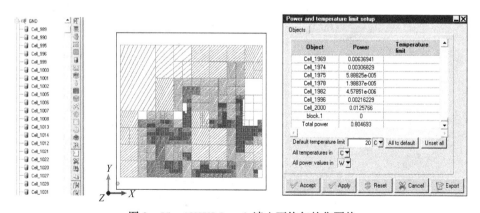

图 9-55 ANSYS Icepak 读入不均匀的焦耳热

通过对 PCB 模型进行合理的边界条件设置、合理的网格划分,可计算得到 PCB 的温度分布。

2. 将 ANSYS Icepak 计算的 PCB 温度结果导入 SIwave

(1) 为了考虑温度对 PCB 电流、电压的影响,需要将 PCB 不均匀的温度分布导入 SIwave。

单击 ANSYS Icepak 的主菜单栏 Report→Export→SIwave temp data,可弹出温度输出面板,如图 9-56 所示。在此面板中,选择求解计算的 ID 名称,在 Block 中选择 PCB 模型,单击 Browse 浏览,输入相应的名称,保存输出的温度结果,其后缀为 .sitemp。

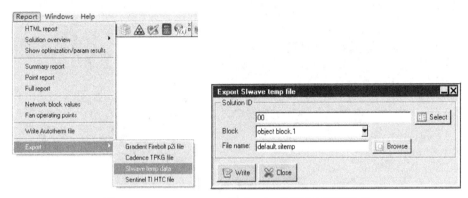

图 9-56 ANSYS Icepak 输出 PCB 的不均匀温度分布

(2) 在 SIwave 界面下,重新单击主菜单栏 Simulation→SIwave→Compute DC Current/Voltage,在弹出的面板中,选择 Import temperature map from Icepak,然后单击 Browse,在弹出的面板下选择 ANSYS Icepak 输出的 sitemp 文件,如图 9-57 所示。

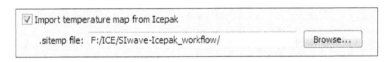

图 9-57 SIwave 导入 PCB 的不均匀温度分布

(3) 更新 SIwave 中的材料属性(铜箔导电率随温度进行变化),在 SIwave 中重新进行电流、电压、不均匀热耗的计算。由于温度升高会导致铜箔的电阻增大,因此不均匀焦耳热将明显增大,如图 9-58 所示。

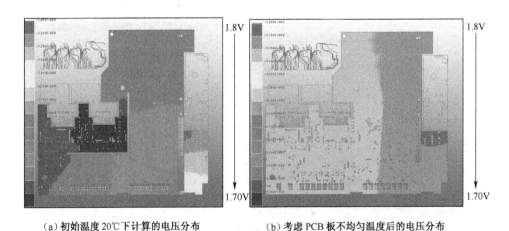

(a) 初始温度 20℃下计算的电压分布　　(b) 考虑 PCB 板不均匀温度后的电压分布

图 9-58 温度分布对 PCB 电压的影响

(4) 重复前面的步骤,重新将第 2 次计算的不均匀热耗导入 ANSYS Icepak;在 ANSYS Icepak 中重新进行 PCB 的温度场计算。对比两次计算的 PCB 温度分布,可以明显地看出,经过耦合计算后，ANSYS Icepak 可模拟得到 PCB 上的局部热点区域，如图 9-59 所示。

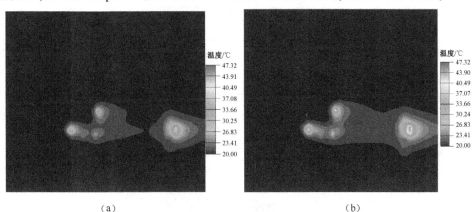

(a)　　　　　　　　　　　(b)

图 9-59　两次耦合计算的 PCB 温度分布比较

3. 耦合次数说明

由于 SIwave 计算的不均匀焦耳热会影响 PCB 的温度分布，而 PCB 的温度分布又会影响 SIwave 计算的 PCB 电流、电压及不均匀焦耳热，因此从理论上来说，二者需要无休止的互相耦合计算。但是通过比较发现，当进行 2~3 次 SIwave(电)—Icepak(热流)的耦合循环后，PCB 不均匀热耗的改变量就可以忽略不计了，由此会导致 ANSYS Icepak 中 PCB 的温度分布不再变化，进而 PCB 内铜箔层的电流、电压也不再变化了。

图 9-60 为两次计算的不均匀焦耳热结果比较，可以发现，第 2 次计算的所有热耗值均大于第 1 次计算的热耗值；这主要是由于温度升高后，铜箔的电阻升高，导致焦耳热增大。

在红色标注区域，热耗的改变量较大。通过比较可发现，导入 ANSYS Icepak 计算的不均匀温度结果后，PCB 的不均匀热耗值增大了 1.043W，热耗增大的改变量为 18.64%。

Current Loop Name	At const temprature (20℃) 第1次(恒定温度)	Using temperature map from Icepak 第2次(导入Icepak计算的PCB温度结果)	% Change
	Loop resistances (Ohms)		
+FBVDD_C85-1	7.29E-03	7.738E-03	6.08
+FBVDD_C85-1_2	7.84E-03	8.303E-03	5.90
+FBVDD_C85-1_3	9.95E-03	1.049E-02	5.45
+FBVDD_C85-1_4	9.95E-03	1.049E-02	5.45
I1-12Vnet	9.61E-04	1.027E-03	6.80
I2-5Vnet	1.36E-03	1.498E-03	9.86
I3-1_5Vnet-Q1	7.05E-04	8.303E-04	17.77
I4-1_5Vnet-GPU	1.29E-03	1.562E-03	20.99
I5-1_5Vnet-BridgeLink-GPU	1.97E-03	2.436E-03	23.74
I6-1_5Vnet-GPULink-Bridge	2.48E-03	3.035E-03	22.54
I7-1_2Vnet-Bridge	6.56E-03	7.591E-03	15.65
I8-3_3Vnet-GPU	7.06E-03	7.951E-03	12.56
I9-3_3Vnet-Mem	8.87E-03	9.762E-03	10.09
I10-3_3Vnet-U7	9.56E-03	1.067E-02	11.58
I11-2_5Vnet-GPU	7.45E-04	8.671E-04	16.38
I12-2_5Vnet-RAM1	1.45E-03	1.587E-03	9.59
I13-2_5Vnet-RAM2	1.38E-03	1.521E-03	10.26
I14-2_5Vnet-RAM3	1.64E-03	1.808E-03	10.35
I15-2_5Vnet-RAM4	2.08E-03	2.272E-03	9.44
I16-GND-GPU	2.52E-04	2.821E-04	11.75
I17-GND-Bridge	8.86E-05	9.523E-05	7.52
I18-GND-Mem	2.61E-03	2.912E-03	11.64
I19-GND-RAM1	5.82E-04	6.284E-04	7.92
I20-GND-RAM2	5.40E-04	5.798E-04	7.40
I21-GND-RAM3	4.31E-04	4.592E-04	6.52
I22-GND-RAM4	3.74E-04	3.958E-04	5.84
	Power loss (W)		
All nets	5.595	6.638	18.64

图 9-60　耦合计算 PCB 热耗的改变量

9.5 PCB 导热率验证计算

PCB 是由 Fr-4 和铜箔层组成的复合材料,因此其呈现出各向异性和局部区域均不同的导热率特性;PCB 各区域法向、切向的导热率均随铜层以及过孔(见图 9-61)的布局、尺寸信息等变化。对于电力电子产品的热设计来说,PCB 的导热率是非常关键的参数,精确的导热率可以保证热设计仿真的精度;ANSYS Icepak 提供 EDA 的接口,可以准确反映任何 PCB 的各向异性导热率。ANSYS Icepak 与 EDA 软件的接口可参考第 4 章 EDA 建模部分。

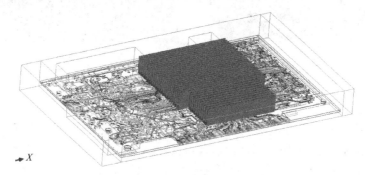

图 9-61 PCB 导入布线和过孔信息

EDA 文件导入 ANSYS Icepak 的过程步骤如下。

(1) 首先启动 ANSYS Icepak 软件,通过 File→Import→IDF 建立 PCB 模型;具体细节可参考第 4 章的 EDA 建模部分。

(2) 双击模型树下 BOARD_OUTLINE.1(导入 IDF 后 PCB 的名称,可修改其名称),打开 PCB 的编辑窗口,单击几何面板 Geometry 部分,在 Import ECAD file 右侧单击 Choose type,选择导入的布线类型,在弹出的窗口中选择 EDA 软件输出的布线过孔文件,如图 9-62 所示。

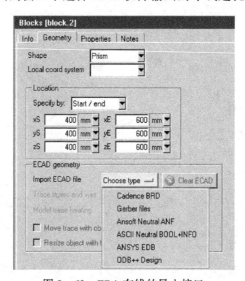

图 9-62 EDA 布线的导入接口

(3) 导入布线后,ANSYS Icepak 的 Message 消息窗口将出现蓝色字体,描述 ANSYS Icepak 计算 PCB 导热率的过程,如图 9-63 所示。

第 9 章 ANSYS Icepak 热仿真专题

```
Done.
Reloading post-processing objects.
Done loading.
{C:/Program Files/ANSYS Inc/v145/Icepak/bin//../icepak14.5/bin.win64_amd/python} {C:/Program
Files/ANSYS Inc/v145/Icepak/bin//../icepak14.5/lib/icepak/all2ice.py} {C:/Program Files/ANSYS
Inc/v145/Icepak/icepak14.5/tutorials/traces/A1.icb} BOARD_OUTLINE_1.icb

{C:/Program Files/ANSYS Inc/v145/Icepak/bin//../icepak14.5/bin.win64_amd/boly}
BOARD_OUTLINE_1.icb BOARD_OUTLINE_1.bool BOARD_OUTLINE_1.info spike 0 smooth 0
nocheckoverlap
```

图 9-63 Message 窗口显示导热率的计算过程

（4）ANSYS Icepak 会自动弹出 PCB 布线和过孔的参数面板，如图 9-64 所示；如果在 EDA 软件中，电路工程师输入了 PCB 各层铜箔的厚度信息，那么在读入布线后，Board layer and via information 面板将会自动显示各层铜箔及 FR4 的厚度信息。如果没有输入，热工程师则需要在 Board layer and via information 面板中输入各层铜箔和过孔的厚度信息。

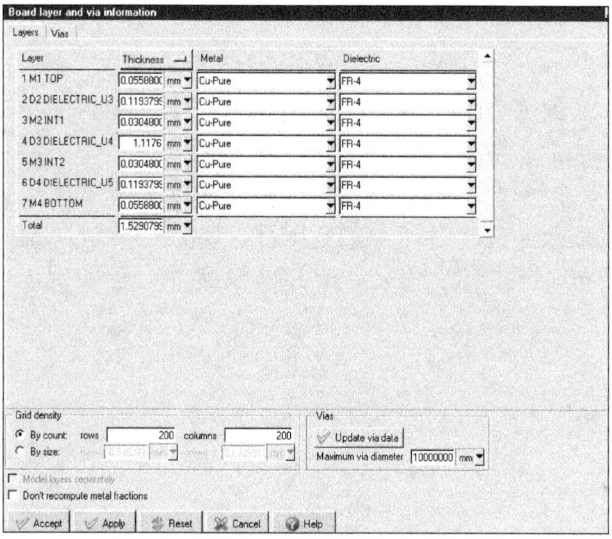

图 9-64 布线过孔的信息面板

ANSYS Icepak 会自动从布线文件中提取各层的厚度，单击 Accept 接受，ANSYS Icepak 会显示出布线和过孔的布局图，调整视图角度，可查看布线过孔精确的三维布局，如图 9-65 所示。

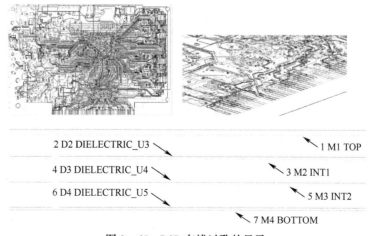

图 9-65 PCB 布线过孔的显示

(5) 在模型树下,除 BOARD_OUTLINE.1 外,选择模型树下其他所有的器件,右键选择 Inactive,表示仅保留 PCB 模型。

(6) 选择 Cabinet,单击右上角的 Autoscale,将 Cabinet 尺寸进行自动缩放。

(7) 双击打开 Cabinet 的编辑窗口,设置 PCB 厚度方向的两个面属性为 Wall;打开 Minz Wall 的编辑窗口,在属性面板中,单击 External conditions 的下拉菜单,选择 Temperature,然后输入 20℃,表示恒定的温度,如图 9-66 所示。

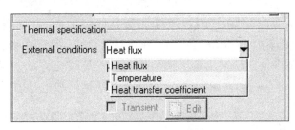

图 9-66 恒定温度的输入

同样打开 Maxz wall 的编辑窗口,在属性面板中,单击 External conditions 的下拉菜单,选择 Heat flux,输入 50000W/m² 的热流密度,单击 Done。

(8) 如果需要隐藏布线过孔信息,可以直接单击鼠标右键选择模型树下 PCB BOARD_OUTLINE.1,在弹出的面板上选择 Traces→Off,则可以直接将布线过孔隐藏,如图 9-67 所示。如果没有导入 PCB 的布线过孔信息,右键单击 PCB 模型,将不会出现 Traces 的信息。

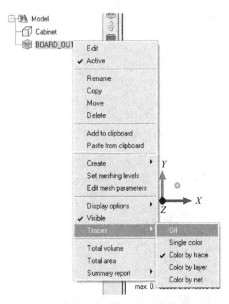

图 9-67 隐藏布线过孔信息

(9) 双击模型树下的 PCB,单击编辑面板的 Geometry,单击 Trace layers and vias 右侧的 Edit,ANSYS Icepak 会自动弹出布线过孔面板,如图 9-68 所示。

(10) 如图 9-69 所示,选择布线过孔面板下的 Model layers separately,单击 Accept,可以发现模型树下会自动产生 6 个 Plate(根据铜箔的层数决定)。6 个 Plate 板的属性均为接触热阻,厚度为 0,主要用于区分 Cu 和 Fr-4。为了准确模拟 PCB 各层的导热率,在两个 Plate 之间至少需要划分一个网格,如图 9-70 所示。

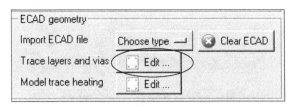

图 9-68 打开布线过孔的编辑面板

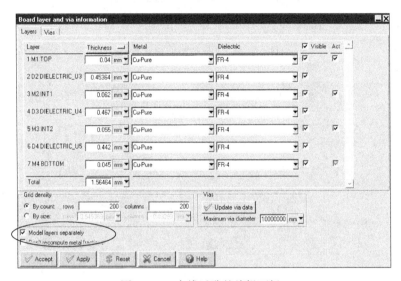

图 9-69 布线过孔的编辑面板

图 9-70 铜箔 Plate 的显示

(11) 打开网格的控制面板,对整体模型进行合理的网格划分,必须保证各 Plate 板上划分了相应的贴体网格,如图 9-71 所示。

(12) 在 Basic parameters 中,取消 Flow(velocity/pressare)、关闭辐射换热计算(仅计算热传导),单击 Accept,如图 9-72 所示。

为了验证布线过孔信息是否能准确反映 PCB 的各向异性导热率,需要计算 PCB 内的热传导,以及无传导、对流、辐射换热的耦合计算。因此在求解 Basic settings 面板中,修改 Energy 的参差标准为 1e-12,单击 Accept,如图 9-72 所示;在 Soution settings 的 Advanced settings 面板中,选择双精度,单击 Accept。

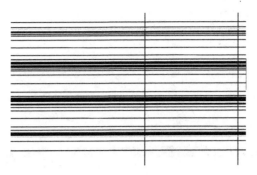

图 9-71　PCB 网格的切面显示

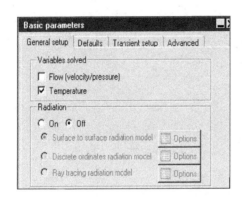

图 9-72　基本参数的设置面板

（13）单击求解，进行计算，等待计算收敛。通过后处理显示，可查看 PCB 内铜箔层各向异性的导热率，如图 9-73 和图 9-74 所示。

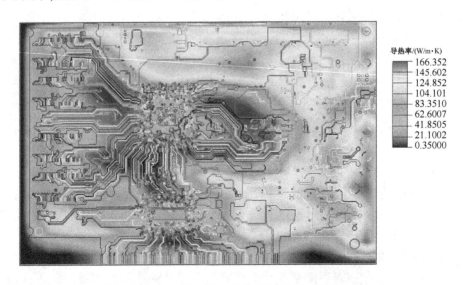

图 9-73　PCB 第一层的导热率分布和布线铜层分布

可以发现，PCB 各向异性的导热率分布完全与各层铜线过孔的分布、走向相吻合，布线过孔可以精确反映 PCB 各向异性的导热率；在图 9-73、图 9-74 中，铜箔面积大的区域，相应区域的导热率比较高,最高导热率约为 195W/m·K;而没有布置铜箔、过孔的区域,其导热率仅为 0.35W/m·K。

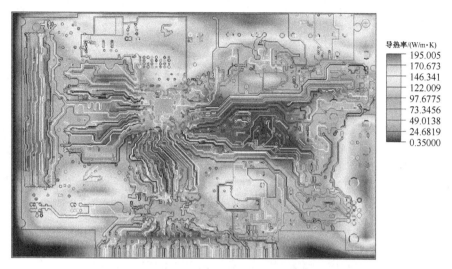

图 9-74 PCB 第 4 层的导热率分布和布线铜层分布

(14) 单击打开 Inactive,然后选择 PCB 相应的发热器件,单击鼠标右键,选择 Active,所选的器件会自动恢复至 PCB 上;单击 Cabinet→Autoscale,自动缩放 Cabinet 的大小,然后修改 Cabinet 的尺寸大小,设置合理的边界条件,重新划分网格,进行 PCB 级或者系统级的热模拟计算。

9.6 ANSYS Icepak 参数化/优化计算

ANSYS Icepak 提供两种方法进行参数化计算,一种为 ANSYS Icepak 自带的参数化计算功能,另一种为 ANSYS Icepak 利用 ANSYS Workbench 平台下的 Design Explorer 来进行参数化计算。对于优化计算来说,ANSYS Icepak 支持两种方法,一种为 ANSYS Icepak 的优化模块——Iceopt,另一种为利用 ANSYS Workbench 平台下的 Design Explorer 来进行优化计算。由于 ANSYS 已经不支持 Iceopt 的开发,因此本章节主要讲解 Design Explorer 的优化计算。

9.6.1 参数化计算步骤

ANSYS Icepak 自带的参数化功能主要包括以下几种。

(1) 变量参数的定义。当建立好 ANSYS Icepak 热模型后,软件允许对所有的输入变量进行参数化的定义,同时允许定义多个变量。在对变量进行参数定义时,必须在变量名称前添加"$"符号,变量名称可使用字母或者数字。例如,定义散热器的翅片个数和翅片厚度,如图 9-75 所示。其中,"$shuliang"表示散热器翅片个数的变量,"$houdu"表示散热器翅片厚度的变量。

单击图 9-75 中的 Update 或者 Done,ANSYS Icepak 会自动提示输入各个变量的初始数值,如图 9-76 所示。

(2) 对模型进行合理的网格划分,并检查网格的质量;定义 Basic parameters 基本设置面板,定义 Basic settings 基本求解设置,设置变量监控点等,完成求解的所有设置。

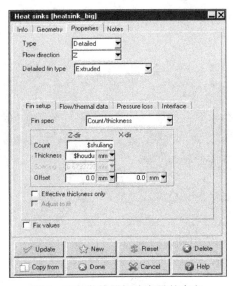

图 9-75 散热器翅片变量的定义

(3) 打开参数化计算面板,进行参数化计算。单击 Solve→Run optimization,打开参数化计算面板,如图 9-77 所示。

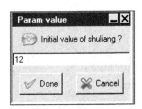

图 9-76 变量初始数值的输入

图 9-77 启动参数化面板

在弹出的 Parameters and optimization 面板中,单击 Setup 面板,选择 Parametric trials,表示进行参数化计算,其他保持默认设置,如图 9-78 所示。

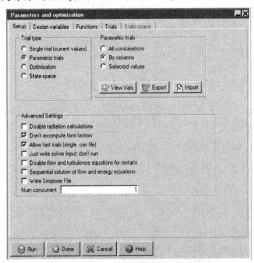

图 9-78 参数化面板设置

如果在 Parametric trials 中选择 All combinations，ANSYS Icepak 将对所有的变量数值进行组合排序；如果选择 By columns，表示使用列矩阵，如果变量的个数相同，变量将按顺序进行排列；其他保持默认设置，定义好变量数值后，可单击 Trials 面板查看所有计算的工况，如图 9-79 所示。

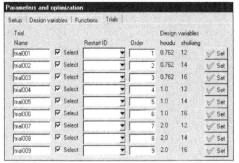
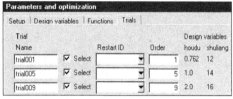

(a) All combinations　　　　　　　　(b) By columns

图 9-79　Trials 多工况的查看

在图 9-79 中，"houdu"变量的数值为 0.762、1.0、2.0，而"shuliang"变量的数值为 12、14、16；如果选择 All combinations，ANSYS Icepak 将对所有的变量数值进行组合排序，共包含 9 次计算，如图 9-79(a) 所示；如果选择 By columns，那么计算工况如图 9-79(b) 所示，共 3 次计算。

如果多个变量的数值个数不一致，同时选择了 By columns，使用列矩阵组合时，数值个数较少的变量将使用其最后的数值来参与计算，其参与计算的工况如图 9-80 所示。

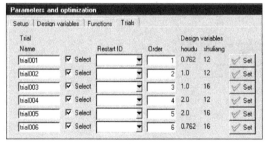
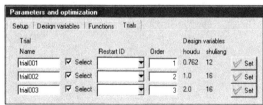

(a) All combinations　　　　　　　　(b) By columns

图 9-80　Trials 多工况的查看

在图 9-80 中，"houdu"变量的数值为 0.762、1.0、2.0，而"shuliang"变量的数值为 12、16；"shuliang"变量的数值个数少于"houdu"；如果选择 All combinations，ANSYS Icepak 将对所有的变量数值进行组合排序，共包含 6 次计算，如图 9-80(a) 所示；如果选择 By columns，那么计算工况如图 9-80(b) 所示，在 trial003 中，"houdu"变量的数值为 2.0，而"shuliang"变量的数值仍然为 16，与 trial002 的相同。

(4) 单击 Design variables 面板，ANSYS Icepak 会出现定义的所有变量名称。选择某一变量名，在 Base value 中会出现初次输入的变量数值，可以在 Discrete values 中依次输入定义的变量数值，变量数值之间用空格隔开；也可以单击 In range，在 Start value 中输入变量的开始数值，在 End value 中输入变量的结束数值，在 Increment 中输入变量的增量，这样也可以对变量定义不同的数值;单击 Apply,将定义的数值赋予变量名称,如图 9-81 所示。

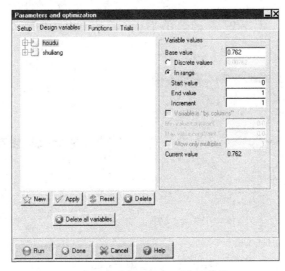

图 9-81　对变量输入具体的数值

（5）函数定义。单击 Functions,出现函数定义面板,在 Primary functions 中单击 New,出现基本函数的定义面板。ANSYS Icepak 提供多种预定义的函数,如模型的最高温度、某几何体的质量、散热器的热阻等;在 Function name 中输入定义函数的名称,在 Function type 中单击下拉菜单,选择函数的类型,如图 9-82 所示。

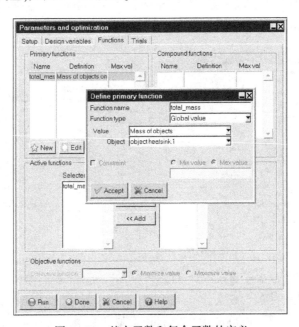

图 9-82　基本函数和复合函数的定义

ANSYS Icepak 允许用户对后处理、Report summary、定义的变量等进行基本函数的定义,如图 9-83 所示。

例如,选择 Post-processing object 的函数类型,将后处理 face.1 的最高数值定义为基本函数 source_max,如图 9-84 所示。

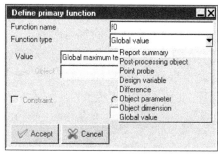
图 9-83 基本函数定义面板(一)

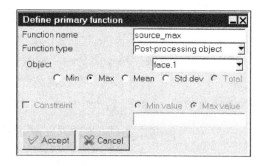
图 9-84 基本函数定义面板(二)

选择 Difference 的函数类型,在 Function name 中使用默认的 f0(或自行修改),在 Object 中单击下拉菜单,选择 object heatsink.1,在 Variable 中选择 Pressure,在 Direction 中选择散热器流动方向的两个面,即可将散热器两侧的压力差定义为基本函数,如图 9-85 所示。

在 Define compound function(复合函数定义)面板中,单击 New,出现复合函数的定义面板,可以将前面定义的基本函数进行加、减、乘、除等操作,将基本函数组合成复合函数。例如,在 Function name 中定义复合函数名称 totalmass,在 Definition 中输入$bighsms+$smlhsms,表示将两个基本函数 bighsms、smlhsms 相加。

注意:在 Definition 中使用基本函数时,必须在其前面添加"$"符号,表示引用某函数的具体数值,如图 9-86 所示。

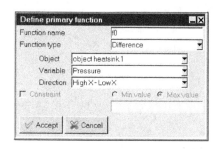
图 9-85 基本函数定义面板(三)

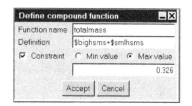
图 9-86 复合函数的定义

(6)工况选择。单击参数化/优化计算面板的 Trials,可查看所有的参数化计算工况,如图 9-87 所示。

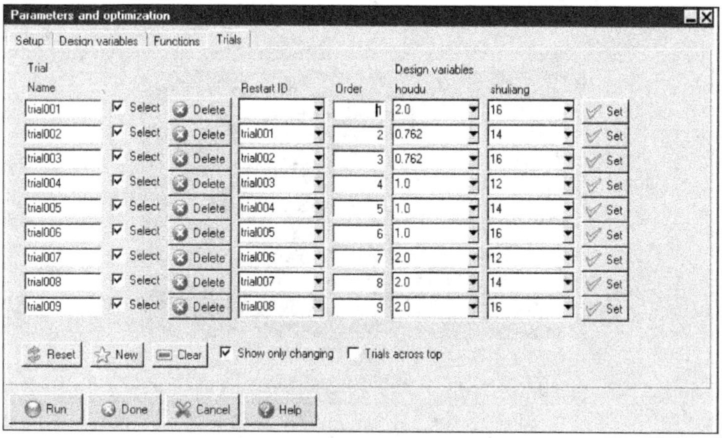

图 9-87 查看参数化工况的面板

在图 9-87 中，Name 表示工况的名称；取消某工况 Select 的选择，表示不计算此工况；单击 Delete，可直接删除某工况；单击某工况后侧的 Set，可实时查看此工况的几何模型。

（7）参数化计算。单击图 9-87 中参数化/优化计算面板的 Run，可直接进行参数化计算。ANSYS Icepak 会自动弹出参数化的计算面板，面板中将列出需要计算的所有工况名称，定义的所有函数、变量名称，各个工况的计算运行时间等，如图 9-88 所示。

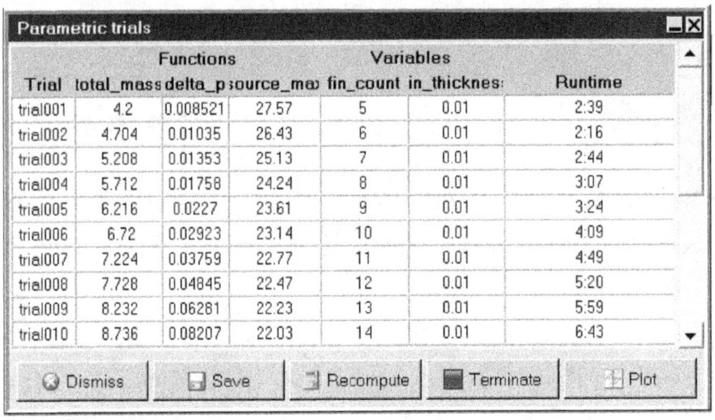

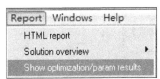

图 9-88 参数化计算面板

单击 Report→Show optimization/param results，可重新显示查看参数化计算的面板 Parametric trials，如图 9-89 所示。

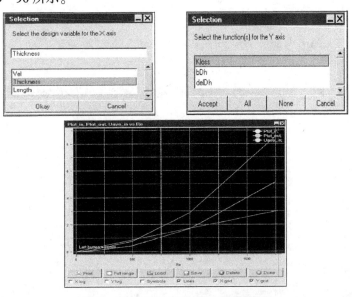

图 9-89 显示优化/参数化面板

单击图 9-88 参数化计算面板 Parametric trials 下的 Plot，可查看定义的函数随变量变化的曲线图，如图 9-90 所示。

图 9-90 函数随变量的变化曲线图

单击图 9-88 面板的 Plot 后,会出现如图 9-90 所示的 Selection 选择面板,可以选择曲线横坐标 X 轴的变量,如选择 Thickness;选择曲线纵坐标 Y 轴的变量,如选择 Kloss,ANSYS Icepak 会自动显示 Kloss 随 Thickness 的变化曲线。

如果需要对不同工况的计算结果进行后处理显示,可单击快捷工具栏中的 ![icon],加载计算结果的 ID 名称,然后进行相应的后处理操作。

9.6.2 Design Explorer 的参数化功能

使用 Design Explorer(简称 DX)进行参数化计算时,必须在 ANSYS Workbench 平台下启动 ANSYS Icepak。其具体的步骤如下。

(1) 打开 ANSYS Workbench 平台,双击或拖动 Icepak 工具,生成 Icepak 单元。鼠标右键单击 Icepak 单元的 Setup,选择 Import Icepak Project,浏览打开 Icepak 模型;或者选择 Import Icepak Project From.tzr→Browse,Unpack(解压缩)相应的 tzr 文件,打开 ANSYS Icepak 模型,如图 9-91 所示。

(2) 同样,按照 9.6.1 节中(1)变量参数的定义,对需要进行参数化的变量进行定义。

注意:需要添加"$"符号。

(3) 单击 ANSYS Icepak 主菜单 Solve→Run optimization,打开参数化计算面板。在弹出的 Parameters and optimization 面板中,单击 Setup。

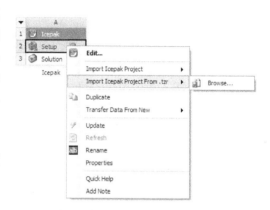

图 9-91 Workbench 平台下打开 ANSYS Icepak 模型

注意:必须保持选择 Singel trial(Current values),其他保持默认设置,如图 9-92 所示。

使用 Design Explorer 进行参数化计算时,不需要单击 Design variables 进行各个变量数值的输入。

(4) 同样,按照 9.6.1 节中(5)函数定义,进行基本函数、复合函数的定义,如定义了 Maxt(系统最高温度)、rezu(某散热器的热阻);由于选择 Single trial(current values),参数化面板的 Trials 将不能被选择。

(5) 鼠标左键单击 Parameters and optimization 面板的 Publish to WB,表示 ANSYS Icepak 中定义的变量和函数进入 WB 参数化管理系统;ANSYS Icepak 会自动弹出 Publish variables 面板,选择 Input variables 下定义的变量名称,选择 Output variables 面板下定义的所有函数;单击 Accept,关闭 ANSYS Icepak 软件,如图 9-93 所示。

(6) 重新进入 Workbench 平台,可以发现,Icepak 单元下出现 Parameter Set 的图标,双击 Parameter Set,进入 WB 平台的参数管理系统,如图 9-94 所示。

(7) 在 Parameter Set 参数设置面板中,会自动出现 ANSYS Icepak 定义的输入变量和输出函数;右侧会出现设计点的列表 Table of Design Points,如图 9-95 所示。

(8) 鼠标单击设计点列表 Table of Design Points 变量下的空白格子,DX 将允许用户手动输入此变量的具体数值;依次定义变量的数值,参数管理系统将依次进行排序,DP 1、DP 2、…,完成变量数值的参数输入,如图 9-96 所示。

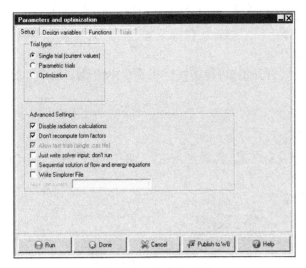
图9-92 参数化面板

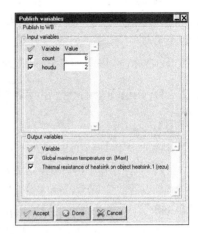
图9-93 Publish variables 的选择面板

图9-94 Icepak 的参数进入 Workbench 平台

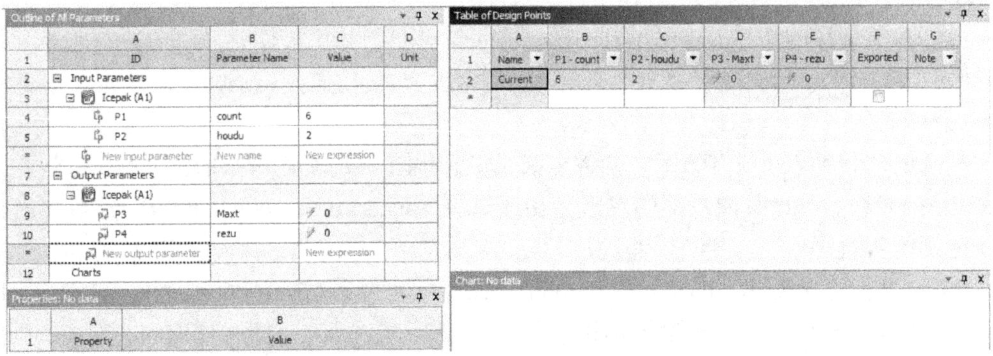

图9-95 DX 的参数化输入界面

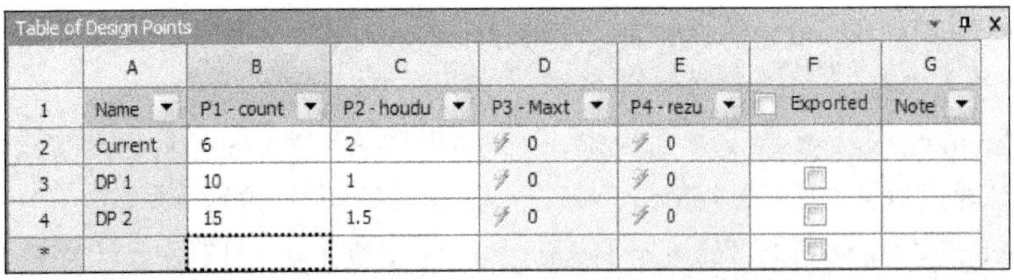

图9-96 DX 面板中输入定义的变量参数

注意：参数化管理系统只能保留 Current 的计算结果，对于 DP 1、DP 2 而言，仅将计算的函数数值输出。如果用户需要将某些设计点的计算结果输出，只需要选择 Exported 下的方框，参数管理系统会自动保存选择设计点的计算结果，以方便用户进行具体的后处理显示。

(9) 单击 Parameter Set 界面的 Update All Design Points，如图 9－97 所示，即更新所有的设计点。参数管理系统会自动驱动 ANSYS Icepak 进行所有设计点的计算。

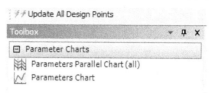

图 9－97　更新设计点

当计算完成后，Table of Design Points 中将会出现各个设计点计算的输出函数数值，如图 9－98 所示。

Table of Design Points

	A	B	C	D	E	F	G
1	Name	P1 - count	P2 - houdu	P3 - Maxt	P4 - rezu	Exported	Note
2	Current	6	2	25.295	0.52948		
3	DP 1	10	1	23.033	0.30332	☐	
4	DP 2	15	1	21.768	0.17676	☐	
*						☐	

图 9－98　DX 参数化的计算结果

(10) 双击工具箱的 Parameters Parallel Chart(all)，可得到各个变量、函数在不同工况参数化计算中的变化曲线，如图 9－99 所示。

(a)

(b)

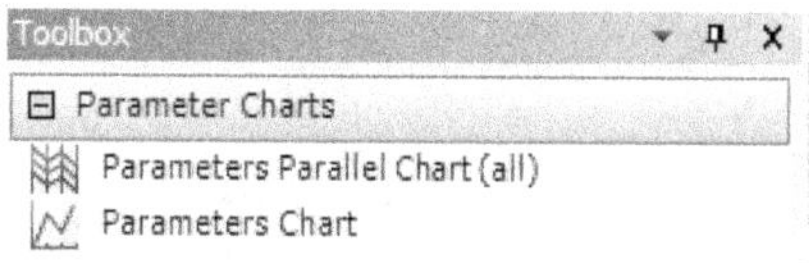

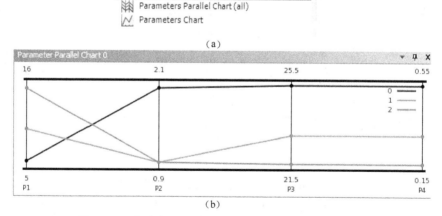

图 9－99　各个变量、函数在不同工况参数化计算中的变化

(11) 双击工具箱的 Parameter Chart：General，可选择 X 轴上下的变量、Y 轴左右的变量，查看输出函数随输入变量参数的变化情况，如图 9－100 所示，完成 DX 的参数化计算。

另外，也可以在 DM 中对 CAD 模型的几何进行参数化定义，如将某散热器翅片的个数定义为变量，如图 9－101 所示，鼠标左键单击"☐FD3，Copies(>0)"可将翅片个数进行变量定义，定义的变量会自动进入 Workbench 的参数化管理平台，进行参数化计算；其他设置与前面类似。

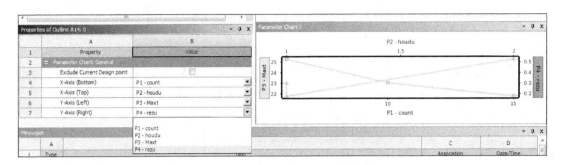

图 9-100 输出函数随输入变量的变化情况

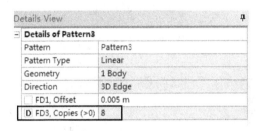

图 9-101 DM 中 CAD 几何的参数定义

9.6.3 优化计算步骤

ANSYS Icepak 18.1 完全使用 Design Explorer 进行电子产品的优化计算。下面通过具体案例讲解如何使用 Design Explorer 进行优化计算。

(1) 如前所述,在 Workbench 平台下,拖动生成 Icepak 单元,打开或解压缩相应的 Icepak 模型。

(2) 与参数化计算类似,需要定义优化的变量,可参考 9.6.1 节中 (1) 变量参数的定义,对需要进行参数化的变量进行定义,注意前面需要添加"$"符号。

(3) 单击 ANSYS Icepak 主菜单 Solve→Run optimization,打开参数化计算面板。在弹出的 Parameters and optimization 面板中,单击 Setup。

注意:必须选择 Single trial(current values),其他保持默认设置。

(4) 单击 Function,定义优化计算的函数,包括约束函数、目标函数等,如可以使用系统最高温度、器件模型的质量作为约束函数,使用散热器的热阻作为目标函数等,完成函数的定义,如图 9-102 所示。

(5) 单击 Parameters and optimization 面板的 Publish to WB,在弹出的 Publish variables 面板中,选择输入变量和输出变量,单击 Accept,如图 9-103 所示;关闭 ANSYS Icepak 软件。

(6) 在 Workbench 平台下,单击左侧工具箱下的 Response Surface Optimization,Workbench 的工程视图中将出现响应面优化的单元,如图 9-104 所示。

(7) 单击 Response Surface Optimization 响应面优化单元的第 2 项 Design of Experiments,在 Input Parameters 输入参数中,选择输入的变量,然后在下侧区域 Type 中选择变量的类型,包含 Continuous(连续) 和 Discrete(离散) 两种。例如,散热器翅片的个数只能是离散的,而翅片的高度、厚度变量可以是连续的,如图 9-105 所示。

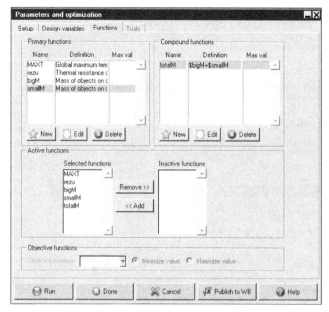

图 9-102 基本函数、复合函数的定义

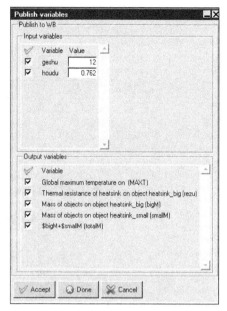

图 9-103 变量函数进入 WB 参数管理系统

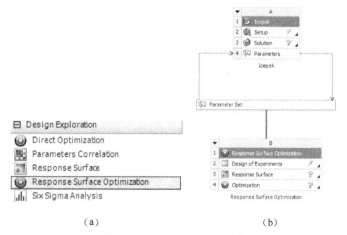

(a)　　　　　　　　　　(b)

图 9-104 DX 的响应面优化

(8) 如果选择 Discrete，则在 Table of Outline：P1-geshu 面板中输入变量离散的数值；可以直接在 New Level 下添加新的变量值，如图 9-106 所示。

(9) 如果选择 Continuous 类型，则需要在面板 Lower Bound 中输入此变量的最小数值，在 Upper Bound 中输入变量的最大数值，即输入变量优化计算的范围，如图 9-107 所示。

(10) 单击左上侧的 Preview，可查看生成的设计实验点。单击 Update，Workbench 参数管理系统将驱动 ANSYS Icepak 进行多次计算，将所有工况的输出函数计算出来，如图 9-108 所示。

(11) 重新进入 Workbench 平台，会发现第 2 项 Design of Experiments 出现"√"符号，表示计算完成；双击 Response Surface Optimization 响应面优化单元的第 3 项 Response Surface，单击左上侧区域的 Update，完成响应面分析，如图 9-109 所示。

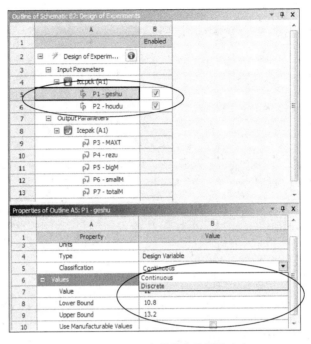

图9-105 变量参数优化范围的定义

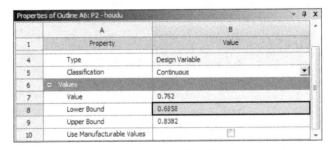

图9-106 离散变量数值的输入　　　　图9-107 连续变量数值的输入

图9-108 DX的优化计算(一)

第 9 章 ANSYS Icepak 热仿真专题

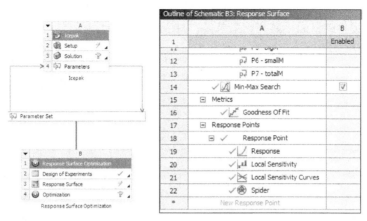

图 9-109 DX 的优化计算(二)

(12) 单击图 9-109 中的 Min-Max Search，WB 将罗列寻找各个输出变量的最小数值和最大数值，以及具体的输入变量数值，如图 9-110 所示。

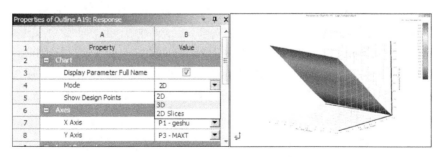

图 9-110 变量最大值和最小数值的罗列

单击 Response Points 下的 Response，可查看 2D/3D 的影响面图，各坐标的具体变量可自行选择，如图 9-111 所示。

图 9-111 DX 的响应面分布

单击 Local Sensitivity，可查看各参数敏感性关系图，如图 9-112 所示。

(13) 重新进入 Workbench 平台，可以发现，第 3 项 Response Surface 也出现"√"符号，表示完成响应面分析。

(14) 双击图 9-113 中的第 4 项 Optimization，进行优化计算。单击 Objectives and Con-

straints,表示设置目标函数和约束函数,可以在右侧面板 Parameter 中选择相应的输入变量/输出函数作为 DX 优化的目标函数和约束条件,如图 9－114 所示。

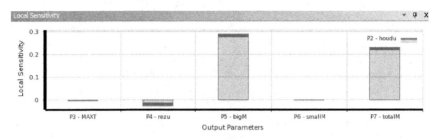

图 9－112　各变量敏感性关系图

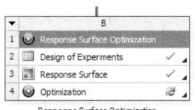

图 9－113　DX 的优化计算(三)

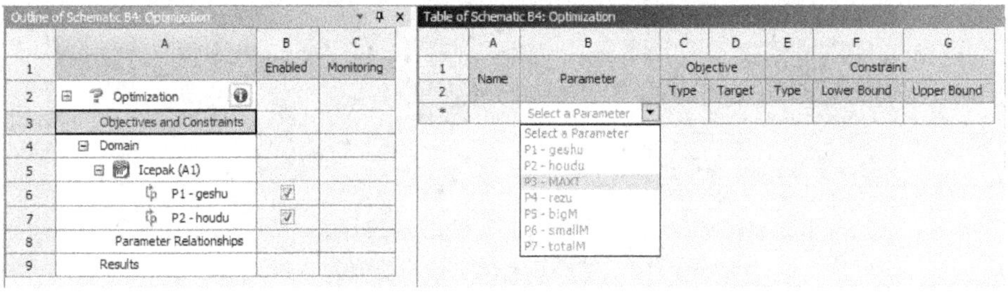

图 9－114　DX 的优化计算(四)

例如,可以选择 P3-MAXT,系统的最高温度作为第 1 个约束函数,在 Objective 的 Type 中选择 Maximize,在 Constraint 的 Type 中选择 Values <= Upper Bound,在 Upper Bound 中输入 69,表示系统最高温度不允许超过 69℃;同时选择 P7-totalM,散热器的总质量作为第 2 个约束函数,在 Objective 的 Type 中选择 Maximize,在 Constraint 的 Type 中选择 Values <= Upper Bound,在 Upper Bound 中输入 0.4,表示散热器的总质量不允许超过 0.4kg;可以选择 P4-rezu 作为目标函数,由于需要求解散热器热阻的最小数值,因此在 Type 中选择 Minimize,如图 9－115 所示,然后单击左上区域的 Update。

Table of Schematic B4: Optimization

	A	B	C	D	E	F	G
1	Name	Parameter	Objective		Constraint		
2			Type	Target	Type	Lower Bound	Upper Bound
3	Minimize P4	P4 - rezu	Minimize		No Constraint		
4	Maximize P7; P7 <= 0.4	P7 - totalM	Maximize		Values <= Upper Bound		0.4
5	Maximize P3; P3 <= 69	P3 - MAXT	Maximize		Values <= Upper Bound		69
*		Select a Parameter					

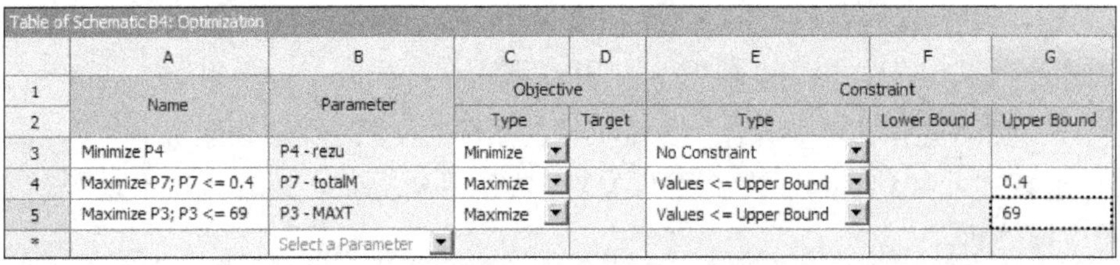

图 9－115　目标函数和约束条件的建立

（15）单击 Results 面板的 Candidate Points 候选点，将出现如图 9-116 所示的表格，DX 将会列出 3 个满足要求的候选点供用户选择。

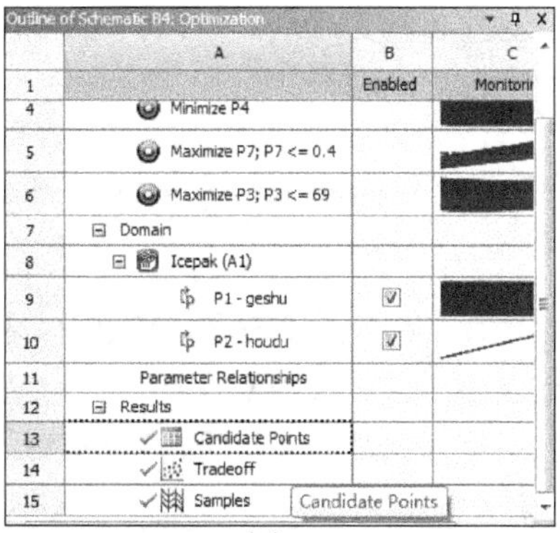

图 9-116 DX 的优化结果

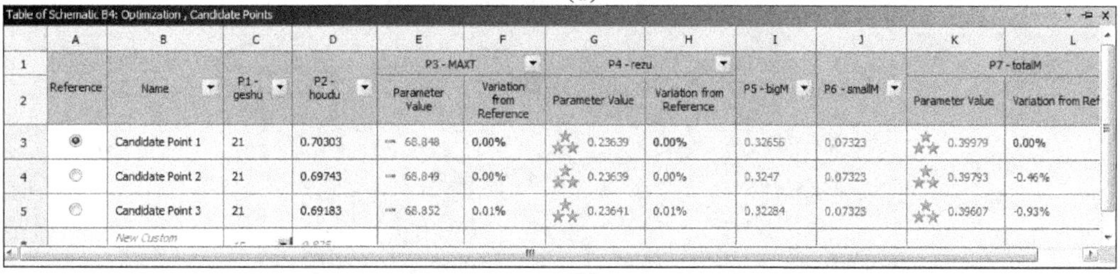

由于优化出来的候选点结果并未通过 ANSYS Icepak 进行 CFD 计算，因此如果需要验证优化的计算结果，则使用鼠标选择任意候选点，单击右键，选择 Verify by Design Point Update，DX 会自动驱动 ANSYS Icepak 软件，将此候选点的参数进行重新计算，如图 9-117 所示。

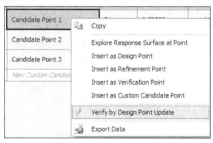

图 9-117 候选点的重新验证计算（一）

DX 将会把经过 CFD 计算的结果显示出来，罗列到候选点下，如图 9-118 所示，完成 DX 的优化计算。

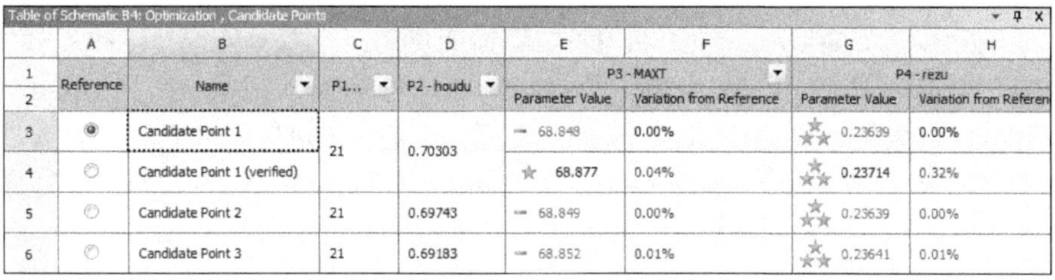

图 9-118 候选点的重新验证计算（二）

从图 9-118 中可以看出,在候选点 Candidate Point 1 下会自动出现 Candidate Point 1(verified),Candidate Point 1(verified)一行中输出函数数值可能与 Candidate Point 1 不同,由于 Candidate Point 1(verified)是经过 ANSYS Icepak 计算得到的数值,因此 Candidate Point 1(verified)中的计算结果是最终优化结果。

9.7 轴流风机 MRF 模拟

ANSYS Icepak 可以使用 MRF(多参考坐标系)功能来模拟轴流风机、离心风机的叶片转动,以模拟电子产品中真实的流场分布及温度场分布。与 ANSYS Icepak 提供的简化风机相比,模拟真实叶片的转动可以捕捉风机整体产生的涡流及离心的风速,可以模拟得到风机真实几何特征导致的流场和温度场分布。

从图 9-119 中可以看出,由于叶片的旋转,离心风机出风口处的流场分布不均匀。

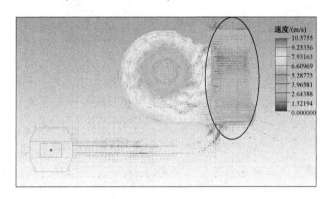

图 9-119 ANSYS Icepak 模拟真实离心风机

ANSYS Icepak 使用 MRF 功能模拟风机的具体步骤如下。

(1)启动 ANSYS Workbench,从工具栏中拖动 Geometry、Icepak,分别生成 Geometry(DM)、Icepak 单元。

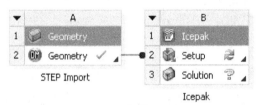

图 9-120 DM 将模型导入 Icepak

(2)将修复干净的 3D 真实风机模型或者模组通过 DM 导入 Icepak;具体导入过程不再赘述,如图 9-120 所示,完成三维风机的导入。

(3)双击 Icepak 单元下的 Setup,打开 Icepak 软件,双击 Cabinet,扩大 Cabinet 计算区域,同时设置 Cabinet 的 6 个面为 Opening 属性。

(4)建立叶片的流体区域。使用 MRF 功能,需要创建一个与真实风机进出口相匹配的圆柱形流体块。单击 ANSYS Icepak 模型工具栏中的 Block,修改其 Shape 形状为 Cylinder 圆柱体,在几何面板中,设置圆柱面 Plane 与风机 Hub 垂直(圆柱的轴与风机 Hub 的轴平行),根据风机真实的几何尺寸,输入圆柱体的 Height,在 Radius 中输入风机进出口的半径,如图 9-121 所示。

(5)单击 Blocks 的属性面板,在属性面板中,选择 Block type 为 Fluid,表示流体类型,默认流体的材料为空气;选择 Use rotation for MRF,输入风机的真实转速 Rotation,假定为 6000

(RPM)，如图 9-122 所示。在 ANSYS Icepak 里，仅流体类型的圆柱 Block 模型允许选择 Use rotation for MRF。

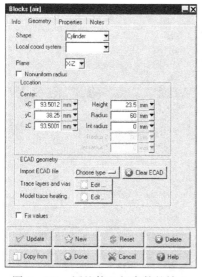

图 9-121　圆柱体几何参数的输入

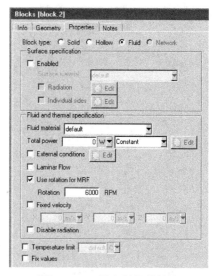

图 9-122　输入风机的转速

（6）调整各 Block 的优先级，注意需要保持 3D 叶片的优先级最高，将其拖动至 Model 模型树的最下方，图 9-123 中 12308-IM-SOLID_1.1 为风机的 3D 叶片。模拟风机外壳的 jia 优先级最低，air 为空气的 Block。

（7）另外，如图 9-123 所示，建议在风机进出口两侧分别建立 Opening（开口），可用来统计通过 Opening（开口）的风压和流量。

（8）对整体的模型进行合理的网格划分（风机部分的叶片、流体类型的 Block，只能使用 Mesher-HD 的多级网格来进行划分），并检查网格的质量，如图 9-124 所示；具体划分方法与设置可参考第 5 章的划分网格部分，在此不做进一步讲解。

（9）打开 Basic parameters，在 Flow regime 中，选择 Turbulent，在下拉菜单中选择 Realizable two equation（进行 MRF 计算，0 方程模型的精度不够，需要设置双方程模型），其他保持默认设置，如图 9-125 所示。

图 9-123　各 Block 的优先级排列

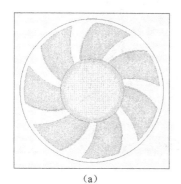
(a)

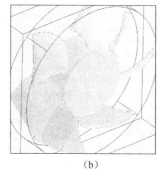
(b)

图 9-124　风机叶片划分的多级网格

(10) 打开求解计算的 Basic settings 基本设置面板，设置 Number of iterations（迭代步数）为 1000；其他保持默认设置，如图 9-126 所示；在 Points 下设置合理的温度、速度、压力监控点。

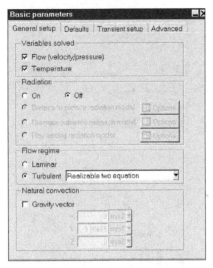

图 9-125　湍流模型的选择

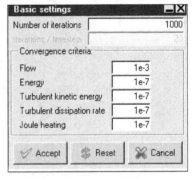

图 9-126　迭代步数及残差的设置

(11) 单击 Solve，打开求解计算面板，单击 Start solution，开始 ANSYS Icepak 计算，直至求解计算完全收敛，如图 9-127 所示。

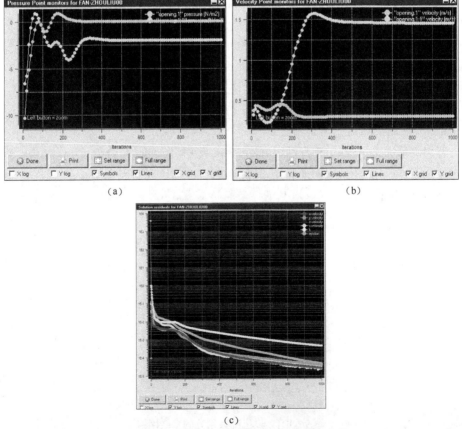

图 9-127　求解的残差曲线和变量监控点曲线

从图 9-127 中可以发现,当残差曲线接近 Basic settings 中设置的残差数值时,风速或压力监控点的数值不再随迭代步数而继续变化,此时求解计算完全收敛。

(12) 后处理结果显示。图 9-128 为真实轴流风机的模拟计算结果。

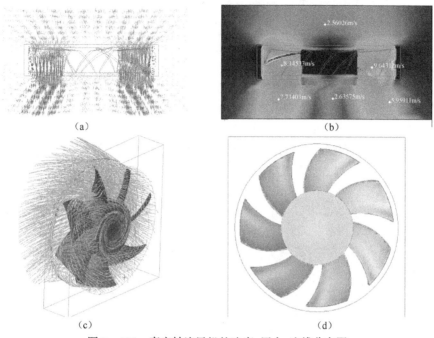

图 9-128 真实轴流风机的速度、压力、迹线分布图

9.8 机箱系统 Zoom-in 的功能

对电子机箱进行散热模拟时,器件级别的尺寸通常为毫米(mm)级别,而机箱机柜级别的尺寸通常为米(m),由于尺寸相差较大,如果建立机箱内的详细结构,那么势必导致非常大的网格数量,需要配置较好的机器才能进行计算。

针对此类情况,ANSYS Icepak 提供了 Zoom-in 功能,可将系统级别的计算结果进行提取,传递给 PCB 级别;对于提取的板级模型,ANSYS Icepak 允许对 PCB 模型进行详细的建模;另外,也允许用户在 PCB 级的基础上,提取器件模型及周边的边界条件,然后重新建立器件级别的详细模型;因此,Zoom-in 功能可在保证计算精度的同时,大大减少机柜系统的计算量,如图 9-129 所示。

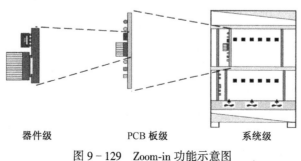

图 9-129 Zoom-in 功能示意图

简而言之,在机柜系统的热模型中,可使用简化的 PCB 模型来替代详细的 PCB 模型;计算完系统的热仿真后,提取需要细化的 PCB 模组及其周边的温度、压力、速度等流场温度边界;以系统的计算结果为边界基础,重新建立详细的 PCB 模型,计算得到 PCB 详细的热分布;板级数据至器件级边界的传递也是相同的。

9.8.1 Profile 边界说明

Zoom-in 功能提取的各类边界变量数值实质上是 ANSYS Icepak 特有的 Profile 文件。Profile 文件是表示在一定空间内变量变化的边界条件。ANSYS Icepak 允许用户手动输入数值,建立相应的 Profile 文件,也允许用户将后处理的结果保存为 Profile 文件。

1. 手动建立 Profile 文件

例如,某 Wall 的边界温度如图 9-130 所示,整个面上不同区域的温度数值是不同的。假如此 Wall 面是 $X-Y$ 面,即 Z 坐标固定,假定为 0.2m。

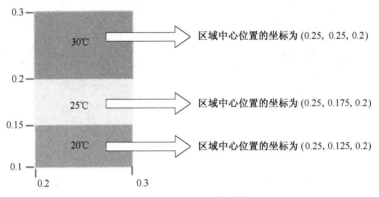

图 9-130 Profile 的示意图

双击打开 Walls 编辑窗口,单击 Properties 属性面板,在 External conditions 中,单击下拉菜单,选择 Temperature,选择下侧的 Profile,在弹出的面板中,分别输入不同区域中间点的具体坐标位置,在坐标后输入具体的温度数值,各个数值之间使用空格隔开,单击 Accept,完成 Profile 边界条件的建立,其他变量的 Profile 建立是类似的,如图 9-131 所示。

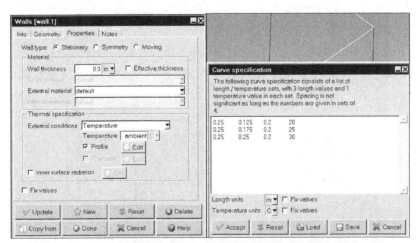

图 9-131 手动输入 Profile 的具体数值

2. 保存后处理结果为 Profile 文件

ANSYS Icepak 也允许用户将后处理结果保存为 Profile 文件，如可以将某出风口的速度分布输出为 Profile 文件；可以将某切面的速度、温度边界输出为 Profile 文件。

如图 9-132 所示，在后处理面板中单击 Save profile，即可将此后处理结果保存为 Profile 文件，保存的 Profile 文件可直接使用记事本打开，如图 9-133 所示。

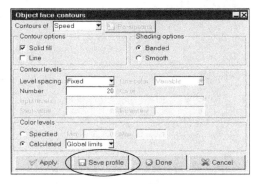

图 9-132　速度云图的后处理

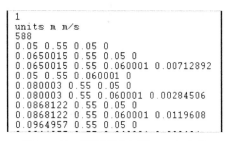

图 9-133　以记事本打开 Profile 文件

保存或建立的 Profile 文件可直接通过接口进行 Load（加载），选择模型属性面板的 Profile，在打开的 Curve specification 面板中，单击 Load，浏览并打开保存的 Profile 文件，可加载相应的 Profile 边界条件，如图 9-134 所示。

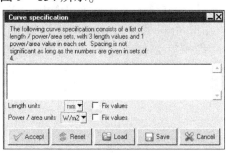

图 9-134　Load 加载 Profile 文件

9.8.2　Zoom-in 功能案例讲解

如图 9-135 所示的机柜，在建立系统热模型时，使用简化的 PCB 模型来替代详细的 PCB 模型；使用均一的热源（Plate）替代 PCB 上芯片的模型。

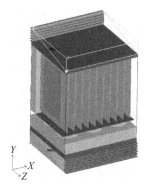

图 9-135　系统机柜热模型

(1) 当计算完机柜系统的热分布后,单击 ANSYS Icepak 界面的主菜单 Post→Create zoom-in model,表示建立 Zoom-in 模型。ANSYS Icepak 会自动建立 Zoom-in 模型的名称(通常是在原始系统模型名称的后面添加".zoom-in"符号),如图 9-136 所示。

 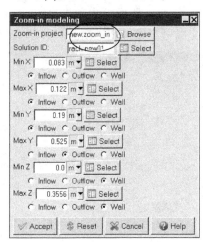

图 9-136 Zoom-in 模型的提取

如图 9-136 所示,可以在 Zoom-in modeling 面板中,手动在 Min X、Max X、Min Y、Max Y、Min Z、Max Z 中输入需要细化的区域坐标(输入某 PCB 模块的具体边界数值),Zoom-in 模型必须是一个方形的空间区域;也可以通过单击后侧的 Select,使用鼠标左键在模型中进行选择。

另外,必须在面板中指定 Zoom-in 区域 6 个面的类型,可选的类型有 Inflow、Outflow、Wall 3 种,可以按照空气流动的方向来进行选择;如果选择的边界为固体区域,可选择 Wall 的类型。

注意:如果 Zoom-in 某边界面为 Opeing(开口),那么必须指定至少一个面为 Outflow 类型;应该将 Zoom-in 界面内空气流出量最大的面设置为 Outflow 类型。

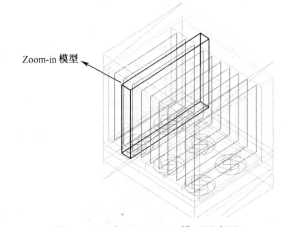

图 9-137 提取 Zoom-in 模型示意图

ANSYS Icepak 会根据边界类型的不同,保存不同的 Profile 文件;Inflow 表示进口边界,Profile 中包含的变量有 X、Y、Z 3 个方向的速度、温度;Outflow 表示出口边界,Profile 中包含的变量主要是压力和温度;Wall(边界)表示固定的壁面,包含温度变量。

(2) 单击图 9-136 的 Accept,ANSYS Icepak 会建立 Zoom-in 模型,模型包含 Zoom-in 区域内的所有器件,同时 Zoom-in 区域 6 个面的温度、速度、压力等变量的 Profile 文件会自动生成。

(3) 使用 ANSYS Icepak 打开提取的 Zoom-in 模型,重新编辑 PCB 上的器件布局,建立详细真实的 PCB 热模型，如图 9-138 所示。

（4）对新建立的 Zoom-in 模型进行计算，可在系统计算结果的基础上，重新计算得到详细 PCB 的温度分布，如图 9-139 所示。

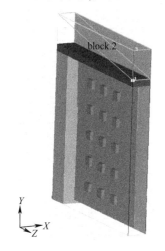
图 9-138　重新对 PCB 进行细化

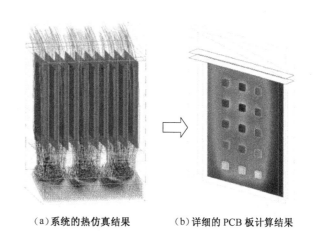
（a）系统的热仿真结果　　（b）详细的 PCB 板计算结果
图 9-139　Zoom-in 模型的示意图

9.9　ANSYS Icepak 批处理计算的设置

9.6 节中主要讲解了 ANSYS Icepak 的参数化计算，可以看出，参数化计算主要是针对同一模型中的局部尺寸或者不同变量进行一系列的计算。如果需要对多个完全不同的热仿真模型进行计算，使用 ANSYS Icepak 的参数化计算就不能满足需求了。此时，可通过编写 ANSYS Icepak 的批处理文件（batch file）来实现多个模型的依次计算。

假定现在需要对 3 个完全不同的几何模型进行模拟计算，名称分别为 test01、test02、test03，那么编写、运行批处理文件的步骤如下。

（1）打开 test01 模型，单击求解计算按钮，打开求解面板，单击 Advanced 面板，如图 9-140 所示。

（2）单击选择 Script file，ANSYS Icepak 会自动命名 test0100.bat，如图 9-140 所示。

图 9-140　求解计算的设置面板

(3) 单击图 9-140 中的 Start solution,ANSYS Icepak 会自动生成输出 bat 的批处理文件,但是不会自动启动 Fluent 求解器进行计算;bat 文件的位置会在 Message 窗口进行显示,test01 输出的批处理文件名称为 test0100.bat,如图 9-141 所示。

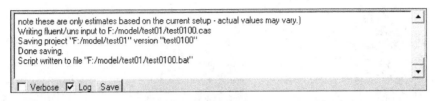

图 9-141 Message 窗口提示输出 bat 文件

(4) 同理,依次针对 test02、test03 进行相应操作,ANSYS Icepak 会自动输出 test0200.bat、test0300.bat 文件。假定 test01、test02、test03 都是位于 ANSYS Icepak 的工作目录 F:\model 下,如图 9-142 所示。

在 F:\model 目录下新建一个文本文档(注意:必须新建文本文档,不能将前面 ANSYS Icepak 生成的批处理文档复制之后改名),将新建立的文本文档进行重新命名,假定命名为 test.bat。

(5) 将新建立的 test.bat 文件以文本格式打开,在文本的第一行输入"cd F:\model\test01",如图 9-143 所示。

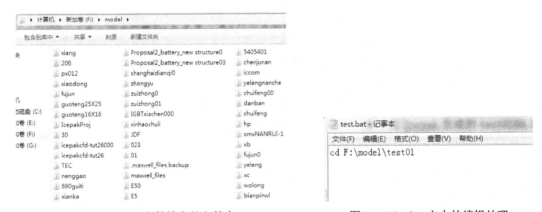

图 9-142 bat 文件输出的文件夹　　　　　　图 9-143 bat 文本的编辑处理

(6) 将 ANSYS Icepak 生成的 test0100.bat 也以文本格式打开,按下 Ctrl+A 键,选择 test0100.bat 中的全部内容,如图 9-144 所示。

图 9-144 全选 test001.bat 的内容

在 test.bat 中换行,将 test0100.bat 中的内容复制粘贴至新建的 test.bat 中,复制的内容放置于"cd F:\model\test01"下,如图 9-145 所示。

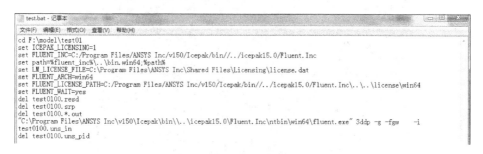

图 9-145　bat 文本的编辑处理(一)

(7) 同理,在 test.bat 中另起一行,输入"cd F:\model\test02";将 test0200.bat 以文本格式打开,复制全部内容至 test.bat;复制的方式、位置与 test0100.bat 相同。

(8) 同理,在 test.bat 中另起一行,输入"cd F:\model\test03";将 test0300.bat 以文本格式打开,复制全部内容至 test.bat,保存 test.bat 文件,如图 9-146 所示。

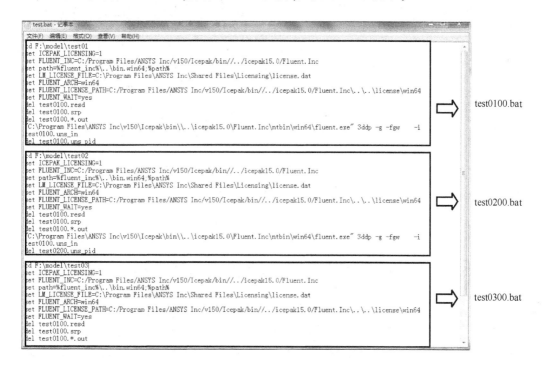

图 9-146　bat 文本的编辑处理(二)

(9) 直接双击新建的 test.bat,会出现图 9-147 所示的界面,计算机将自动打开 Fluent 求解器进行计算。当 test01 计算收敛后,计算机会自动进行 test02 的模拟计算,直到完成所有 ANSYS Icepak 热模型计算。在计算的过程中,计算机只会打开 Fluent 求解器的面板,不会打开 ANSYS Icepak 的面板,如图 9-148 所示。

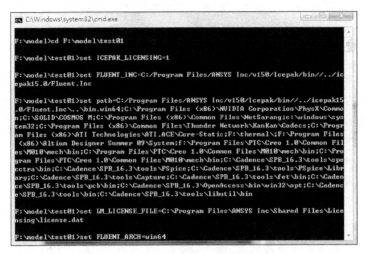

图 9-147 双击打开 test.bat 文件

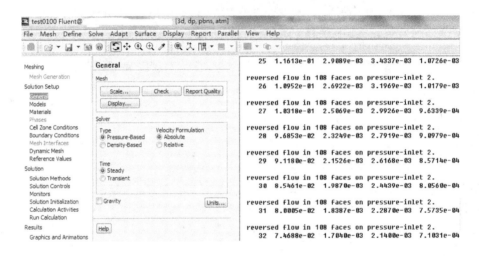

图 9-148 Fluent 求解器自动打开

9.10 某风冷机箱热流仿真优化计算

本章对某电子风冷机箱进行系统的热流仿真计算,包含原始 CAD 模型的修复、CAD 模型转化为 ANSYS Icepak 热模型、ANSYS Icepak 热模型的修复、热模型的网格划分、求解计算及后处理显示;另外,考虑风机失效,对机箱处于自然冷却环境下的热流工况进行仿真计算;最后针对风冷机箱内存在的问题,进行了两种方案的优化计算,降低了机箱的温度分布。本案例中的 CAD 模型及 ANSYS Icepak 热模型(tzr 压缩模型,tzr 压缩模型不包含网格划分及计算结果)可在在线资源中查找。

电子机箱的 CAD 结构如图 9-149 所示,机箱两侧布置有自然冷却的散热翅片,机箱内有 1 个轴流风机、1 个变压器、1 个 CPU 及散热器、4 个 IC 芯片、3 个电容,在机箱两侧均布置了 3 个 TO220 芯片,这些器件被布置在 PCB 卡上,板卡被底部 6 个螺柱固定在机箱底板上。图中的箭头表示气流的流动方向。

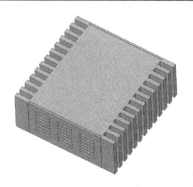 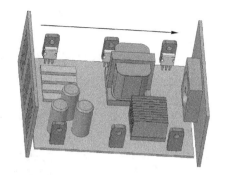

图 9-149 电子机箱的 CAD 结构

注意：
(1) TO220 芯片中 Die 的优先级最高；其引脚的优先级必须高于 PCB。
(2) 变压器线圈必须转换为多边形体(保留其弧线结构)，铁芯优先级必须高于线圈。
(3) 线圈与铁芯之间的空气间隙必须保留。

9.10.1 机箱 CAD 模型的修复及转化

(1) 机箱外壳的修复。在图 9-149 中，原始 CAD 机箱外壳为 3 个异形结构的模型，不适合导入 ANSYS Icepak 建立热模型。首先，选择 3 个外壳模型，然后单击 ANSYS SCDM 的组合命令，外壳将变成一个几何体，单击分割主体命令，鼠标单击外壳两个翅片之间的基板部分(用于分割主体)，SCDM 将翅片与外壳分开，同理，将另一侧的翅片与外壳分开；右键单击外壳，选择隐藏其他器件，然后使用分割主体命令，选择机箱的内表面，将外壳分割成多个实体(尽量保持机箱两侧对称分割)，将底板上的螺柱与外壳也分开，对外壳及螺柱进行命名(切勿使用汉字或者符号)，如图 9-150 所示。

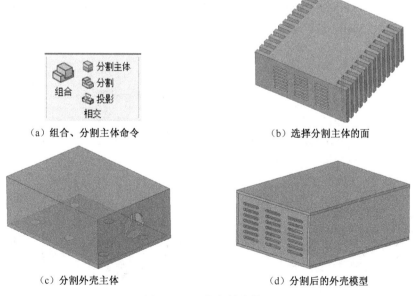

(a) 组合、分割主体命令　　　　　　(b) 选择分割主体的面

(c) 分割外壳主体　　　　　　(d) 分割后的外壳模型

图 9-150 修复外壳模型

(2) 单击 SCDM 主菜单 WB 下的识别对象命令,自动查找 Icepak 认可的模型,在视图区域中以红色显示;单击视图区域左上角的绿色勾选,被认可的模型会变成 Icepak 的热模型,在模型树下,其图标会变成 Icepak 热模型的图标,如图 9-151 所示。

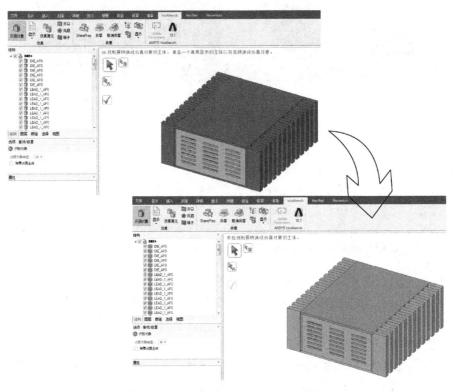

图 9-151　自动识别 Icepak 热模型

(3) 单击显示→非仿真主体,SCDM 将显示不能被 Icepak 识别的几何体,这些模型需要被"仿真简化",变成 Icepak 的热模型。单击仿真简化,使用级别 0,鼠标单击 TO220 芯片的管壳、PCB,将其转化为实体方块,如图 9-152 所示。

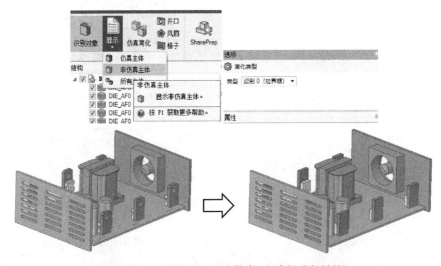

图 9-152　对 TO220 芯片管壳、电路板进行转换

PCB 经过级别 0 转化后变成实体 Block，并不是 Icepak 的 PCB 类型，因此需要对 PCB 热模型的类型进行修正。单击识别对象命令，单击视图区域左上角的选择主体命令，在选项面板中单击仿真对象类型的下拉菜单，选择 PCB，更改仿真对象类型，单击视图区域左上角的绿色勾选，完成热模型类型的更改，PCB 的图标也会改成 Icepak 的 PCB 类型的图标，如图 9-153 所示。

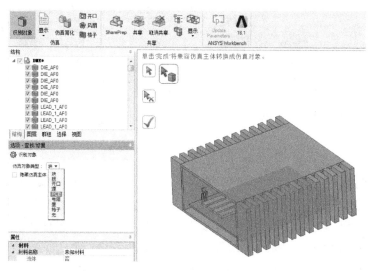

图 9-153　更改 PCB 热模型的类型

（4）单击风扇命令，然后选择图 9-152 中风扇进风口的内径面和 Hub 轴的面，风扇将被转化为 Icepak 的热模型，后续可以在 Icepak 中输入风机的 $P\text{-}Q$ 曲线，如图 9-154 所示。

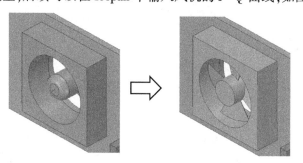

图 9-154　风机模型的转化

（5）单击仿真简化命令，在简化类型的下拉菜单中选择级别 1，然后用鼠标分别单击视图区域中的 3 个电容模型，SCDM 会将 CAD 电容直接转化为圆柱体，如图 9-155 所示。

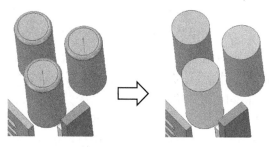

图 9-155　电容模型的转化

（6）单击开口命令,然后选择机箱前后壳体的外表面,如图9-156所示,SCDM会自动在缺口处建立 Icepak 的 Opening(开口)热模型,开口模型罗列在模型树下;然后单击仿真简化命令,选择级别0,然后鼠标选择前后壳体,将其转化为 Block(方块)模型(开口优先级高于 Block 方块模型)。

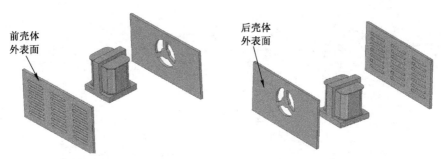

图9-156 选择开口所处的表面

（7）在第(6)步中对机箱进风口建立了多个开口模型,这种比较小的开口模型势必会划分较多的网格数量,因此需要将开口转化为 Grille 模型。单击格子命令,使用鼠标左键框选一组开口集合;然后单击左侧的绿色勾选,完成格子 Grille 的建立;依次对其他两组开口集合进行转换,建立 Grille(散热孔),如图9-157所示。如果在 Grille 命令选项中勾选了保留开口,那么必须手动删除3个 Girlle 对应的开口模型。

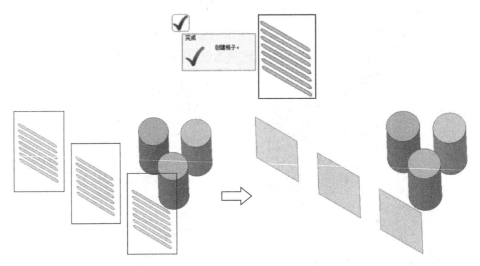

图9-157 Grille(散热孔)模型的转化

（8）单击显示→非仿真主体,视图区域仅显示变压器模型。单击仿真简化,使用级别2(多边形拟合),加强轴选择 Y 轴,弧上的点保持3,长度阈值保持20%,不勾选"清理""允许分割",然后鼠标依次单击3个线圈模型,完成线圈模型的转换,如图9-158所示。

（9）单击显示→非仿真主体命令,SCDM 仅显示变压器的铁芯部分。使用分割主体命令,单击铁芯底部基板的上表面,可以将铁芯模型分割成一个"M"形状的多边形和一个长方体,可以将 M 形状的多边形再次切割,变成4个长方体,然后单击识别对象,铁芯模型将转化为 Icepak 热模型,如图9-159所示;重新单击显示→非仿真主体,SCDM 视图区域不显示几何模型;CAD 模型的转化工作完成。

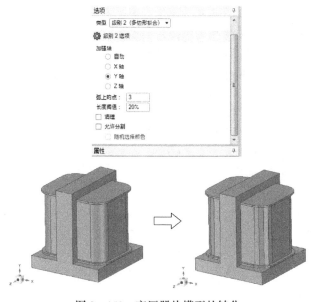

图 9-158 变压器热模型的转化

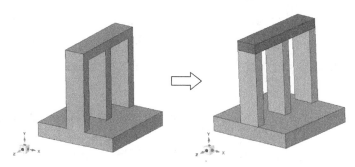

图 9-159 铁芯模型的转化

(10) 单击显示→仿真主体,显示所有 Icepak 热模型;查看模型树下器件的顺序(可通过向上向下拖动调整模型的优先级),确保 TO220 引脚的优先级高于 PCB 及 Mold(管壳);TO220 芯片 Die 的优先级高于 Mold;对铁芯模型进行重命名,并向下移动,确保其优先级高于线圈 Coil;对 3 个 Grille(散热孔)、3 个 Opening(出风口)进行重命名(不能包含汉字),如图 9-160 所示。

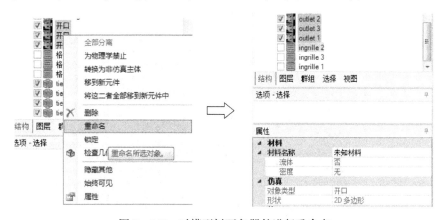

图 9-160 对模型树下各器件进行重命名

(11) 显示模型树下所有的器件模型,单击文件→另存为;浏览项目保存的目录,新建一个文件夹,并对其进行命名(字母或数字);修改保存类型为 Icepak 项目(*.icepakmodel),单击保存,完成 Icepak 热模型的输出,如图 9-161 所示。

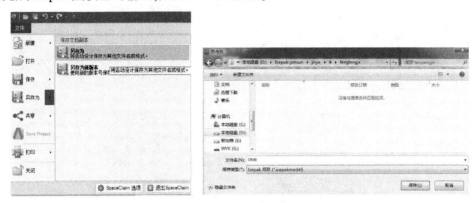

图 9-161　SCDM 输出 Icepak 热模型

9.10.2　ANSYS Icepak 热模型的修改

单独启动 ANSYS Icepak 软件,打开 9.10.1 节建立的 Icepak 热模型。双击打开 Cabinet 计算区域,按照图 9-162 所示,修改 6 个面的坐标扩大计算空间(来流及四周方向扩大 50mm,下游气流出口区域扩大 100mm),并设置 Cabinet 的 6 个面属性为 Opening。

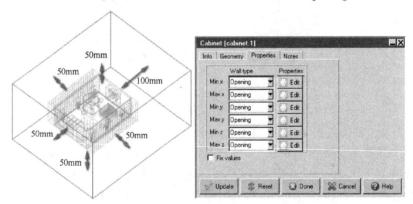

图 9-162　Cabinet 计算区域的修改

(1) PCB 材料的修改:双击模型树下的电路板模型(名称为 PWB),在其属性面板中,按照图 9-163 所示,输入铜箔层的厚度、含铜量、层数,Icepak 将自动计算电路板的导热率。

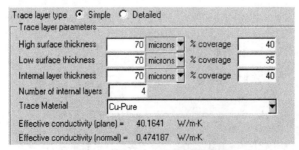

图 9-163　PCB 导热率的计算

(2) 选择 TO220 芯片所有的引脚,单击编辑按钮,修改 Trace Material(材料属性)为 Cu-Pure;同理,选择 TO220 芯片的管壳模型,修改 TO220_Case 管壳材料为 Epoxy-Resin-Typical;修改 TO220 的 Die 材料为 Si-Typical,输入热耗 1.5W,单击 Accept;保持 HS_AF(TO 芯片与机箱壳体的安装面)为铝。

(3) 单选模型树下名称为 Component 的器件(IC 芯片),在 Solid materila 下对器件新建材料,导热率 10(W/m·K),在 Total power 中输入 1.2(W),然后选择其他 3 个名称为 Component 的器件,单击 Edit 按钮,在属性面板中,对其输入相应的材料和热耗,如图 9-164 所示。

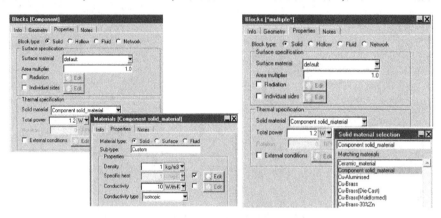

图 9-164 输入器件的热耗及材料

同理,对电容新建材料(导热率为 12W/m·K),输入热耗 1.5W。

(4) 选择模型树下的 CPU(名称为 BGA),其材料和 Component 相同,输入材料和热耗(12W);新建一个 plate 模型,使用面匹配命令,将其与 CPU 的顶面(或散热器基板的底部)进行匹配,在 Thermal model 中选择 Contace resistance 接触热阻,在 Resistance 的下拉菜单中选择 Thickness,输入 Effective thickness 为 0.25(mm),在 Solid material 中新建材料,导热率为 3(W/m·K),单击 Done,完成接触热阻的建立,如图 9-165 所示。

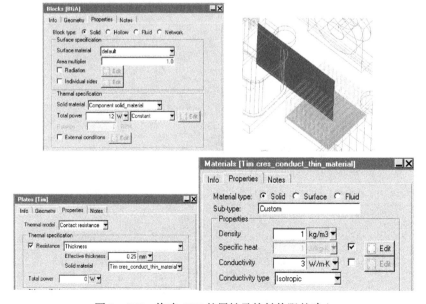

图 9-165 修改 CPU 的属性及接触热阻的建立

(5) 选择 3 个 Coil(线圈)模型,打开编辑面板,选择材料 Cu-Pure;打开 Coil-2(尺寸较大)的编辑面板,输入 Total power 为 5(W);选择多个铁芯模型,打开多体编辑面板,输入材料 Fe-Pure,Total power 为 1(W)(表示每个 tiexin 模型热耗 1W),如图 9-166 所示。

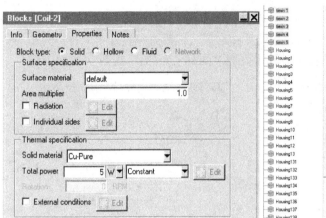
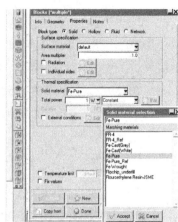

图 9-166 输入线圈和铁芯的材料热耗

(6) 风机的修改。风机模型导入 Icepak 后,其流向箭头所处的面可能不正确,需要进行修改。打开风机的编辑面板,修改 Case location from fan(风机箭头的方向)为 Low side;此时,风机的位置有所改变,需要使用对齐工具或者移动风机,将其定位至原始位置,如图 9-167 所示。

打开风机的编辑面板,在其属性面板中,修改 Fan type 为 Internal(处于计算区域内部),根据气流的流动方向,设置 Flow direction 为 Negative;单击 Fan flow 选择 Flow type 为 Non-linear,单击 Edit,如表 9-1 所示输入风机具体的 P-Q 曲线(注意风量、风压的单位),如图 9-168 所示。

表 9-1 风机 P-Q 曲线具体数值

序 号	风量 Q(CFM)	静压 P(In_water)	序 号	风量 Q(CFM)	静压 P(In_water)
1	0	0.14980316	13	2.9127	0.07595272
2	0.12133	0.14927699	14	3.15634	0.07253610
3	0.399966	0.14875181	15	3.67845	0.06544017
4	0.556657	0.14770047	16	4.07	0.05939549
5	0.704598	0.14586086	17	4.24395	0.05545329
6	0.817677	0.14349509	18	4.41783	0.05019707
7	0.939392	0.13981588	19	4.60034	0.04362681
8	1.13065	0.1337709	20	4.74801	0.03679367
9	1.83454	0.10670201	21	4.86963	0.03127466
10	2.21699	0.09356110	22	5.03465	0.02339027
11	2.54736	0.08357422	23	5.22569	0.01340339
12	2.73001	0.07936924	24	5.50361	0

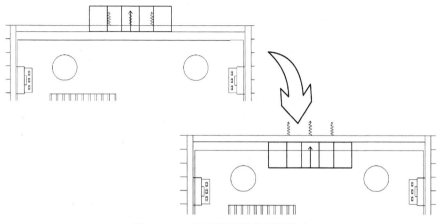

图 9-167　风机箭头及位置的修改

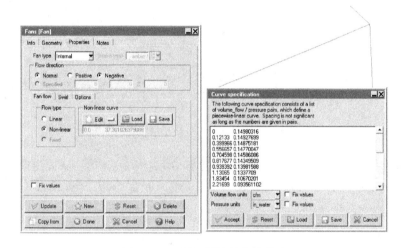

图 9-168　风机属性的参数修改

(7) 打开 3 个 Opening(出风口)的属性面板,去除 Temperature、external radiation temp 的勾选;单击热耗统计按钮,查看各个器件的热耗是否正确,并查看统计总热耗数值是否正确,如图 9-169 所示。

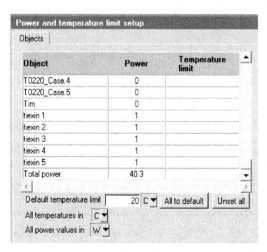

图 9-169　统计机箱的总热耗

9.10.3 热模型的网格划分

本案例中存在一些小尺寸模型,如散热器翅片、TO220芯片的引脚等模型。对这些小尺寸的模型建立非连续性网格,可以在很大程度上减少网格的数量。

(1)选择某个TO220的Die和3个引脚(可以使用鼠标左键进行框选),被选择的器件会在模型树下着色显示,然后单击右键选择Create→Assembly,双击Assemblies编辑窗口,输入Slack settings扩展数值,Mesh type保持默认设置(与网格控制面板的网格类型相同),如图9-170所示。同理,对其他几个TO220芯片建立相同的非连续性网格。

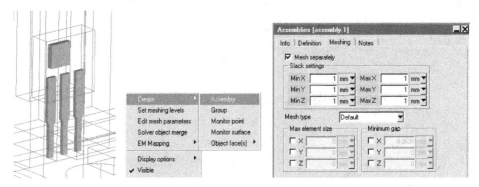

图9-170 对TO220芯片建立非连续性网格

(2)在模型树下选择芯片BGA、Tim及散热器BGA-Heatsink,然后单击右键选择Create→Assembly,双击Assemblies编辑窗口,输入Slack settings扩展数值,Mesh type保持默认的设置(与网格控制面板的网格类型相同),如图9-171所示。

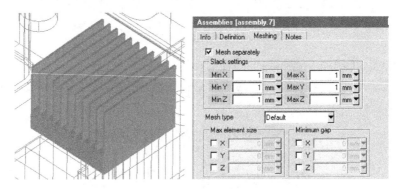

图9-171 对散热器及CPU建立非连续性网格

同理,在模型树下选择3个线圈模型Coil,单击右键建立Assembly,双击其编辑窗口,在Slack settings中输入2mm,网格类型选择Hexa unstructured(非结构化网格)(由于存在弧线,因此需要使用非结构化网格),单击Done建立非连续性网格,如图9-172所示。

(3)选择模型树下所有的机箱模型(计算区域开口除外),单击右键建立Assembly,双击打开其编辑窗口,勾选Mesh separately,输入Slack settings扩展尺寸5mm,网格类型保持默认设置或Hexa unstructured(非结构化网格),在X Max element size、Y Max element size、Z Max element size分别输入6(mm)、3(mm)、6(mm),单击Done,完成非连续性网格的设置,如图9-173所示。

第 9 章 ANSYS Icepak 热仿真专题

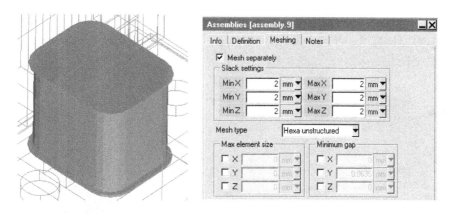

图 9-172 对线圈建立非连续性网格

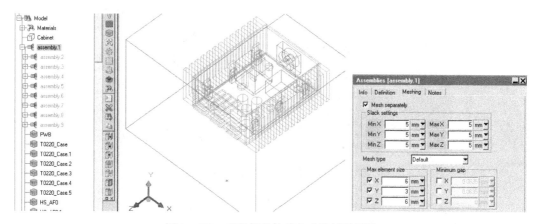

图 9-173 对机箱整体建立非连续性网格

（4）单击网格划分按钮，在 Mesh type 中选择 Hexa unstructured（非结构化网格），保持其他默认设置，单击 Generate 划分网格；网格个数为 1558857，节点数为 1615371，如图 9-174 所示。

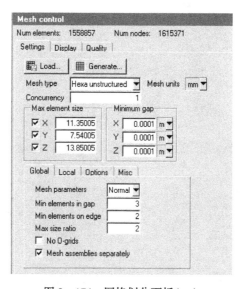

图 9-174 网格划分面板（一）

单击图 9-174 中的 Display,可以显示不同切面的网格及不同体的网格分布,仔细检查体网格是否贴体划分(尤其是干涉的几何体,需检查其优先级是否正确);检查 PCB 下面 6 个安装螺柱,务必保证其贴体划分,如图 9-175 所示。

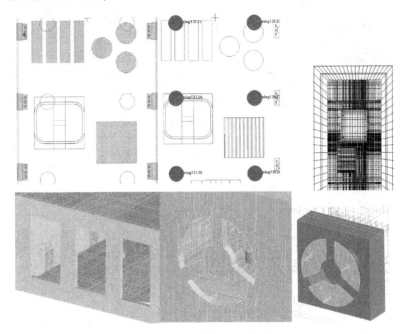

图 9-175 不同体及切面的网格显示

(5) 选择模型树下的线圈,检查其网格是否贴体,发现 Coil-1、Coil-2 的部分网格不贴体,无法保持原有的弧线结构,因此需要对其进行 Local 加密细化。勾选网格控制面板中的 Local,单击 Edit,打开编辑窗口,按照图 9-176 所示,查看多边形边的排列顺序,在 Requested 中对不贴体的边设置划分的网格个数。

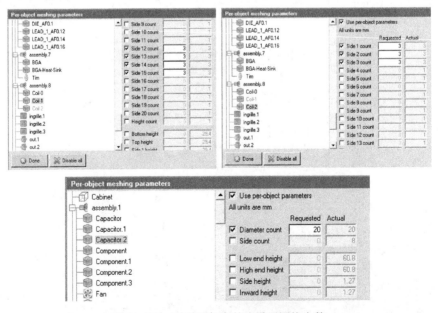

图 9-176 对需要加密的边设置网格个数

在 Local 中选择网格不够细密的电容,在 Diameter count(直径方向)中输入 20,如图 9-176 所示;单击 Generate 重新划分网格;单击 Display,对细化的模型进行网格检查,如图 9-177 所示,可以看出,加密后的网格明显贴体了模型原有的几何形状;单击 Quality,可以检查网格的质量标准。

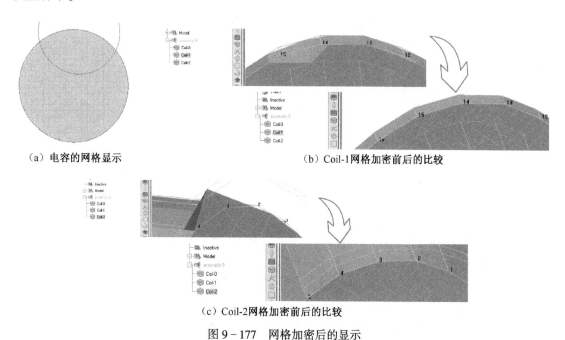

图 9-177 网格加密后的显示

通过 Local 加密划分的网格总数为 1936204 个,节点数为 1999755 个,如图 9-178 所示。

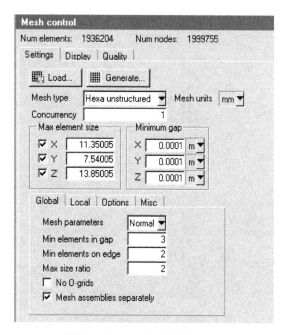

图 9-178 网格划分面板(二)

9.10.4 热模型的求解计算设置

(1) 打开 Basic parameters 控制面板,Radiation 选择 Discrete ordinates radiation model,用于考虑机箱外壳与外部空气的辐射换热;Flow regime 选择 Turbulent;勾选 Gravity vector,保持负 Y 轴为重力方向;保持环境温度 20℃;打开 Basic settings 面板,在 Number of iterations 中输入 200,其他保持默认设置,如图 9-179 所示。

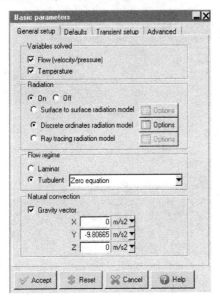

图 9-179 基本参数及求解基本设置面板

(2) 拖动 Coil-2 至 Points 下,Icepak 会自动设置 Coil-2 中心点的温度监控点;拖动 out.1 至 Points 下,双击 Points 下的 out.1,打开 Modify point 面板,取消 Temperature,勾选 Velocity,设置 out.1(中心点)的速度监控点,如图 9-180 所示。

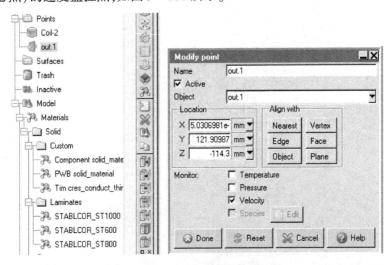

图 9-180 不同变量监控点的设置

(3) 单击求解计算按钮,保持默认设置,单击 Start solution,进行求解计算;随着残差曲线达到收敛标准,温度及速度的监控点随之平稳,计算完全收敛,如图 9-181 所示。

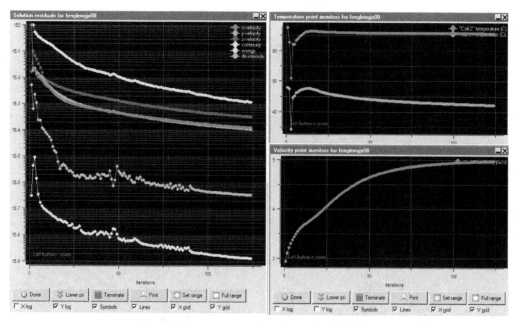

图 9-181　风冷机箱求解计算的残差曲线

9.10.5　热模型的后处理显示

当完成求解计算后,可以通过 ANSYS Icepak 各类后处理面板,对求解结果进行后处理显示。

(1) 单击 Report→Solution overview→Create,可生成 overview 报告,查看报告,可看出空气进出口质量差值为 1.12e-007kg/s,验证求解计算完全收敛,如图 9-182 所示。

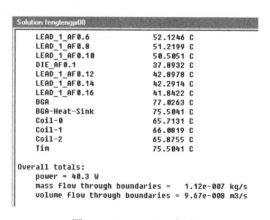

图 9-182　overview 报告

(2) 单击 Report→Fan operating points,可以显示风机的工作点(在 overview 报告中也会显示风机的工作点),风量 1.457e-3m³/s,风压约 18.31Pa,如图 9-183 所示。

(3) 单击 Object face,在 Object 中选择器件,勾选 Show contours,可以查看不同体的温度云图显示,如机箱壳体、PCB 卡及器件等;勾选 Show particle traces,可以显示机箱内失重粒子的迹线分布,如图 9-184 所示。

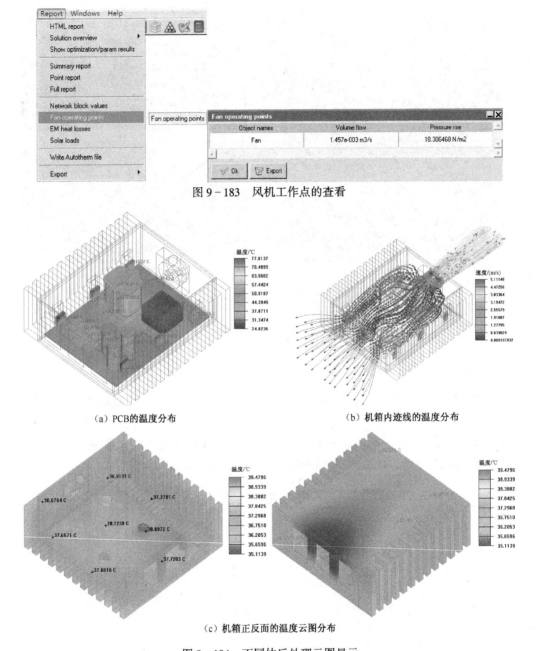

图 9-183 风机工作点的查看

（a）PCB的温度分布
（b）机箱内迹线的温度分布
（c）机箱正反面的温度云图分布

图 9-184 不同体后处理云图显示

(4) 单击 Plane cut，勾选 Show contours 可以显示不同切面的温度云图；勾选 Show vector，可以查看切面的速度矢量图；其中，翅片间的速度矢量图、机箱俯视图切面的速度矢量图、机箱侧视图切面的速度矢量图如图 9-185 所示。从图中可以看出，圆圈标注的区域存在气流短路现象，后续需要将气流短路进行消除。

(5) 选择模型树下需要定量统计的器件，单击鼠标右键选择 Summary report→Separate，在打开的面板中保持 Value 列变量为温度；单击 Write，可以对所选器件进行温度的定量统计，显示器件变量的最大数值、最小数值、平均值等信息；本案例统计了 TO220、BGA、电容、4 个 IC 芯片、线圈、铁芯的温度数值，如图 9-186 所示。

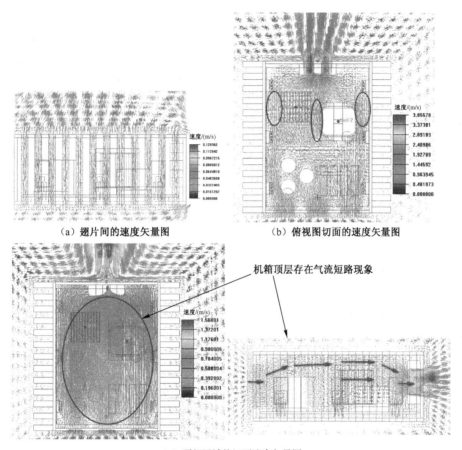

（a）翅片间的速度矢量图

（b）俯视图切面的速度矢量图

（c）顶部区域的切面速度矢量图

图 9－185　不同切面的速度矢量图分布

Report summary data

Object	Section	Sides	Value	Min	Max	Mean	Stdev	Area/volume	Mesh
DIE_AF0, DIE_AF0.2, DIE_AF0.5, DIE_AF0.3, DIE_AF0.4, DIE_AF0.1	All	All	Temperature (C)	37.2362	38.7542	38.2886	0.112379	0.000229746 m2	Full
BGA	All	All	Temperature (C)	64.5829	77.0137	75.2199	1.02667	0.00164591 m2	Full
Capacitor, Capacitor.1, Capacitor.2	All	All	Temperature (C)	43.4766	56.2457	50.9911	0.56899	0.00379052 m2	Full
Component, Component.1, Component.2, Component.3	All	All	Temperature (C)	50.9855	62.0911	58.505	1.65078	0.00193548 m2	Full
Coil-0, Coil-1, Coil-2	All	All	Temperature (C)	65.0493	65.9868	65.4849	0.0644485	0.00594577 m2	Full
tiexin 5, tiexin 1, tiexin 2, tiexin 3, tiexin 4	All	All	Temperature (C)	57.2074	67.1504	65.4922	0.405051	0.00844224 m2	Full

Done　Export

图 9－186　不同器件温度的定量统计表(一)

9.10.6 热模型自然冷却计算及后处理

强迫风冷电子产品的热可靠性经常受风机寿命的制约,一旦风机失效,整个产品只能依靠自然冷却进行散热。本节考虑风机失效的情况,对上述的风冷机箱进行了自然冷却计算。相应的步骤、计算结果及后处理如下。

(1) 热模型的修改。双击 Caibnet,打开编辑面板,按图 9-187 所示修改计算区域坐标,使其符合自然冷却计算的尺寸;打开 Properties 窗口,单击 Options,勾选 Failed,在 Free area ratio 中输入 0.3,表示设置风机失效,如图 9-188 所示,单击 Done,完成热模型的修改。

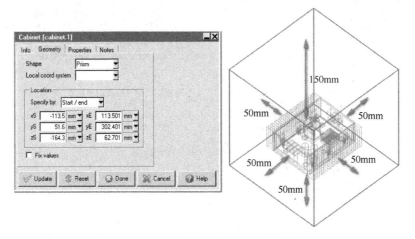

图 9-187 计算区域 Cabinet 的修改

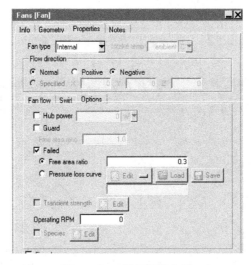

图 9-188 设置风机失效

(2) 打开网格控制面板,修改 3 个方向的 Max element size,对热模型重新进行网格划分,保持其他求解设置参数不变,打开求解计算面板,单击 Start soultion,Icepak 驱动 Fluent 求解器进行计算,直到计算收敛。对计算结果进行后处理,如图 9-189 所示,与强迫风冷相比,自然冷却工况下,机箱外壳的温度大幅提高,升高约 26℃;而板卡上器件的温度升高幅度更大,最高温度升高约 51℃。由此可以看出,此机箱系统必须通过强迫风冷进行散热。

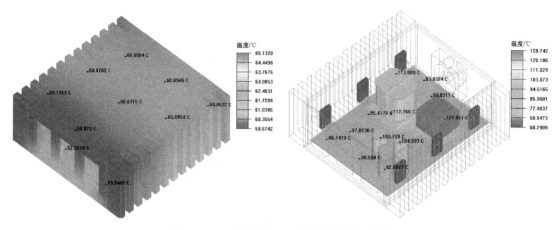

图 9-189 机箱及 PCB 卡的温度分布云图

9.10.7 热模型的优化计算 1

通过上述章节的计算,可以发现机箱内部存在涡流区域、气流短路等不合理的现象。在原始方案的基础上,对变压器部分、BGA 散热器部分增加导流隔板,以有效避免机箱系统内的气流短路现象,使冷空气气流必须流过变压器及散热器表面才能流出系统;另外,将并排布置的电容优化为交错排列,以增强对流换热效果,示意图如图 9-190、图 9-191 所示。

为了督促读者更好地学习软件的操作,建议读者自行按照下列步骤建立优化后的热仿真模型(读者也可以参考在线资源中的热模型)。重新打开强迫风冷机箱模型。

(1) 按照图 9-190 的大概尺寸建立 4 个 Plate 薄板模型,保持其属性面板绝热,然后使用面对齐命令,将 4 个 Plate 与散热器前面板(来流方向)对齐。导流隔板顶边、左侧边完全与机箱外壳对齐,注意保留导流隔板与变压器之间的距离,以便空气流过变压器表面。

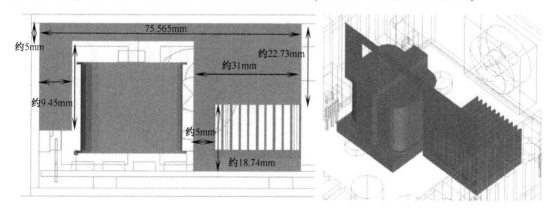

图 9-190 建立导流隔板模型(一)

(2) 对修改后的模型重新进行网格划分,保证网格能够贴体每个模型的形状,并检查网格的质量;保持基本参数及求解设置基本参数不变,打开求解计算面板,对优化后的模型进行计算,并对其进行后处理显示。

其中,图 9-192 为不同体的温度云图显示,与原始模型的计算结果相比,可以看出,经过优化后,板卡上器件的最高温度明显降低,最高温度由 77℃ 降低到 64℃;最高温度器件是 BGA 芯片;外壳的最高热点温度(37.2556℃)位于机箱下壳体。

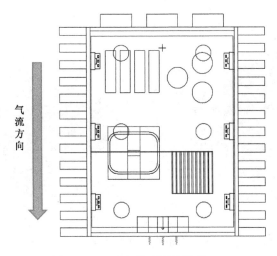

气流方向

图 9-191　建立导流隔板模型(二)

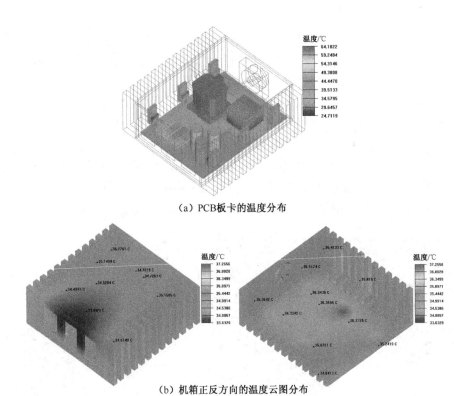

(a) PCB板卡的温度分布

(b) 机箱正反方向的温度云图分布

图 9-192　不同体的温度云图分布

图 9-193 为中间切面的速度矢量图,可以看出,上游气流在变压器、散热器四周起到了很好的导流作用,将气流逼向了线圈和散热器,这些器件得到了很好的冷却。图中圆圈标注的范围内也存在气流短路,此处没有设置导流板,主要是考虑下游 TO220 芯片的散热。读者可以自行在圆圈标注的范围内设置导流板,以查看其对机箱散热的影响。

图 9-194 为变压器周边的速度矢量图,可以看出,来流的冷空气只能通过导流隔板与线圈、铁芯四周的缝隙向机箱后侧流动;导流隔板引导气流必须流过变压器表面才能流出,很好地破坏了气流短路现象,变压器得到了很好的冷却。

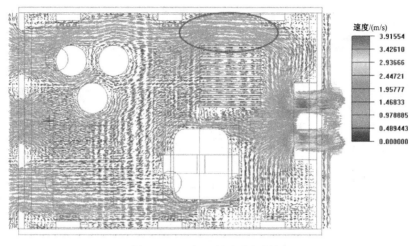

图 9-193 切面的速度矢量图

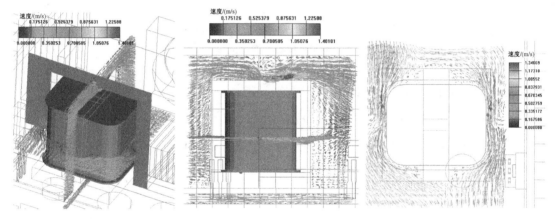

图 9-194 变压器周边的速度矢量图

图 9-195 为散热器前后侧的速度矢量图,可以看出,来流空气在导流板的阻挡作用下,必须向下流过散热器翅片,这使得散热器翅片之间的流速大大提高,极大提高了散热器翅片表面的换热系数,有效地降低了 BGA 芯片的温度。

对主要发热源的温度数值进行定量统计,如图 9-196 所示,可以看出,与原始方案相比,TO220 的平均温度降低了 1.7℃;BGA 的平均温度降低了 13.04℃;电容的平均温度降低了 3.0℃;4 个 IC 芯片的平均温度降低了 3.29℃;变压器线圈的平均温度降低了 5.2℃;铁芯的平均温度降低了 5.12℃;通过优化计算后,机箱的热可靠性明显提高。

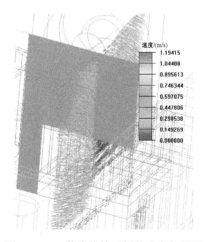

图 9-195 散热器前后侧的速度矢量图

Object	Section	Sides	Value	Min	Max	Mean	Stdev	Area/volume	Mesh
DIE_AF0.5, DIE_AF0.2, DIE_AF0, DIE_AF0.3, DIE_AF0.4, DIE_AF0.1	All	All	Temperature (C)	35.5103	37.1368	36.5533	0.117297	0.00022978 m2	Full
BGA	All	All	Temperature (C)	54.6213	64.1822	62.1769	0.789683	0.00164591 m2	Full
Capacitor, Capacitor.2, Capacitor.1	All	All	Temperature (C)	41.9453	50.8084	48.0079	0.197453	0.00379065 m2	Full
Component, Component.3, Component.1, Component.2	All	All	Temperature (C)	47.5114	58.7613	55.2231	1.52632	0.00193548 m2	Full
Coil-0, Coil-2, Coil-1	All	All	Temperature (C)	59.9498	60.7968	60.3155	0.0574436	0.00594559 m2	Full
tiexin 1, tiexin 5, tiexin 2, tiexin 3, tiexin 4	All	All	Temperature (C)	53.3351	62.0022	60.3757	0.368967	0.00843857 m2	Full

图 9-196　不同器件温度的定量统计表(二)

9.10.8　热模型的优化计算 2

在 9.10.7 节热模型的基础上,对整体热模型进行以下优化。

(1) 将散热器翅片厚度由原来的 0.64mm 增加到 1.1mm,翅片个数由 11 个减少为 10 个,基板厚度由 2.54mm 增加为 4.9mm(如果后续 BGA 热耗增大,可以考虑在散热器内填埋 C 形热管,热管一端嵌入基板,另一端穿透翅片,散热器效果更佳),散热器总高增加到 37.97mm。

(2) 删除 9.10.7 节模型中散热器上部的方形导流隔板。

(3) 将变压器旋转 90°放置,这样气流可以流过线圈和铁芯之间的缝隙,能够有效增加变压器的换热面积,相应的结构如图 9-197 所示。

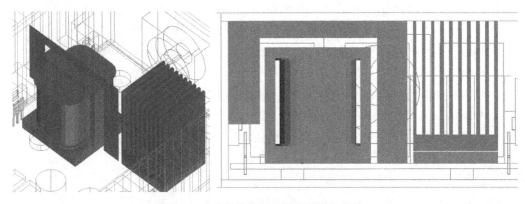

图 9-197　散热器翅片及变压器的优化

对修改后的模型重新进行网格划分,保证网格能够贴体每个模型的形状,并检查网格的质量;保持基本参数及求解设置基本参数不变,打开求解计算面板,对优化后的模型进行计算,并对其进行后处理显示。

图 9-198 为优化后 PCB 卡的温度云图分布，可以看出，器件的最高温度约为 58.2℃，最高温度位于 IC 芯片（未对其做任何优化措施），最高温度降低了 5.98℃；变压器、BGA 芯片的温度均有所降低。经过优化计算后，BGA 芯片的最高温度为 48.92℃，这主要是因为翅片的散热面积明显增大。

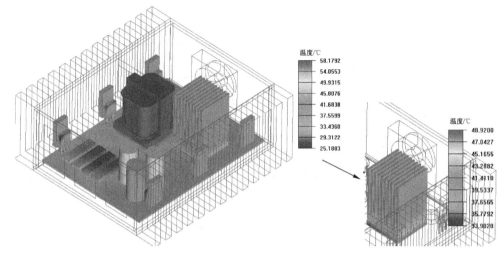

图 9-198　PCB 卡的温度云图分布

图 9-199 为变压器周边的速度矢量图，可以看出，变压器经过旋转 90°后，气流可以通过线圈与铁芯之间的缝隙，有效地降低了线圈和铁芯表面的温度，提高了变压器的热可靠性。

图 9-200 是机箱外壳的温度分布云图，可以看出，此工况下机箱外壳的最高热点温度位于上壳体，主要是因为散热器与外壳相贴，BGA 芯片的热量通过散热器传导至上壳，最高温度为 39.1℃。

对主要发热源的温度进行定量统计，如图 9-201 所示，可以看出，与 9.10.7 节的方案相比，TO220 的平均温度升高了 1.4℃；BGA 的平均温度降低了 15.98℃；电容的温度基本未变（0.25℃ 的温差）；4 个

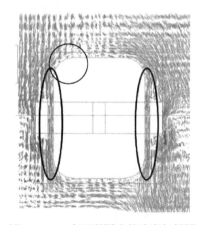

图 9-199　变压器周边的速度矢量图

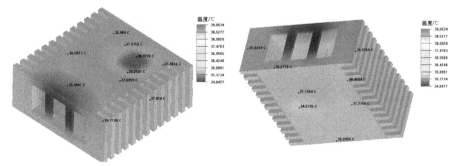

图 9-200　机箱外壳正反面的温度分布

IC 芯片的温度基本未变；变压器线圈的平均温度降低了 4.16℃；铁芯的平均温度降低了 4.34℃；通过优化计算，又进一步降低了机箱系统的温度，有效地提高了系统的热可靠性。

Object	Section	Sides	Value	Min	Max	Mean	Stdev	Area/volume	Mesh
DIE_AF0.1, DIE_AF0.4, DIE_AF0.3, DIE_AF0, DIE_AF0.2, DIE_AF0.5	All	All	Temperature (C)	36.8922	38.5419	37.9575	0.11679	0.00022978 m2	Full
BGA	All	All	Temperature (C)	43.728	48.92	46.1979	0.459468	0.00164591 m2	Full
Capacitor, Capacitor.2, Capacitor.1	All	All	Temperature (C)	42.114	50.2568	47.7497	0.222306	0.00379065 m2	Full
Component, Component.3, Component.1, Component.2	All	All	Temperature (C)	47.4847	58.1792	54.8146	1.36269	0.00193548 m2	Full
Coil-2, Coil-0, Coil-1	All	All	Temperature (C)	55.8379	56.3568	56.1589	0.0473647	0.00594851 m2	Full
tiexin 1, tiexin 5, tiexin 2, tiexin 3, tiexin 4	All	All	Temperature (C)	49.883	56.7498	56.0389	0.275579	0.00844384 m2	Full

图 9-201　不同器件温度的定量统计表（三）

9.11　某风冷电动汽车电池包热流优化计算

本案例主要针对某电动汽车电池包进行整体的热流仿真计算，详细讲解了电池包 CAD 模型的修复处理、CAD 模型如何导入 Icepak、Icepak 热模型的修复、Icepak 热模型的网格划分过程、求解计算的设置、后处理显示等，并提出热流优化的方向。本案例 CAD 模型及 ANSYS Icepak 热模型（tzr 压缩模型，tzr 压缩模型不包含网格划分及计算结果）可通过在线资源查找。

风冷电池包的 CAD 模型结构如图 9-202 所示，电池包两侧均布置了进风口，箱内有 3 个轴流风机、90 块电池模块（电池单体在 1C 恒流放电工况下其热耗为 1.5W）、电池正负极集流板、电池模块的固定架、连接杆等，重力方向如图 9-202 所示。对于此类工况的热模拟而言，需要输入风机本身的 $P\text{-}Q$ 曲线，设置电池包各部件的材料属性（尤其是导热率）和热耗；在计算强迫风冷的同时，需要考虑电池包外部空气区域与外壳的自然对流和辐射换热。

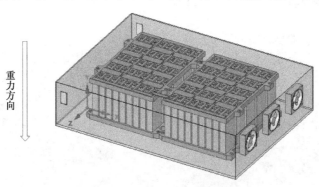

图 9-202　电池包结构

9.11.1 电池包 CAD 模型的修复及转化

(1) 启动 ANSYS SCDM,打开电池包模型(保证模型树下没有子模型树),在模型树下选择所有名称为 luosi 的器件,单击右键,删除这些几何体,如图 9-203 所示。

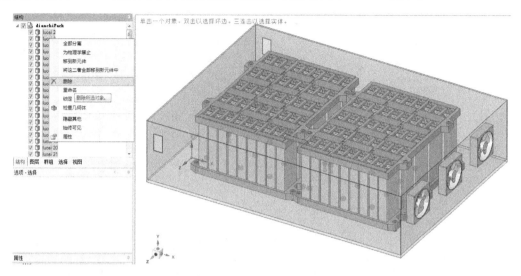

图 9-203 删除 luosi 模型

(2) 单击 SCDM 的分割主体命令,选择 Pack 底壳的内表面,将底壳与其他 5 个侧面分开;其他 5 个侧面比较薄,将使用薄壳单元 Plate 建立热模型,而底壳使用实体 Block(块)模型。

(3) 单击 SCDM 主菜单栏 Workbench 下的开口命令,然后鼠标选择壳体左右两侧、后侧(安装风机的一侧)的外表面;SCDM 会自动生成开口(Opening)模型,如图 9-204 所示。

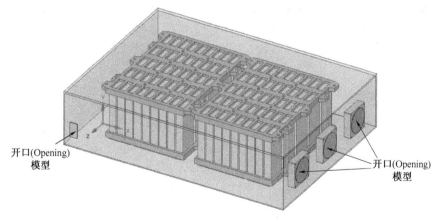

图 9-204 建立开口模型

(4) 单击 SCDM 主菜单栏 Workbench 下的仿真简化命令,在类型中选择级别 0,然后将壳体转化成长方体,如图 9-205 所示。

利用转化后长方体的五个表面可以建立薄壳单元模型。选择长方体的某个表面,单击右键→复制→粘贴,粘贴后 SCDM 会建立表面单元,如图 9-206 所示;依次对其他 4 个表面进行

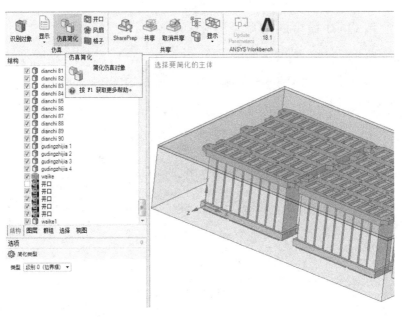

图 9-205 将壳体模型转换为长方体

类似的操作,建立电池包的五个壳单元(Opening 与壳单元接触,会自动将壳单元打穿);然后在模型树下选择转化后的长方体模型,单击右键,删除长方体(Block)模型。

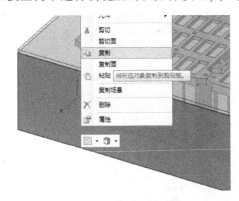

图 9-206 建立壳单元模型

(5) 单击 SCDM 主菜单栏 Workbench 下的识别对象命令,SCDM 将认可的模型(薄壳面单元、长方体、圆柱体、无弧线的多边形体等)转换为 Icepak 的热模型;单击显示→非仿真主体,可以查看未被 Icepak 认可的模型。

(6) 单击 SCDM 主菜单栏 Workbench 下的风扇命令,然后鼠标左键选择风机进风口半径和 Hub 半径,完成风机转换;依次对其他两个风机进行转化,如图 9-207 所示;再次单击显示→非仿真主体,查看未被转化的 CAD 模型。

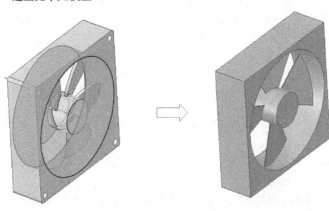

图 9-207 转化风机模型

(7) 在视图区域选择一个固定支架,单击右键→隐藏其他,视图区域仅仅显示此固定支架,如图9-208(a)所示;选择固定支架上的安装孔,单击左侧的选择面板,然后单击"孔等于或小于4.25mm",如图9-208(b)所示,单击主菜单栏中的填充命令,支架上所有安装孔的特征都将被删除,如图9-208(c)所示;单击分割主体命令,将固定支架两头的梯形凸台结构与固定支架分开,这样可以使得固定支架变成多个规则的几何形状,有利于对热模型的网格进行控制,如图9-208(d)所示。

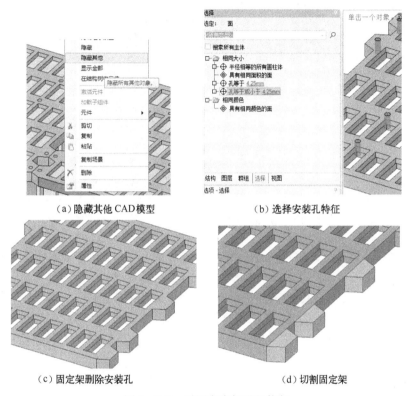

图9-208 对固定支架进行修复

调整视角,如图9-209所示,单击分割主体命令,使用图9-209(a)中标注的分割面(SCDM中显示为橙色),对固定支架进行切割;然后使用SCDM主菜单WB下的仿真简化→级别0,将图9-209(a)中标注的几何体(橙色)转化成长方体Block。转化后的长方体Block与电池单体干涉,在Icepak热仿真模型中,只须保证电池体优先级高于固定支架即可。

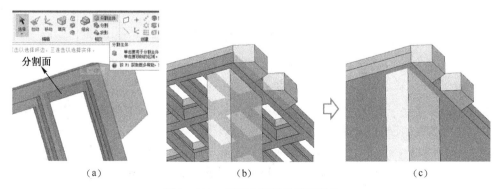

图9-209 固定支架的分割及转化

选择图9-210中标注的表面(橙色显示)及其正对的面(与其平行,总共10个表面,视图区域不能显示全部),然后单击 SCDM 的分割主体命令,SCDM 会将镂空结构的固定支架切割成多个长方体,切割后的规则长方体均能直接通过 SCDM→Workbench→识别对象命令直接转换为 Icepak 热模型;另外,使用 Workbench→仿真简化→级别1也可以完成此部分模型的转化,但是可能切割的不规整。

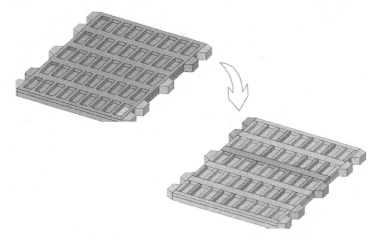

图9-210 对固定支架进行切割/转化

对其他3个固定支架执行第(7)步完全相同的修复操作,完成4个固定支架的修复转化工作。

(8) 选择一个电池体模型,对其单独显示;使用鼠标左键框选图9-211中标注的螺母、凸台特征,然后单击填充命令,SCDM 会自动删除这些几何特征(本算例忽略螺母导致的接触电阻及热耗);保留电池体、正极极柱及集流板(绿色显示)、负极极柱及集流板(粉色显示)。

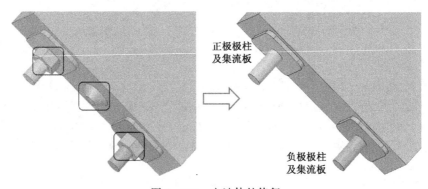

图9-211 电池体的修复

原始 CAD 电池单体将正极极柱、负极极柱、电池体、集流板建立为一个整体,所以必须对其进行切割转化,使其分开变成 Icepak 热模型;使用 SCDM 中 Workbench→仿真简化→级别1对电池单体进行自动切割及模型转化操作,电池体将自动分开变成规则的几何体;对其他所有电池单体进行类似的操作,完成电池单体的热模型转化。

(9) 图9-212中粗箭头表示电池包内电流的流动方向(3个电池单体并联),按照图中所示的电流方向及单个电池正负极的标注,对模型树下所有电池的正极极柱及集流板、负极极柱及集流板重命名(名字为容易识别的字母,以方便后处理的显示)。

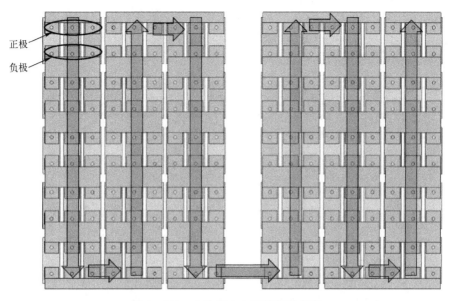

图 9-212　电池包内电流的流动方向

（10）单击 SCDM 中 Workbench 显示→非仿真主体，查看未转换的几何体；单击仿真简化→级别 1，级别 1 选项中务必勾选允许分割，然后框选所有的连接铜排模型（用于电池并联、串联），SCDM 自动将这些铜排模型转换为多个长方体；完成连接铜排模型的修复与转化，如图 9-213 所示。

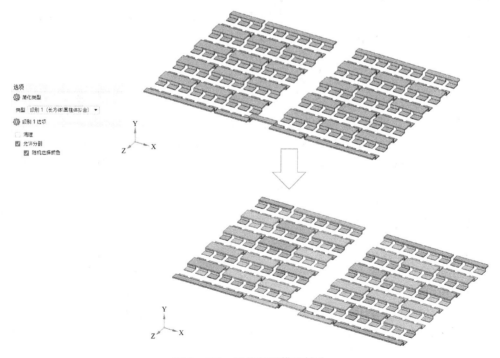

图 9-213　连接铜排模型转化

（11）勾选显示模型树下的所有器件，检查各模型的名称，对名称为中文字符的模型（SCDM 生成的新模型，如开口 Opening 等，这些模型名称为中文字符）重命名；单击保存。单击 File→另存为,在相应的项目目录下建立新文件夹,并对其进行命名(dianchiThermal);打开此文件夹,在 SCDM 的"另存为"面板中修改保存类型为 Icepak 项目(*.icepakmodel),然后单击保存,完成 Icepak 热模型的输出,如图 9-214 所示。

图 9-214　SCDM 输出 Icepak 热模型

9.11.2　ANSYS Icepak 热模型的修改

单独启动 Icepak 软件,直接打开 dianchiThermal 项目。

(1) 在 9.11.1 节第 4 步建立了 5 个电池壳体的薄壳 Plate 单元,由于选择的面均为壳体的外表面,因此热模型的顶壳与四周的 4 个薄壳存在交错的间距(顶壳的厚度)。在模型树下选择顶壳 Plate,向下移动 1.5mm(顶壳的厚度),使得顶壳可以与电池极柱相贴;然后使用边对齐命令,将前后、左右壳体的顶边与顶壳的 4 个边对齐。

(2) 单击新建材料命令,建立新材料,将其命名为 SPCC,在属性面板中输入 SPCC 的导热率为 48(W/m·K);在模型树下选择 5 个外壳 Plate 薄壳单元模型,单击编辑按钮,在 Thermal model 中选择 Contact resistance,输入厚度 1.5mm,然后在 Solid material 中选择 SPCC 材料,如图 9-215 所示;选择底壳实体模型,对底壳模型输入 SPCC 材料;选择所有的固定支架模型,单击编辑按钮,打开多体编辑面板,对所有的固定支架输入 SPCC 材料。

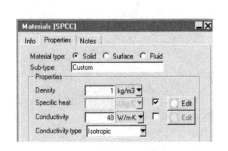 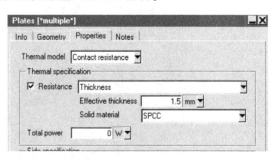

图 9-215　对外壳建立新材料

(3) 使用移动命令将 3 个风机与后壳 Plate 相贴接触(或者使用面对齐命令进行对齐),如图 9-216 所示;打开 Fans 窗口,选择 Fan type 为 Internal,保持 Flow direction 为 Positive 方向,在 Fan flow 中选择 Non-linear,按照表9-2 输入风机的 P-Q 曲线,如图9-217 所示,注意选择 P、Q 的单位。

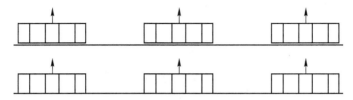

图9-216 风机与壳对齐

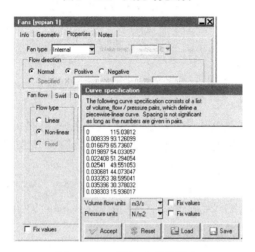

图9-217 风机参数的输入

表9-2 风机 P-Q 曲线具体数值

序 号	风量 $Q/(m^3/s)$	静压 P/Pa	序 号	风量 $Q/(m^3/s)$	静压 P/Pa
1	0	115.04	7	0.03068	44.0731
2	0.00834	93.126	8	0.03335	38.5950
3	0.01668	65.736	9	0.03539	30.3781
4	0.01989	54.033	10	0.03830	15.9360
5	0.02241	51.294	11	0.04167	0
6	0.02541	49.551			

(4)单击新建材料命令,将其命名为 DC,电池单体的导热率通常为各向异性,因此在新建材料面板中选择 Orthotropic,如图9-218 所示,在本算例中,X 方向为电池的厚度方向,导热率为1.5W/m·K;Y、Z 方向分别为电池的高度及宽度方向,导热率为30W/m·K。

在模型树下选择所有的电池模型,单击编辑按钮,打开多体编辑面板,选择 Solid material DC,在 Total power 中输入热耗 1.5(W),如图9-219 所示。

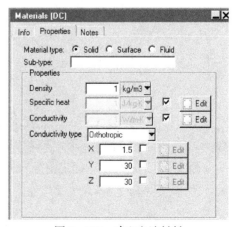

图9-218 建立电池材料

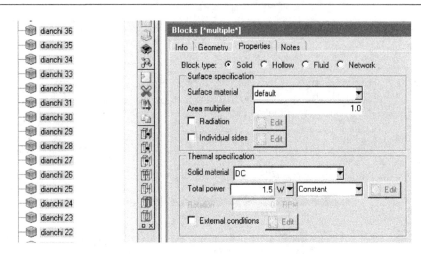

图 9-219 输入电池的材料及热耗

选择模型树下所有的负极极柱及集流板模型,对其输入材料纯铜;不修改正极极柱、集流板、上下固定支架连接柱(名称为 lianjiezhu)的材料,保持其默认为铝;选择模型树下所有的铜排模型,对电池串并联的铜排输入纯铜材料。

(5)双击模型树下的 Cabinet,打开计算区域的编辑窗口,修改 6 个表面的坐标数值,使其均向外扩大 100mm;打开其属性面板,修改 Default 为 Opening,如图 9-220 所示。

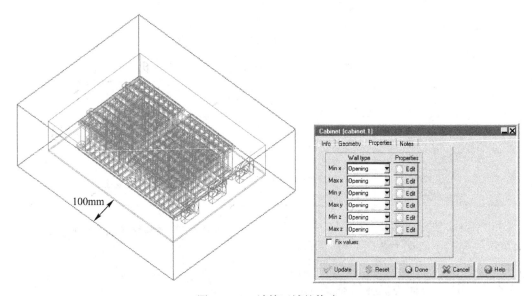

图 9-220 计算区域的修改

(6)鼠标右键选择 Model→Sort→Meshing priority,然后选择模型树下所有的连接铜排模型(名称为 lianjie),然后向上移动,确保其优先级低于正极级柱、负极极柱;同样,选择所有的 lianjiezhu 模型(用于连接上下固定支架),向下移动,确保其优先级高于固定支架(名称为 gudingzhijia)模型,如图 9-221 所示。

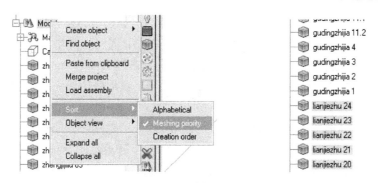

图 9-221 调整模型的优先级

9.11.3 热模型的网格划分

（1）选择模型树下的所有器件（计算区域 Cabinet 及 Cabinet 设置的开口除外），单击右键选择 Create→Assembly，双击建立的 Assemblies，打开其属性面板，在 Slack settings 中输入数值 10mm，其他保持默认设置，如图 9-222 所示。

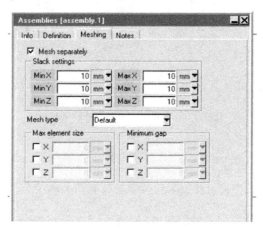

图 9-222 非连续性网格的建立

非连续性网格可以避免小尺寸特征（如电池正负极柱、集流板、连接铜排等）生成的网格对整体计算区域的映射，网格只在非连续性区域内比较密集，而在外部空间则相对稀疏，因此建立非连续性网格后可以大幅度减少网格数量。

（2）单击 Shift+鼠标左键，框选图 9-223 中标注的区域，Icepak 将选择区域内的器件（包含 lianjie 铜排、正负极柱及集流板、电池模块的固定支架等）。单击右键选择 Create→

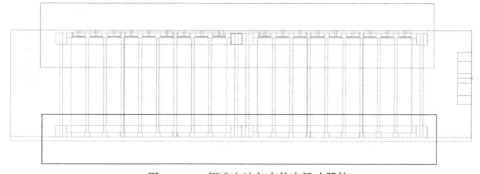

图 9-223 框选电池包内的小尺寸器件

Assembly,双击建立的 Assemblies,在其属性区域中输入 Slack settings 数值为 2mm,其他保持默认设置,对 Pack 电池包上部空间的多个小尺寸器件建立非连续性网格。

同理,对 Pack 电池包下部标注的区域进行框选,单击右键选择 Create→Assembly,双击建立的 Assemblies,在其属性区域中输入 Slack settings 数值为 2mm,其他保持默认设置,完成此非连续性网格的建立。

(3) 打开划分网格面板,保持默认的参数设置(3 个方向的最大网格尺寸及最小间隙),单击 Generate,对热模型进行网格划分,网格总数为 3024008,Message 窗口显示网格质量 0.0508637;单击 Dispaly mesh,对各个器件的面网格、体网格及切面网格进行检查。通过网格显示,发现固定支架梯形几何体的网格不贴体,未保持原有的 CAD 形状,必须对其进行 Local 加密,务必确保网格能够贴体热模型,如图 9-224 所示。

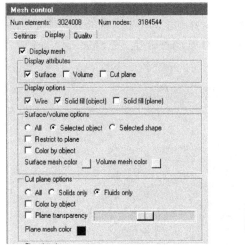
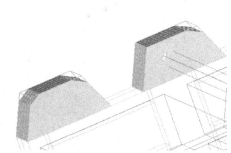

图 9-224 网格划分及部分模型的网格显示

(4) 在模型树下选择需要加密的几何体(梯形固定支架),单击右键选择 Edit mesh parameters,在弹出的面板中勾选 Side 1 count、Side 2 count、Side 3 count、Side 4 count,输入数值为 12,表示这四个边上均划分 12 个网格,如图 9-225 所示,然后在网格划分面板中勾选 Local,Generate 划分网格;或者直接打开网格划分面板,勾选 Local,然后选择固定支架的梯形几何体(最好在 SCDM 中对梯形做好命名),输入相应的数值;单击 Done,然后单击 Generate 划分网格。

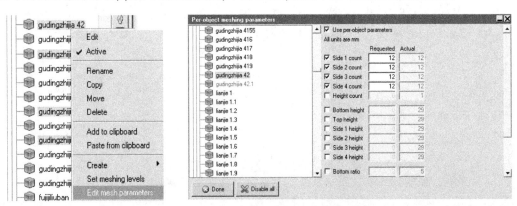

图 9-225 Local 对梯形体进行网格加密

(5) 通过 Local 对网格进行加密，划分的网格总数为 3344452 个，单击 Display，选择梯形几何，其网格可以保持梯形原有的形状；单击 Quality，网格质量对齐率为 0.177983→1，如图 9-226 所示，网格的贴体性和网格质量明显提高，完成电池包热模型的网格划分。

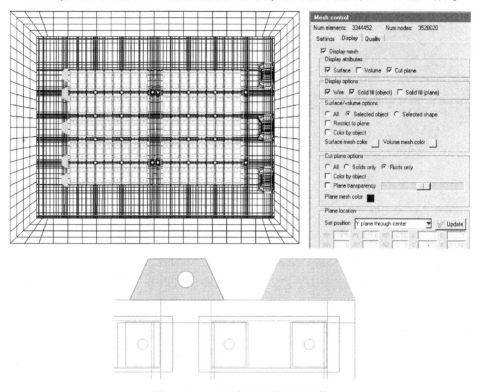

图 9-226 显示切面网格和面网格

9.11.4 热模型的求解计算设置

单击 Basic parameters 选择辐射模型，选择流态为湍流，勾选自然冷却的重力方向，其他保持默认设置；单击 Basic settings，设置迭代步数为 200；打开 Parallel settings，设置多核并行计算，如图 9-227 所示。在模型树下选择某个电池体，拖动至 Points 下，设置温度监控点；按照 7.4 节中的方法设置速度监控点；然后单击求解计算按钮，进行求解计算，直至计算收敛。

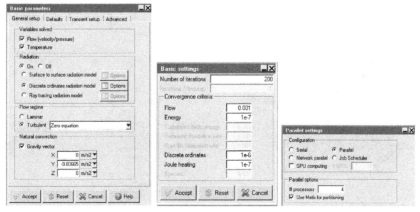

图 9-227 基本参数的各类设置面板

9.11.5 热模型的后处理显示

（1）单击 Object face，在 Object 中选择器件，勾选 Show contours，可以查看不同体的温度云图显示，如电池包壳体、电池等的温度分布云图，如图 9-228 所示。

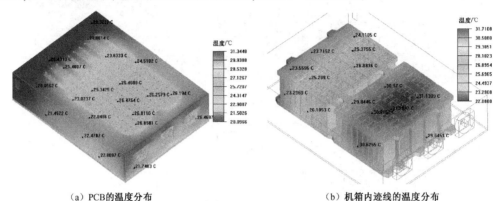

(a) PCB的温度分布　　　　　　　(b) 机箱内迹线的温度分布

图 9-228　不同体后处理的温度云图显示

（2）单击 Plane cut，勾选 Show contours 可以显示不同切面的温度云图；勾选 Show vector，可以查看切面的速度矢量图；如图 9-229 所示。从图中可以看出，圆圈标注的区域内存在气流短路现象，后续需要将气流短路进行消除。

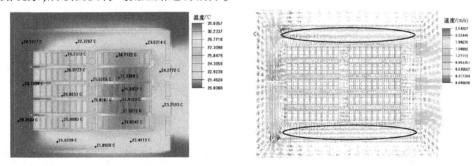

图 9-229　切面的温度云图及速度矢量图显示

（3）单击 Object face，选择两个进风口，勾选 Show particle traces，可以显示电池包内部的气流迹线，如图 9-230(a) 所示；单击 Report→Fan operating points，可以显示风机的工作点，如图 9-230(b) 所示。

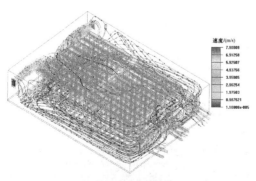
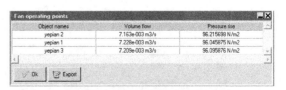

(a) 电池包内气流迹线　　　　　　　(b) 显示风机工作点

图 9-230　后处理显示

(4) 在视图区域中框选电池体,然后在模型树下单击右键,打开 Define summary report 面板,可以统计被选择电池包的最大温度、最小温度及平均温度等,如图 9-231 所示。

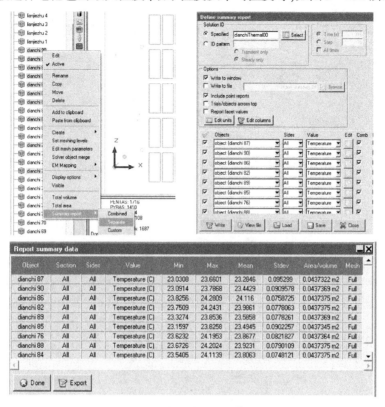

图 9-231 定量统计电池体的温度

9.11.6 热模型的优化

通过前面的计算,可以发现,电池包内存在气流短路现象,不利于电池体的散热;可以通过修改电池包的外壳或者在电池包内增加导风结构,消除气流短路现象;相应的措施如图 9-232 所示(后续的建模、网格划分、求解计算过程,读者可自行练习)。其计算结果如图 9-233所示,可以看出,通过优化计算后,电池包的最高温度降低了约 3℃。

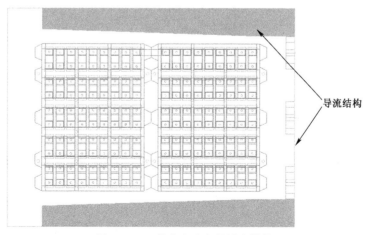

图 9-232 优化电池包的导流结构

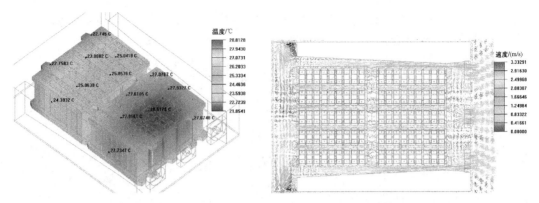

图 9-233　电池包优化后的温度云图及速度矢量图显示

9.12　本章小结

本章重点对电子产品外太空环境的热仿真、PCB 单板导入热仿真、异形热流边界 Wall 的建立、电子产品热流—结构动力学的耦合、Ansoft SIwave 与 ANSYS Icepak 的耦合模拟、ANSYS Icepak 的参数化/优化计算设置、三维真实轴流风机的 MRF 模拟、机箱系统 Zoom-in 的功能讲解、ANSYS Icepak 批处理计算设置、某电子风冷机箱热流仿真及优化计算、某电动汽车电池包热流仿真及优化计算等技术专题做了详细的讲解，同时在在线资源中配备了部分案例及学习视频，以方便读者学习。

第10章 宏命令 Macros

【内容提要】

ANSYS Icepak 为用户提供了丰富可靠的宏命令 Macros,本章将对宏命令 Macros 的各类常用命令及设置进行详细讲解,并对部分命令列举案例进行说明。宏命令 Macros 提供一些预定义的建模功能,如多边形腔体、风洞、TEC、斜形散热器等,也提供一些计算命令,如 Run TEC 命令、恒温计算命令等,还包含一些后处理的显示,如与 Ensight 软件接口、输出 PCB 铜箔层含铜量云图等,也提供一些快速设置检查命令,如 ANSYS Icepak 自动网格划分命令、Debug 寻找引起计算发散的局部网格命令等。

【学习重点】

掌握 ANSYS Icepak 宏 Macros 里常用命令各面板参数的设置。

10.1 宏命令 Macros 简介

打开 ANSYS Icepak 软件,点击主菜单栏 Macros,打开宏命令,可以看到其下拉菜单罗列了4个子菜单,如图 10-1 所示。

(1) Geometry:主要用于建立多边形圆柱、圆面、圆桶、半球、绝热箱体(Enclosure),建立数据中心热模型,建立异形散热器,建立各种类型的芯片封装,建立 PCB 及其周边附件热模型,旋转立方体 Block、多边形 Block、Plate。

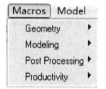

图 10-1 宏命令 Macros 面板

(2) Modeling:主要用于建立散热器风洞模型、芯片封装的 JEDEC 测试机箱模型、TEC 热电耦合模型及命令、恒温求解计算命令等。

(3) Post Processing:主要包括报告变量最大数值、与 Ensight 耦合、输出 PCB 各层铜箔百分比云图、输出详细报告等。

(4) Productivity:主要包括项目自动检查工具、小尺寸间隙检查、自动网格划分命令、修改背景区域颜色、复制 Assemblies 的设置、调试寻找引起发散的网格命令 Debug Divergence、删除无用材料及参数、无量纲参数计算器、对抑制节点(Inactive Node)模型树下的器件进行排序等。

10.2 Geometry 面板

宏命令 Macros→Geometry 的面板如图 10-2 所示,其中 Packages→Network Models 主要用于建立热阻网络的封装模型,在热仿真应用中很少用到,因此本章不对其做讲解说明。

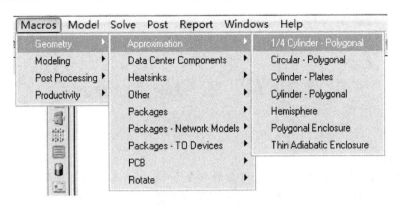

图 10-2 Geometry 面板

10.2.1 Approximation 面板

Approximation 面板包含的命令如图 10-2 所示。

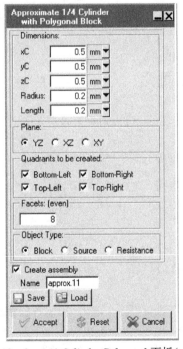

图 10-3 1/4 Cylinder-Polygonal 面板(一)

（1）1/4 Cylinder-Polygonal 面板如图 10-3 所示。在图 10-3 中，Dimensions 下 xC、yC、zC 表示多边形圆柱体中心点的坐标位置；Radius 表示多边形圆柱体的半径；Length 表示多边形圆柱体的高度；Plane 表示多边形圆柱体所处的表面；Quadrants to be created 表示圆柱体 4 个象限是否被建立(勾选表示被建立)；Bottom-Left 表示左下角象限；Bottom-Right 表示右下角象限；Top-Left 表示左上角象限；Top-Right 表示右上角象限，可以将视图区域转变为等轴视图，即可很容易地区分左、右、上、下象限；Facets:(even)表示每个象限多边形弧线上的点数；Objetct Type 表示建立的多边形圆柱体热模型的类型，可以为 Block(块)、Source(体热源)、Resistance(多孔介质阻尼)模型，勾选 Create assembly，可以将热模型组建成装配体；Name 表示装配体的名称，单击 Accept 完成热模型的建立。

如图 10-4 所示，可以看出，多边形圆柱体半径为 200mm，左下角象限的多边形圆柱体没有被建立，每个象限多边形圆柱体的弧线上布置了 5 个点(不含两头的端点)，建立的装配体名称为approx.11。

（2）Circular-Polygonal 面板如图 10-5 所示。这个命令用于建立一个多边形圆面模型，在图 10-5 中，Dimensions 下 xC、yC、zC 表示多边形圆面中心点的坐标位置，Radius 表示多边形圆面的半径；Use radius as 主要用圆面半径来控制多边形尺寸的大小；Outer 表示相应半径尺寸的圆与多边形外接，即圆包围多边形，Inner 表示相应半径尺寸的圆与多边形内切，即多边形包围圆；Plane 表示选择圆面所处的坐标面，如图 10-6 所示。Facets(even)表示多边形圆面弧线上的点数；Object Type 表示建立的圆面模型的类型，可以为 Fan(风机)、Vent(散热孔)、Opening(开口)、Wall(壳体)、Plate(板)、Source(面热源)；勾选 Create assembly，可以将热模型组建成装配体，Name 表示装配体的名称，单击 Accept 完成热模型的建立。

第 10 章 宏命令 Macros

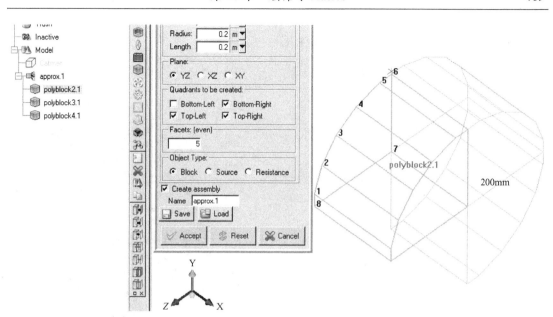

图 10-4 1/4 Cylinder-Polygonal 面板(二)

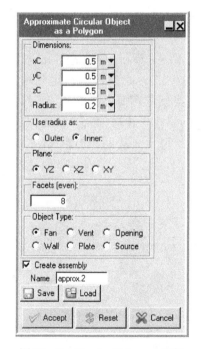

图 10-5 Circular-Polygonal 面板

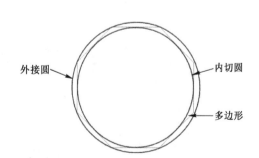

图 10-6 外接(Outer)/内切(Inner)示意

(3) Cylinder-Plates 面板如图 10-7 所示。

此命令主要利用多个 Plate 来拼接一个多边形圆柱舱,舱段的里面、外面均默认是空气,可用于 CFD 计算,在图 10-7 中,Dimensions 下 xC、yC、zC 表示圆柱舱中心点的坐标位置,Radius 表示圆柱舱的半径,Length 表示圆柱舱的高度;Axis 表示圆柱舱的轴心;Create 下的 Inside 表示圆内切多边形,Outside 表示圆外接多边形,可参考图 10-6 理解;Facets per Quarter(even)表示圆柱舱每个象限(1/4 圆柱)Plate 的个数;勾选 Create assembly,可以将热模型组建成装配体,Name 表示装配体的名称,单击 Accept 完成热模型的建立。

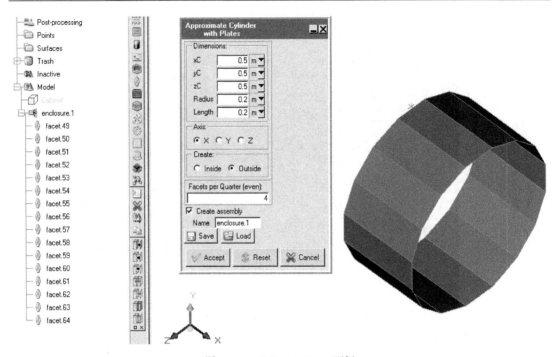

图 10 - 7 Cylinder-Plates 面板

在实际工程中,经常有非常细薄尺寸的圆环体,如图 10 - 8 所示,在铁芯与高压线圈之间(厚度 1.5mm)、高压线圈与低压线圈之间的绝缘筒(厚度 2.5mm)其厚度均比较薄,在建立 ANSYS Icepak 热模型时,切不可使用真实厚度的圆环体,必须使用薄壳热模型,此时可以使用 Cylinder-Plates 命令来建立圆柱舱热模型,然后对多个 Plate 输入相应的传导薄板(Conducting thin)厚度信息,即可替代真实的圆环体模型,这样可以大大降低划分网格的难度,并减少求解计算的网格数量。

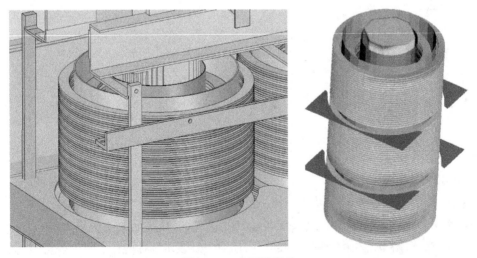

图 10 - 8 变压器模型

(4) Cylinder-Polygonal 面板如图 10 - 9 所示,与 1/4 Cylinder-Polygonal 命令(使用 4 个多边形来拼凑圆柱体)不同,Cylinder-Polygonal 命令主要用一个多边形模型来建立圆柱体模型。

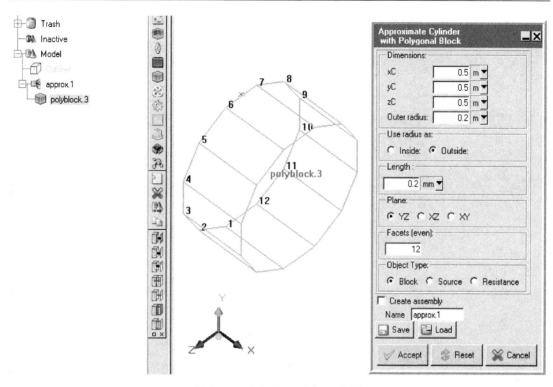

图 10-9 Cylinder-Polygonal 面板

在图 10-9 中，Dimensions 下 xC、yC、zC 表示多边形圆柱体中心点的坐标位置；Outer radius 表示多边形圆柱体的半径；Use radius as 下的 Inside 表示圆内切多边形；Outside 表示圆外接多边形，可参考图 10-6 理解；Length 表示多边形圆柱体的高度；Plane 表示选择多边形圆柱体所处的表面；Facets(even) 表示多边形弧线上的点数；Objetct Type 表示建立的多边形圆柱体热模型的类型，可以为 Block（块）、Source（体热源）、Resistance（多孔介质阻尼）模型，勾选 Create assembly，可以将热模型组建成装配体；Name 表示装配体的名称，单击 Accept 完成热模型的建立。

(5) Hemisphere 面板如图 10-10 所示，主要用于建立半球体、球体模型。其中，Plane 表示球体所在的表面坐标，Direction 表示球体模型的方向，Low 和 High 用于建立半球体模型，而 Both 用于建立一个完整的球体模型。例如，选择的 Plane 为 XZ 面，选择 Direction 为 High，那么表示建立一个向 Y 轴正方向的半球模型。Geometry 下 xC、yC、zC 表示多边形圆柱体中心点的坐标位置；Radius 表示多边形圆柱体的半径；Number of steps 表示将球体分成多少份（多少个模型）；Method 表示球体分割的方法；勾选 Create assembly，可以将热模型组建成装配体；Name 表示装配体的名称，单击 Accept 完成热模型的建立。

(6) Polygonal Enclosure 面板如图 10-11 所示，主要用多个 Hollow Block 和多个倾斜的 Wall 模型来拼凑建立一个圆柱形的舱体空间，此时计算区域仅仅为圆柱形的舱体空间，舱段外面不用于 CFD 计算，建立的热模型可用于模拟导弹的某一个舱段或者一个异形的、不完整的圆柱形舱体计算区域，如图 10-12 所示。其中，Dimensions 下 xC、yC、zC 表示多边形圆面中心点的坐标位置；Radius 表示多边形圆面的半径；Length 表示多边形圆柱舱体的高度；Create 下的 Inside 表示圆内切多边形；Outside 表示圆外接多边形，可参考图 10-6 理解，用于控制舱体的大小；Axis 表示圆柱舱体的轴心；Facets per Quarter 表示每 1/4 象限中多边形圆弧面的个

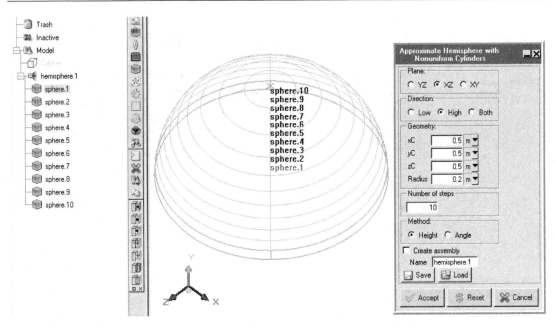

图 10-10 Hemisphere 面板

数(弧面越多舱体越光滑),勾选 Create assembly 可以将热模型组建成装配体;Name 表示装配体的名称,单击 Accept 完成热模型的建立。

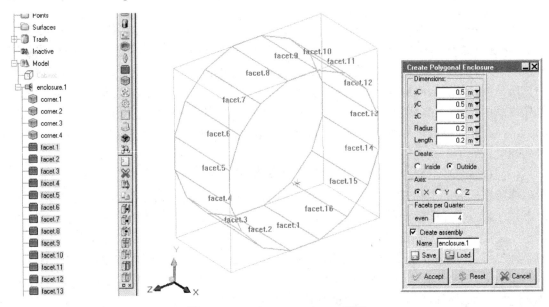

图 10-11 Polygonal Enclosure 面板

(7) Thin Adiabatic Enclosure 面板如图 10-13 所示,此命令主要用于快速建立一个绝热的 Enclosure 腔体模型,其中,Location 下 xS、xE、yS、yE、zS、zE 用于输入 Enclosure 腔体的坐标,Min X、Max X、Min Y、Max Y、Min Z、Max Z 表示 Enclosure 腔体模型 XYZ 方向的 6 个面(如果未勾选,则表示不建立此面)。当然也可以通过手动建立多个绝热 Plate 来拼凑搭建绝热的 Enclosure 腔体模型。

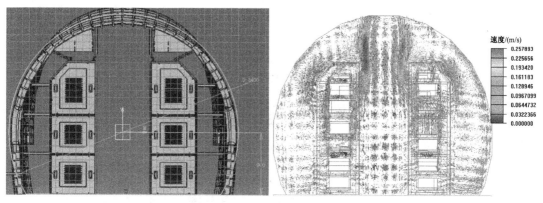

图 10-12 不完整的圆柱舱体

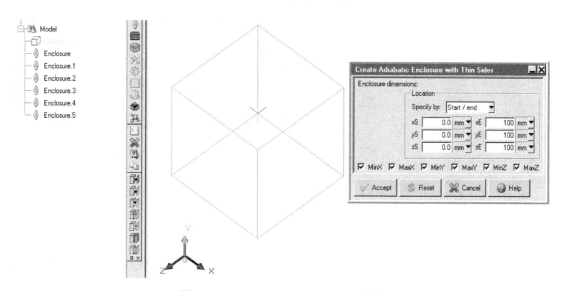

图 10-13 Thin Adiabatic Enclosure 面板

10.2.2 Data Center Components 面板

Data Center Components 的子菜单如图 10-14 所示。

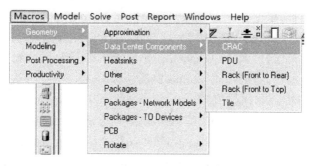

图 10-14 Data Center Components 子菜单

（1）CRAC 面板如图 10-15 所示，用于建立数据中心的精密空调 CRAC 等效热模型。其中，Location 表示空调 CRAC 的坐标及尺寸大小信息；Flow direction 表示空调供风口（冷空气进入数据中心）气流的流动方向；Fan specifications 表示风机的类型，如果选择 Simple，则空调供风口或回风口均简化为一个整体的面,如果选择 Detailed,则可以指定空调供风口的个数及风口尺寸、回风口的尺寸等信息;Intake fan specifications 用于输入空调的风量,可以输入体积流量或者质量流量;Supply temperature 用于输入空调供风口的空气温度;Turing vane 中 off 表示不建立导流风罩,on 表示建立导流风罩(导流风罩大小直接和供风口大小一致),+Y、-Y、+Z、-Z 表示导流风罩出风口的方向;Supply plenum height 表示导流风罩的高度尺寸,如图 10-15 所示,勾选 Create assembly,可以将热模型组建成装配体;Name 表示装配体的名称,单击 Accept 完成热模型的建立。

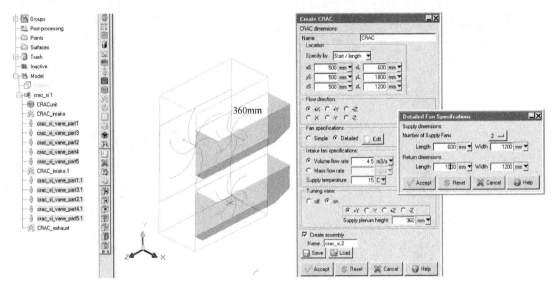

图 10-15 CRAC 面板

(2) PDU 面板如图 10-16 所示,用于建立数据中心的配电单元 PDU 的等效热模型。其中,Location 表示 PDU 的坐标及尺寸大小信息;PDU flow direction 表示 PDU 气流的流动方向;Bottom to top 表示气流从下向上流动;Topface 表示 PDU 顶部所在的面,用于决定 PDU 的方位,如图 10-16 所示,气流方向是从 PDU 的底部(-Y 面)向顶部(+Y 面)流动的;Heat output 表示 PDU 的热耗;Percent open area on top 表示 PDU 顶部散热孔的开孔率,Percent open area on bottom 表示 PDU 底部散热孔的开孔率;勾选 Create assembly,可以将热模型组建成装配体;Name 表示装配体的名称,单击 Accept 完成热模型的建立。

(3) Rack(Front to Rear)面板如图 10-17 所示,用于建立数据中心的机柜等效模型(气流从机柜前侧流入,后侧流出)。其中,Location 表示机柜的坐标及尺寸大小信息,Flow direction 表示机柜内气流的流动方向;Thermal specifications 下 Temperature rise 表示空气经过机柜后的温升;Heat load 表示机柜的热耗数值,Temperature rise 和 Heat load 只能二选一;Volume flow、Mass flow rate 分别表示每个机柜内气流的体积流量、质量流量;Number of racks 表示一排布置阵列几个机柜,最多一次布置 25 个;Create additional racks along 表示阵列机柜的方向,勾选 Create assembly,可以将热模型组建成装配体;Name 表示装配体的名称,单击 Accept 完成热模型的建立。

(4) Rack(Front to Top)面板如图 10-18 所示,用于建立数据中心内的机柜等效模型(气流从机柜前侧流入,顶部流出)。其中 Location 表示机柜的坐标及尺寸大小信息;Flow direction 下 Inlet 表示气流从哪个方向流入机柜;Outlet 表示气流从机柜的哪个面流出来;Thermal speci-

第 10 章 宏命令 Macros

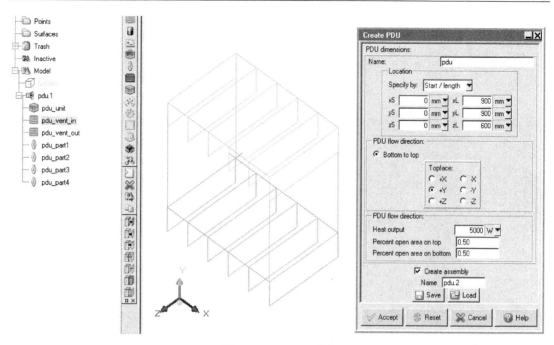

图 10-16 PDU 面板

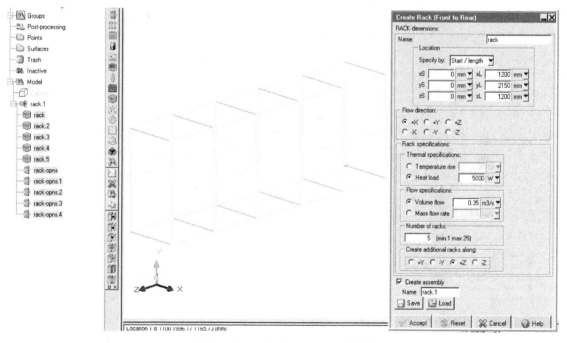

图 10-17 Rack(Front to Rear)面板

fications 下 Temperature rise 表示空气经过机柜后的温升；Heat load 表示机柜的热耗数值，Temperature rise 和 Heat load 只能二选一；Volume flow、Mass flow rate 分别表示每个机柜内气流的体积流量、质量流量；Number of racks 表示一排布置阵列几个机柜，最多一次布置 25 个；Create additional racks along 表示阵列机柜的方向，勾选 Create assembly，可以将热模型组建成装配体；Name 表示装配体的名称，单击 Accept 完成热模型的建立。

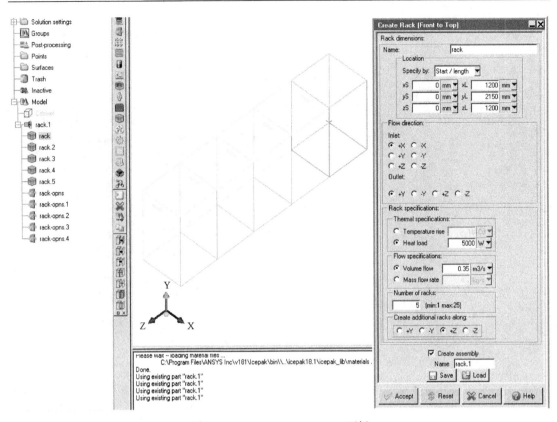

图 10-18 Rack(Front to Top)面板

(5) Tile 面板如图 10-19 所示,用于建立数据中心架空地板的等效热模型(见图 10-20)。其中,Number of tiles 表示一排布置阵列几块架空地板;Offset between tiles 表示各架空地板之间的间距尺寸;Tile location 中 Plane 表示架空地板所处的平面;Location 表示架空地板的尺寸大小信息;Create additional tiles along 表示架空地板阵列的方向;Tile specifications 下%Open area

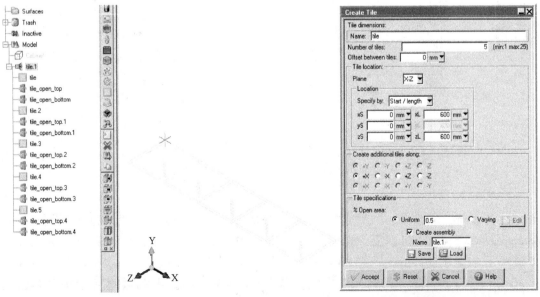

图 10-19 Tile 面板

表示每个架空地板的开孔率,其中 Uniform 的数值表示各架空地板的开孔率数值,如果开孔率不一致,可以选择 Varying,然后手动输入各架空地板的开孔率数值,勾选 Create assembly,可以将热模型组建成装配体;Name 表示装配体的名称,单击 Accept 完成热模型的建立。

图 10-20 数据中心架空地板

10.2.3 Heatsinks 面板

Heatsinks 的子菜单如图 10-21 所示,其中 Detailed Heatsink 面板与 ANSYS Icepak 提供的自建模工具散热器 Heatsink 模型完全相同,本章不对此面板进行讲解。

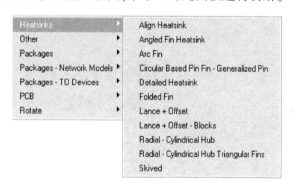

图 10-21 Heatsinks 子菜单

(1) Align Heatsink 面板如图 10-22 所示,其中,Please select the Heat Sink 表示选择需要对齐的散热器;Please select the block 表示选择散热器应该对齐的 Block(块);Min X、Max X、Min Y、Max Y、Min Z、Max Z 表示选择散热器与 Block(块)所对齐的面;Resize Heat Sink 表示允许重新修改散热器的尺寸。

(2) Angled Fin Heatsink 面板如图 10-23 所示,用于建立倾斜翅片的散热器热模型。其中,Location 表示散热器的具体尺寸信息;Base material 表示散热器基板的材料;Side of base touching the fins 表示选择散热器翅片与基板的哪个面相贴,即表示翅片布置的方向;Fin axis 表示与翅片平行的轴,即翅片气流的流动方向;angle 表示翅片倾斜的角度;num 表示布置的翅片个数;pitch 表示翅片的间隙;Fin thickness 表示翅片的厚度尺寸,即图 10-23 中标注的 t;vertical height of fin 表示翅片的垂直高度,即图 10-23 中标注的 H;Fin material 表示散热器翅片的材料,散热器模型包含在自动建立的 Assembly 内。

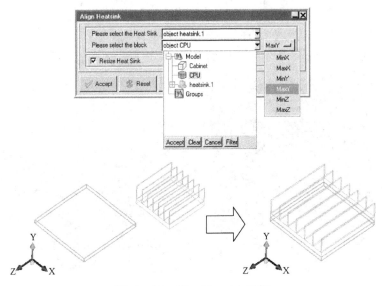

图 10-22 Align Heatsink 面板

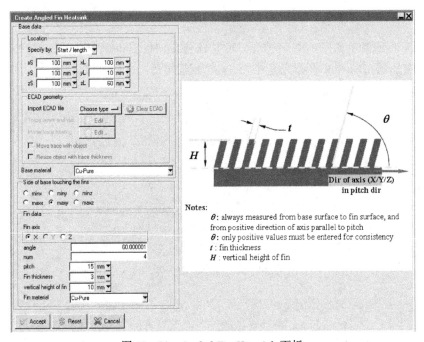

图 10-23 Angled Fin Heatsink 面板

(3) Arc Fin 面板如图 10-24 所示,用于建立一个多边形的半圆弧线(切面为方形或梯形)散热器翅片。其中,Unit 表示单位;Fin plane 表示翅片布置的表面;Fin center X、Fin center Y、Fin center Z 表示翅片最中心点的坐标;Fin base width 表示翅片(梯形切面)与基板接触面的宽度,Fin top width 表示翅片(梯形切面)顶部的宽度,Fin height 表示翅片的高度;Fin center radial 表示半圆形翅片的半径;Fin division 表示多边形翅片弧线的段数。

(4) Circular Based Pin Fin-Generalized Pin 面板如图 10-25 所示,用于建立圆柱形翅片散热器。其中,Base Details 中 xC、yC、zC 表示散热器翅片底面中心点的坐标;Base Radius 表示基板的半径;Base Height 表示基板的高度;Base Material 表示基板的材料;Plane 表示散热器基板

第 10 章 宏命令 Macros

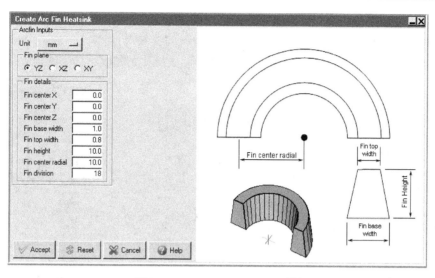

图 10-24　Arc Fin Heatsink 面板

所处的表面;Central pin present? 表示在中心位置是否有一个圆柱形翅片,如果选 Yes,则输入此圆柱形翅片的半径和高度;Pin Material 表示翅片的材料,单击 Array,表示建立阵列翅片模型,单击 New,出现翅片的信息参数;Count 表示翅片的个数;Radial Offset 表示翅片圆面坐标与基板圆面坐标的径向偏移距离;Angular Offset 表示翅片沿着方位角(逆时针)方向的偏移角度;Radius 表示圆柱形翅片的半径;Height 表示翅片的高度尺寸,勾选 Create assembly,可以将热模型组建成装配体;Name 表示装配体的名称,单击 Accept 完成热模型的建立。

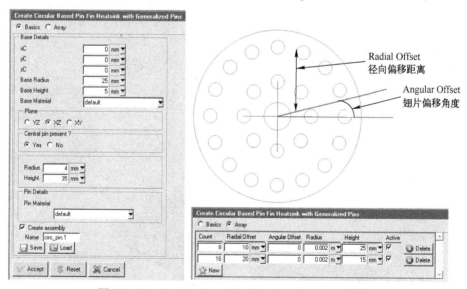

图 10-25　Circular Based Pin Fin-Generalized Pin 面板

（5）Folded Fin 面板如图 10-26 所示,用于快速建立折页翅片(薄尺寸)散热器热模型。其中,Base Origin 表示散热器起始点的坐标;Plane 表示散热器基板所处的面;Base details 下的Width(X)、Length(Z)、Height(Y)分别表示散热器的宽度/深度/高度;Base Material 表示散热器基板的材料;Flow direction 表示散热器翅片布置方向,即气流的流动方向;Number of Top Folds 表示折页翅片的个数;Height 表示翅片的高度;Thickness 表示翅片的厚度;Top Fold

Width 表示翅片顶部折页的宽度;Fin Material 表示翅片的材料;Bonding Thickness 表示折页翅片和基板之间的焊接厚度;Bonding Material 表示焊料的材料属性,勾选 Create assembly;可以将热模型组建成装配体;Name 表示装配体的名称,单击 Accept 完成热模型的建立。

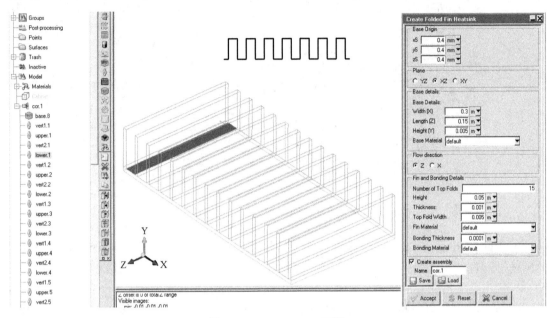

图 10-26 Folded Fin 面板

（6）Lance+Offset 面板如图 10-27 所示,用于建立在流动方向上断开、交错的折页翅片散热器。其中,Base Details 下 xS、yS、zS 表示散热器的起始坐标;Z Length、X Length 分别表示散热器的深度方向和宽度方向;Plane 表示散热器所处的面(图 10-27 中为 XZ,那么 Y 方向即为散热器翅片的高度方向);Skins 用于建立基板;Lower 表示散热器基板位于翅片的下部;Higher

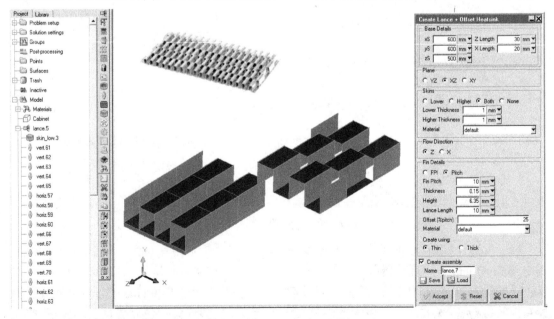

图 10-27 Lance+offset 面板

表示散热器基板位于翅片的上部;Both 表示翅片上下都有基板;None 表示散热器无基板;Lower Thickness 表示散热器下部基板的厚度;Higher Thickness 表示散热器上部基板的厚度;Material 表示散热器基板的材料;Flow Direction 表示散热器翅片的方向,选择 FPI 表示每英寸布置的翅片个数,选择 Pitch 表示翅片的间距尺寸;Thickness 表示翅片的厚度信息;Height 表示翅片的高度信息;Lacnce Length 表示交错翅片每一段的深度;Offset(%pitch)表示两端翅片交错的尺寸等于翅片间距与此数值(%)的乘积;Material 表示散热器翅片的材料,勾选 Create assembly,可以将热模型组建成装配体;Name 表示装配体的名称,单击 Accept 完成热模型的建立。此种方法建立的翅片均为 Plate 传导薄片 Conducting thin 热模型。

Lance+Offset-Blocks 面板如图 10-28 所示,其面板中的参数与图 10-27 中的完全相同,在此不再叙述说明;此种方法建立的翅片均为 Block(块)热模型。

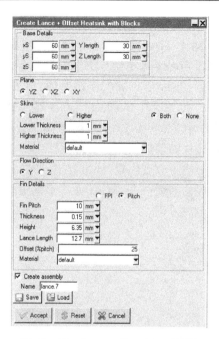

图 10-28 Lance+offset-Block 面板

（7）Radial-Cylindrical Hub 面板如图 10-29 所示,用于建立辐射状翅片散热器。其中,xC、yC、zC 表示轴 Hub 底面的中心点位置;Hub Outer Radius 表示中心轴的外半径尺寸;Hub Inner Radius 表示中心轴的内半径尺寸;Hub Height 表示中心轴的高度;Hub Material 表示中心轴的材料;Plane 表示中心轴所处的表面;Number of Fins 表示翅片的个数;Fin Thickness 表示翅片的厚度信息;Tip Radius 表示翅片最外侧边缘的半径尺寸;Root Radius 表示内侧边缘的半

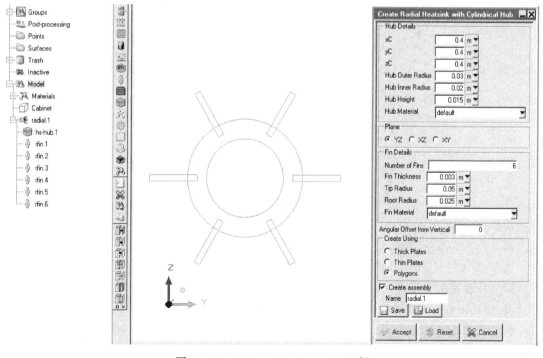

图 10-29 Radial-Cylindrical Hub 面板

径尺寸;Fin Material 表示翅片的材料;Angular Offset from Vertical 表示翅片的偏移角度;Create Using 下 Thick Plates 表示翅片使用传导厚板来建立,Thin Plates 表示翅片使用传导薄板来建立,Polygons 表示翅片使用多边形 Block 来建立,勾选 Create assembly,可以将热模型组建成装配体;Name 表示装配体的名称,单击 Accept 完成热模型的建立。此种方法建立的翅片均为 Plate 传导薄片 Conducting thin 热模型。

（8）Radial-Cylindrical Hub Triangular Fins 面板如图 10-30 所示,是用于建立辐射状三角形翅片的散热器热模型,仅仅比图 10-29 多了基板的信息;Base details 下 xC、yC、zC 表示基板顶面的中心点位置(通常与 Hub 中心轴共面);Base Radius 表示基板的半径,Base Height 表示基板的高度;Base Material 表示基板的材料,其他参数可以参考(7)Radial-Cylindrical Hub 面板的参数说明。

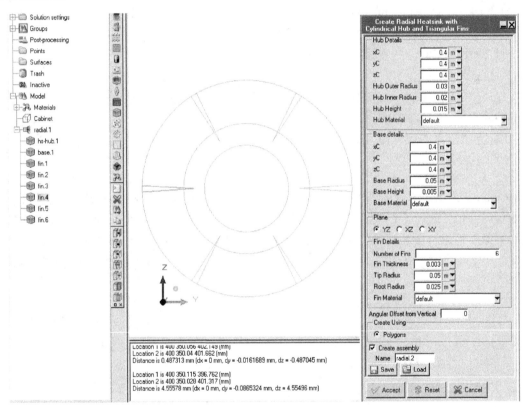

图 10-30　Radial-Cylindrical Hub Triangular Fins 面板

（9）Skived 面板如图 10-31 所示,用于建立切削的散热器模型,此类散热器基板与翅片一体成形,连接面积大,翅片与基板不存在接触热阻,切削的翅片可以非常密集,能够在单位体积内获得更大的散热面积。

在图 10-31 中,Base Orign 表示散热器的起始位置;Plane 为散热器所处的面;Width(X) 表示散热器基板的宽度;Length(Z) 表示散热器基板的深度;Height(Y) 表示散热器基板的高度;Base Material 表示散热器基板的材料;Flow Direction 表示翅片气流的流动方向;Number Fins 表示翅片的个数;Height above Skive 表示散热器翅片的高度(切削倒角上部空间);Thickness 表示翅片的厚度信息;Radius 表示翅片与基板直接切削的倒角;Number of Facets in Skive 表示建立切削倒角模型的面个数,勾选 Create assembly,可以将热模型组建成装配体;

Name 表示装配体的名称,单击 Accept 完成热模型的建立。此种方法建立的翅片均为 Plate 传导薄片 Conducting thin 热模型。

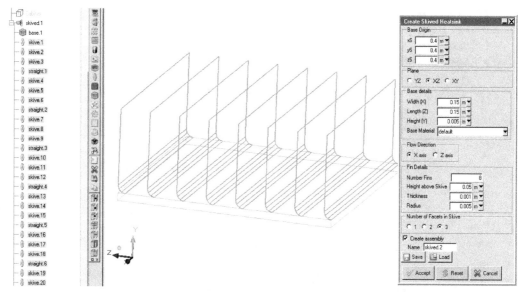

图 10-31 Skived 面板

10.2.4 Other 面板

宏命令 Macros→Other 的子菜单如图 10-32 所示,其中,ATX/Mico-ATX Chassis 用于快速建立 ATX 机箱热模型(含 CPU、硬盘、内存、显卡、电源等模型),Network Heatpipe-Straight 表示使用网络模型来建立热管;Network Representation-Heat Exchanger 表示使用网络模型来建立换热器模型,在实际热仿真工程中使用较少,在此不对这些面板做进一步叙述。

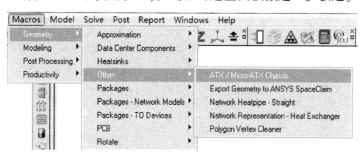

图 10-32 Other 面板

(1) Export Geometry to ANSYS SpaceClaim 命令。该命令主要用于将 ANSYS Icepak 的热模型输出至 ANSYS SpaceClaim(SCDM)中。例如,使用 ANSYS DX 和 ANSYS Icepak 完成热模型的优化计算,通过此命令可以将优化后的热模型直接输出为 *.obj 格式的文件,通过 SCDM 可以直接打开 *.obj 文件,完成热模型至 CAD 模型的输出。

单击此命令后,ANSYS Icepak 会自动在 Message 窗口中显示完成输出,输出的 *.obj 文件直接在 ANSYS Icepak 的项目目录下,如图 10-33 所示。

启动 SCDM 打开输出的 *.obj 文件,然后在模型树下选择刻面模型,单击右键,选择转换为实体,合并面,将刻面转换为实体模型,如图 10-34 所示,完成热模型至 CAD 模型的转换。

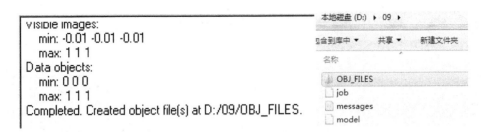

图 10-33 热模型输出 *.obj 格式文件

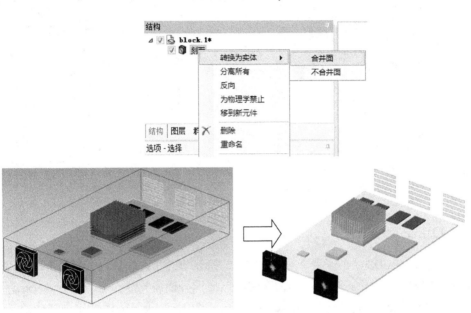

图 10-34 热模型至 CAD 模型的转换

（2）Polygon Vertex Cleaner 面板如图 10-35 所示。该命令主要用来清理多边形上的点。如果一个多边形几何体点的数目比较多，那么每段线的尺寸比较小，在划分网格时，特别小的尺寸将会导致比较多的网格数量或者出现报错（提示多边形点数较多）。在此面板中，单击最上面空白处的下拉菜单，选择需要处理的多边形模型，Feature angle(degrees)用于限制多边形

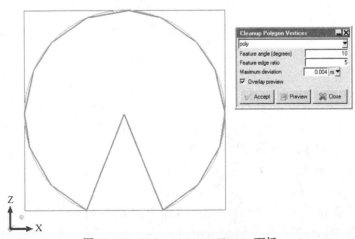

图 10-35 Polygon Vertex Cleaner 面板

两条边的夹角;Feature edge ratio 表示处理后的多边形与原始多边形对应边的尺寸比例;Maximum deviation 表示处理后的多边形与原始多边形对应边尺寸的最大偏差。在图 10-35 中,外侧的线条是原始多边形的轮廓,内侧的线条是处理后的多边形轮廓,可以看出,多边形的点数大大减少。

10.2.5　Packages 面板

Packages 的子菜单如图 10-36 所示,除 LCC 面板、Plastic Encapsulated SOT 面板外,其他面板(SDBGA 表示的是 Stacked Die 堆叠芯片封装)的参数均与 ANSYS Icepak 提供的自建模芯片 Package 模型完全相同,本章不对这些命令面板进行讲解。

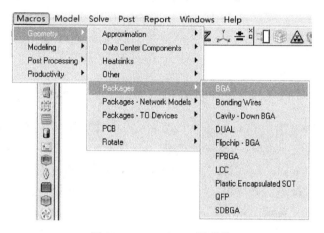

图 10-36　Packages 子菜单

(1) LCC 面板如图 10-37 所示,单击 Dimensions,在 Plane 处选择封装所处的表面,Location 用于输入封装的长度和宽度;Origin 表示封装的起始位置;Package thickness 表示封装的厚度;Model type 表示封装热模型的类型;Symmetry 中 Full 表示建立完整的封装热模型,Half 表示建立半个封装热模型,Quarter 表示建立封装模型的 1/4;单击 Mold,Size 表示 Die 底部扩

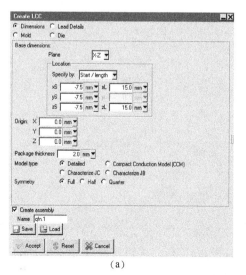

(a)

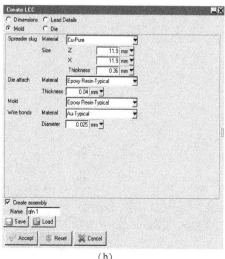

(b)

图 10-37　LCC 面板

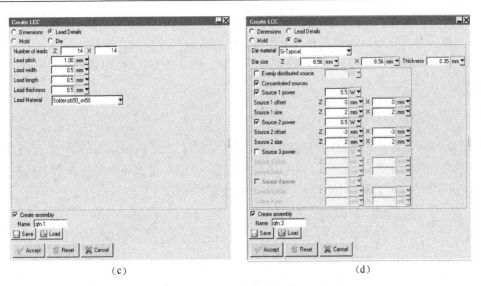

(c)　　　　　　　　　　　　　　(d)

图 10-37　LCC 面板(续)

展铜片的尺寸;Thickness 表示 Die attach 的厚度;Diameter 表示引脚的直径,保持其他默认的材料属性信息;单击 Lead Details 输入引脚的信息,Number of leads 后 Z、X 分别表示 Z 方向和 X 方向的引脚个数;Lead pitch 表示引脚之间的间隙;Lead width 表示引脚宽度;Lead thickness 表示引脚的厚度,保持默认的引脚材料;单击 Die,保持默认的材料属性,Die size 后 Z、X 表示 Die 的长度、宽度;Thickness 表示 Die 的厚度;Evenly distributed source 表示热耗均匀分布;勾选 Concentrated sources 表示建立几个局部热源,勾选 Source 1 power,输入热源 1 的热耗,Source 1 offset 表示热源 1 在 Z、X 两个方向的偏移量(以原点为基准),Source 1 size 表示热源 1 的长度和宽度;其他热源选项类似。LCC 芯片热模型示意如图 10-38 所示。

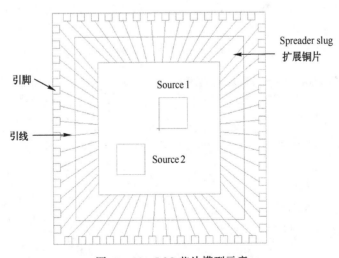

图 10-38　LCC 芯片模型示意

(2) Plastic Encapsulated SOT 面板如图 10-39 所示,用于建立塑料 SOT 封装等效热模型。其中,Package outline 表示封装外框尺寸,Location 中可以输入封装的长度和宽度;Mold height 表示封装的管壳高度;Air gap under mold 表示封装管壳下的空气厚度;单击 Leadframe and Die,在 length、width 中输入引线框的长度和宽度;thickness 表示引线的厚度;offset 表示引线布置的高度(电路板顶部至引线顶部);die thickness 表示 Die 的厚度;power 表示 Die 的热耗,保持其他默认设置,选择 Leads,在 On which side of mold is 'Lead2' 中选择引线 2 的布置方位(参考面板右侧示意图),其他参数可以参考右侧示意图输入。

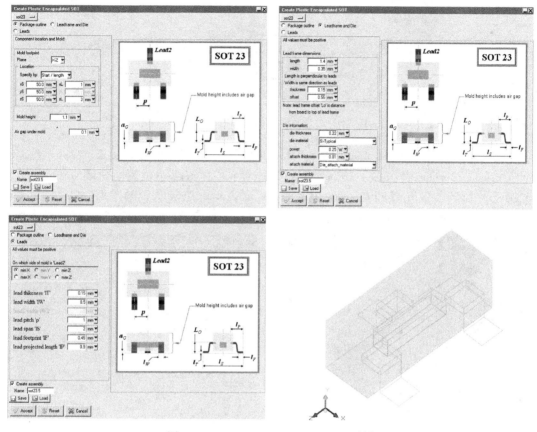

图 10-39　Plastic Encapsulated SOT 面板

10.2.6　Package-TO Devices 面板

Packages-TO Devices 的子菜单如图 10-40 所示,主要用于建立 TO220、TO252、TO263 的芯片封装模型。

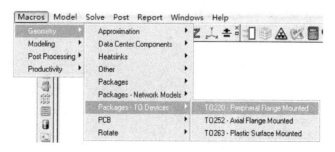

图 10-40　Packages-TO Devices 子菜单

(1) TO220-Peripheral Flange Mounted。TO220 芯片封装的真实模型及 ANSYS Icepak 的等效模型如图 10-41 所示。

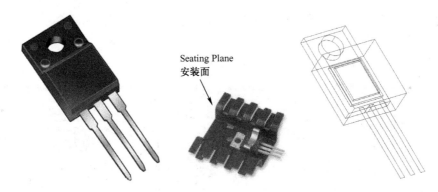

图 10-41 TO220 芯片封装的真实模型和等效热模型

图 10-42 为 TO220-Peripheral Flange Mounted 面板,单击选择 General,在 General 下 X origin、Y origin、Z origin 表示芯片局部坐标系的原点(芯片的起始位置);Seating Plane 表示 TO220 芯片封装与散热器的安装面;PCB in Plane 表示电路板布置的平面;Max Face 表示 TO220 芯片封装管壳的朝向;单击选择 Encapsulent,Xs、Ys、Zs 表示 TO220 芯片封装外壳相对

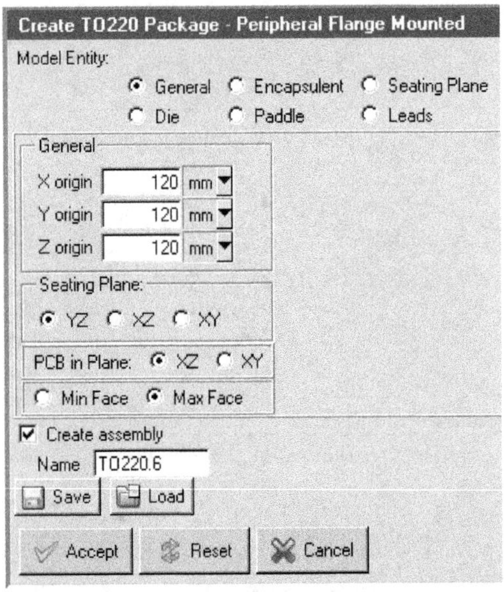

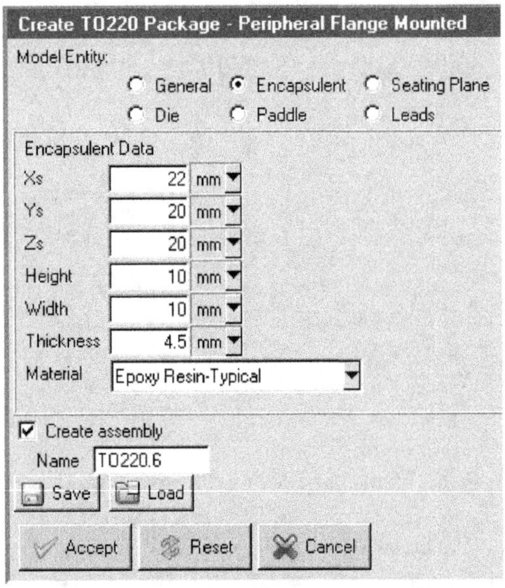

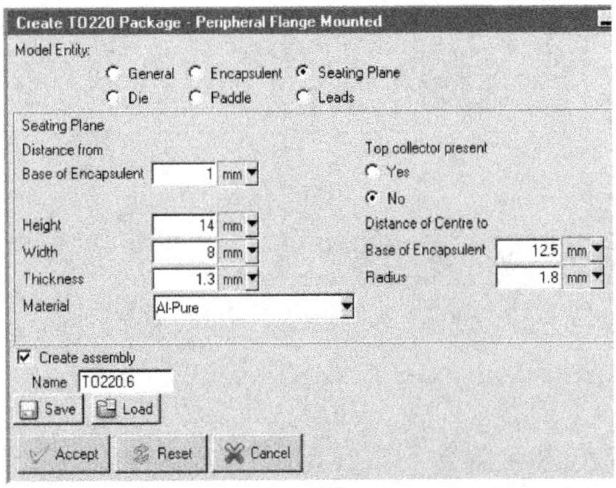

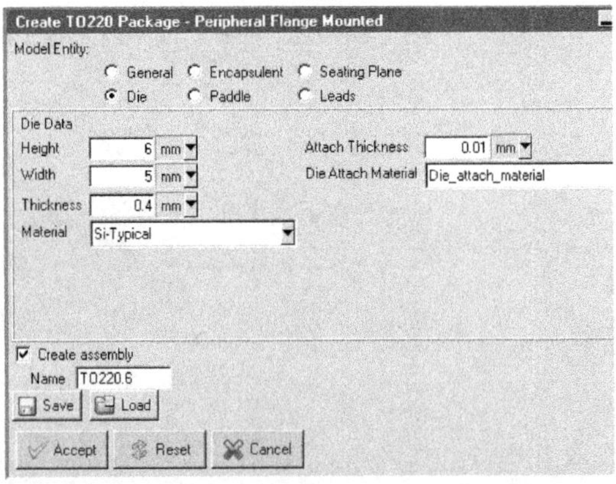

图 10-42 TO220-Peripheral Flange Mounted 面板

（e）　　　　　　　　　　　　　　　（f）

图 10-42　TO220-Peripheral Flange Mounted 面板（续）

于局部坐标原点的偏移尺寸；Height 表示 TO220 管壳的高度；Width 表示 TO220 管壳的宽度，Thickness 表示 TO220 管壳的厚度，保持（或选择）管壳的材料。单击选择 Seating Plane，Distance from Base of Encapsulent 表示安装座底面距离管壳 Encapsulent 底面的尺寸；Height 表示 TO220 安装座的高度；Width 表示 TO220 安装座的宽度；Thickness 表示 TO220 安装座的厚度，保持（或选择）安装座的材料（通常为纯铝），Top collector present 下如果选择 No，表示不建立 TO220 芯片封装的安装孔，如果选择 Yes，则建立 TO220 芯片封装的安装孔；Distance of Centre to Base of Encapsulent 表示 TO220 芯片封装安装孔中心位置与管壳底部的距离，Radius 表示安装孔的半径尺寸；单击选择 Die，Height 表示 Die 的高度；Width 表示 Die 的宽度；Thickness 表示 Die 的厚度；Attach Thickness 表示 Die Attach 的厚度；保持 Die 及 Die Attach 的材料属性。单击选择 Paddle，表示芯片焊盘的信息，Distance to Base of Encapsulent 表示芯片焊盘底部距离管壳底部的尺寸；Height 表示焊盘的高度；Width 表示焊盘的宽度；Thickness 表示焊盘的厚度，保持焊盘的材料属性。单击选择 Leads，Offset from back of Encapsulent 表示引脚与管壳背面的偏移尺寸；Exposed Height 表示引脚暴露在管壳外部的高度；Width 表示引脚的宽度；Thickness 表示引脚的厚度；Separation 表示引脚直接的间隙，保持引脚的材料属性，勾选 Create assembly，可以将热模型组建成装配体；Name 表示装配体的名称，单击 Accept 完成热模型的建立。

（2）TO252-Axial Flange Mounted。TO252 芯片封装的真实模型及 ANSYS Icepak 的等效模型如图 10-43 所示。

TO252-Axial Flange Mounted 面板与 TO220 基本类似，仅 General 略有差异。

在图 10-44 中，单击选择 General，Orientation 用于定义 TO252 芯片封装的方位。其余的参数选项可参考图 10-42 及其说明。

（3）TO263-Plastic Surface Mounted。TO263 芯片封装的真实模型及 ANSYS Icepak 的等效模型如图 10-45 所示。

TO263-Plastic Surface Mounted 面板与 TO220 基本类似，仅 General、Seating Plane 略有差异。在图 10-46 中，单击 General，Orientation 用于定义 TO252 芯片封装的方位；单击 Seating Plane 面板，其下没有 Top collector present 选项。其余的参数选项可参考图 10-42 及其说明。

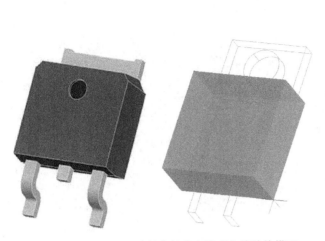

图 10-43 TO252 芯片封装的真实模型和等效热模型

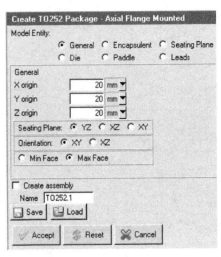

图 10-44 TO252-Axial Flange Mounted 面板

图 10-45 TO263 芯片封装的真实模型和等效热模型

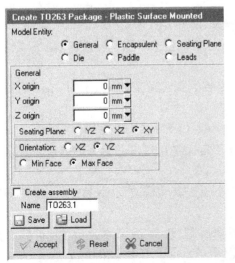

图 10-46 TO263-Axial Flange Mounted 面板

10.2.7 PCB 面板

PCB 子菜单包含的命令如图 10-47 所示。

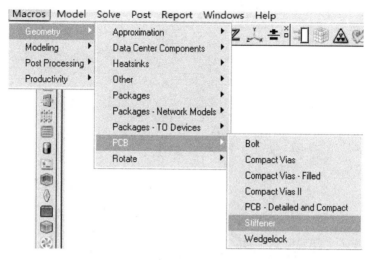

图 10-47 PCB 子菜单

(1) Bolt 面板如图 10-48 所示,主要用于建立固定 PCB 的螺栓(使用长方体来替代圆柱体),并设置相应的边界条件。其中,PCB/Board 下拉菜单用于选择设置螺栓的 PCB 热模型(PCB 或者 Block),Location with respect to PCB 下面的 X、Y、Z 表示螺栓接触面中心位置与 PCB 原点的偏移位置;Contact Area 表示螺栓接触面的大小(如面积为 100mm^2,那么接触面长、宽各为 10mm),Board_side 用于定义螺栓接触面的方位;Resistance 表示螺栓与 PCB 相贴面的接触热阻;Cold Boundary Temp 表示螺栓接触面的温度边界条件,默认为 20℃。

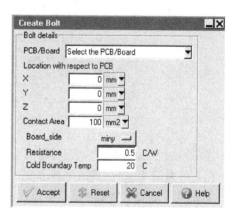

图 10-48 Bolt 面板

(2) Compact Vias 面板如图 10-49 所示,用于对 PCB 建立局部区域的过孔热模型。其中,Plane 表示过孔模型所处的面,Location 用于输入过孔的起始坐标及具体尺寸,Number of vias/unit Area 表示单位面积上过孔的个数,即过孔的平均密度;Via Diameter 表示过孔的直径;Thickness of Electroplating 表示过孔内壁镀层的厚度;Plate material 表示过孔内镀层的材料;Thickness of Layer 表示过孔穿透电路板的厚度,即过孔的高度;Approximate using 中 Block 表示使用 Block 块来建立过孔热模型;Plate 表示使用 Plate 板来建立过孔热模型,保持电路板基板 Substrate material 的材料不变;High layer thickness 表示 PCB 顶层布线的厚度信息;%Coverage 表示顶层布线的含铜量;Low layer thickness 表示 PCB 底层布线的厚度信息;%Coverage 表示底层布线的含铜量;Internal layer thickness 表示 PCB 中间层布线的平均厚度信息;%Coverage 表示中间层布线的平均含铜量;Number of internal layers 表示 PCB 内部布线层的层数;Tracing material 表示布线的材料,默认为铜,勾选 Create assembly,可以将热模型组建成装配体;Name 表示装配体的名称,单击 Accept 完成热模型的建立。

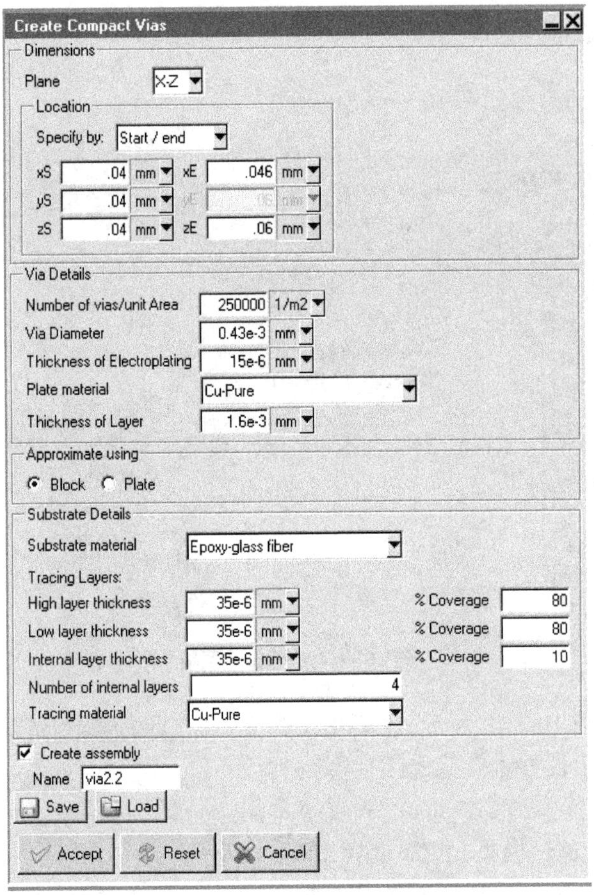

图 10-49 Compact Vias 面板

Compact Vias-Filled 面板与图 10-49 类似,仅仅增加了 Fill material,表示过孔内部填充的材料,此处默认为空气;其他参数不变。

Compact Vias II 面板如图 10-50 所示,用于建立倾斜电路板的过孔热模型。其面板参数与图 10-49 类似,仅仅增加了 Angle of Rotation,单击下列轴(Z 或 X),表示电路板沿着所选的轴倾斜相应的角度。

（3）PCB - Detailed and Compact 面板如图 10-51所示,其中,Plane 表示电路板所处的面;Substrate 表示电路板真实的坐标;Length、Width、Total Thickness 分别表示电路板的长、宽、高,Material 表示电路板绝缘层的材料;High surface thickness 表示 PCB 顶层布线的厚度信息;%Coverage 表示顶层布线的含铜量;Low surface thickness 表示 PCB 底层布线的厚度信息;%Coverage 表示底层布线的含铜量;Internal layer thickness 表示 PCB 中间层布线的平均厚度信息;%Coverage 表示中间层布线的平均含铜量;Number

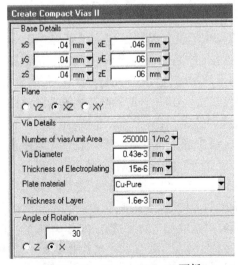

图 10-50 Compact Vias II 面板

of internal layers 表示 PCB 内部布线层的层数;Material 表示布线的材料,默认为 Cu-Pure;单击 Model represenation 下的 Compact 表示建立简化电路板热模型;Detailed 表示建立详细电路板热模型,如图 10-52 所示。

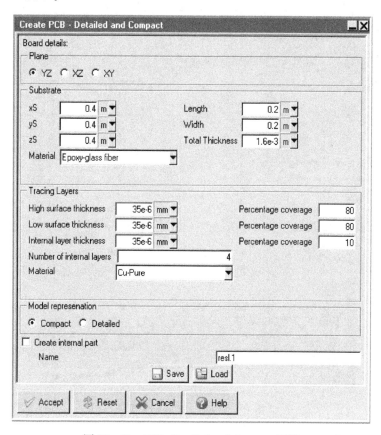

图 10-51 PCB-Detailed and Compact 面板

图 10-52 PCB-Compact VS. Detailed 热模型

(4) Stiffener 面板如图 10-53 所示,用于对 PCB 建立加固件,以单击 PCB/Board 的下拉菜单,选择相应的电路板模型,Location 表示输入加固件的具体尺寸信息;Board_side 的选项表示加固件哪个面与 PCB 相贴,用于定位加固件的方位;Stiffener material 表示加固件的材料;Bond 表示通过焊接的方法将加固件与电路板固定;Bolt 表示通过螺栓将加固件与电路板固定。

(5) Wedgelock 面板如图 10-54 所示,用于建立 PCB 与机箱导轨之间的锁紧条,如图 10-55 所示。PCB/Board 用于选择相应的电路板热模型;Location with respect to PCB 表示锁紧条相对于电路板的位置和尺寸;Board_side 表示锁紧条哪个面与电路板相接触;Resistance 表示锁紧条与电路板之间的接触热阻;Cold Boundary Temp 表示锁紧条的温度边界条件。

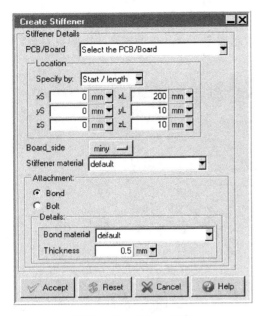

图 10-53 Stiffener 面板

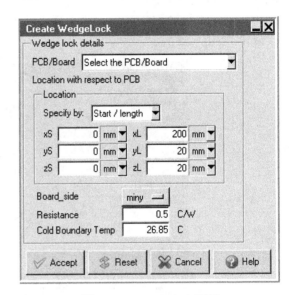

图 10-54 Wedgelock 面板

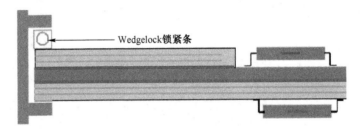

图 10-55 Wedgelock 锁紧条

10.2.8 Rotate 面板

Rotate 子菜单如图 10-56 所示,主要用于将 Block(块)模型或者 Plate(板)模型进行一定角度的旋转。

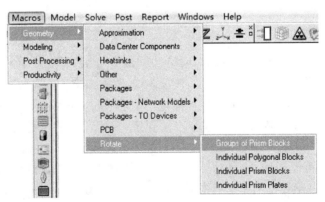

图 10-56 Rotate 子菜单

(1) Groups of Prism Blocks 面板如图 10-57 所示,用于对长方体 Block 组 Group(多个长方体 Block 模型形成的组)整体进行旋转。Axis 表示沿着某个轴进行旋转;Angle 表示旋转的角度;Pivot Point 表示旋转的中心点坐标;在 Available 下单击 Group 组的名称,组会在 Used 下显示,单击 Accept,可完成组的旋转。

(2) Individual Polygonal Blocks 面板如图 10-58 所示,用于对多边形 Block(块)进行旋转。其中,Angle 表示旋转的角度;Pivot About 表示旋转的中心点坐标,在 Available 下单击多边形 Block 体的名称,多边形 Block 体会在 Used 下显示,单击 Accept,可完成多边形 Block (块)的旋转。

Individual Prism Blocks 面板如图 10-59 所示,用于对长方体 Block(块)进行旋转。其中,Axis 表示沿着某个轴进行旋转;Angle 表示旋转的角度;Pivot About 表示旋转的中心点坐标;Centroid 表示基于自身体的中点进行旋转;Edge 表示以某个边为中心进行旋转,在 Available 下单击多边形 Block 体的名称,多边形 Block 体会在 Used 下显示,单击 Accept,可完成长方体 Block(块)的旋转。Individual Prism Blocks 面板如图 10-59 所示。

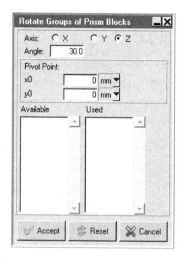

图 10-57 Groups of Prism Blocks 面板

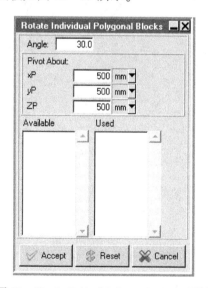

图 10-58 Individual Polygonal Blocks 面板

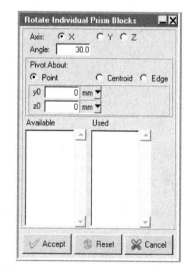

图 10-59 Individual Prism Blocks 面板

10.3 Modeling 面板

宏命令 Macros→Modeling 子菜单如图 10-60 所示,主要命令如下。

(1) IC Packages→Extract Delphi Network 用于提取单个 Die 芯片封装的 Delphi 热模型,读者可参考本书的姊妹篇《ANSYS Icepak 进阶应用导航》第 6 章进行学习。

(2) IC Packages→Conduction Enclosure,在芯片封装的顶部及 PCB 四周设置对流换热系数,用于快读对芯片封装建立一个密封的纯导热计算腔体,在热仿真中应用极少。

(3) IC Packages→Extract JB and JC 用于计算提取芯片封装的 R_{jb}、R_{jc} 热阻模型、JEDEC

Test Chamber 用于建立 JEDEC 标准机箱模型,以计算芯片封装在自然冷却和强迫风冷条件下 R_{ja} 的热阻数值,读者可参考本书的姊妹篇《ANSYS Icepak 进阶应用导航》第 5 章进行学习。

(4) IC Packages→Thermoelectric Cooler 用于对 TEC 热电制冷模型进行热仿真计算,读者可参考本书的姊妹篇《ANSYS Icepak 进阶应用导航》第 9 章进行学习。

(5) Extract Network Information 用于显示 Network 网络模型的热特性信息,在热仿真中应用较少。

(6) Import Power Matrix File 用于将热耗的矩阵文件导入,在热仿真中应用极少。

(7) Solar Flux Calculator 用于计算热模型表面加载的太阳热辐射。在 ANSYS Icepak 的基板参数面板中,增加了新的太阳热辐射计算面板,比 Macros 里的 Solar Flux Calculator 更加智能,读者可参考 6.3 节进行学习。

(8) Source/Fan Thermostat 用于对电子产品的恒温控制工况进行热模拟计算,读者可参考本书的姊妹篇《ANSYS Icepak 进阶应用导航》第 10 章进行学习;本章不对这些命令做讲解说明。

图 10-60 Modeling 子菜单

10.3.1 Heatsink Wind Tunnel 面板

Heatsink Wind Tunnel 面板包含的命令如图 10-61 所示。

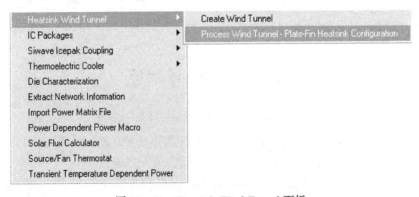

图 10-61 Heatsink Wind Tunnel 面板

(1) Create Wind Tunnel 面板如图 10-62 所示,用于对散热器建立风洞模型。其中,在 Detailed heatsink 下拉菜单选择散热器热模型,在 Fluid material 下拉菜单选择流体材料,在 Min speed 中输入风洞计算进风口的最小速度;在 Max speed 中输入风洞计算进风口的最大速度; Number of trials 表示风洞参数化计算的工况个数($N+1$); ANSYS Icepak 会根据最大风速度和最小风速计算其差值,进而计算并设置每次工况的进风口速度。

ANSYS Icepak 会自动根据散热器模型,缩放计算区域,自动建立热源、进风口、出风口模型,并在 Message 窗口下出现蓝色提示"Calibration wind tunnel for heatsink.1 created!!!",表示完成散热器风洞模型的建立;单独启动 ANSYS Icepak,可以直接打开风洞模型。

(2) 打开 ANSYS Icepak 自动建立的风洞模型后,单击 Process Wind Tunnel-Plate-Fin Heatsink Configuration 命令,它将自动计算散热器风洞模型,并生成等效的简化散热器模型。打开等效的简化散热器属性面板,可以看出等效热性能参数(Flow/thermal data),在 Pressure loss 下可以看到流阻对应的阻力系数,如图 10-63 所示。

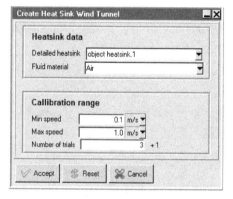

图 10-62 Create Wind Tunnel 面板

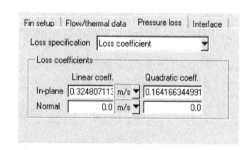

图 10-63 简化散热器的热性能和流阻系数

在系统机箱内使用等效的简化模型,可以在保证计算精度的同时,大大减少热模型的网格数量和求解计算的时间。此种方法不局限于散热器,机柜内部比较独立的小系统,如电源,也可以使用类似的方法进行热仿真,如图 10-64 所示。

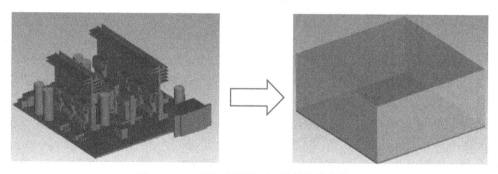

图 10-64 详细电源模型和等效简化热模型

图 10-65 比较了详细热模型和简化热模型的计算结果,可以看出,二者在热阻、流阻方面的相对差值极小;从图 10-65(e)可以看出,简化热模型的网格数量只有约 8.5 万个,而详细热模型的网格数量约 140 万个,因此使用简化模型,一方面可以保证求解精度,另一方面可减少求解计算量。

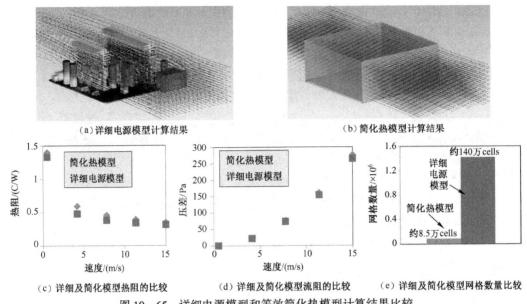

图 10-65　详细电源模型和等效简化热模型计算结果比较

10.3.2　SIwave Icepak Coupling 面板

SIwave Icepak Coupling 面板包含的命令如图 10-66 所示,用于 ANSYS SIwave 和 ANSYS Icepak 进行电—热流的双向耦合模拟计算,以提高电路板热流计算的精度。

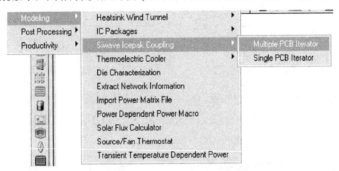

图 10-66　SIwave Icepak Coupling 面板

(1) Multiple PCB Iterator 面板。该命令用于对多个电路板进行电—热流的耦合计算,在 Select PCB 下选择电路板模型,在 Specify SIwave Project Name 下选择 ANSYS SIwave 的项目名称,单击 New 可以新建一行,用于选择其他电路板及对应的 ANSYS SIwave 的项目名称。单击 Coupling Iterations,然后在 Number of Coupling Iterations 中输入迭代次数 3,表示 ANSYS SIwave 和 ANSYS Icepak 进行 3 次耦合迭代计算,完成双向耦合,单击 Temperature Convergence Criteria,其后侧出现 Termination Convergence Criteria 温度耦合标准,默认数值为 1e-03,单击 Accept 即可进行电—热流的耦合求解计算,如图 10-67 所示。

(2) Single PCB Iterator 面板。该命令用于对单个电路板进行电—热流的耦合计算。如图 10-68(a)所示,单击 Want to Use Existing Setup,表示使用当前 ANSYS Icepak 设置进行耦合计算;在 Specify SIwave Project Direcory 中选择 SIwave 的项目目录,在 Specify SIwave Project Name 中选择 SIwave 的项目名称,然后在 Select PCB Object 中选择电路板模型;如图 10-68(b)所示,单击 Want to Automate Setup,主要是对电路板热模型输入相应的换热系数来计算热流;

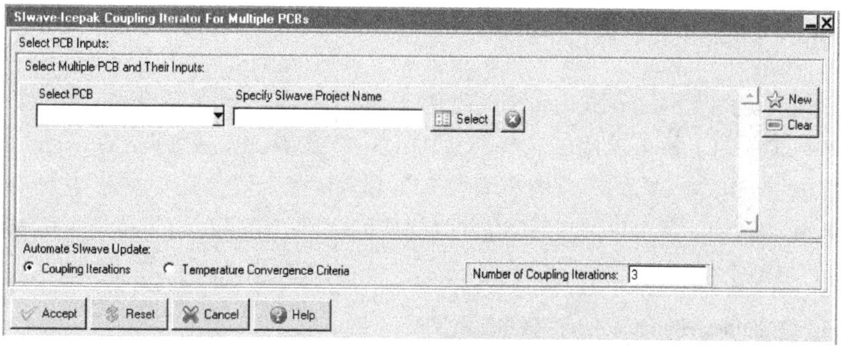

图 10 - 67 Multiple PCB Iterator 面板

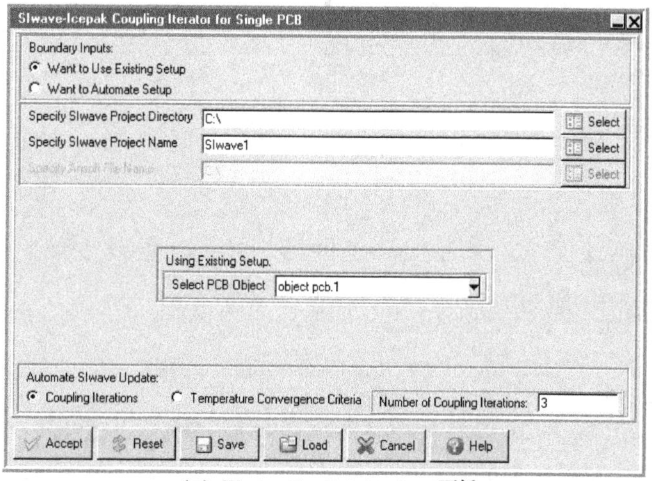

(a) Want to Use Existing Setup面板

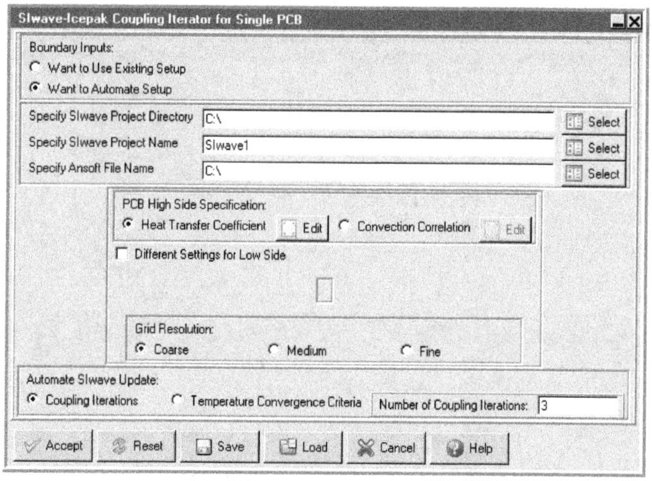

(b) Want to Automate Setup面板

图 10 - 68 ANSYS SIwave 和 ANSYS Icepak 耦合计算面板

在 Specify SIwave Project Direcory 中选择 SIwave 的项目目录,在 Specify SIwave Project Name 中选择 SIwave 的项目名称,在 Specify Ansoft File Name 中选择 .anf 后缀格式的电路板布线文件; Heat Transfer Coefficient 表示直接输入外界空气的换热系数及环境温度;Convection Correlation 表示通过 ANSYS Icepak 内嵌的经验公式计算电路板周边的换热系数。双向耦合的收敛标准与 Multiple PCB Iterator 面板完全相同。

10.3.3　Die Characterization 面板

图 10-69 为 Die Characterization 面板,用于对芯片 Die 建立一个阵列热源(包含多个 Source)。其中,Die 的下拉采单用于选择芯片的 Die 热模型,Source Face Orientation 用于定义热源的方位(选择 MaxY,表示热源均布置在 Die 的 MaxY 面),Die Power 表示 Die 的热耗,Number of source(s)(Long Side)表示长边方向的热源个数,Number of source(s)(Short Side)表示短边方向的热源个数。

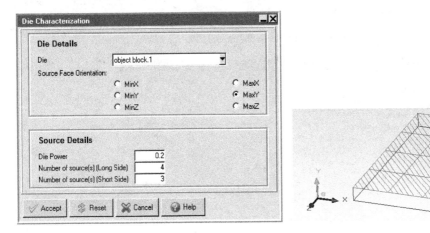

图 10-69　Die Characterization 面板

Die Characterization 命令中,热耗按照矩阵形式分布,单次工况中仅一个热源 Source 工作,相应的计算结果如图 10-70 所示。

Trials

Trial Name	Selected	Restart ID	Order	epower_1	epower_1	epower_1	epower_1	epower_2	epower_2	epower_2	epower_2	epower_3	epower_3	epower_3	epower_3
trial001	1		1	0.2	0.0	0.0	0.0	0.0	0.0	0.0	0.0	0.0	0.0	0.0	0.0
trial002	1		2	0.0	0.2	0.0	0.0	0.0	0.0	0.0	0.0	0.0	0.0	0.0	0.0
trial003	1		3	0.0	0.0	0.2	0.0	0.0	0.0	0.0	0.0	0.0	0.0	0.0	0.0
trial004	1		4	0.0	0.0	0.0	0.2	0.0	0.0	0.0	0.0	0.0	0.0	0.0	0.0
trial005	1		5	0.0	0.0	0.0	0.0	0.2	0.0	0.0	0.0	0.0	0.0	0.0	0.0
trial006	1		6	0.0	0.0	0.0	0.0	0.0	0.2	0.0	0.0	0.0	0.0	0.0	0.0
trial007	1		7	0.0	0.0	0.0	0.0	0.0	0.0	0.2	0.0	0.0	0.0	0.0	0.0
trial008	1		8	0.0	0.0	0.0	0.0	0.0	0.0	0.0	0.2	0.0	0.0	0.0	0.0
trial009	1		9	0.0	0.0	0.0	0.0	0.0	0.0	0.0	0.0	0.2	0.0	0.0	0.0
trial010	1		10	0.0	0.0	0.0	0.0	0.0	0.0	0.0	0.0	0.0	0.2	0.0	0.0
trial011	1		11	0.0	0.0	0.0	0.0	0.0	0.0	0.0	0.0	0.0	0.0	0.2	0.0
trial012	1		12	0.0	0.0	0.0	0.0	0.0	0.0	0.0	0.0	0.0	0.0	0.0	0.2

Ok

Summary of Temperature for various Trials

'ower of Source 0.2

Temp	pmap_1_1	pmap_1_2	pmap_1_3	pmap_1_4	pmap_2_1	pmap_2_2	pmap_2_3	pmap_2_4	pmap_3_1	pmap_3_2	pmap_3_3	pmap_3_4
trial_1	20.2361	20.2206	20.2107	20.2062	20.2235	20.2163	20.2096	20.2058	20.2168	20.2129	20.2083	20.2053
trial_2	20.2271	20.2332	20.2232	20.2173	20.2228	20.2236	20.2197	20.2162	20.2194	20.2190	20.2169	20.2149
trial_3	20.2353	20.2413	20.2514	20.2454	20.2342	20.2378	20.2418	20.2411	20.2328	20.2350	20.2372	20.2377
trial_4	20.2322	20.2368	20.2467	20.2622	20.2319	20.2357	20.2425	20.2496	20.2313	20.2344	20.2391	20.2429
trial_5	20.2495	20.2423	20.2355	20.2317	20.2558	20.2436	20.2358	20.2319	20.2495	20.2423	20.2355	20.2317
trial_6	20.2423	20.2432	20.2391	20.2355	20.2436	20.2485	20.2403	20.2358	20.2423	20.2432	20.2391	20.2355
trial_7	20.2355	20.2391	20.2432	20.2423	20.2358	20.2403	20.2485	20.2436	20.2355	20.2391	20.2432	20.2423
trial_8	20.2317	20.2355	20.2423	20.2495	20.2319	20.2358	20.2436	20.2559	20.2317	20.2355	20.2423	20.2495
trial_9	20.2427	20.2389	20.2342	20.2311	20.2494	20.2423	20.2356	20.2317	20.2621	20.2465	20.2367	20.2321
trial_10	20.2388	20.2384	20.2363	20.2342	20.2423	20.2431	20.2391	20.2355	20.2465	20.2526	20.2426	20.2367
trial_11	20.2342	20.2364	20.2384	20.2388	20.2355	20.2391	20.2431	20.2423	20.2367	20.2426	20.2526	20.2465
trial_12	20.2311	20.2342	20.2389	20.2427	20.2318	20.2356	20.2424	20.2495	20.2321	20.2367	20.2466	20.2621

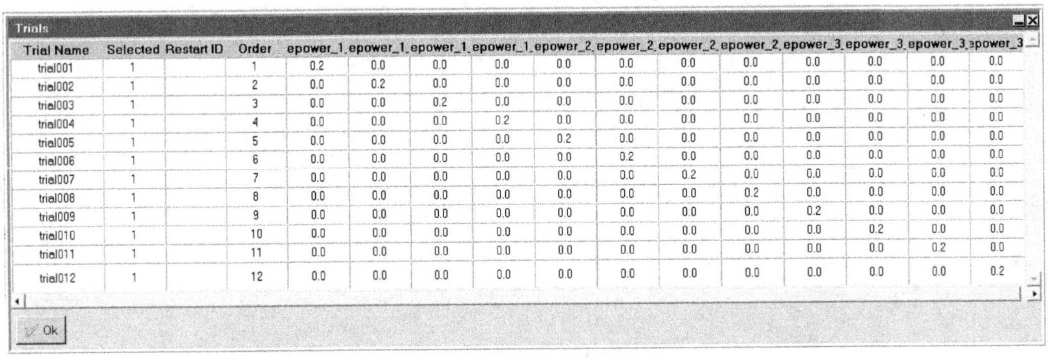

图 10-70　Die Characterization 的计算结果

10.3.4　Power Dependent Power Macro 面板

Power Dependent Power Macro 面板如图 10-71 所示,主要在电子热仿真中使用一个热源的热耗对另一个热源的热耗进行控制。其中,单击 Specify Number of Target Sources,表示设置多少个目标热源(最多可设置 20 个目标热源);Specify Solution ID 表示计算工况的项目名称;Select Target Sources 下拉菜单选择目标热源(被控制的热源),Select Remote Sources 下拉菜单选择控制热源,单击 Edit,可以输入控制热源的热耗因子,单击 New,表示建立新的控制选项(选择相应的目标热源和控制热源),单击 Accept,启动求解器进行求解计算。ANSYS Icepak 默认不保存 Power Dependent Power 面板的相关设置,单击 Save 可以将面板中相关设置进行保存,单击 Load 可以加载保存的参数设置。

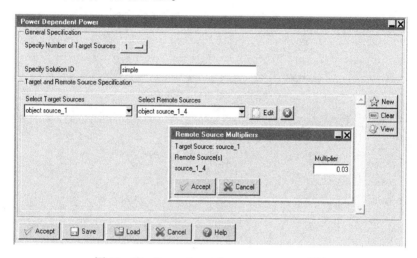

图 10-71　Power Dependent Power Macro 面板

Power Dependent Power Macro 面板有以下限制:
(1) 仅能够对 Source 进行计算(控制热源和被控制热源均为 Source)。
(2) 不可以使用 Restart 命令进行求解计算。
(3) 热源的名称中不允许包含空格或者其他特殊字符。
(4) 热源的名称必须以字母开头。
(5) 如果模型树下热源的名称改变了,那么 Power Dependent Power Macro 面板下热源的名称不会自动修改。
(6) 目标热源不可以被设置为其他热源的控制热源。

对于 Power Dependent Power 的计算,必须在控制热源属性面板中,单击 Total power 下拉菜单,选择 Temperature dependent,然后输入热耗随温度的变化,如图 10-72(a)所示。如果热模拟为稳态计算,使用 Source_1 来控制 Source_2 的热耗变化,在第 2 步迭代计算中,Source_2 的热耗等于 Source_2 的基本热耗加上第 1 步迭代中 Soruce_1 的热耗乘以热耗因子;后续迭代步数中 Source_2 的热耗变化与前面类似,如图 10-72(b)所示;如果是瞬态计算工况,在每个时刻,被控制热源的热耗会随着控制热源的热耗及热耗因子变化,热耗变化的过程与稳态类似,如图 10-72(c)所示。

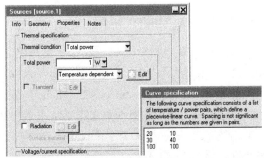

(a) 热耗随温度变化

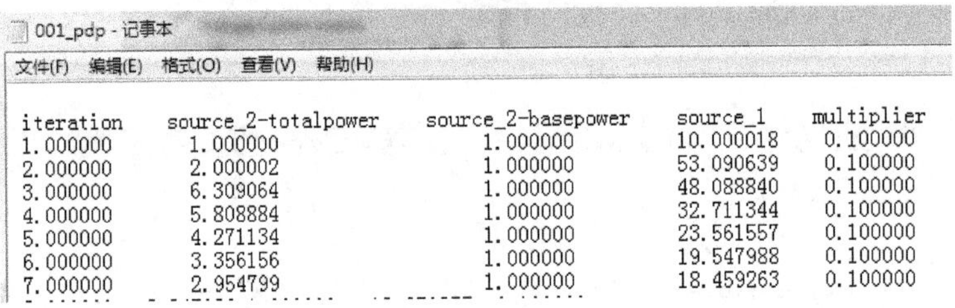

001_pdp - 记事本

文件(F) 编辑(E) 格式(O) 查看(V) 帮助(H)

iteration	source_2-totalpower	source_2-basepower	source_1	multiplier
1.000000	1.000000	1.000000	10.000018	0.100000
2.000000	2.000002	1.000000	53.090639	0.100000
3.000000	6.309064	1.000000	48.088840	0.100000
4.000000	5.808884	1.000000	32.711344	0.100000
5.000000	4.271134	1.000000	23.561557	0.100000
6.000000	3.356156	1.000000	19.547988	0.100000
7.000000	2.954799	1.000000	18.459263	0.100000

(b) 稳态工况热耗控制计算结果

000_pdp.out - 记事本

文件(F) 编辑(E) 格式(O) 查看(V) 帮助(H)

time	source_1-totalpower	source_1-basepower	source_1_4	multiplier
0.000000	1.000000	1.000000	0.000000	0.030000
time	source_1-totalpower	source_1-basepower	source_1_4	multiplier
1.000000	1.000000	1.000000	10.000003	0.030000
2.000000	1.300000	1.000000	10.000003	0.030000
3.000000	1.300000	1.000000	10.000003	0.030000
4.000000	1.300000	1.000000	2.000001	0.030000
5.000000	1.060000	1.000000	2.000001	0.030000
6.000000	1.060000	1.000000	2.000001	0.030000
7.000000	1.060000	1.000000	2.000001	0.030000
8.000000	1.060000	1.000000	20.000006	0.030000
9.000000	1.600000	1.000000	20.000006	0.030000
10.000000	1.600000	1.000000	20.000006	0.030000

(c) 瞬态工况热耗控制计算结果

图 10－72　热源热耗的设置及 Power Dependent Power 计算结果

10.3.5　Transient Temperature Dependent Power 面板

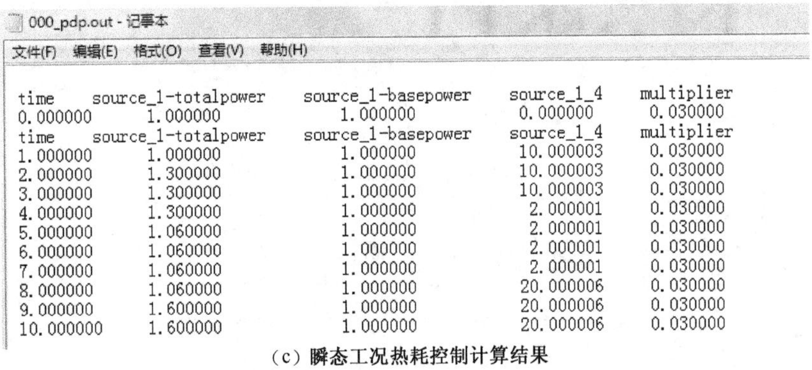

此命令允许工程师设置器件热耗随时间、温度而变化，即在瞬态计算中，允许将随时间变化的热耗与温度相关联。相应步骤如下：

(1) 新建并打开一个 txt 文本。

(2) 在 txt 文本中先输入温度(列)，默认单位是℃。

pro - 记事本

文件(F) 编辑(E) 格式(O)

0	1	2	5
10	1.1	2.1	5.1
20	1.2	2.2	5.2
30	1.3	2.3	5.3
40	1.4	2.4	5.4
50	1.5	2.5	5.5
60	1.6	2.6	5.6
70	1.7	2.7	5.7
80	1.8	2.8	5.8
90	1.9	2.9	5.9
100	2.0	3.0	6.0

图 10－73　热耗因子模式表

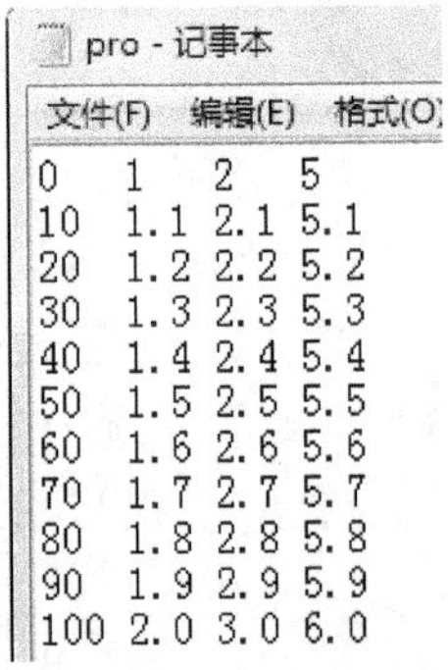

(3) 然后建立模式列(包含一个热耗因子)，此因子用于和器件的基本热耗进行乘积。

(4) 重复第(3)步建立新模式(重新写一列热耗因子)，ANSYS Icepak 最多允许包含 99 个模式。某热耗因子(3 个模式)分布如图 10－73 所示，其中，第 1 列表示不同温度，第 2 列表示模式 1，第 3 列表示模式 2，第 4 列表示模式 3。

(5) 在器件的属性面板中设置热源的热耗基本热耗，然后单击后侧的下拉菜单，选择瞬态，单击后侧的 Edit，在 End time 中输入瞬态计算的结束时间，单击 Piecewise linear，在 Text editor 中输

入时间和热耗因子模式表中的模式数字,1 表示图 10-73 中第 2 列的模式 1,2 表示图 10-73 中第 3 列的模式 2,3 表示图 10-73 中第 4 列的模式 3。

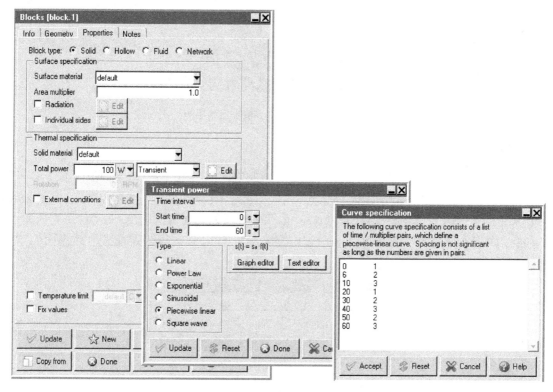

图 10-74 热耗瞬态设置

（6）单击 Macros→Modeling→Transient Temperature Dependent Power 命令,如图 10-75 所示,单击 Power map File selection 后的 Select,浏览选择第(4)步定义的热耗因子模式表文件,在 Solution ID 中输入本次计算工况的名称,单击 Accept,启动求解器进行计算。

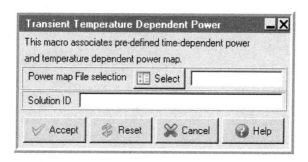

图 10-75 Transient Temperature Dependent Power 面板

10.4 Post Processing 面板

宏命令 Macros→Post Processing 子菜单如图 10-76 所示,主要是一些相关后处理操作的命令。

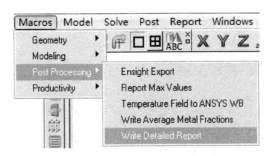

图 10-76 Post Processing 子菜单

10.4.1 Ensight Export 面板

Ensight 是一款尖端的科学工程可视化与后处理软件，拥有比当今任何同类工具更多、更强大的后处理功能。Ensight Export 面板如图 10-77 所示，单击 Select，选择 ANSYS Icepak 项目目录下的 *.fdat 计算结果文件，单击 Accept，可完成后处理文件的输出，此文件可直接读入 Ensight。将某个 ANSYS Icepak 模型的计算结果输出至 Ensight 进行后处理显示，如图 10-78 所示。

图 10-77 Ensight Export 面板

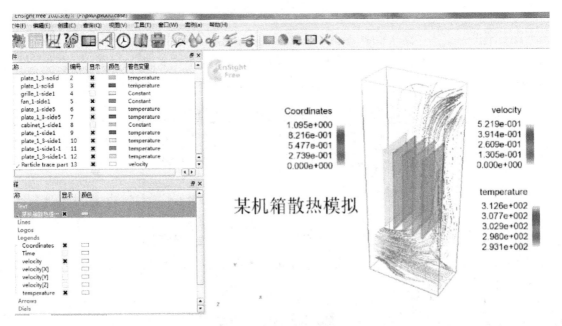

图 10-78 Ensight 后处理显示

10.4.2 Report Max Values 面板

此命令用于统计某个后处理单个面的最大值，如图 10-79 所示，在下拉菜单中选择某个后处理,单击后侧下拉菜单选择相应的面,勾选 Calculate Max Value(说明:此选项 ANSYS Icepak 面板中是 Calulate,应该是 bug,属于书写错误),单击 Accept,单面中最大变量的数值会显示在 Message 窗口中。勾选 Calculate average value,用于统计平均数值。

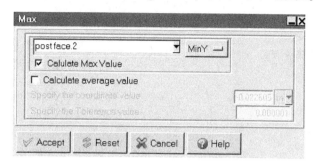

图 10-79　Report Max Values 面板

10.4.3　Temperature Field to ANSYS WB 面板

此命令用于将 ANSYS Icepak 的计算结果输出给 ANSYS WB 面板,如图 10-80 所示。

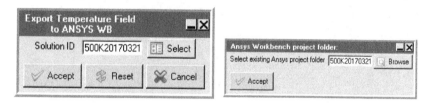

图 10-80　Temperature Filed to ANSYS WB 面板

10.4.4　Write Average Metal Fractions 面板

此命令用于输出 PCB 布线层的平均含铜量,在 Object with traces 中单击下拉菜单,选择导入布线的电路板,单击 Write,即可在 Message 窗口中输出布线层铜箔的百分数,如图 10-81 所示,从图中可以看出,第 1 层布线含铜量约 17%,第 3 层布线含铜量约 77%,第 5 层布线含铜量约 3%,第 7 层布线含铜量约 3%,第 9 层布线含铜量约 77%,第 11 层布线含铜量约 13%。

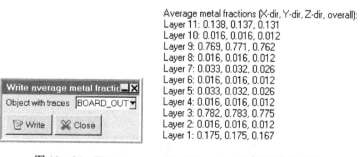

图 10-81　Write Average Metal Fractions 面板及输出结果

10.4.5　Write Detailed Report 面板

此命令用于将热模型中各器件的热耗、最高温度、材料名称及属性以 Excel 的格式进行输出,如图 10-82 所示。

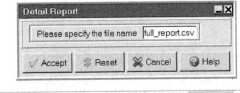

图 10-82 Write Detailed Report 面板及输出结果

10.5 Productivity 面板

宏命令 Macros→Productivity 子菜单如图 10-83 所示，主要用于快速对热模型进行一些检查或者修复，寻找引起发散的网格等命令。其中 Productivity→Validation→Automatic Case Check Tool 主要用于非连续性网格的检查，以确保不违反非连续性网格的规则，在 5.5.4 节有其详细的讲解说明；本章不再对其做讲解说明。

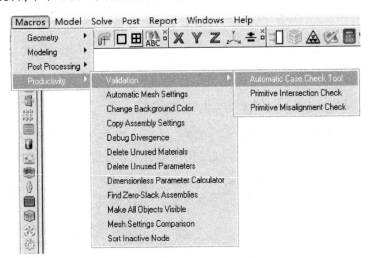

图 10-83 Productivity 子菜单

（1）Primitive Intersection Check 面板。如图 10-84 所示，单击 Apply，ANSYS Icepak 可以直接查找模型中是否存在干涉。

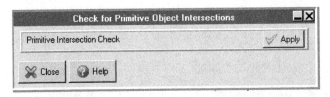

图 10-84 Primitive Intersection Check 面板

（2）Primitive Misalignment Check 面板。如图 10-85 所示，用于检查热模型中是否存在小尺寸间隙。Misalignment Tolerance Value 表示间隙的容差值，即如果两个模型的间隙小于此数值，那么 ANSYS Icepak 会将两个模型的名字显示出来。选择 Selected Assembly，然后在 Select Assembly 下拉菜单中选择 Assembly，表示对选择的 Assembly 进行小间隙的查找；选择 Full Model，表示对整体热仿真模型进行小间隙的查找。

（3）Automatic Mesh Settings 面板。此命令面板如图 10-86 所示，用于自动对 ANSYS Icepak 热模型进行网格划分。

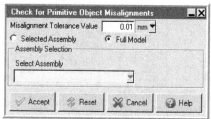

图 10-85　Primitive Misalignment Check 面板

图 10-86　Automatic Mesh Settings 面板

Automatic Mesh Settings 面板有以下限制：

① 只能对 ANSYS Icepak 中的原始模型 Block（块）、Blower（离心风机）、Fan（轴流风机）、Grille（散热孔）、Heat exchanger（换热器）、Heatsink（散热器）、Opening（开口）、Source（热源）、Wall（壳体）进行局部网格细化设置，细化的个数如表 10-1 所示。

表 10-1　自动网格划分 Local 细化

模型类型	形　　状	Local 参数说明	Coarse	Medium	Fine
Block	圆柱	直径方向/边	6	8	10
Block	长方体	每条边	4	5	6
Blower	Type1	直径方向	10	12	14
Blower	Type1	每条边	4	5	6
Blower	Type2	每条边	4	5	6
Fan/Opening/Grille	圆形	直径方向	6	8	10
Fan/Opening/Grille	长方形	每条边	4	5	6
Heat exchanger	圆形	直径方向	6	8	10
Heat exchanger	长方形	每条边	6	8	10
Heat sink	Detailed 真实散热器	翅片间加密	3	4	5
2D Source	方形	每条边	2	3	4
Wall	圆形	直径方向	6	8	10
Wall	长方形	每条边	4	5	6

② 只能对属性为"Solid""Hollow""Fluid"的 Block 体进行局部加密，且这些 Block 体的热耗数值非 0 或者某个面热耗非 0。

③ 单击图 10-86 中的 Coarse，网格控制面板中 X、Y、Z 3 个方向的最大网格尺寸将自动设置为计算区域 Cabinet 的 1/40，Min elements in gap 将设置为 1，Min elements on edge 将设置为 1，Max size ratio 将设置为 10。

④ 单击图 10-86 中的 Medium，网格控制面板中 X、Y、Z 3 个方向的最大网格尺寸将自动设置为计算区域 Cabinet 的 1/50；Min elements in gap 将设置为 2，Min elements on edge 将设置为 2，Max size ratio 将设置为 5。

⑤ 单击图 10-86 中的 Fine,网格控制面板中 X、Y、Z 3 个方向的最大网格尺寸将自动设置为计算区域 Cabinet 的 1/60;Min elements in gap 将设置为 3,Min elements on edge 将设置为 3,Max size ratio 将设置为 2。

使用一个散热器进行默认网格和自动网格的划分比较,图 10-87(a)为 ANSYS Icepak 默认网格设置划分的网格,网格数量为 78400 个,翅片厚度方向 2 个网格,翅片间隙 3 个网格;图 10-87(b)为 ANSYS Icepak 自动网格设置划分的网格,网格数量为 840180 个,翅片厚度方向 3 个网格,翅片间隙 5 个网格。

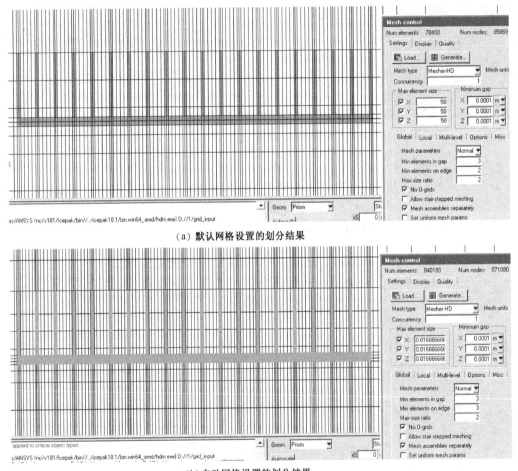

(a) 默认网格设置的划分结果

(b) 自动网格设置的划分结果

图 10-87 网格划分比较

(4) Change Background Color 面板。如图 10-88 所示,用于快速修改 ANSYS Icepak 视图背景区域的颜色。单击 Default,背景颜色与 Edit→Preferences→Display 中 Background style 的颜色设置相同,单击 Black,设置背景颜色为黑色;单击 White,设置背景颜色为白色;单击 User,设置背景颜色为灰色,单击 Accept,完成背景颜色的修改。

(5) Copy Assembly Settings 面板。如图 10-89 所示,用于快速将一个 Assembly 的参数设置直接复制到其他 Assembly 中,以方便工程师对同类对象边界设置非连续性网格。单击 Copy Slack Values Only,表示仅仅复制非连续性网格 Assembly 面板中的 Slack 扩展空间,单击 Copy All Settings,表示复制非连续性网格 Assembly 面板中的所有设置,包括 Salck 扩展空间、网格类型、3个方向的最大网格尺寸和最小间隙等各类设置。单击 Select Source Assembly 的下拉菜单,选择源项 Assembly(设置好参数的 Assembly),单击 Select Target Assembly 的下拉菜单,选择目标 Assembly(需要被复制参数的 Assembly),单击 Accept,即可将源项 Assembly 属性面板中的参数设置直接复制到目标 Assembly 中。

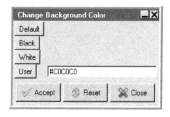

图 10-88　Change Background Color 面板

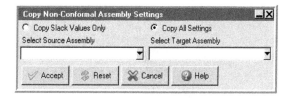

图 10-89　Copy Assembly Settings 面板

(6) Debug Divergence 面板。如图 10-90 所示,用于快速定位引起求解计算发散的网格。其中,Start checking divergence after initial 中输入 5,表示求解计算 5 步后开始检查是否发散;Check for solution divergence every 中输入 1,表示每计算 1 步就检查一次是否发散,用于设置检查发散的频率;Sloution Termination Criteria 表示计算终止的标准;Flow(coutinuity equation)和 Temperature(energy equation)的数值表示计算终止的残差标准,均默认为 1E2;Solve and Debug Solution 表示求解计算并对计算过程进行检查,查找引起发散的网格,需要在 Solution ID 中输入求解的 ID 工况名称;Debug Diverged Solution 表示对求解已经发散的工况进行检查调试,在 Solution ID 中输入求解发散的工况名称。单击 Accept,ANSYS Icepak 即可对发散的工况进行查找,并定位到引起发散的局部网格。

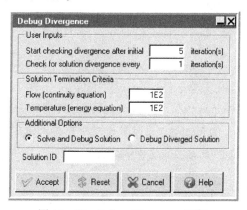

图 10-90　Debug Divergence 面板

Debug Divergence 命令将会自动对发散的局部区域创建后处理,如图 10-91 所示,包括以下几点：

① 命名为 iso.div.cas 的等值云图,云图为计算区域内速度的最大数值。

② 命名为 cut.div.cas.x、cut.div.cas.y、cut.div.cas.z 的切面的网格,三者的相交点即引起发散的网格点,其中,cut.div.cas.x 为蓝色,cut.div.cas.y 为红色,cut.div.cas.z 为白色。

③ 命名为 point.div.cas 的点后处理。

Debug Divergence 命令的限制工况如下:

① 此命令不可以和其他 Macros 命令一起联合使用,如 TEC、thermostat 恒温控制计算命令等。

② 此命令不能对参数化计算或者优化计算进行求解调试。

③ 此命令仅能检测流动、温度引起的发散工况。

(7) Delete Unused Materials 命名。当进行多个 ANSYS Icepak 模型合并时，原有模型未被使用的材料也会被合并在模型树下。单击此命令，ANSYS Icepak 将对模型树及 Inactive 节点下的所有材料进行检查，然后将用户自定义的、未被使用的材料删除，并在 Message 窗口下显示删除报告，如图 10-92 所示。

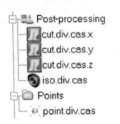

图 10-91　自动生成的后处理显示　　图 10-92　删除无用材料

(8) Delete Unused Parameters 面板。如图 10-93 所示，用于删除参数化计算或者优化计算中未被使用的自定义参数。删除无用参数后，会在 Message 窗口进行显示。

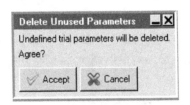

图 10-93　Delete Unused Parameters 面板及删除无用参数

(9) Dimensionless Parameter Calculator 面板。如图 10-94 所示，用于计算无量纲的参数，包括雷诺数、普朗特数、格拉晓夫数、瑞利数。在 Velocity 中输入速度数值，在 Characteristic length 中输入特征尺寸，在 Temperature difference(For Gr&Ra #s only)中输入温差，在 Fluid 中选择流体材料，单击 Compute，在 Message 窗口中将显示计算的无量纲参数。

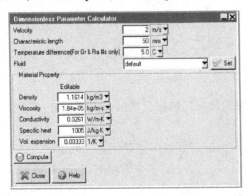

图 10-94　Dimensionless Parameter Calculator 面板及计算无量纲参数

(10) Find Zero-Slack Assemblies 命令。该命令用于查找非连续性网格 Assembly 的扩展空间是否为 0，查找的结果会在 Message 窗口显示，如图 10-95 所示，建议不要将 Assembly 的扩展空间设置为 0。

图 10-95　查找 Assembly 扩展空间是否为 0

(11) Make All Objects Visible 命令。单击此命令,将使得所有的模型都显示出来。

(12) Mesh Settings Comparison 面板。如图 10-96 所示,主要将热模型两次划分网格的相关设置进行比较。

① 对热模型做好网格参数设置(网格控制面板、非连续性网格控制面板等),打开图 10-96 的面板,选择 Baseline Model 下的 Yes,单击 Write Baseline Mesh Parameters to File,ANSYS Icepak 会在项目目录下自动输出一个 txt 文本(名称为 Compare_Mesh_Macro_Baseline_mesh),此文本中记录了网格的参数。

② 如果对网格设置重新进行修改,然后选择 Baseline Model 下的 No,接着单击 Compare Mesh Parameters to File,网格更新后的设置将被输出,文件名称为 Compare_Mesh_Macro_Updated_Mesh;单击 Accept,完成网格参数的比较。

图 10-96　Mesh Settings Comparison 面板

③ 两次网格参数的比较结果被输出,其文件名称为 Comparison_results.txt,打开后可以查看网格更改前后的各类参数,如图 10-97 所示。

Panel	Parameter	Baseline	Updated
Global_Mesh_Panel	concurrency	4	6
Global_Mesh_Panel	Max_element_size_X	50	20
Global_Mesh_Panel	Max_element_size_Z	20	10
Global_Mesh_Panel	Min_gap_Y	0.1	0.2
Global_Mesh_Panel	Mesh_parameters	coarse	normal
Global_Mesh_Panel	Min_elements_in_gap	2	3
Global_Mesh_Panel	Min_elements_on_edge	1	2
Global_Mesh_Panel	Max_size_ratio	5	2
Global_Mesh_Panel	No_ogrids	Enabled	Disabled
Global_Mesh_Panel	Set_uniform_mesh_params	Disabled	Enabled
Global_Mesh_Panel	Enforce_3D_cut_cell_meshing	Disabled	Enabled
Global_Mesh_Panel	optimize_mesh_thickness_direction_package_PCB	Disabled	Enabled
Outer_assembly	minx_slack	0.004	0.002
Outer_assembly	miny_slack	0.004	0.002
Outer_assembly	minz_slack	0.004	0.002
Outer_assembly	maxx_slack	0.004	0.002

图 10-97　网格设置各类参数比较

(13) Sort Inactive Node 命令。此命令主要将 Inactive 节点下的模型进行分类排列。

10.6 本章小结

本章对 ANSYS Icepak 内宏命令 Macros 下的各面板做了详细的剖析讲解,并对部分命令列举了相关案例,建议读者重点学习 Cylinder-Plates 命令、Polygonal Enclosure 命令、Export Geometry to ANSYS SpaceClaim 命令、Extract JB and JC 命令、JEDEC Test Chamber 命令、Thermoelectric Cooler 命令、Source/Fan Thermostat(恒温控制计算)命令、Heatsink Wind Tunnel(风洞)命令、Power Dependent Power Macro 命令、Transient Temperature Dependent Power 命令、Write Average Metal Fractions 命令、Automatic Mesh Settings 命令、Copy Assembly Settings 命令、Debug Divergence 命令等,以方便进行电子产品的热流仿真计算。

参 考 文 献

[1] 谢德仁.电子设备热设计[M].南京:东南大学出版社,1989.
[2] 王福军.计算流体动力学分析[M].北京:清华大学出版社,2004.
[3] 邱成悌,赵惇殳,蒋全兴.电子设备结构设计原理[M].南京:东南大学出版社,2005.
[4] 王永康,张义芳.ANSYS Icepak 进阶应用导航案例[M].北京:中国水利水电出版社,2016.

反侵权盗版声明

电子工业出版社依法对本作品享有专有出版权。任何未经权利人书面许可，复制、销售或通过信息网络传播本作品的行为；歪曲、篡改、剽窃本作品的行为，均违反《中华人民共和国著作权法》，其行为人应承担相应的民事责任和行政责任，构成犯罪的，将被依法追究刑事责任。

为了维护市场秩序，保护权利人的合法权益，本社将依法查处和打击侵权盗版的单位和个人。欢迎社会各界人士积极举报侵权盗版行为，本社将奖励举报有功人员，并保证举报人的信息不被泄露。

举报电话：(010)88254396；(010)88258888
传　　真：(010)88254397
E-mail：dbqq@phei.com.cn
通信地址：北京市海淀区万寿路173信箱
　　　　　电子工业出版社总编办公室
邮　　编：100036